犬と猫の
臨床動物看護ガイド

3巻

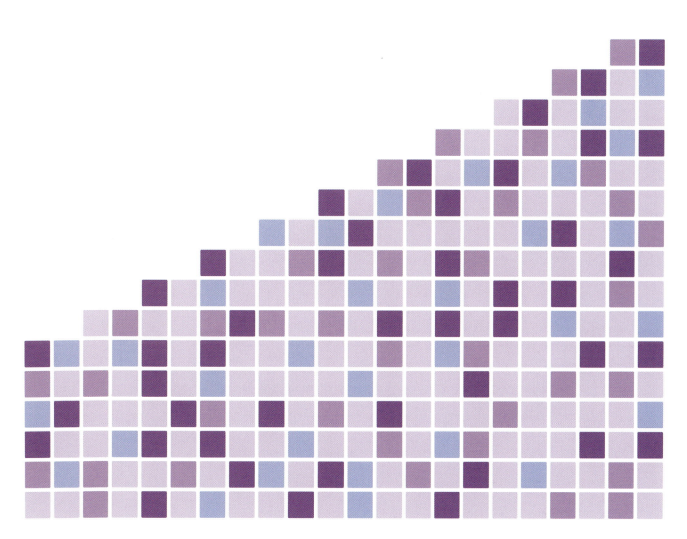

EDUWARD Press

発刊に寄せて

　動物看護専門誌として35年間業界を牽引してきた月刊「as」※において、2019年6月に愛玩動物看護師法が議員立法で制定されたことを受け、新たな時代の「愛玩動物看護師」がどのように成長していけばよいか、一定水準の愛玩動物看護師の仕事と役割、院内業務を見直す一助としての特集が組まれました。それが「犬と猫の臨床動物看護ガイド」シリーズで、2020年4月号から、愛玩動物看護師誕生の前夜、2023年3月号まで3年間連載されました。

　動物看護師と獣医師が、来院した事例に対してどのように協力して対応して行くかについて36の症候・疾患を雑誌では取り上げました。
　その特集の目標として「動物看護師目線」から目標をつくりまとめていく、「見落とさない」「見逃さない」ための知識と行動、「聞く力」「伝達力」の向上、などを掲げました。この目標に沿って本特集では、"動物看護師"が主役として執筆を担い、獣医師がサポートするかたちで各記事を作成し、さらに他の診療施設や各分野の専門の先生方に監修していただく形式をとりました。症状を入り口に、本書では「長期的な治療や管理が必要なポイントはココ！」「検査」「治療時の動物看護介入」「飼い主支援」などを大見出しとして、動物看護の一連の流れが理解しやすい構成にしています。

　毎号読み応えのある内容の力作がそろいましたので、新項目を追加したうえで3つのテーマに分けて書籍化する運びとなりました。1巻は「救急」、2巻は「要注意」、3巻は「長期的」をテーマにしています。
　雑誌に掲載した36項目は、多数の候補から編集委員会で選りすぐったものですが、絞り込んだために取りこぼした症状や疾患がありました。そのため、書籍化にあたり、それらを新たに執筆いただきました。テーマや関連事項を再考し、必要に応じて新たな項目［本書（3巻）では乳腺腫瘍、甲状腺腫瘍、猫の扁平上皮癌、慢性鼻炎・慢性副鼻腔炎、膵外分泌不全症、皮膚糸状菌症、乾性角結膜炎（ドライアイ）など多数］を加筆いただいたので、読者にとっては有用な情報が増えたと思います。

　本書3巻は「長期的な治療や管理が必要な症候／疾患の動物看護」というサブタイトルをつけ、第1章では「管理が重要な命にかかわる症候／疾患の動物看護」、第2章では「飼い主支援が重要な症候／疾患の動物看護」、第3章では「各症候／疾患の理解に必要な動物看護技術」を取り上げています。

　各項目の最初には、執筆者の方々に長期的な治療や管理について、ポイントをあげて執筆いただきました。また検査では、一般的な検査だけでは判断できないケースのために必要に応じて実施する検査項目についてもふれています。
　もちろん、愛玩動物看護師が行うべき、通院・入院時の動物看護、飼い主支援の方法などについても丁寧に解説していただきました。
　それだけでは足りない情報として「ステップアップ！」では動物看護の対応方法の変わるイレギュラーな事例や重症例、知っておきたい知識などを掲載しました。
　また、巻末には「付録」として「典型的な症状に対する疾患のフローチャート」をつけました。日々の業務の参考にしていただけると幸いです。

さらに、特筆すべきこととして、第3章で「抗がん薬の取り扱いと飼い主支援」、「在宅医療におけるターミナルケア」、「動物医療グリーフケア®」、「エンゼルケア」を解説いただいたことが挙げられます。読者の皆さんには、この4項目を熟読いただき、飼い主支援にぜひ役立てていただきたいと思います。

　読み進めていただくと、同様の処置や動物看護の手技でも執筆・監修いただいている診療施設によって方法が異なることが分かると思います。どの項目にも必ず必要物品リストについて書いてもらい、実施の方法もできるだけ写真などを用意してもらいました。読者の皆さんにはご自身の勤務先と異なる方法を批判するのではなく、「そのような方法もある」と受け止めていただき、良いところをどんどん取り入れていただければと思います。また、ご意見がある場合は編集部へ連絡をいただけましたら、改訂版での反映および執筆病院への提案として参考にさせていただきます。

　事例写真については十分な衛生処置や服装が整っていない写真も含まれています。書籍化に伴い、できるだけそれらに配慮して再撮影に協力していただきましたが、撮影のために同じ状況を再現することは動物にとって負担となりますので、そのまま掲載することとした箇所もあります。改訂版ではさらにより良い動物医療、愛玩動物看護師業務の情報を掲載できるように努めていきたいと思います。

　本シリーズは、種々の症状や疾患に対する一定水準の動物看護の提供が実践できるように標準動物看護をめざした書籍です。類似の事例が来院したときや、電話がかかってきたときに役立ててもらうだけでなく、事前に読んでイメージトレーニングを行う材料としていただきたいと思います。

　編集委員全員で全頁の読み合わせを行いましたが、愛玩動物看護師および愛玩動物看護師を目指す方々にとって、大変勉強になる多くの内容が書かれているとの感想で一致しました。愛玩動物看護師や獣医師の方々は日頃から読んでいただき、類似症例が来た場合のイメージトレーニングをしてもらえればと思います。このため本来は愛玩動物看護師1人1冊を手元に置いておくのがベストかと思いますが、ぜひとも、一動物病院や一教育機関に1冊は置いていただきたい書籍です。

　動物看護業務は、まだまだ発達段階にあるといえます。この書籍自体もさらに進歩していかなければなりません。編集委員の目が十分に行き届いていないところもあると思いますが、読者から改善点を指摘いただき、いずれ改訂版が求められる暁にはさらに良いものにしていければと考えています。動物たちとそれを取りまく家庭・環境がより良いものになることに本書が役立てば幸いです。

2024年8月吉日
「犬と猫の臨床動物看護ガイド」編集委員を代表して
左向敏紀

※なお、月刊「as」は2023年春に国家資格である愛玩動物看護師が誕生したことを機に、同年、雑誌名を「動物看護」として変更し、新創刊されました。

目次

発刊に寄せて ……………………………………………………………………………… ii
本書の使い方、動画の視聴方法 ………………………………………………………… x
編集委員・監修者・執筆者一覧 ………………………………………………………… xiii
本書で使用する用語について …………………………………………………………… xvi

第1章
管理が重要な命にかかわる症候／疾患の動物看護

1. 咳①「ガーガーという呼吸音が聞こえる」／気管虚脱 …………………………… 3
執筆：五家めいみ、有藤翔平　監修：米澤 覚

STEP UP！　熱中症 ……………………………………………………………… 15

2. 咳②「咳をしている」／僧帽弁閉鎖不全症 …………………………………… 17
執筆：池田正子、住吉義和　監修：菅野信之

STEP UP！　呼吸器疾患（気管虚脱）と併発しているケース …………………… 31

3. 多飲多尿①「飲水・排尿の量と回数がいつもより多い」／慢性腎臓病 …………………………………………………………………… 37
執筆：並木久美、和田あずさ　監修：青木 大

STEP UP！　早期発見するためにできること …………………………………… 51

4. 多飲多尿②「排尿が我慢できない」／副腎皮質機能亢進症 ……………………………………………………………… 53
執筆：茂手木琴美、山内真澄　監修：左向敏紀

STEP UP！　アジソン病を発症した場合／糖尿病を併発した場合 …………… 66

5. 腫瘍①「乳腺にできものがある」／乳腺腫瘍 ... 69
執筆：根岸真由、南 智彦　監修：今井理衣

STEP UP！ 炎症性乳がん ... 80

6. 腫瘍②「首の付け根にしこりがある」／甲状腺腫瘍 ... 83
執筆：宮浦百合子、小山田和央、奥 朋哉　監修：林宝謙治

STEP UP！ 猫の甲状腺腫瘍：犬と猫の違い ... 98

7. 腫瘍③「皮膚にできもの（かさぶた）がある」／猫の扁平上皮癌 ... 99
執筆：西岡あかね、今野 樹、松山富貴子、小林哲也　監修：皆上大吾

STEP UP！ プラスアルファの看護としてできること ... 112

第 2 章
飼い主支援が重要な症候／疾患の動物看護

**1. くしゃみ・鼻水「くしゃみ・鼻水が出ている」／
慢性鼻炎・慢性副鼻腔炎** ……………………………………………………… 117
執筆：稲葉里紗、稲葉健一　監修：藤原亜紀

STEP UP！　誤嚥性肺炎を併発した場合 …………………………………… 130

**2. 歯石沈着「歯石が溜まっている」／
歯周病** ………………………………………………………………………… 133
執筆：新谷政人、大池美和子　監修：樋口翔太

STEP UP！　子犬のホームデンタルケア …………………………………… 149

**3. 下痢①「下痢が続いている」／
蛋白漏出性腸症** ……………………………………………………………… 155
執筆：横田優里、岡﨑誠治　監修：石岡克己

STEP UP！　内視鏡生検での正しいサンプリング方法 …………………… 169

**4. 下痢②「下痢が続いている」／
膵外分泌不全症** ……………………………………………………………… 173
執筆：阿片俊介、榎園昌之　監修：坂井 学

STEP UP！　膵炎に続発した場合／糖尿病を併発した場合 ……………… 186

**5. 後肢跛行「後ろ肢をかばっている」／
股関節形成不全** ……………………………………………………………… 189
執筆：杉山菜苗、井口青空　監修：木村太郎

STEP UP！　股関節形成不全の「急変」 ……………………………………… 209

**6. 後肢麻痺「歩くことができない」／
胸腰部椎間板ヘルニア** ……………………………………………………… 211
執筆：齋藤直子、佐藤史恵、内山莉花　監修：小林 聡

STEP UP！　「進行性脊髄軟化症」と「頸部椎間板ヘルニア」 ……………… 225

7. 瘙痒①「痒がっている」／マラセチア皮膚炎 ... 227
執筆：若山由紀子、飯田惇一　監修：横井愼一

STEP UP！ シャンプーの上手な使い分け ... 243

8. 瘙痒②「痒がっている」／皮膚糸状菌症 ... 247
執筆：生野佐織、横井達矢　監修：左向敏紀

STEP UP！ 医療関連感染（院内感染）防止の重要性 ... 258

9. 瘙痒③「痒がっている」／犬アトピー性皮膚炎 ... 261
執筆：中屋咲紀、飯谷花奈　監修：島田健一郎

STEP UP！ 健康な皮膚の動物への保湿剤の勧め ... 280

10. 紅斑「皮膚に赤い斑点がある」／膿皮症 ... 283
執筆：米川奈穂子、平野翔子　監修：柴田久美子

STEP UP！ 継続的な通院治療の重要性～皮膚科手帳の活用とトリマーとの連携の勧め～ ... 297

11. 充血「白眼が赤い、眼ヤニがでている」／乾性角結膜炎（ドライアイ） ... 301
執筆：中井江梨子、小林一郎　監修：余戸拓也

STEP UP！ 全身性疾患と関連したドライアイへの対応 ... 314

12. 眼球白濁「黒眼が白い」／白内障 ... 317
執筆：八木友里、仁藤稔久　監修：辻田裕規

STEP UP！ 緊急性のある白内障の見極め／眼が見えなくても楽しめる遊びの提案 ... 330

第3章
各症候／疾患の理解に必要な動物看護技術

1. 抗がん薬の取り扱いと飼い主支援　　335
執筆：小野沢栄里、吉田佳倫　監修：杉山大樹

化学療法とは　　336
抗がん薬の種類、取り扱い方の理解　　336
抗がん薬投与前の問診・検査　　341
抗がん薬治療の実施　　342
飼い主への指導　　347

2. 在宅医療におけるターミナルケア　　351
執筆：佐々木優斗、江本宏平　監修：藤井康一

ターミナルケアとは　　352
開始期（急性期）におけるケアの実施　　353
維持期におけるケアの実施　　355
臨死期におけるケアの実施　　356
食事に関する指導　　357
投薬に関する指導　　359
自宅点滴に関する指導　　361
在宅酸素に関する指導　　364
生活環境の見直しに関する説明　　365

3. 動物医療グリーフケア®　　369
執筆：金井優佳、上境依理子　監修：阿部美奈子

グリーフと動物医療グリーフケア®　　370
グリーフの心理過程の理解　　370
遭遇するグリーフへの配慮　　371
ペットロスに寄り添う　　376
愛玩動物看護師が行うグリーフケア：総論編　　377
愛玩動物看護師が行うグリーフケア：実践編　　378
飼い主にメッセージを伝える　　380
ご家族との思い出づくりを支援する　　381

4. エンゼルケア　387
執筆：伊佐美登里、小堀昌弘　監修：宮下ひろこ

エンゼルケアとは　388
エンゼルケアの実施前の飼い主対応　388
エンゼルケアの実施　390
エンゼルケア実施時の飼い主対応　397

付録

典型的な症状に対する疾患のフローチャート　401
執筆：小野沢栄里、宮田拓馬、鉄 治慶　監修：左向敏紀、藤原亜紀、余戸拓也

1. 跛行・歩行困難　404
2. 咳　406
3. ぐったりしている　408
4. 腹部膨満　410
5. 口臭　412
6. 眼の異常　414
7. 皮膚の異常　416
8. 耳の異常　418

索引　419

本書の使い方

1章、2章

　1章と2章では、動物看護を実践する上で理解しておきたい動物看護の流れに沿ってポイントを解説していきます。さらにステップアップとしてイレギュラーな事例や重症例、知っておきたい知識などを紹介しています。愛玩動物看護師としてより柔軟な思考力と行動力を身に付けていきましょう。

主訴から考えられる疾患、主訴とその疾患の関係性・ポイントなど

主訴

1 ポイントはココ！

主訴から考えられる疾患を考察するとともに、主訴とその疾患の関係性や病態生理で押さえておくべきポイントを解説します。

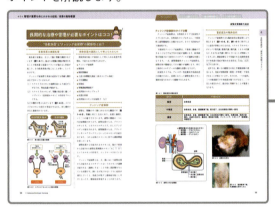

2 検査

テーマに合わせて必要な検査や注目すべき検査内容などについて解説します。

| ポイントはココ！ | 検査 | 治療時の動物看護介入 | 飼い主支援 |

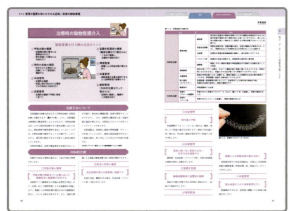

③ 治療時の動物看護介入

外科的治療と内科的治療など、治療法ごとに必要な動物看護介入を解説します。

④ 飼い主支援

長期的な治療や管理を行う上で重要となる入院時・通院時の飼い主支援項目、動物の観察ポイントについて解説します。

慢性腎臓病

"慢性腎臓病"と診断

治療時の動物看護介入 p.46

内科的治療

- case1
  - 「ステージ2と診断された事例」
  - 投薬補助
  - 皮下輸液時の保定

- case2
  - 「ステージ3と診断された事例」
  - 食欲不振、脱水、貧血の有無の確認
  - 強制給与の実施
  - 呼吸数の測定

- case3
  - 「ステージ4と診断された事例」
  - 呼吸数の測定
  - 体位変換
  - 飲水補助

多飲多尿①／飲水・排尿の量と回数がいつもより多い

共通する観察項目
- 基本情報（元気・食欲の有無、体重、飲水量・尿量の変化など）
- 動物の性格

飼い主支援 p.49

経過に応じた飼い主支援（case 1・case 2・case 3共通）
- 食事指導
- 投薬指導
- 通院指導

STEP UP! 「早期発見するためにできること」について考えてみましょう！　p.49

⑤ ステップアップ！

動物看護の対応方法の変わるイレギュラーな事例や重症例、知っておきたい知識などを掲載！　より柔軟な思考力と行動力を身に付けるサポートをします。

3章

3章では、長期的な飼い主支援を行う上でぜひ知っておきたい4つの項目、「抗がん薬の取り扱いと飼い主支援」、「在宅医療におけるターミナルケア」、「動物医療グリーフケア®」、「エンゼルケア」について、詳しく解説しています。

第3章 各症候／疾患の理解に必要な動物看護技術

錠剤・カプセルの飲ませ方（一人で行う場合）（図3-2-12）

①利き手でないほうの手のひらで動物の頭部におき、指でしっかりと頬骨あたりを押さえます。
②利き手の人差し指と親指で薬剤を持ち、中指で下顎の切歯あたりを押し下げ口を開かせます。
③舌に触れないように喉の奥に薬剤を落とします。
④シリンジで少量の水を飲ませて薬剤を流し込みます。

図3-2-12　錠剤・カプセルの飲ませ方

POINT　投与回数を減らす・薬剤を舌に接触させない
- 複数の薬剤がある場合はカプセルなどを使い薬剤をまとめ、なるべく投薬回数を減らします。
- 猫の舌は苦みを敏感に感じ取るため、なるべく薬剤を舌に接触させることは避けます。
- 顎を引いた状態ではなく、首を伸ばした状態にすることで、咬まれたりするといった事故を防ぐことができます。

液剤の飲ませ方（動画3-2-2、図3-2-13）

①利き手でないほうの手のひらで動物の顎の下におき、包み込むように押さえます。
②利き手でシリンジを持ち、上顎の犬歯の後ろあたりにシリンジをやや上向きに差し込みます。
③喉の奥に液剤を流し込みます。

図3-2-13　タオルを利用した投薬の様子
タオルを使うことで頭や身体の動きを制限することができる。

POINT　首は上げすぎない・液体量は少なく
- 首を上げすぎると誤嚥の危険があるので、上げすぎないように注意します。
- 複数の錠剤を粉砕し混ぜて液剤に調剤する場合は、なるべく少ない液体量で作成すると投薬がスムーズにすみます。

336

動画の視聴方法

本書の紙面上にあるQRコードを読み取ることで動画が視聴できます。静止画だけでは分かりづらい情報も、動画でより理解を深めることができます。

※通信環境によっては動画が視聴できない場合があります（詳細はウェブサイト先の「システム要件」を参照ください）。

QRコードをスマートフォンやタブレットで読み取って動画をご視聴ください。

編集委員・監修者・執筆者一覧

編集委員

左向敏紀／獣医師（日本獣医生命科学大学名誉教授）

上野弘道／獣医師（日本動物医療センターグループ）

宮田拓馬／獣医師（日本獣医生命科学大学）

小野沢栄里／愛玩動物看護師（麻布大学）

新谷政人／愛玩動物看護師（くみ動物病院）

三橋有紗／愛玩動物看護師（ぬのかわ犬猫病院）

監修者（五十音順）

青木 大／獣医師（あおき動物病院）

皆上大吾／獣医師（東京農工大学）

阿部美奈子／獣医師（合同会社Always）

石岡克己／獣医師（日本獣医生命科学大学）

今井理衣／獣医師（アーツ人形町動物病院）

菅野信之／獣医師（動物心臓外科センター）

木村太郎／獣医師〔動物外科診療室 東京（VST）／木村動物病院〕

小林 聡／獣医師（ONE for Animals、ONE千葉どうぶつ整形外科センター）

坂井 学／獣医師（日本大学）

左向敏紀／獣医師（日本獣医生命科学大学名誉教授）

柴田久美子／獣医師（YOKOHAMA Dermatology for Animals）

島田健一郎／獣医師（日本動物医療センターグループ麻布十番犬猫クリニック）

杉山大樹／獣医師（ファミリー動物病院）

辻田裕規／獣医師（どうぶつ眼科専門クリニック）

樋口翔太／歯科医師／獣医師〔D.V.D.S.（獣医歯科出張診療）〕

藤井康一／獣医師（藤井動物病院）

藤原亜紀／獣医師（日本獣医生命科学大学）

宮下ひろこ／獣医師（ふなばし動物医療センター）

余戸拓也／獣医師（日本獣医生命科学大学）

横井愼一／獣医師（VCAJapan 泉南動物病院）

米澤 覚／獣医師（アトム動物病院）

林宝謙治／獣医師（埼玉動物医療センター）

執筆者(五十音順)

阿片俊介／愛玩動物看護師(クロス動物医療センター)
飯田惇一／獣医師(動物医療センターもりやま犬と猫の病院)
飯谷花奈／獣医師(あおぞら動物病院)
井口青空／獣医師(どうぶつの総合病院)
池田正子／愛玩動物看護師(大通どうぶつ病院)
伊佐美登里／トリマー・愛玩動物看護師(フェリス動物病院)
稲葉健一／獣医師(名古屋みなみ動物病院・どうぶつ呼吸器クリニック)
稲葉里紗／動物看護助手(名古屋みなみ動物病院・どうぶつ呼吸器クリニック)
上境依理子／獣医師(いしづか動物病院)
内山莉花／獣医師(東千葉動物医療センター)
有藤翔平／獣医師(日本動物医療センター)
榎園昌之／獣医師(クロス動物医療センター)
江本宏平／獣医師(往診専門動物病院わんにゃん保健室)
大池美和子／獣医師(くみ動物病院)
岡﨑誠治／獣医師(関内どうぶつクリニック)
奥 朋哉／獣医師(松原動物病院)
小野沢栄里／愛玩動物看護師(麻布大学)
小山田和央／獣医師(松原動物病院)
金井優佳／愛玩動物看護師(あず動物病院)
五家めいみ／愛玩動物看護師
小林一郎／獣医師(どうぶつ眼科Eye Vet)
小林哲也／獣医師(公益財団法人 日本小動物医療センター付属日本小動物がんセンター)
小堀昌弘／獣医師(フェリス動物病院)
今野 樹／愛玩動物看護師
齋藤直子／愛玩動物看護師(東千葉動物医療センター)
佐々木優斗／愛玩動物看護師(往診専門動物病院わんにゃん保健室)
佐藤史恵／愛玩動物看護師(東千葉動物医療センター)
生野佐織／愛玩動物看護師(日本獣医生命科学大学)
杉山菜苗／愛玩動物看護師(どうぶつの総合病院)
住吉義和／獣医師(大通どうぶつ病院)
鉄 治慶／獣医師(日本獣医生命科学大学)
中井江梨子／愛玩動物看護師(どうぶつ眼科Eye Vet)
中屋咲紀／愛玩動物看護師(あおぞら動物病院)

並木久美／愛玩動物看護師（Pet Clinicアニホス）

新谷政人／愛玩動物看護師（くみ動物病院）

西岡あかね／愛玩動物看護師（公益財団法人 日本小動物医療センター付属日本小動物がんセンター）

仁藤稔久／獣医師（柏原どうぶつクリニック）

根岸真由／愛玩動物看護師（ALL動物病院グループ）

平野翔子／獣医師（ぬのかわ犬猫病院）

松山富貴子／獣医師（公益財団法人 日本小動物医療センター付属日本小動物がんセンター）

南 智彦／獣医師（ALL動物病院グループ）

宮浦百合子／愛玩動物看護師（松原動物病院）

宮田拓馬／獣医師（日本獣医生命科学大学）

茂手木琴美／愛玩動物看護師（山内アニマルセンター）

八木友里／愛玩動物看護師（柏原どうぶつクリニック）

山内真澄／獣医師（山内アニマルセンター）

横井達矢／獣医師（よこい犬猫クリニック）

横田優里／愛玩動物看護師（関内どうぶつクリニック）

吉田佳倫／獣医師（日本獣医生命科学大学付属動物医療センター）

米川奈穂子／愛玩動物看護師（ぬのかわ犬猫病院）

若山由紀子／愛玩動物看護師（動物医療センターもりやま犬と猫の病院）

和田あずさ／獣医師（Pet Clinicアニホス）

本書で使用する用語について

▶ 本書では、症例ではなく「事例」という表記で統一しています。
▶ 看護を行う対象動物のことを、疾患を有している場合でも、健康な場合であっても「看護動物」と表記しています。
▶ 検査名などは、同じ内容の検査でも名称が複数ある場合がありますが、本書ではそれらは以下の名称で統一しています。

  完全血球計算（CBC）
  血液化学検査
  血液ガス検査
  血液凝固系検査
  血液型検査
  交差適合試験（クロスマッチ検査）
  超音波検査（心臓超音波検査／腹部超音波検査）
  FAST検査
  皮膚つまみテスト（皮膚ツルゴール反応）

※本書は、動物看護専門誌「as（アズ）」（現「動物看護」）2022年4月号〜2023年3月号に掲載していた第一特集「犬と猫の臨床動物看護ガイド」と加筆対応をした新項目をまとめて書籍化したものです。
※本書で掲載している「診療の補助」などの手技の実施については、獣医師の指示・指導のもとで行ってください。
※本書で記載している薬品・器具・機材を使用する際は、添付文書（能書）あるいは製品説明を確認してください。ただし、本書で紹介する輸液製剤などの薬剤はヒト医療用に製造されたものも含まれます。その場合は添付文書などに記載のある数値などは、ヒトにおけるデータであることにご注意ください。動物医療では、獣医師の指導のもと、取り扱ってください。
※本書では、紙面制作の都合上、登録商標を表す「®」や「TM」マークは原則、省略しています。

第1章

管理が重要な命にかかわる症候／疾患の動物看護

第1章
管理が重要な命にかかわる症候／疾患の動物看護

1. 咳①「ガーガーという呼吸音が聞こえる」
   ／気管虚脱 …………………………………… 3
   - STEP UP! 熱中症 …………………………… 15

2. 咳②「咳をしている」
   ／僧帽弁閉鎖不全症 ………………………… 17
   - STEP UP! 呼吸器疾患（気管虚脱）と併発しているケース … 31

3. 多飲多尿①「飲水・排尿の量と回数がいつもより多い」
   ／慢性腎臓病 ………………………………… 37
   - STEP UP! 早期発見するためにできること … 51

4. 多飲多尿②「排尿が我慢できない」
   ／副腎皮質機能亢進症 ……………………… 53
   - STEP UP! アジソン病を発症した場合／糖尿病を併発した場合 … 66

5. 腫瘍①「乳腺にできものがある」
   ／乳腺腫瘍 …………………………………… 69
   - STEP UP! 炎症性乳がん …………………… 80

6. 腫瘍②「首の付け根にしこりがある」
   ／甲状腺腫瘍 ………………………………… 83
   - STEP UP! 猫の甲状腺腫瘍：犬と猫の違い … 98

7. 腫瘍③「皮膚にできもの（かさぶた）がある」
   ／猫の扁平上皮癌 …………………………… 99
   - STEP UP! プラスアルファの看護としてできること … 112

第1章 管理が重要な命にかかわる症候/疾患の動物看護

1. 咳①
「ガーガーという呼吸音が聞こえる」/気管虚脱

執筆者
五家めいみ（ごかめいみ）/
愛玩動物看護師　**有藤翔平**（うとうしょうへい）/
獣医師（日本動物医療センター）

監修者
米澤 覚（よねざわさとる）/
獣医師（アトム動物病院）

| 症状 | 咳 |

| 主訴 | 「ガーガーという呼吸音が聞こえる」 |

 熱中症

本稿の目標
- 咳と気管虚脱の関係を理解する
- 呼吸の異常音に気づけるようになる
- 気管虚脱の病態を理解し、緊急時にも対応できるようになる

"咳"と"気管虚脱"

　咳は日々の生活でよくみられる症状の一つです。原因はさまざまで、対症療法として咳を抑えればよい場合もありますが、命にかかわる重篤な病態に関連した咳である場合もあります。そのため、咳を主訴に来院した動物に対しては、個々の状態に応じた必要な対応を行うことが要求されます。

　本稿では咳を呈する疾患である「気管虚脱」に対する動物看護についてまとめました。動物が咳をしている場合、どのように考え動物看護を行うのか、どこに注意すればよいのかなど、よりよい動物看護につなげるために、実事例に基づく実践的な飼い主支援も含めた具体策まで考えていきたいと思います。

第1章 管理が重要な命にかかわる症候／疾患の動物看護

動物看護の流れ

case 咳「ガーガーという呼吸音が聞こえる」

ポイントはココ！ p.6

"咳"を呈する疾患として考えられるもの

- 気管虚脱
- 気管支虚脱（気管支軟化症）
- 犬伝染性気管気管支炎（ケンネルコフ）
- 気管支喘息
- 肺炎
- 気管支炎（急性～慢性）
- 僧帽弁閉鎖不全症
- フィラリア症
- 誤嚥
- 誤飲（気管内異物） など

押さえておくべきポイントはココ！

～ "咳"と"気管虚脱"の関係性とは？ ～
① 病態生理で押さえるポイントは"咳がみられる理由"
② 気管虚脱の病態生理～好発犬種
③ 気管虚脱の臨床徴候の変化

上記のポイントを押さえるためには
情報収集が大切！

検査 p.8

一般的に実施する項目
- ☐ 身体検査
- ☐ 聴診
- ☐ 口腔内観察
- ☐ X線検査
- ☐ 血液検査［完全血球計算（ＣＢＣ）、血液ガス検査］

必要に応じて実施する項目
- ☐ CT検査
- ☐ X線透視検査
- ☐ 気管支鏡検査

気管虚脱

治療時の動物看護介入 p.10

"気管虚脱"と診断

治療方法
- 内科的治療（薬物治療など）
- 外科的治療（気管外プロテーゼ設置術、気管内ステント法）

内科的治療 case1
- 内科的治療を実施した事例
- 進行状況の確認

外科的治療 case2
- 外科的治療を実施した事例
- 術後ICUでのバイタルサインのモニタリング
- 術後の活動性、呼吸状態の確認

共通する観察項目
- 一般状態の確認
- 来院時の呼吸状態［ガチョウ鳴き様呼吸（goose honking）］
- 咳の有無
- 運動不耐性の確認
- X線検査による気管の確認および他疾患の除外　など

飼い主支援 p.14

経過に応じた飼い主支援
（case 1・case 2共通）
- 自宅でのケアに関する指導
- 散歩（運動）に対する指導
- 体重管理に対する指導

 STEP UP! 「熱中症」について考えてみましょう！ p.15

1 咳① 「ガーガーという呼吸音が聞こえる」

長期的な治療や管理が必要なポイントはココ！

"咳"と"気管虚脱"の関係性とは？

咳の病態生理を押さえよう！

空気の流れを障害する要因として、外部からの気道の圧迫や気管構造の変化、痰などの気管内分泌物の増加などが挙げられます。

咳は、気道内の分泌物や異物を体外へ排出させるために生じる生体防御反応です（**図1-1-1**）。つまり、動物は咳をすることで気道に高速な空気を通過させ、異物を体外へ吹き飛ばそうとしているため、咳は有害なものを排出するために有用な反射であるといえます。

ただし、咳により排出すべきものがない場合には、積極的な鎮咳を考えなければなりません。

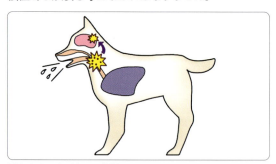

図1-1-1　咳が生じる仕組み

咳を呈する疾患として考えられるもの

咳を呈する疾患としては、下記のような呼吸器疾患、循環器疾患などが挙げられます。

- 気管虚脱
- 気管支虚脱（気管支軟化症）
- 犬伝染性気管気管支炎（ケンネルコフ）
- 気管支喘息
- 肺炎
- 気管支炎（急性〜慢性）
- 僧帽弁閉鎖不全症
- フィラリア症
- 誤嚥
- 誤飲（気管内異物）

など

気管虚脱の病態生理

口から肺へつながっている気管は軟骨と筋肉からできた膜性壁からなっています（**図1-1-2**）。気管虚脱は、気管軟骨が強度を失い扁平化し、背側にある膜性壁が伸びて内腔へ入り込みます。特に頸部の気管では吸気時につぶれやすく、重度になると空気が吸えなくなります。また、胸部の気管や気管支は呼気時につぶれることが多く、重度の咳が長く続きます。

また、気管虚脱からの派生で気管支虚脱（気管支軟化症）を起こすことがあります。気管支虚脱は、主気管支や葉気管支などの太い気管支が気管虚脱と同じように強度を失い、特に呼気時につぶれる疾患で、心肥大があるとさらに同部が圧迫を受けます。気道内の物理的な刺激による咳受容体は主気管支付近が最も敏感な部位なので、非常に重く執ような咳が続きます。

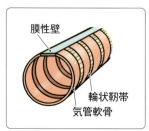

図1-1-2　気管の構造

症状

喉につっかえるような咳、吐くようなしぐさ、ガチョウが鳴くような呼吸（goose honking）が確認されます。重度の場合は、呼吸困難によるチアノーゼ（舌や歯茎の色が紫〜白色）や失神などの症状を起こすこともあります。

原因

正確な原因は不明ですが、遺伝、肥満、高温多湿な環境、リードによる圧迫などが考えられます。

好発犬種

ヨークシャー・テリア、ポメラニアン、トイ・プードル、チワワなどの小型犬に多くみられますが、柴や大型犬でみられることもあります。

臨床徴候の変化

気管虚脱のグレードについては**表1-1-1**、**図1-1-3**の通りです。

初期の症状では、軽い乾いた咳や、喉に何か詰まったような空咳をしたり、水を飲んだ時にむせるようなしぐさなどがみられます。また、首輪を強く引っ張った時に咳がでるようにもなります。進行に伴いその回数が徐々に多くなり、一度の咳が長く続くようになります。

重度になると、毎日のように咳がでて、なかなか止まらなくなります。また、ガチョウが鳴くような「ガーガー」という呼吸音（goose honking）、「ヒューヒュー」「ゼーゼー」といった喘鳴音が聞こえます（**動画1-1-1、2**）。この段階になると、気管が狭くなり呼吸困難やチアノーゼが発現します。

ほとんど症状がないままグレードが進行し、手術さえ手遅れになるというケースもあるが、グレードの進行に伴い症状が悪化する場合もあるため、呼吸音の異常などの変化を見逃さないことが重要です。

表1-1-1 気管虚脱のグレード

グレード	気管内腔の状態	気管内腔の様子
グレード1	25％以下の狭窄	膜性壁のみ内腔へ突出する（図1-1-3A）
グレード2	25～50％の狭窄	気管軟骨の軽度扁平化を認める（図1-1-3B）
グレード3	50～70％の狭窄	気管軟骨縁が触知可能な状態となる（図1-1-3C）
グレード4	100％（内腔完全消失）または完全虚脱	膜性壁は底部に接する（図1-1-3D）

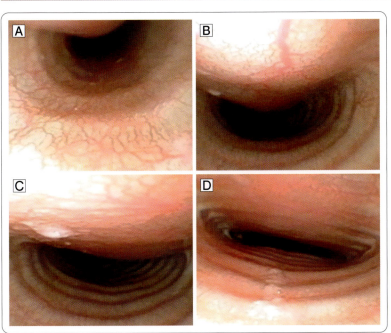

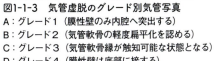

図1-1-3　気管虚脱のグレード別気管写真
A：グレード1（膜性壁のみ内腔へ突出する）
B：グレード2（気管軟骨の軽度扁平化を認める）
C：グレード3（気管軟骨縁が触知可能な状態となる）
D：グレード4（膜性壁は底部に接する）
（提供：アトム動物病院　動物呼吸器病センター　米澤 覚先生）

気管虚脱（グレード4）によるガチョウ鳴き様呼吸（goose honking）

頸部気管虚脱（グレード4）の異常音

検査

一般的に実施する項目
- ☐ 身体検査
- ☐ 聴診
- ☐ 口腔内観察
- ☐ X線検査
- ☐ 血液検査［完全血球計算（CBC）、血液ガス検査］

必要に応じて実施する項目
- ☐ CT検査
- ☐ X線透視検査
- ☐ 気管支鏡検査

一般的に実施する項目の注目ポイント

咳を呈し気管虚脱を疑う動物が来院した際に、「一般的に実施する項目」と「必要に応じて実施する項目」は**表1-1-2**の通りです。「検査名」「内容」について理解できるようにしましょう。

X線検査

X線検査は、ほかの命にかかわるような疾患との鑑別にもなるため、特に重要です。咳を呈する動物の検査には必要不可欠な項目です。

表1-1-2　検査項目一覧

検査項目		確認すべきこと
一般的に実施する項目	身体検査	栄養状態（体重・BCS）、TPRの異常、口腔内の異常の有無、各リンパ節の腫大の有無、外貌の異常の有無、発咳テスト（頸部気管圧迫試験）、呼吸状態（開口呼吸、チアノーゼ、吸気・呼気時間の延長など）
	聴診	心雑音、肺音、上部気道閉塞音
	口腔内観察	歯垢・歯石の付着、歯肉炎、腫瘤の有無、異物の有無、出血、嚥下、舌の動き
	X線検査	頸部〜胸部の異常の検出 頸部ラテラル（吸気・呼気）、頸部sky view（**図1-1-4**） 胸部ラテラル（吸気・呼気、**図1-1-5**）、胸部VD像
	血液検査	全身状態の把握、炎症の有無
必要に応じて実施する項目	CT検査	肺疾患、特に腫瘍性疾患の除外のために実施。X線検査よりもより詳細な評価が可能
	X線透視検査	気管の動的変化の評価に有効で、吸気・呼気での気管の変化を観察
	気管支鏡検査	気管用の軟性鏡を用いて気管内を直接観察すると同時に、腫瘤性病変の確認や喉頭の動きを確認

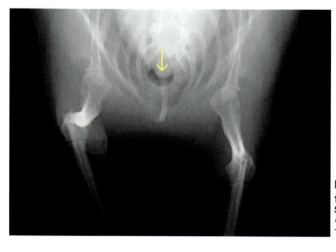

図1-1-4　頸部X線画像（sky view）
伏せの状態で首を上に持ち上げて撮影するとこのようなSkyView像が撮影できる。胸郭入口付近の頸部気管を真上から撮影することで、頸部気管の膜性壁をより詳細に描出可能である。図は頸部気管の膜性壁の下垂が描出されている（⬇）。

気管虚脱

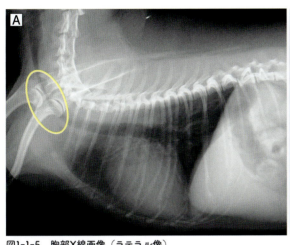 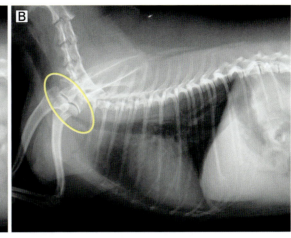

図1-1-5　胸部X線画像（ラテラル像）
頸部気管虚脱では吸気時に頸部気管がつぶれ、胸部気管虚脱では呼気時に胸部気管がつぶれるという動的変化が認められる。この図は、頸部気管虚脱の事例。
A：吸気時、頸部気管が陰圧に負けてつぶれることで気道が狭くなっている
B：呼気時も膜性壁の下垂がみられるが、吸気時よりは重度ではない

必要に応じて実施する項目の注目ポイント

気管支鏡検査

確定診断には、気管支鏡検査が最も有用といわれています。しかし、気管支鏡検査やCT検査は、設備上の問題や検査のために麻酔が必要という問題が生じます。そのため、X線検査および臨床症状で診断を行うことが多いです（有用性は気管支鏡検査＞X線透視検査＞X線検査の順となります）（**表1-1-3**）。

気管虚脱の確定診断に至るまでの鑑別診断については**表1-1-4**の通りです。**表1-1-2**にまとめた検査を実施することで、気管虚脱と他疾患を見分けていきます。

表1-1-3　気管虚脱の確定診断方法

☐ 臨床症状
☐ X線検査
☐ X線透視検査
☐ 気管支鏡検査

表1-1-4　鑑別診断

症状・部位		内容
上部気道閉塞の鑑別診断	鼻腔内疾患	炎症、異物、腫瘍
	鼻咽頭疾患	短頭種気道症候群、鼻咽頭ポリープ、異物、腫瘍
	喉頭疾患	喉頭麻痺、喉頭虚脱、喉頭小嚢の反転、腫瘍
	気管内疾患	気管虚脱、異物、腫瘍
咳の鑑別診断	喉頭炎	ウイルスや細菌感染による喉頭の炎症、喉の違和感や疼痛を生じる
	気管支炎	気管支を中心に炎症を起こし、乾いた咳もしくは痰の絡んだような湿った咳が生じる
	肺炎	肺の奥（肺胞）に炎症を起こし、発熱や呼吸不全を引き起こす
	気管虚脱	気管の物理的な構造異常による気道の閉塞を引き起こす
	気管支虚脱（気管支軟化症）	呼気時に葉気管支が虚脱する
	心疾患	心拡大による物理的な気管の刺激や肺水腫が生じる
呼吸の異常音による鑑別診断	高調スターター「スー・キュー」	鼻腔から鼻咽頭の閉塞を疑う 鼻咽頭狭窄、短頭種気道症候群、鼻炎、鼻腔内異物など
	低調スターター「ズー・ブー」	鼻咽頭後部の軟口蓋と咽頭部の閉塞を疑う 短頭種気道症候群、軟口蓋過長など
	ストライダー「ガーガー」	喉頭部から気管の閉塞を疑う 気管虚脱、短頭種気道症候群、軟口蓋過長など

治療時の動物看護介入

動物看護を行う際の注目ポイント

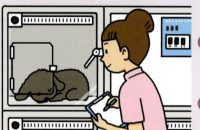

❶ 呼吸状態の観察
・低酸素状態の場合には酸素投与を行う
・熱中症疑いの場合には冷却を行う

❷ 咳の有無の確認
・咳がみられる場合には投薬について獣医師に確認する

❸ 体温管理
・定期的な確認
・体温上昇が見込まれる環境では予防的に冷却を行う

❹ 投薬管理
・動物と飼い主への負担が少ない方法を提案する

❺ 留置針設置部の観察（輸液治療を行う場合のみ）
・こまめに観察し、皮膚炎や感染を防ぐ

❻ 環境整備
・興奮による呼吸状態の悪化を防ぐ

❼ 体重管理
・退院後適正体重を維持できるよう食事管理の指導をする

❽ 創部管理（外科的治療を行った場合のみ）
・定期的に観察し、離開や二次感染を防ぐ

治療方法について

気管虚脱の治療方法は大きく内科的治療と外科的治療に分類されます（**表1-1-5**）。しかし、気管虚脱は物理的な構造異常によるものなので、内科的治療はあくまでも保存的治療であり根本治療にはなりません。軽症事例や慢性事例で安定しているケースでは、内科的治療で維持することも可能です。しかしながら、進行性の病気であるため徐々に症状は悪化していきます。

外科的治療は、気管の構造異常を改善させることが可能で、根本的な機能回復・改善を期待することができます。一方で、技術的な難易度も高く実施可能な施設が限られる、合併症などのリスクを伴うというデメリットがあります。

気管虚脱は、突発的に重度の呼吸困難・チアノーゼを起こすこともあり、適切な救急処置を行わないと最悪の場合、死に至ることもあるので注意が必要です。

※在宅ネブライザー療法については本シリーズ1巻1章-7「肺水腫、肺炎、喘息」内のp.178を参照してください。

気管虚脱

表1-1-5　気管虚脱の治療方法

方法			内容
内科的治療	薬物治療	鎮咳薬	咳自体は気道内の異物を排除するための重要な防御反応であるため、痰の貯留や感染を伴う湿性の咳には用いるべきではない。咳による体力消耗が激しい場合などに使用するが根本治療ではないことに注意する
		気管支拡張薬	気管支拡張作用、粘膜浮腫の減少、炎症の鎮静化が期待される。ただし、気管支を広げても気管を広げる作用はないことに注意する
		去痰薬	生理的な気道内粘液輸送能を補助し、痰を排泄しやすくする
		ステロイド薬	気道内の炎症を抑制する。長期使用は副作用に要注意
		鎮静薬	興奮しやすい事例や重度の呼吸困難を示す事例では安静を保つことが有効
	運動制限		症状が強くでている間は、なるべく運動を避け安静に過ごせるようにする。呼吸が荒くなればなるほど、気道にかかる圧が高くなり気管がつぶれやすくなる
	体重管理		肥満は呼吸状態に大きく影響する。頸部の脂肪による物理的な圧迫も悪化要因の一つとなる。呼吸困難に起因する熱中症リスクも上がる
	吸入療法（ネブライザー）		気道粘膜へ直接薬剤を届けることで、全身投与による副作用の軽減が可能。気道内分泌物の液状化、排除の補助を行う
	酸素投与		呼吸困難時には必須
外科的治療	気管外プロテーゼ設置術		気管の外から気管外プロテーゼ（PLLP：図1-1-6）を装着し、気管の構造を支える
	気管内ステント法		気管の中からステントを装着し、気管の構造を支える

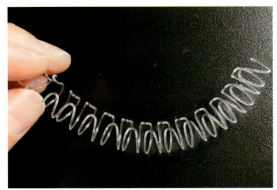

図1-1-6　気管外プロテーゼ（PLLP）

内科的治療

状態が不安定な事例の場合は、下記の内容の管理を行います。

①呼吸状態の観察

［呼吸状態の確認を行い必要に応じて酸素投与と鎮静薬の提案］

来院時すぐに酸素投与の実施の必要性を判定します（必要に応じて挿管管理による気道確保を実施します）。興奮による呼吸状態の悪化があれば鎮静薬を投与し、さらなる悪化を防ぎます。また、過度な興奮による無駄な酸素消費も防ぐ効果が期待できます。

②咳の有無の確認

［抗炎症薬の投与を獣医師に確認する］

気道の炎症・腫脹がある場合、抗炎症薬（ステロイド薬）の投与を行います。

③体温管理

［熱中症の予防］

体温調整がうまくいっていない場合は、輸液、保

冷により体温の適正化を図ります。軽症で外気温が高い場合は、外出時に頸部の保冷を行い体温の上昇を予防します。

の設置部をこまめに観察し、感染などに注意しましょう。

④投薬管理

動物と飼い主に負担の少ない投与方法を提案する

鎮咳薬、抗炎症薬（ステロイド薬）、気管支拡張薬、去痰薬を使用し治療を行います。

⑤留置針設置

静脈留置確保と設置部の観察

採血が可能な状態であれば同時に採血を行い、血液ガス検査を行います。状態が安定したら、X線検査、CBC、血液ガス検査などの検査を行います。留置針

⑥環境整備

興奮による呼吸状態の悪化を防ぐ

急性悪化時の対応実施後は、可能ならば24時間体制の動物看護、呼吸状態、咳、体温のモニタリングを行います。

⑦体重管理

適正体重のための食事管理を行う

肥満傾向であれば、食事量の調整による体重の減量を行います。

外科的治療

⑧創部管理

定期的に観察し、離開や二次感染を防ぐ

術後の痛みや患部の腫脹・熱感などの確認を毎日行います。また、患部を触らないようにエリザベスカラーを着用させ、術後3日間はアイシングを行います。

case 1　内科的治療を実施した事例

【事例情報】
- **基本情報**：ヨークシャー・テリア、不妊雌、3歳3ヵ月齢、3.0 kg、BCS 4/9
- **既往歴・基礎疾患**：なし
- **主訴**：元気はあるがゲーゲー泡を吐く、食欲はあり、泡以外は吐かない、との裏告
- **経過**：ここ数日、咳こんでから吐くようになり、呼吸音も日に日に悪化。
- **各種検査所見**
  ・身体検査所見：一般状態は良好。診察室でガチョウ鳴き様呼吸（goose honking）を確認
  ・X線検査所見：頸部気管虚脱
- **治療内容**：胴輪（ハーネス）への切り替え、薬物治療（鎮静薬、ステロイド薬の投与）

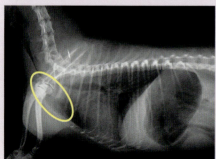

case 1の胸部X線画像
頸部気管の狭窄

気管虚脱

観察項目

- [ ] 一般状態の確認
- [ ] 来院時の呼吸状態
  - 呼吸様式、呼吸音
  - チアノーゼの有無
- [ ] 咳の有無
- [ ] 運動不耐性の確認
  - 運動時の呼吸状態の確認
- [ ] X線検査による気管の確認および他疾患の除外　　など

POINT　病態の判断

まずは呼吸困難・チアノーゼなどの命に関わるようなすぐに対処が必要な病態かどうかの判断を行います。

進行状況の確認

内科的治療は根本治療ではないため、進行状況の確認は必須です。そのため、下記の項目について確認するとともに定期検査も実施し、状態の悪化が生じていないか確認を行いました。

- 自宅での呼吸様式の変化、運動不耐性の進行の確認
- 咳の有無
- 食欲、体重などの変化の有無

自宅でのケアに関する飼い主指導

下記の項目に関する指導を実施しました（具体的な解説についてはp.14を参照）。

- 体重の制限
- 過度な興奮の制限
- 熱中症の予防
- 頸部を圧迫しない

※首輪を胴輪（ハーネス）に切り替えるのも有効ですが、頸部を圧迫してしまうものもあるので注意が必要です。

特に肥満は熱中症のリスクが高まるだけでなく、気道の直接の圧迫原因となります。将来の健康のためにも、適正な体重を維持することの重要性を飼い主に知ってもらう必要があります。

case 2　外科的治療を実施した事例

【事例情報】

- **基本情報**：トイ・プードル、去勢雄、13歳8ヵ月齢、2.95 kg、BCS 4/9
- **既往歴・基礎疾患**：なし
- **主訴**：興奮すると咳が出る、苦しそう、との稟告
- **経過**：以前からも咳はずっと続いていたが、ここ1ヵ月徐々に悪化してきて、興奮すると苦しそうに咳をするようになった
- **各種検査所見**
  - 身体検査所見：通常時は咳がでてもそれほどひどくないが、興奮すると咳がひどくなりチアノーゼも生じていた。また、横臥になると咳は重度で呼吸困難となった
  - 血液検査所見：特異所見はなし
  - X線検査所見：重度の頸部気管虚脱
- **治療内容**：気管外プロテーゼ設置術、薬物治療（鎮咳薬、ステロイド薬、気管支拡張薬、抗菌薬の投与）

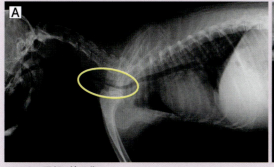 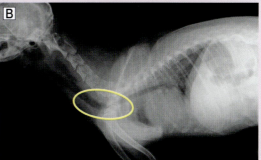

case 2の頸部X線画像
A：手術前、B：手術後
頸部気管が術前に比べ明らかに広がり、気管虚脱が改善している。

観察項目

観察項目に関してはcase 1の内科的治療と同様となります（p.13を参照）。

術後ICUでのバイタルサインのモニタリング

麻酔後の状態（特に呼吸状態）を観察するために、術後は可能であればICUにて24時間動物看護を実施し、意識レベルの確認、体温、心拍数、呼吸数（呼吸様式も含む）、肺音、血圧、毛細血管再充満時間（CRT*1）、疼痛の有無の確認を行います。本事例は特に呼吸状態の異常もなく経過が良好であったため、手術翌日には酸素ケージでの管理を終了（＝酸素カット）し、通常の入院ケージに移動となりました。

術後の活動性、呼吸状態の確認

術後の痛みや患部の腫長・熱感などの確認を毎日行いました。また、患部を触らないようにエリザベスカラーを着用させ、術後3日間はアイシングを行いました。

疼痛管理や鎮咳薬の投与、ネブライザーを行い、極力興奮させないように、咳をさせないように心掛けました。

5日間入院し状態も落ち着いており経過が良好であったため、退院となりました。

退院後の自宅でのケアに関する飼い主指導

自宅では安静を心掛け、散歩も控えてもらうようお願いしました。

退院から1週間後に再診のため来院し、創部の確認を行った後、獣医師により抜糸が実施されました。以後、定期検診を勧めました。

飼い主支援

散歩（運動）時のリードなどに対する指導

飼い主は普段、首輪に直接リードを付けたり、ハーネスにリードを付けて散歩をしていると思います。しかし、気管虚脱の原因の一つとして、気管の圧迫が考えられています。そのため、飼い主から散歩や運動に関する話を聞く際には「犬が走ってしまいリードが突っ張った時に、咳をすると感じたことはありませんか？」など、具体的な状況が想像できるような会話を心掛けましょう。

リードが突っ張ることで気管が圧迫され、咳が起きることがないように**図1-1-7**のような商品も開発されています。このように工夫されたものもあるので、今一度、飼い主に普段使用しているものを聞き、個体に合わせたアドバイスができるとよいでしょう。

体重管理に対する指導

気管虚脱の原因として肥満も考えられています。太りすぎは、過呼吸を悪化させる要因となります。普段から犬・猫の適正体型を見て、飼い主に食事量や運動量を調節してもらえるようなアドバイスができるようになりましょう。

適正体型

犬・猫の適正体型とは、痩せすぎず、太りすぎず、程よく筋肉や脂肪がついている体型のことをいいます。犬・猫の適正体型をチェックできる「ボディ・コンディション・スコア（BCS*2）」は視診と触診で、痩せすぎ・適正・太り気味・太りすぎを9段階で評価します（**図1-1-8、表1-1-6**）。

図1-1-7　気管にやさしいハーネス
Y字のような形で気管を避け、胸で支える設計となっている。

*1 Capillary Refill Time ／ *2 Body Condition Score

気管虚脱

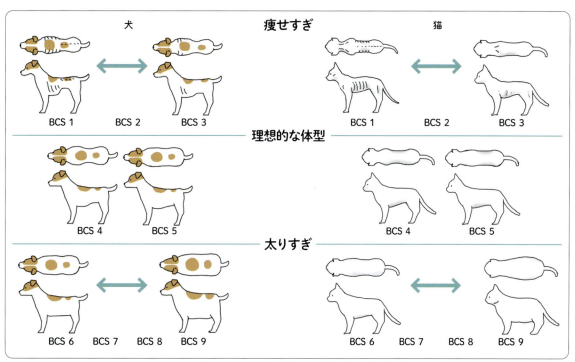

図1-1-8　BCSのチェック方法（犬・猫）（9段階）

表1-1-6　BCSの判断基準

BCS	判断基準
BCS 1	遠くからでも肋骨などの骨がはっきり見える、触れる体脂肪がほとんどない状態
BCS 3	腰のくびれが明らかで、骨盤周囲が骨ばって見え、触れる体脂肪がほとんどない状態
BCS 4～5	腰のくびれが明らかで腹の巻き上がりがはっきりしている、肋骨は余分な脂肪に覆われることなく容易に触れる状態
BCS 6	腰のくびれはあるが、あまりはっきりしていない、腹の巻き上がりがある、肋骨はわずかに余分な脂肪に覆われているが触れる状態
BCS 7	腰のくびれはほとんどまたは全くない、腹の巻き上がりはほぼない、肋骨はかなりの脂肪に覆われるがなんとか触れる状態
BCS 9	腹部は明らかに丸みを帯びている、腰のくびれおよび腹の巻き上がりはない、首と四肢に脂肪沈着がある状態

※BCS 4～5が適正な体型といわれています。（ロイヤルカナンジャポン合同会社：https://www.royalcanin.co.jp/dictionary/column/20150220 より引用・改変）

ステップアップ！熱中症

　気管虚脱の場合、呼吸機能がうまく働かないため体温調節が難しく熱中症になりやすい傾向があります。

　動物はヒトと異なり発汗による熱の放散ができません。そのため、呼吸によって水分を蒸散させて体温を下げようとします。しかし、気温や湿度が極端に高い場合、犬自身の呼吸によって体から放散できる熱の限界を超えてしまい、高体温、呼吸促迫、元気・食欲の消失、ふらつき、流涎、吐き気、眼が揺れる、などのさまざまな症状がでます。

　咳や気管虚脱が分かっていても、二次的に熱中症を起こしてしまう場合もあるので体温管理などにも注意が必要です。

COLUMN　熱中症のステージ分類についても押さえよう！

● ステージⅠ

犬は暑さにさらされると浅く速い呼吸を始めます。これをパンティングと呼び、舌を出し唾液を蒸発させて体温を下げようとします。

● ステージⅡ

パンティングがさらに速くなり、よだれを流し始めます。体温が上昇し、脈も速くなって口の中や眼の粘膜が充血します。

● ステージⅢ

呼び掛けに対する反応が鈍くなったり、けいれん発作や嘔吐、下痢を起こす場合もあります。体温の上昇がさらに続くと脱水症状により血液が濃くなり、酸欠症状により舌や可視粘膜などの色が紫色になります。心拍数の低下に伴い血圧が下降して呼吸不全となり、対応が遅れればショック症状を起こして死に至る可能性があります。

まとめ

咳を主訴に来院されることはよくあるかと思います。

その中でも、異常な音がする、緊急性が高いなど、レベルを知った上でしっかりと見極め正しい対応ができるようになってもらえたらうれしいです。

気管虚脱については、はっきりとした原因が分かっていませんがいくつかの要因は挙げられています。その要因に早い段階で気が付き、指導していきましょう。

咳、気管虚脱について少しでも皆さんの日々の動物看護に役立ててもらえれば幸いです。

愛玩動物看護師・五家めいみ

「咳」と一言で言ってもさまざまな病態があり、その中でも軽症〜重症まで幅広く存在します。まずはすぐにでも命にかかわるかどうかの見極めが非常に重要ですので、動物たちの症状をきちんと観察することが第一歩かと思います。動物病院内では咳がでないことも多くありますので、実際に自宅で咳をしている動画を撮ってきてもらうなどの工夫も提案できるとよいですね。プラスアルファの提案ができる一流の愛玩動物看護師を目指して頑張っていきましょう。その手助けが少しでもできれば幸いです。

獣医師・有藤翔平

監修者からのコメント

咳は極めて重要な生体防御反応の一つで、咳をしたから病気とはいい切れません。しかし、意外にも飼い主は咳と思っていないことが多く、われわれが咳の真似をしてみたり、あらかじめ動画で撮影していたものを見せた時に、初めてこれが動物の咳だったと認識します。「これだったら、もう何年も前からしていた。何か喉につかえたかと思っていました」ということもしばしばあります。このように咳が止まらなくなり、苦しい呼吸状態になって初めて来院する方も多い、というのが気管虚脱の典型的なケースです。

気管虚脱はあらゆる犬種で発生がみられますが、その中でも多いのがポメラニアンやヨークシャー・テリアなどのトイ種で、中高齢で発生する確率が高まります。ひどい場合でも外科的に対応は可能ですが、さらに進行すると胸部気管や気管支までが虚脱していきます。そんなにひどくなる前の段階で、まずは数回であっても咳がみられる場合には、きちんと診断するべきであると思います。そこで、愛玩動物看護師の皆さんには、ワクチン接種や健康診断などで来院した際の注意点の一つとして、咳に目を向けられればと思います。咳だけで病気とはいい切れないけれど、気管虚脱だけではなく、慢性気管支炎や心臓病など重大な病気が潜み、闇の中で進行しているかもしれない。動物目線、飼い主目線で「咳」を捉えましょう。

獣医師・米澤 覚

第1章 管理が重要な命にかかわる症候／疾患の動物看護

2. 咳②
「咳をしている」／僧帽弁閉鎖不全症

執筆者
池田正子（いけだまさこ）／
愛玩動物看護師（大通どうぶつ病院）

住吉義和（すみよしよしかず）／
獣医師（大通どうぶつ病院）

監修者
菅野信之（かんののぶゆき）／
獣医師（動物心臓外科センター）

症状 咳

主訴 「咳をしている」

STEP UP! 呼吸器疾患（気管虚脱）と合併しているケース

本稿の目標
- 僧帽弁閉鎖不全症でなぜ咳が生じるのかを理解する
- 咳の問診の取り方のポイントを押さえる
- 呼吸状態を確認し、酸素室への誘導が必要か否かの判断ができる

"咳"と"僧帽弁閉鎖不全症"

　一次診療の現場で咳は日常的に出会う主訴の1つです。咳の原因は呼吸器疾患や循環器疾患など多岐にわたりますが、本稿では僧帽弁閉鎖不全症による咳に着目していきましょう。咳が主訴で来院した動物の問診の際に、「咳がいつから気になり、ひどくなっているのか」、「どのようなタイミングなのか（興奮時or安静時、外出時or室内）」を聞き出し、重症度まで推測できる愛玩動物看護師を目指しましょう。また、来院時の動物の呼吸状態を確認し、苦しそう（努力性呼吸をしている）と感じたら、獣医師に確認し問診や診察を行う前に酸素室へ誘導する必要があります。

　本稿を通して僧帽弁閉鎖不全症の病態を理解し、明日からの問診や動物看護に活かしていきましょう。

第1章 管理が重要な命にかかわる症候／疾患の動物看護

動物看護の流れ

case 咳「咳をしている」

ポイントはココ！ p.20

"咳"の原因として考えられるもの

- 気管虚脱
- 気管支虚脱（気管支軟化症）
- 犬伝染性気管気管支炎（ケンネルコフ）
- 気管支喘息
- 肺炎
- 気管支炎（急性～慢性）
- 僧帽弁閉鎖不全症
- フィラリア症
- 誤嚥
- 誤飲（気管内異物）　など

押さえておくべきポイントはココ！

～"咳"と"僧帽弁閉鎖不全症"の関係性とは？～

①病態生理で押さえるポイントは"心臓の形態と収縮の仕組み"
②僧帽弁閉鎖不全症の重症度分類

上記のポイントを押さえるためには
情報収集が大切！

検査 p.22

一般的に実施する項目

- ☐ 身体検査（体重・TPR・視診・触診・聴診）
- ☐ 胸部X線検査
- ☐ 心電図検査
- ☐ 心臓超音波検査（心エコー検査）
- ☐ 血圧測定（非観血的）
- ☐ 血液検査

僧帽弁閉鎖不全症

"僧帽弁閉鎖不全症"と診断

治療方法
- 投薬による内科的治療：血管拡張薬・強心薬・利尿薬など、事例の重症度に応じて使い分ける
- 外科的治療（僧帽弁形成術）：断裂した腱索の再建など

内科的治療

case1
- 僧帽弁閉鎖不全症の治療経過中に咳を認めるようになった事例
  - 問診（動物の様子の確認）
  - 検査補助
  - 処方薬の用法用量の説明
  - ☐ 注意したこと
    ・検査中の呼吸状態の確認
    ・検査と酸素室の準備

case2
- 重度の咳を主訴に来院した事例
  - 待合室での状態を確認し、酸素室への誘導が必要かを素早く判断する
  - ★case 1 と異なる介入ポイント：待合室での咳の状況を確認し、呼吸状態と舌色の変化を見逃さないこと

観察項目（case1）
- 院内での呼吸様式と回数
- 咳の状況（いつから、どのタイミングに多いか、悪化しているか）

観察項目（case2）
- 来院時の呼吸回数
- 舌色の確認

治療時の動物看護介入 p.26

飼い主支援 p.29

経過に応じた飼い主支援
（case 1・case 2 共通）
- 定期検査
- 投薬指導
- 食事管理
- 散歩の提案
- 在宅酸素室の提案

 STEP UP! 「呼吸器疾患（気管虚脱）と合併しているケース」について考えてみましょう！ p.31

長期的な治療や管理が必要なポイントはココ！

"咳"と"僧帽弁閉鎖不全症"の関係性とは？

"咳"の原因として考えられるもの

咳の原因として考えられる疾患は下記のような呼吸器疾患、循環器疾患、感染症が挙げられます。その中から本稿では「僧帽弁閉鎖不全症」に関して、解説します。

- 気管虚脱
- 気管支虚脱（気管支軟化症）
- 犬伝染性気管気管支炎（ケンネルコフ）
- 気管支喘息
- 肺炎
- 気管支炎（急性〜慢性）
- フィラリア症
- 僧帽弁閉鎖不全症
- 誤嚥
- 誤飲（気管内異物）　など

心臓の形態（解剖・構造）

心臓は頂点が下方を向いた円錐形をしており、心臓の先端（心尖部）が正中よりやや左側に寄った状態で位置しています。構造として、右心房・右心室・左心房・左心室の4つの部屋と、心臓から血液を送り出すための大動脈と心臓に血液を届けるための大静脈から構成されており、それぞれを仕切るために4つの弁（僧帽弁・三尖弁・大動脈弁・肺動脈弁）が存在します（**図1-2-1**）。

血液循環について

血液の流れについても押さえておきましょう。

全身からの血液は前大静脈、後大静脈および奇静脈を経由して右心房に入り、三尖弁を通り右心室に入ります。その後、肺動脈弁を通過して肺動脈を通り肺で酸素化された血液が肺静脈を伝い、左心房を経由して僧帽弁を通って左心室に入ります。そして大動脈弁を通過して全身へ血液が送り出されます。

心臓が収縮する仕組み

最初に洞房結節（洞結節）という部位が指令を出し、左心房全体に電位を送り興奮を引き起こして左心房を収縮させます。次に房室結節という部位に電位が送り込まれ、左心室内にあるヒス束やプルキンエ線維を興奮させて左心室を収縮させます。この一連の流れで心臓は全身に血液を送り出すポンプの役割を担っています（**図1-2-2**）。

※洞結節の興奮刺激は右心房の収縮も同時に引き起こしますが、今回解説は割愛します。

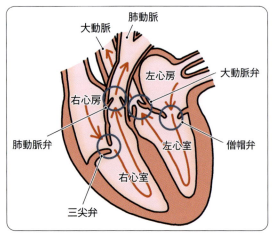

図1-2-1　心臓の形態

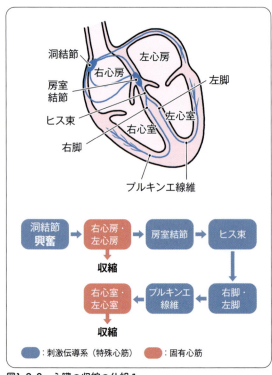

図1-2-2　心臓の収縮の仕組み

僧帽弁閉鎖不全症

僧帽弁閉鎖不全症の病態生理

僧帽弁閉鎖不全症とは、僧帽弁の粘液腫様変性により、弁の閉鎖に障害が起こり、血液の一部が左心室から左心房に戻ってしまう疾患です（**図1-2-3**）。初期には臨床徴候は認めず軽度な僧帽弁逆流として始まり、僧帽弁の病変の悪化に伴い数ヵ月〜数年の単位でゆっくりと進行します。しかし、一部の事例では僧帽弁の腱索断裂により、逆流量の急激な増加が生じ急性肺水腫を呈する場合があります。

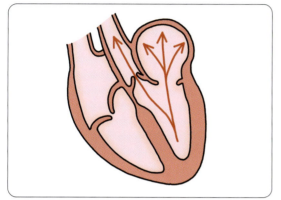

図1-2-3　僧帽弁閉鎖不全症

重症度の分類について

この疾患の重症度の分類とそれに応じた症状（軽度・中等度・重度）を把握しておきましょう。重症度はアメリカ獣医内科学会（ACVIM[*1]）が公表した分類を用いて評価し、ステージA／B1／B2／C／Dの5段階に分類されています（**表1-2-1**）。

一般的な進行のプロセスとして、僧帽弁の粘液腫様変性から僧帽弁逆流が生じ、雑音が聴取されるようになります（軽度）。その後、僧帽弁逆流により左心房拡大が進行し、これが主気管支を圧迫し咳がでるようになります（中等度）。同じ時期に運動不耐性も認めるようになります。最終的には肺水腫や肺高血圧症といった病状に進行し、呼吸不全や失神を呈するようになります（重度）。

中等度で確認される咳については、細分化すると初期段階では興奮時にのみ認めますが、進行とともに安静時や睡眠時の体勢変換でも確認されるようになります。

表1-2-1　僧帽弁閉鎖不全症の重症度分類（ACVIM ステージ）

ステージ分類	定義
A[※1]	弁膜疾患に罹患するリスクが高いが現時点で認められていない
B1[※1]	無症状で左心房拡大などのリモデリング[※2]がない
B2	無症状だが左心房拡大などのリモデリングがある
C	うっ血性心不全が過去にあったか現在も認められる
D	標準的な治療に反応しない末期心不全

※1 ステージA／B1で咳を認める場合は、呼吸器疾患の可能性が高いことを示唆します。
※2 リモデリング：心臓病による圧負荷や容量負荷といったストレスに対し、心臓の働きの恒常性を保つため、代償的に心臓の構造が変化すること。

[*1] American College Of Veterinary Internal Medicine

検査

一般的に実施する項目

- ☐ 身体検査（体重・TPR・視診・触診・聴診）
- ☐ 胸部X線検査
- ☐ 心電図検査
- ☐ 心臓超音波検査（心エコー検査）
- ☐ 血圧測定（非観血的）
- ☐ 血液検査

一般的に実施する項目の注目ポイント

僧帽弁閉鎖不全症疑いの動物が来院した際に行う検査項目は**表1-2-2**の通りです。それぞれの検査内容を理解し、素早い対応ができるようにしましょう。

また、事例の呼吸状態などが悪い場合、検査が負担になる可能性もあるので、臨機応変に対応できるようにしましょう。

表1-2-2　検査項目

検査項目	確認すべきこと
身体検査	視診、触診、聴診、体重とボディ・コンディション・スコア（BCS）の変化
	体温、心拍数、呼吸数（TPR）
胸部X線検査（**図1-2-4、5**）	心臓のサイズ［（椎骨心臓スケール（VHS[*1]）、椎骨左心房サイズ（V-LAS[*2]）］
	肺のうっ血所見がないか（呼吸状態が悪い事例はDV像から撮影）
	左心房の拡大による気管支の圧迫がないか（気管支軟化症）
	気管の挙上がないか（吸気・呼気で撮影）
心電図検査（**図1-2-6**）	不整脈
	P波の延長（左心房の拡大）
	R波の増高・QRS群の延長（左心室の拡大）
血圧測定（非観血的）（**図1-2-7**）	高血圧（後負荷の増加により僧帽弁逆流の悪化につながる）
	低血圧（心不全の進行とともに心拍出量の低下につながる）
心臓超音波検査（**図1-2-8、9**）	両心房・心室のサイズの変化
	4つの弁の異常の有無
血液検査	肝・腎機能の評価と基礎疾患の有無

胸部X線検査

ラテラル像の撮影時は呼吸状態の確認を行ないながら、体の傾きがないかを確認します。

血圧測定

緊張の緩和を図ること、血圧の機材とカフは同じ高さを保つことをとくに注意します。

心電図検査

体の震えによる筋電位を拾わないように注意します（肘裏・膝上辺りに電極を付けます）。

[*1] Vertebral Heart Scale ／ [*2] Vertebral Left Atrial Size

僧帽弁閉鎖不全症

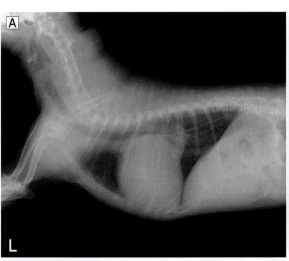

図1-2-4　胸部X線検査
A：ラテラル像、B：DV像。
両心房・心室のサイズの変化を確認します。

図1-2-5　胸部X線検査時の保定
A：ラテラル像撮影時の保定
B：VD像撮影時の保定

> ⚠ **注意事項**
>
> 急変の危険があるので心臓の悪い事例にはVDでのX線撮影は避けましょう。伏臥位（DV）などで撮影するなどの工夫をしましょう。

図1-2-6　動物用心電計の一例
図は動物用心電図自動解析装置D800（フクダエム・イー工業株式会社）

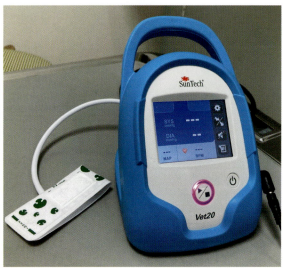

図1-2-7　オシロメトリック式による自動電子血圧計（動物用）

心臓超音波検査

僧帽弁閉鎖不全症の診断とその重症度の判定には心臓超音波検査が必須となります（**図1-2-8A**）。この検査では両心房・心室のサイズの異常の有無を、さまざまな断層像から確認することができます。僧帽弁閉鎖不全症は名前の通り僧帽弁が閉鎖できず、徐々に弁が肥厚する病態です（粘液腫様変性）。さらに進行すると左心房および左心室の拡大が確認されます（**図1-2-8B**）。カラードプラ法を用いて左心房内にモザイク状の血流シグナルを観察し、その血流速を測定します（**図1-2-8C**）。検査時の保定は一人もしくは二人で行います。

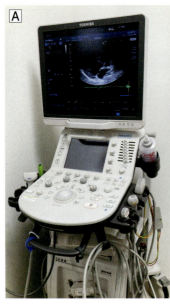
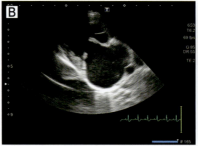
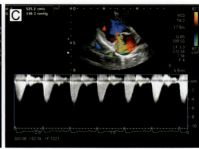

図1-2-8　心臓超音波検査
A：超音波画像診断装置
B：右傍胸骨四腔断層像
C：連続波ドプラ法で計測した僧帽弁逆流血流速

POINT　心臓超音波検査時の保定

　動物は横臥位にして、検査中動かないようにしっかり持つようにしましょう。
　動物の下側になるほうの前肢（肘）を前方に伸ばすと基本断層像が描出しやすく、スムーズに検査が進みます。
　呼吸状態の変化や舌色の異常がないかをしっかり観察しましょう。

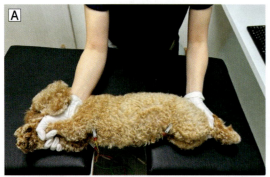
A：一人での保定

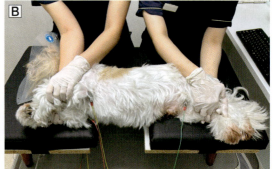
B：二人での保定

当院における心臓検診の流れ

実際の事例をみてみる前に、まずは当院で心臓の検診をする際の「預かり検査」の場合の流れを紹介します。

検査日当日

朝食と投薬を済ませた後、来院してもらう

血液検査を行う際は食事により正しく評価できない項目があるため、朝食を抜いてきてもらいます。

来院時

待合室で動物の呼吸状態をまず確認し、安定していれば問診を実施する

呼吸状態については、自宅での様子と来院時の呼吸様式に変化がないか確認を取ります。来院した際に「呼吸が荒く、チアノーゼを呈する咳」を呈している場合には、先に動物を酸素室（ICU）へ誘導できるように獣医師へ確認を取ります。呼吸状態が悪いと判断された場合、診察までICUで預かり、酸素投与を行います（**図1-2-9**）。この場合、愛玩動物看護師の適切で素早い判断が動物の状態の安定につながります。

図1-2-9　ICUでの酸素化

検査中

つねに呼吸状態の変化に気を配りながら観察する

呼吸状態の悪い事例では酸素を投与しながら検査を行う場合があります。また検査中に呼吸状態の悪化（チアノーゼなど）を認めた場合には、一度酸素室に戻し、呼吸を整えます。

重症事例で、なおかつ飼い主と離れることの不安から呼吸状態が悪化するような事例は、飼い主に立ち会ってもらい検査を行う場合もあります。動物病院では緊張と不安、ストレスといった要素が咳や呼吸状態の悪化につながることはよくあります。

検査後

呼吸状態の悪化がないかを観察する

肺水腫を疑う場合は、より注意深く呼吸様式と回数を確認する必要があります。

飼い主へ説明する

検査結果をまとめ、飼い主に説明します。

会計時

処方薬の用法用量を説明する

当院では薬剤の作用を飼い主に知ってもらうため、薬袋に薬剤名を記入しています（**図1-2-10**）。また、会計前に飼い主に会うと興奮してしまい呼吸状態に影響し、飼い主も落ち着いて会計ができなくなるため、会計後に動物を返すようにしています。

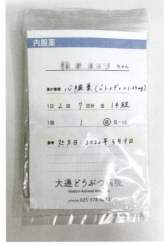

図1-2-10　当院で用意する薬袋の例

帰宅時／帰宅後

状態の変化を観察してもらう

移動や検査が負担になることもあるため、帰宅中および帰宅後も状態に変化がないか様子をみてもらいます。

第1章 管理が重要な命にかかわる症候／疾患の動物看護

COLUMN　運動不耐症

僧帽弁閉鎖不全症の症状の1つに運動不耐性があります。これは「以前よりも疲れやすくなった」「散歩を喜ばず、すぐ帰りたがる」といった変化のことです。このような変化がないかを問診で聴収することも重要です。その際、「若い頃はできていたのにできなくなったことはありませんか」と聞くと思い描いた返事が返ってきやすくなります。

また咳は僧帽弁閉鎖不全症に限らず、呼吸器疾患でも確認され体力を消耗します。それにより食欲の低下から筋力の低下につながり、その結果体重の減少を引き起こします。僧帽弁閉鎖不全症を治療している事例では、体重が減らないことが長期予後に重要です。「体重は変わりなさそうですか？」と一声掛けることも必要なスキルです。

治療時の動物看護介入

動物看護を行う際の注目ポイント

❶ 投薬管理
・薬の種類や保管方法、投薬方法などを分かりやすく伝える

❷ 状態の観察
・チアノーゼや努力性呼吸がみられた場合には酸素室へ案内する
・咳がどのタイミングで起き、ひどくなっていないかを聴取する
・保定時は、呼吸への影響を考慮し、負担の少ない体位を選択する

❸ 環境管理
・興奮による呼吸状態の悪化を防ぐ

❹ 食事管理
・適正体重を維持できるよう指導する

治療方法について

治療の目的は、僧帽弁からの血液の逆流量の軽減と心拍出量を維持することです。それにより咳や失神などの症状を抑え、生活の質（QOL*2）を良好に保つことにつなげます。

主な治療方法は内科的治療ですが、近年では僧帽弁閉鎖不全症の外科的治療（僧帽弁形成術）が普及してきています。現状、実施できる施設に限りがありますが、僧帽弁閉鎖不全症を治す唯一の方法として注目されています（ACVIMステージB2以上の事例が適応）。

※本書では多くの動物病院で実施可能な内科的治療についてのみ解説します。

内科的治療

実際の僧帽弁閉鎖不全症の治療は、さまざまな薬剤を組み合わせて使用する薬物療法となります（**表1-2-3、4**）。心臓だけではなく、体全体の臓器のバランスを取らなければならないため、事例の重症度に合わせて、薬剤の選択を天秤にかけるようなイメージで行います。

①投薬管理

[ストレスの少ない投薬方法を
わかりやすく説明する]

動物医療の進歩に伴い、動物用の治療薬も増えていますが、依然として一部の薬剤は人体薬を使用し

*2 Quality Of Life

僧帽弁閉鎖不全症

ています。そのため、薬の形状や苦みによる飲みづらさはつねに問題となります。投薬自体が毎回一定のストレスを与えてしまうことも多く、動物の性格と飼い主が投薬できる範囲に合わせて薬剤を選択するために、投薬状況について確認することも重要です。

また、利尿薬を使用する場合は、腎臓への負担を確認しながら投薬量を慎重に調整する必要があるため、自宅での尿量と飲水量も飼い主から聴取しましょう。

②状態の観察

早期に状態の悪化に気が付く

呼吸や咳の有無などを把握するために、来院したらすぐに動物の状態を確認します。異常が確認された場合には、酸素室への誘導も行います。

動物の負担が少ない保定

保定時には呼吸への影響が少ない体位を選択し、急変がないか動物の状態を観察しながら保定しましょう。緊急的に病態把握が必要な場合には、伏せやお座りの姿勢で心臓超音波検査を実施することもあります。

③環境管理

安静状態を維持できるよう工夫する

興奮は呼吸状態や咳を悪化させる要因となるため、事例に合わせて安静状態を維持できるように工夫します。飼い主がいないと興奮する事例の場合は、飼い主に検査などに立ち会ってもらいます。反対に、飼い主がいると興奮してしまう事例では、会計が終了するまで預かるなどの工夫が必要です。

また、投薬以外の補助的な治療として、在宅酸素室を飼い主にレンタルしてもらうこともあります（**図1-2-11**）。

④食事管理

適正体重に維持できるように指導する

低ナトリウム食を推奨します。肥満は呼吸状態の悪化要因となるため、適正体重の維持が重要です。カロリー計算をして、体重維持に必要な1日のカロリーを伝えます。減量指導が必要な事例には、おやつから減らすように指導します。また、病状が進行すると食欲不振が起こります。食欲が低下している事例に関しては、体重が減少しないように安定して食べるフードを選択しましょう。

表1-2-3　目的と使用薬剤

目的	使用薬剤
容量負荷（静脈から心臓に戻る血液量）の軽減	血管拡張薬・利尿薬
圧負荷（動脈に血液を送る際にかかる心室の負担）の軽減	血管拡張薬
収縮性の改善	強心薬
心拍数の制御と抗不整脈	β遮断薬

表1-2-4　各種治療薬一覧

	種類	治療薬の例
血管拡張薬	アンジオテンシン変換酵素阻害薬（ACEI）	エナラプリルマレイン酸塩（エナカルド）
		ベナゼプリル塩酸塩（フォルテコール）
		ラミプリル（バソトップ）
		テモカプリル塩酸塩（エースワーカー）
		アラセプリル（アピナック）
	Ca拮抗薬	アムロジピンベシル酸塩（アムロジピン）
強心薬		ピモベンダン（ベトメディン、ピモベハート、dsピモハート）
		ベナゼプリル塩酸塩とピモベンダンの配合剤（フォルテコールプラス）
利尿薬		フロセミド（ラシックス）
		トラセミド（トラセミド）
		スピロノラクトン（スピロノラクトン）
		サイアザイド系利尿薬

※血管拡張薬や利尿薬を使用している事例では、血圧の変動や血液データ（電解質・腎機能）の影響に注意が必要です。

図1-2-11　酸素濃縮器と専用ケージ
（提供：テルコム株式会社）

case 1　僧帽弁閉鎖不全症の治療経過中に咳を認めるようになった事例

【事例情報】
- **基本情報**：チワワ、不妊雌、12歳6ヵ月齢、4.3 kg、BCS 5/9
- **既往歴・基礎疾患**：特記所見なし
- **主訴**：興奮時に咳がでるようになった
- **経過**：半年ごとに心臓の定期検診を行っていた
- **各種検査所見**
  ・身体検査所見：T 38.4、P 150、R 42、収縮期雑音（左側心尖部Levine 5/6、右側心尖部Levine 3/6）、舌色正常（チアノーゼなし）
- **治療内容**：ベナゼプリル塩酸塩・ピモベンダン［フォルテコールプラス（動物薬）］1/2錠 1日2回（BID[*3]）、ベトメディン1.25 mg 1錠 BID

観察項目

- [ ] 院内での呼吸様式と回数
  - 努力性呼吸をしていないか
  - 舌色の確認（チアノーゼの有無）
  - 安静時の呼吸回数のチェック
- [ ] 咳の状況
  - いつ頃から気になるか
  - どのようなタイミングで多いか
  - 気づいてから悪化しているか　など

> **POINT　冷静かつ適切な対応を**
> 無症状で経過観察中だった事例が症状を発症して来院する場合、飼い主・動物ともに不安な気持ちで来院します。そのため、問診では冷静かつ適切な対応を素早く行う必要があります。この対応スキルが飼い主と動物の安心につながります。

問診時に動物の呼吸を確認

まず、来院時に動物を抱っこしてきたか、歩いて入ってきたかを確認します。併せて、動物の顔つきと呼吸状態を確認します。目安としては、1分間に40回以上の呼吸数かどうか、呼吸様式に異常がないかをみて、緊急性の有無を判断します。

本事例では、治療経過中ということで飼い主がいちばん心配されている変化（咳の発症）を診察前に聞き、把握することを重点的に心掛けました。

負担の少ない体位を選択する

咳が主訴のため、診察中に胸部X線検査の準備を行いました。結果次第で、心臓超音波検査を実施する可能性を考え、あらかじめ心臓超音波検査台などを準備し、スムーズに検査に移れるようにもしました。また動物の性格を把握し、保定人数の確認と検査時に呼吸が苦しくならないように保定することを心掛けました。

処方薬の用法用量の説明をする

今まで服用していたベナゼプリル塩酸塩・ピモベンダン（フォルテコールプラス）に加え、新たにベトメディンが処方されることになったため、追加薬剤に関する説明とともに、ストレスなく投薬が行えているかの確認もしました。

また、新たに処方された薬の特徴をなるべく分かりやすく伝えました。

特に重要なのが、動物用の薬にはフレーバーが添加されており、大量に誤食してしまう可能性があることです。そのため、保管にも気を付けてもらうことを必ず伝えるようにしています。

また、飼い主からよく受ける質問として他の薬と同じタイミングの投薬でよいか、飲みづらさや苦みはないか、などがあります。毎日複数の薬剤を確実に飲ませることは大変なことです。そのため、そのことがなるべくストレスにならないように投薬方法（p.30参照）についても何パターンか提案しています。

適正体重を維持できるように伝える

食事内容の確認を行い、適正体重を維持するように気を付けてもらうように伝えました。p.30の「食事管理」にくわしく説明しています。

> **POINT　注意したこと**
> - 検査中の呼吸状態の確認
> - 検査と酸素室の準備
> → スムーズに検査、処置が行えるよう事前に準備をしておきました。検査中や検査後の呼吸状態の変化に応じて、酸素室を準備しておきます。

*3 Bis In Die

case 2　重度の咳を主訴に来院した事例

【事例情報】
- **基本情報**：チワワ、不妊雌、11歳齢、4.3 kg、BCS 4/9
- **既往歴・基礎疾患**：胆泥症
- **主訴**：安静時にも咳がでて、寝つけなかった
- **経過**：3カ月ごとに心臓の定期検診を行っていた
- **各種検査所見**
  - 身体検査所見：T 38.6、P 132、パンティング、収縮期雑音（左側心尖部Levine 5/6、右側心尖部Levine 4/6）、舌色青紫色（チアノーゼあり）
- **治療内容**：ベナゼプリル塩酸塩・ピモベンダン［フォルテコール（動物薬）］1/2錠 BID、ピモベンダン（ベトメディン）1/2錠 BID、スピロノラクトン（スピロノラクトン）1/4錠 BID

観察項目

☐ 待合室での呼吸状態
- 来院時の呼吸回数（パンティングの有無）
- 舌色の確認（チアノーゼの有無）

酸素投与の必要性の判断をする

待合室での状態を確認し、酸素室への誘導の必要性を素早く判断し、対応しました。

POINT　呼吸とチアノーゼ
呼吸状態と舌色の変化をまず見逃さないこと！

薬の用法用量の説明を行う

治療薬の追加［ピモベンダン（ベトメディン）1/2錠 BID、スピロノラクトン（スピロノラクトン）1/4錠 BID］となったので、用法用量の詳しい説明を実施しました。

POINT　飼い主の心のケアも
重度の咳の場合、飼い主も夜間寝られず精神的に不安定なことが多いため、診察以外で愛玩動物看護師だからこそできる飼い主の心のケア（共感の声掛け）を実施しました。

飼い主支援

定期検査

当院では初診の場合、2週間後に治療反応をみるために再診を行っています。その際は確認しておきたい項目のみの検査を実施しています。以降は3カ月ごとの定期検査とし、安定している事例は以降、定期検査を6カ月ごとに設定しています。定期検査時は投薬内容や量の変更があることが多いため、細やかなインフォームドコンセントが必要です。併せて、普段の生活で気になることがないかを聞き出すのも愛玩動物看護師の重要な役割です。

投薬指導

心臓治療薬は経口投与が基本となります。症状が軽減したからといって、飼い主の判断で投薬を中止・減量することは急激な状態の悪化につながる危険性があります。そのため、愛玩動物看護師として自宅での投薬治療の重要性や細やかなアドバイスを飼い主に伝えることが大切です。

具体的な投薬方法について、次のコラムで紹介しているので参考にしてください。

第1章 管理が重要な命にかかわる症候／疾患の動物看護

> **COLUMN　投薬方法の例**
>
> - **フードに混ぜる**
>   少量のフードに混ぜ、食べたことを確認して残りのフードを入れます。
> - **カプセルに入れてインプッターなどの投薬器を使用または直接投薬する**
>   歯肉と口唇の間にはさまり残っていることがあるので、しっかり確認します。
> - **薬剤を粉状にし、ペースト状おやつ、糖液、水などに混ぜ液状にしてシリンジで投薬する**
> - **投薬補助トリーツを使用する**
>   攻撃性が高い動物や食欲の低下している動物への投薬は、動物だけでなく飼い主にも大きなストレスがかかります。そのため、自宅での状態や飼い主の生活リズムも考慮し、その中で最適な投薬方法を提案するようにしています。
>   ※「投薬方法」については本シリーズ2巻p.277 3章-2「投薬」を参照してください。
>
> 投薬補助トリーツの一例
>
>
>
> インプッター　シリンジでの投与　A：スリムジャック（低脂肪）　B：MediBall メディボール　C：PE ペティッツ 投薬補
> （錠剤用投薬器）　　　　　　　　（有限会社ビージェイペット　犬用 ビーフ味（株式会社　助トリーツ〈低アレルゲン〉
> 　　　　　　　　　　　　　　　　プロダクツ）　　　　　　　ジャパンペットコミュニケー　（株式会社QIX）
> 　　　　　　　　　　　　　　　　　　　　　　　　　　　　　ションズ）

食事管理

事例ごとに理想体重での必要摂取エネルギーを計算します。計算式はRER（安静時エネルギー要求量）＝30×［体重(kg)］＋70、またはRER＝70×［体重(kg)］$^{0.75}$と、DER（エネルギー要求量／日）＝1.0～3.0×RER（動物の年齢・体重により係数が異なる）を用います。

> **安静時エネルギー要求量**
> （RER：Resting Energy Requirement）
> ① RER＝70×［体重(kg)］$^{0.75}$
> ② RER＝［30×体重(kg)］＋70kcal

また、低ナトリウム食を提案し、うっ血や悪液質の予防を図ります。さらに、エネルギーとタンパク質を十分に摂取できるようにも気を付けてもらいます。

食欲の低下している動物では、体重が落ちないようにすることを大事にします。この場合、なるべく塩分は控えつつ安定して食べるものを推奨します。

散歩の提案

基本的に咳を呈する僧帽弁閉鎖不全症の事例では、動物の意思に基づく散歩の場合は距離・時間ともに制限はありません。適度な散歩は血行を改善し、食欲の増進につながります。また飼い主と動物の心のリフレッシュとなり、関係性にもよい効果があると思います。

在宅酸素室の提案

僧帽弁閉鎖不全症の進行に伴い、症状を顕著に認めるような事例では在宅酸素室のレンタルを提案することがあります。しかし、酸素室に入れることで興奮する事例では、逆効果となる可能性があるので注意が必要です。

また、体調が悪い際の移動は危険を伴うため、来院前に自宅で十分に酸素化してもらうか、車内に酸素室を設置して来院してもらいます。事前に状況を電話で把握できる場合は、獣医師に状況を伝え、処方されている薬剤の中で来院前に追加で服用したほうがよい薬剤があれば飼い主へその旨を伝えるようにします。

ステップアップ！呼吸器疾患（気管虚脱）と併発しているケース

気管虚脱の病態や重症度判定については本稿では割愛しますが（詳細はp.3「1章-1気管虚脱」参照）、この疾患の初期症状は運動時や興奮時、また寝起きなどのタイミングで乾いた咳を認めるのが特徴です（寒暖差が大きく、乾燥した時期に顕著となる傾向があります）。進行とともにガチョウのような、「ガーガー」した咳が目立つようになります。重症事例では気道閉塞による呼吸困難でチアノーゼを呈し、失神する場合もあります。

臨床の現場では、この気管虚脱と僧帽弁閉鎖不全症が併発している場合があり、咳の原因がどちらにあるのか判断が難しいことがあります。このような事例についてどのように判断していくか、問診・検査・治療についてそれぞれ考えてみましょう。

問診を始める前にできること

来院したタイミングで咳が確認される場合、飼い主が受付をする前に動物の状態をみて問診内容を判断します。まずは咳の特徴を確認します（乾いた咳なのか湿った咳なのか）。気管虚脱が原因となる場合、ガチョウが鳴くような「ガーガー」といった呼吸音は特徴的で分かりやすいものです。また来院時、動物は興奮状態にあるのか、安静（抱っこやキャリーケース内）にしていても咳がみられるのかも確認しておきましょう。

問診中も動物の様子を見逃さない

問診時にまず呼吸状況とその回数を大まかに確認します。努力性呼吸ではないか、流涎やパンティング、嘔吐のようなえずきがないかを確認しましょう。また舌の色を確認しチアノーゼを認める重症事例の場合には、獣医師への報告を素早く行い、診察まで酸素化し状態を安定させる必要があります。しかし事例によっては飼い主から離れると逆に興奮し、状態の悪化につながる恐れもあるため、十分な説明と工夫をした上で預かるようにしましょう。

POINT　問診内容

咳の状況を確認した上で経過を飼い主から聞き出し、以下のようなポイントを押さえて具体的な情報を得るようにします。
- いつから気になるか、ひどくなっているか
- 食欲や元気はあるか
- 運動不耐性（疲れやすい）を認めるか
- 咳のタイミング（興奮時や安静時に加え、自宅で多いか・散歩中で多いか、など）
- 睡眠に支障がでていないか
- 新規の場合、心疾患や呼吸器疾患に関する治療歴

診察および検査中

まずは身体診察がとても重要です。呼吸様式の確認からその回数をチェックし、体温を測定します。喉頭圧迫試験にて咳を認めるか確認します。持続する咳は体力の消耗につながるため、側頭筋の萎縮や被毛状態の悪化がないか確認します。次に聴診にて心臓に雑音が聴取されるかに加え、心拍数を確認しましょう。一般的に咳の原因が気管虚脱である場合は、僧帽弁閉鎖不全症が併発していても心拍数がゆっくりとなるのがポイントです。

検査は胸部X線検査・心臓超音波検査・完全血球計算（CBC）および血液ガス検査を行って判断します。呼吸状態をみて動物の負担にならないよう慎重に検査を進める必要があります。

胸部X線検査

ラテラル像（吸気・呼気）およびDV像の2枚、もしくは撮影ができる場合はVD像を加えた3枚の撮影を基本とします。

獣医師が気管や気管支の形状の変化や肺野の状態を確認します。またVHSやV-LASにて心臓のサイズを客観的に評価します。

心臓超音波検査

咳の原因が心疾患にあるかを判断するには左心房サイズの確認が重要です。右傍胸骨長軸断面での左心房のサイズ（LAD[*4]）、右傍胸骨短軸断面の左心房/大動脈比（LA/AO）を確認します。呼吸状態の不安定な事例では立位もしくは座位で検査をしたほうがよいでしょう。

血液検査・血液ガス検査

白血球数の上昇、炎症マーカー（CRP[*5]）の上昇、換気障害に伴う肝酵素の上昇や呼吸性アシドーシスの有無を確認します。

※「採血」については本シリーズ2巻p.323 3章-5「採血」を参照してください。

case 1　咳の原因が気管虚脱であると判断した僧帽弁閉鎖不全症を併発した事例

【事例情報】
- **基本情報**：チワワ、未不妊雌、13歳齢、3.1 kg、BCS 5/9
- **既往歴・基礎疾患**：胆泥症
- **主訴**：5日前から乾いた咳がではじめ、昨晩から動機と息切れで眠れない状況

検査

身体検査

体温38.8℃、呼吸様式はパンティング、喉頭圧迫試験（＋）、心拍数144回／分で左側心尖部よりLevine4/6の収縮期逆流性雑音を聴取しました。肺音に異常はありませんでした。

胸部X線検査

吸気時のラテラル像にて頸部気管の虚脱を認めました（**図1-2-12**）。

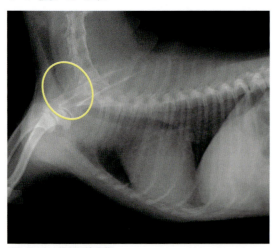

図1-2-12　胸部X線画像
頸部気管の虚脱が認められる（◎）。

心臓超音波検査

右傍胸骨長軸断面にて左心房内にモザイクシグナルを確認しました（**図1-2-13**）。LA/AOは1.73（**図1-2-14**）、左室内径短縮率（FS[*6]）は50.6％、左室拡張期内径（LVIDd[*7]）24.3mm（**図1-2-15**）でした。

保定の方法が動物のストレスになっていないかを確認します。また、検査中に下になる側の前肢をなるべく前方に伸ばすようにすると検査できれいな画像が描出できます。

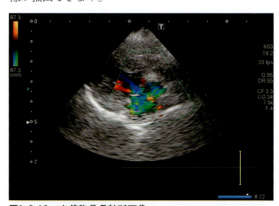

図1-2-13　右傍胸骨長軸断面像
左心房内にモザイクシグナルを確認。

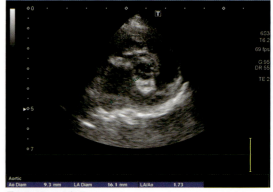

図1-2-14　LA/AO

僧帽弁閉鎖不全症

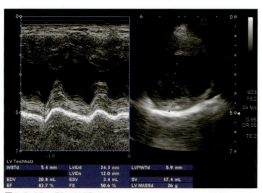

図1-2-15　FS、LVIDd

て咳の原因は僧帽弁閉鎖不全症ではなく、気管虚脱であると判断されました。

内科的治療

ピモベンダン（ベトメディン）0.22 mg/kg（1日2回）、アミノフェリン水和物（ネオフィリン）8 mg/kg（1日2回）（ベトメディン）を処方されました。

経過

2週間後の再診で咳の軽減と呼吸の安定が確認されました。夜間に眠ることができないのは飼い主にとっても大きなストレスとなります。愛玩動物看護師からも「症状がよくなりましたね」と一声かけるなど、飼い主への精神的なサポートを意識すると飼い主との信頼関係が深まるでしょう。

診断と治療

以上より左房の拡大は軽度であり、気管支を圧迫し咳が起こる可能性は低いと判断されました。よっ

case 2　咳の原因が気管支虚脱および僧帽弁閉鎖不全症の両方と判断された事例

【事例情報】
- 基本情報：トイ・プードル、12歳齢、未不妊雌、1.6 kg、BCS 4/9
- 既往歴・基礎疾患：胆泥症・肝酵素上昇
- 主訴：数年前から咳を認め、最近特にひどくなってきた

検査

身体検査

体温は38.8℃、呼吸様式は正常、チアノーゼはありませんでした。喉頭圧迫試験（+）、心拍数150回／分で、左側心尖部よりLevine4/6の収縮期逆流性雑音を聴取しました。肺音に異常はありませんでした。

胸部X線検査

呼気時のラテラル像にて重度の左房拡大と、気管分岐部の虚脱（気管支軟化症）が認められました（**図1-2-16**）。

撮影中の呼吸状態と体の傾きがないかに気をつけましょう。パンティングなど呼吸が速い事例は、なでてあげたり、軽く鼻先に息を吹きかけたりすると呼吸が安定することがあります。

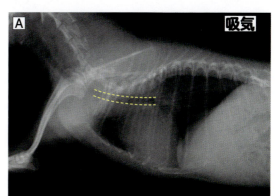
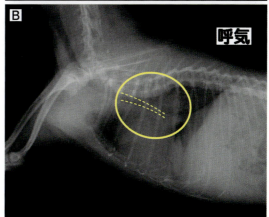

図1-2-16　胸部X線ラテラル像
A：吸気　B：呼気
呼気時に気管分岐部がせまく虚脱している。

心臓超音波検査

右傍胸骨長軸断面にて僧帽弁の閉鎖点の逸脱と左心房拡大を確認しました（**図1-2-17**）。LA/AOは2.15（**図1-2-18**）、FS（左室内径短縮率）は58.9%、LVIDd（左室拡張末期径）は19.7 mmでした（**図1-2-19**）。保定による呼吸状態の悪化や咳の誘発に注意します。

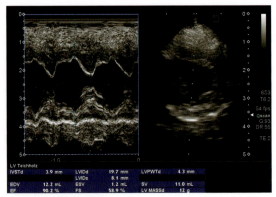

図1-2-19　FS、LVIDd
FS（左室内径短縮率）：心臓の収縮力をみている。
LVIDd（左室拡張末期径）：左心室が拡張したときの大きさを示す。

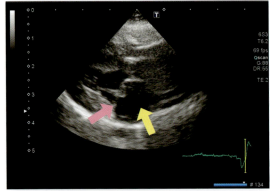

図1-2-17　右傍胸骨長軸断面像
僧帽弁の閉鎖点の逸脱（⬇）と左心房拡大（⬆）がみられる。

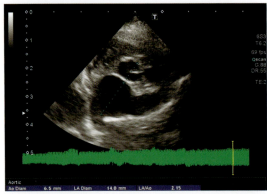

図1-2-18　LA/AO

診断と治療

以上より咳の原因は僧帽弁閉鎖不全症からの左房拡大による気管支の圧迫および気管分岐部の気管虚脱が原因であると判断されました。

内科的治療

ピモベンダン（ベトメディン）0.4 mg/kg、アラセプリル（アピナック）2 mg/kg、アミノフィリン水和物（ネオフィリン）8 mg/kg、アモキシシリン水和物（アモキシシリン）12 mg/kg をすべて1日2回で処方されました。

経過

2週間後の再診では、興奮時に軽く咳を認める程度まで改善が確認されました。

2つの事例から分かること

以上より、呼吸器疾患（気管虚脱）と併発しているケースでは、咳という点で心疾患と呼吸器疾患はどちらも似たような症状を示すため、判断が困難な場合はあります。しかし、しっかりと問診を行い、適切に検査を行うことで獣医師がどちらが優勢なのかを判断（推測）しやすくできると思います。

まとめ

僧帽弁閉鎖不全症に伴う咳は、すでにこの疾患のステージが進行していることを意味します。そのため、早期発見・早期治療で進行のスピードを遅らせることが重要であり、結果として動物のQOLの安定につながります。一方、この疾患は生涯投薬が必要になるため、その進行とともに金銭面の負担も徐々に大きくなるという現実もあります。そのため、飼い主と動物の過ごす時間を少しでも豊かなものにできるように考えること、飼い主ができないことを否定しないことも大事な治療（ケア）の1つになります。つねに飼い主・動物・動物病院スタッフが三位一体となって、日々の治療を根気強く行っていけるようなサポートを、常日頃から心掛けていきましょう。

愛玩動物看護師・池田正子、獣医師・住吉義和

監修者からのコメント

本稿では僧帽弁閉鎖不全症をもつ動物の主訴の中でも多い咳を取り上げてきました。「心臓病＝咳」は100％ではないため、画像診断を含めた循環器検査が非常に重要になります。ステージAやB1でも呼吸器疾患による咳を生じる動物がいるからです。ただし、飼い主が見つけやすい症状ではあるので、それを頼りに検査していくことも大事なことになります。僧帽弁閉鎖不全症の動物は検査中に肺水腫などの重篤な状態になることもあるため、知識のある愛玩動物看護師のサポートが必須です。本稿にも記載されていますが、動物の性格を把握して配慮しながら検査を進めていくことが重要だと思います。

獣医師・菅野信之

第1章 管理が重要な命にかかわる症候／疾患の動物看護

3. 多飲多尿①
「飲水・排尿の量と回数がいつもより多い」／慢性腎臓病

執筆者
並木久美（なみきくみ）／愛玩動物看護師（Pet Clinicアニホス）
和田あずさ（わだあずさ）／獣医師（Pet Clinicアニホス）

監修者
青木大（あおきひろし）／獣医師（あおき動物病院）

症状 多飲多尿

主訴 「飲水・排尿の量と回数がいつもより多い」

STEP UP! 早期発見するためにできること

本稿の目標
- 腎臓と尿の関係を理解する
- 慢性腎臓病における適切な動物看護を理解する
- 飼い主へ自宅動物介護に関するアドバイスができる

"多飲多尿"と"慢性腎臓病"

　慢性腎臓病は、犬・猫ともに高齢になるほどよくみられる病気の一つです。症状は軽度のものから命にかかわる重度のものまでさまざまですが、中でも多飲多尿は慢性腎臓病の最初に現れ、飼い主がその変化に気づいて来院する代表的な症状です。また、各病期により治療が変わるため、愛玩動物看護師が介入できるポイントも少なくありません。

　本稿では、慢性腎臓病の症状や検査、治療での動物看護のポイントについて解説します。

第1章 管理が重要な命にかかわる症候／疾患の動物看護

動物看護の流れ

case 多飲多尿「飲水・排尿の量と回数がいつもより多い」

ポイントはココ！ p.40

多飲多尿の原因として考えられるもの

- 慢性腎臓病
- 腎盂腎炎
- 糖尿病
- 副腎皮質機能亢進症（クッシング症候群）
- 副腎皮質機能低下症（アジソン病）
- 甲状腺機能亢進症
- 慢性肝疾患
- 子宮蓄膿症
- 尿崩症
- 高カルシウム血症
- 心因性多飲症
- 利尿薬やステロイド薬の使用

など

押さえておくべきポイントはココ！

〜"多飲多尿"と"慢性腎臓病"の関係性とは？〜
①病態生理で押さえるポイントは"腎機能の低下"
②慢性腎臓病のステージ分類

上記のポイントを押さえるためには情報収集が大切！

検査 p.42

一般的に実施する項目
- ☐ 問診
- ☐ 身体検査
- ☐ 完全血球計算（CBC）、血液化学検査
- ☐ 尿検査
- ☐ 超音波検査
- ☐ X線検査
- ☐ 血圧測定

必要に応じて実施する項目
- ☐ 腎生検

| ポイントはココ！ | 検査 | 治療時の動物看護介入 | 飼い主支援 |

慢性腎臓病

3 多飲多尿①「飲水・排尿の量と回数がいつもより多い」

治療時の動物看護介入 p.45

飼い主支援 p.50

"慢性腎臓病"と診断

↓

治療方法
- 食事療法
- 薬物治療
- 輸液療法（皮下輸液、静脈輸液）
- 透析治療（血液透析、腹膜透析）

↓

内科的治療

case1
- ステージ2と診断された事例
  - 投薬補助
  - 皮下輸液時の保定

case2
- ステージ3と診断された事例
  - 食欲不振、脱水、貧血の有無の確認
  - 強制給与の実施
  - 呼吸数の測定

case3
- ステージ4と診断された事例
  - 呼吸数の測定
  - 体位変換
  - 飲水補助

↓

共通する観察項目
- 基本情報（元気・食欲の有無、体重、飲水量・尿量の変化など）
- 動物の性格

↓

経過に応じた飼い主支援
（case 1・case 2・case 3共通）
- 食事指導
- 投薬指導
- 通院指導

 STEP UP! 「早期発見するためにできること」について考えてみましょう！　p.51

長期的な治療や管理が必要なポイントはココ！

"多飲多尿"と"慢性腎臓病"の関係性とは？

腎臓の機能とは？

腎臓の主な働きは、血液をろ過して尿をつくり、老廃物を体外に除去することです。その他にも、体液量や血圧の調整、ナトリウム（Na）、カリウム（K）、カルシウム（Ca）などのミネラルや酸性・アルカリ性のバランスの維持、造血ホルモンの分泌、骨の健康維持といった多くの働きを担っています。

多飲多尿が起こる仕組み

水分量の恒常性は、水分摂取、腎血流、溶質の糸球体濾過・尿細管再吸収および腎集合管での水再吸収バランスによって行われています。多尿は水そのものが多い場合(水利尿)と溶質が多い場合(浸透圧利尿)に大きく分けられます。(**図1-3-1**)。

飲水量と尿量のバランスの調節は、主に脳と腎臓により行われています。

水分摂取量が増加すると、血液量が増加して血液の浸透圧が低下し、視床下部下垂体系からの抗利尿ホルモン（バソプレシン：ADH[*1]）の分泌が減少します。ADHは腎集合管における水再吸収を促進することから、ADHの分泌低下が尿量を増加させます。この仕組みの異常が尿崩症（ADH分泌の低下や腎臓でのADH感度の低下）です。

浸透圧利尿とは、尿細管内の溶質量が増加することで尿量が増加するもので典型的なものが糖尿病です。

水利尿と浸透圧利尿との鑑別は尿比重が低ければ水利尿、高ければ浸透圧利尿です。より正確を期すには尿の浸透圧を測定する必要があります。

腎臓の主な機能は、血液中の老廃物を体の外に排出するために尿を作ることですが、その過程で体内に必要な水分や塩分を引き戻す「再吸収」を行います。

この再吸収は、腎臓の尿細管や集合管と呼ばれる部分で行われますが、この部分に異常が生じたり、破壊されたりしてしまうと、水分の再吸収ができず、尿中にどんどん水分が失われ「多尿」が起こります。そしてこの水分の喪失に反応して「多飲」が起こります。

多飲多尿の原因として考えられるもの

多飲多尿を引き起こす疾患や要因として考えられるものは、下記の通りです。泌尿器疾患だけでなく内分泌疾患、消化器疾患、生殖器疾患ならびに薬剤投与が関与することも把握しましょう。

- 慢性腎臓病
- 腎盂腎炎
- 糖尿病

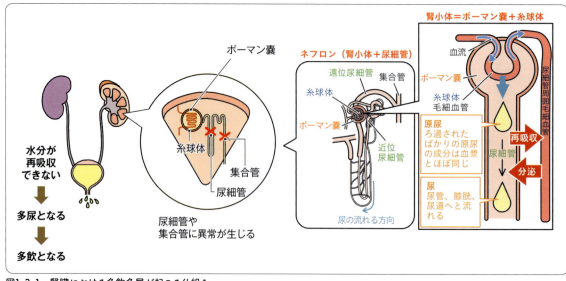

図1-3-1　腎臓における多飲多尿が起こる仕組み

[*1] Antidiuretic Hormone

- 副腎皮質機能亢進症（クッシング症候群）
- 副腎皮質機能低下症（アジソン病）
- 甲状腺機能亢進症
- 慢性肝疾患
- 子宮蓄膿症
- 尿崩症
- 高カルシウム血症
- 心因性多飲症
- 利尿薬やステロイド薬の使用　など

慢性腎臓病

何らかの原因で腎機能の低下が3ヵ月以上持続していると、慢性腎臓病と診断されます。高齢の犬や猫に多くみられますが、若齢でも発症することがあります。

主な原因には、老化による腎機能低下、他疾患（感染症、糖尿病、急性膵炎、子宮蓄膿症、熱中症など）による腎障害、自己免疫疾患、遺伝的要因、腫瘍などさまざまなものが挙げられますが、原因が特定できないことも多くあります。

慢性腎臓病は徐々に進行し、腎機能の約75%が失われるまでは目立った臨床徴候を引き起こしません。そのため、慢性腎臓病と診断された時には、すでにかなり進行した状態になってしまっていることが多いので、早期発見・早期治療が大切になります。

慢性腎臓病のステージ分類

症状は病期により異なります。早期では症状が認められず、腎機能低下が進行するに従い、体内にリン（P）や尿素窒素（BUN）、クレアチニン（Cre）などの老廃物が蓄積し、飲水量・尿量の増加、食欲不振、体重減少、元気消失、嘔吐、貧血などの症状が現れます。腎機能低下が末期的になると尿をつくることができず、けいれん発作や昏睡などの神経症状を呈し、最終的には死に至ります。

慢性腎臓病のステージ分類は次の通りです（**表1-3-1**）。

ステージ1

臨床徴候は全くみられず、血液検査も異常を示しません。しかし、尿検査で尿比重の低下や尿タンパク、超音波検査で腎臓の形状異常が認められることがあります。腎機能はすでにこの段階で、正常の3分の1程度にまで低下しています。

ステージ2

多飲多尿が起こるようになります。まだ元気や食欲はあるため、異常に気づきにくいことがありますが、腎機能は正常の4分の1にまで低下しています。

ステージ3

腎機能低下により老廃物や尿毒素が体内に蓄積し、食欲不振や嘔吐、脱水の症状がみられるようになります（尿毒症）。また、尿毒素により口内炎や胃炎になりやすくなります。さらに、腎機能低下による貧血がみられるようになります。

ステージ4

尿毒症が進行し、けいれん発作などの神経症状がみられるようになります。積極的な治療をしなければ生命維持が困難な状態です。

表1-3-1　国際獣医腎臓病研究グループ（IRIS*2）による慢性腎臓病のステージ分類

		ステージ1	ステージ2	ステージ3	ステージ4
		高窒素血症なし	軽度の高窒素血症	中等度の高窒素血症	重度の高窒素血症
Cre（mg/dL） Creに基づくステージ	犬	<1.4	1.4〜2.8	2.9〜5.0	>5.0
	猫	<1.6	1.6〜2.8	2.9〜5.0	>5.0
SDMA*3（µg/dL） SDMAに基づくステージ	犬	<18	18〜35	36〜54	>54
	猫	<18	18〜25	26〜38	>38
UPC比 タンパク尿に基づくサブステージ	犬	非タンパク尿<0.2	中間に位置するタンパク尿0.2〜0.5		タンパク尿>0.5
	猫	非タンパク尿<0.2	中間に位置するタンパク尿0.2〜0.4		タンパク尿>0.4
収縮期血圧（mmHg） 血圧に基づくサブステージ	犬 猫	正常血圧<140	前高血圧140〜159	高血圧160〜179	重度の高血圧≧180

文献1より引用・一部改変
※IRISは、慢性腎臓病の正確な診断方法と新しい治療方法を探求している、獣医学専門家による国際的な研究会です。その活動の一環で、国際的なステージングガイドラインを提唱しており、各ステージにおける最も効果的な治療方法も推奨しています。

*2 The International Renal Interest Society／*3 Symmetric Dimethylarginine

検査

一般的に実施する項目
- ☐ 問診
- ☐ 身体検査
- ☐ 完全血球計算（CBC）、血液化学検査
- ☐ 尿検査
- ☐ 超音波検査
- ☐ X線検査
- ☐ 血圧測定

必要に応じて実施する項目
- ☐ 腎生検

一般的に実施する項目の注目ポイント

多飲多尿を呈し慢性腎臓病を疑う動物が来院した際に、「一般的に実施する項目」と「必要に応じて実施する項目」は**表1-3-2**の通りです。「検査名」「内容」について理解できるようにしましょう。

表1-3-2 検査項目一覧

	検査項目	確認すべきこと
一般的に実施する項目	問診	動物の変化の聴取： ・飲水量／尿量：CKDで増加 ・食欲／食事摂取量、体重：CKDで低下 ・活動性、異常行動（尿石、高血圧）
	身体検査	・BCS低下 <3/5 or <5/9、被毛粗剛 ・触診にて腎臓の低形成や不整がみられた場合は超音波検査を実施 ・血圧上昇
	CBC	炎症、貧血、脱水の有無、Ht（PCV）
	血液化学検査	BUN、Cre、P、Ca、電解質、TP、SDMA
	尿検査	尿タンパク、尿比重（犬<1.030、猫<1.035）、UPC、UAC
	超音波検査	腎臓の大きさや形状、水腎症や水尿管症の有無
	X線検査	尿路結石症の除外、腎結石の発見
	血圧測定	腎性高血圧の有無、持続性のある高血圧（1～2ヵ月間にわたり収縮期血圧が160～179 mmHg、1～2週間にわたり収縮期血圧が180 mmHg以上）
必要に応じて実施する項目	腎生検	腫瘍、免疫介在性の腎障害の確認

血液検査

慢性腎臓病が疑われる場合には完全血球計算（CBC）と血液化学検査を行います。CBCでは、血液中の細胞成分である赤血球、白血球および血小板の数や大きさを測ったり、ヘモグロビン濃度、ヘマトクリット（Ht）値などの測定を行います。これにより、炎症、貧血、脱水の有無を確認します。一方、血液化学検査では、BUN、Cre、P、Ca、電解質、血漿総タンパク(TP)、対称性ジメチルアルギニン(SDMA[*4])を調べます。

CBC

慢性腎臓病では貧血を引き起こすことがあるので貧血の有無を確認します。機械の測定値だけでなく、ヘマトクリット管を用いてダブルチェックします。もう一点注意をすることとして慢性腎不全のために脱水が起こっていることがあり、貧血の判断には注意をします。Ht[*5]（PCV[*6]）が犬では、37％未満、猫では30％未満の場合に、貧血を起こしているとされています。

[*4] Symmetric Dimethylarginine ／ [*5] Hematocrit ／ [*6] Packed Cell Volume

慢性腎臓病

Cre

空腹時の血漿クレアチニン濃度はCKDのステージ分類の指標として用いられており、重要な検査項目です。

Creは、骨格筋内のクレアチンリン酸が代謝された後にできる老廃物です。Creは腎臓の糸球体でろ過されて尿中に排出されるため、Creの高値は、腎機能が低下していることを意味します（**図1-3-2**）。しかし、腎機能が75％以上失われていないと異常が検出できないため、早期発見が難しいとされています。また、高齢期（シニア期）になるにつれ筋肉量が減っていくため、Creは低値を示します。低値のままで腎臓病は進行している場合があるため、注意が必要です。

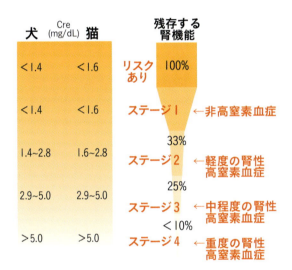

図1-3-2　腎機能の割合とCreの関係

BUN、P、SDMA

腎臓から排泄されるBUN、P、SDMAについては上昇することが知られています。近年、SDMAがクレアチニンより早期に上昇するため、CKDの早期診断として使われるようになってきました。

Ca

腎臓はCaを腸で吸収する時に必要な活性型ビタミンDをつくっています。腎機能が低下すると、活性型ビタミンDがうまくつくられなくなるため、Caが体に吸収されにくくなり、血中濃度が低下します。さらに骨中のCaが血液中に溶け出しやすくなり、骨がもろくなります。

また、CaはPと結合してリン酸カルシウムになり、心臓や血管に沈着する石灰化が起こります。

電解質

腎臓は、余分な電解質を尿中に排出し、体液に含まれる電解質量のバランスを保つ機能があります。Kの値が高い場合は、腎機能が低下し、うまく排出することができなくなっている状態です。また、他の電解質とのバランスが崩れると高血圧や心不全などの症状が起こります。Kの値が低い場合は、腎機能低下による食欲不振、利尿薬投与による影響、クッシング症候群を発症している可能性が考えられます。

尿検査

尿タンパク

尿タンパクは、血液中のタンパク質の漏出、または、尿細管でタンパク質が再吸収されなかった場合に生じます。通常、血液中のペプチドホルモン、代謝物といった低分子タンパク質以外は糸球体がろ過しない構造になっており、これをろ過障壁といいます。尿中にアルブミンやグロブリンといった高分子のタンパク質がみられる場合、糸球体のろ過障壁が壊れていることを示しています。

尿比重

尿比重は水を1.000としたときの尿の重さの比を表しており、腎臓の重要な機能である尿の濃縮や希釈能の状態を相対的に反映しています。犬・猫ともに1.008～1.020で腎臓病の疑いがあるといわれています。

尿タンパク／Cre比（UPC*7）

尿タンパク濃度をCre濃度で除算したものであり、慢性腎臓病の評価のために実施します（**表1-3-3**）。糸球体ろ過障壁の異常が原因でアルブミンやグロブリンが検出されます。

尿中微量アルブミン／Cre比（UAC*8）

尿中の微量アルブミン濃度をCre濃度で除算したものであり、UPCと同じく慢性腎臓病の評価として実施します。

※UPCは細菌感染や血液混入、UACは血液混入で上昇する可能性があるため、両方を組み合わせて測定することが推奨されています。

表1-3-3　犬・猫のUPCの基準値

	犬	猫
非タンパク尿	<0.2	<0.2
タンパク尿のボーダーライン	0.2～0.5	0.2～0.4
タンパク尿	>0.5	>0.4

*7 Urine Protein/Creatine　／　*8 Urinary Albumin/Creeatine

超音波検査

腎臓の大きさや形状、水腎症や水尿管の有無を調べます。ただし、犬の場合は、体格差が大きいため腎臓の大きさの評価には有用性が低いとされています。猫の場合は、体格差が小さいためすべての項目において有用性が高く、腎臓の大きさの正常値は約3.0〜4.5 cmとなっています。腎盂の大きさの基準値は、犬・猫ともに2 mm未満です。

慢性腎臓病になると腎臓は萎縮し、辺縁の形状の不整、内部構造の異常、腎皮質の肥厚や高エコーを認めることがあります。

X線検査

超音波検査と同様、腎臓の大きさを測定します。個体差はありますが、犬は第2腰椎の2.5〜3.5倍、猫は2.1〜3.1倍が正常範囲の大きさとされています。

また、尿管結石が発見できなければ尿管閉塞による急性腎障害を除外します。

血圧測定

慢性腎臓病と診断された際に、血圧の測定を行い高血圧の有無を測定します。

高血圧がある場合、慢性腎臓病の進行が早いとされているため、血圧を下げる治療が必要になります。犬・猫の基準値は同じです（**表1-3-4**）。

表1-3-4　犬・猫の血圧の基準値

収縮期血圧（mmHg）	血圧による2次分類	将来の標的器官へのダメージリスク
<150	正常圧	最小
150〜159	前高血圧	低
160〜179	高血圧	中
≧180	重度高血圧	高

必要に応じて実施する項目の注目ポイント

腎生検

腎生検は腎臓の細胞を採取して行う検査です。腎臓は血液が豊富な臓器で、生検後に出血のリスクがあるため、頻繁に行う検査ではありません。しかし、腎肥大が認められる事例、若齢で慢性腎臓病がみられる事例、高窒素血症がみられない事例で持続的かつ重度のタンパク尿（UPC>2.0）が認められる場合などには実施することがあります。

| ポイントはココ！ | 検査 | 治療時の動物看護介入 | 飼い主支援 |

治療時の動物看護介入

動物看護を行う際の注目ポイント

❶ バイタルサインチェック
- 適切に動物の状態を評価し、異常の早期発見に努める

❷ 食事管理
- 腎臓病用の療法食を食べるよう工夫する
- 療法食が難しいと判断した場合には、嗜好性の高いフードなども試し、自力での摂食を促す
- 強制給与を行う際は誤嚥しないよう、無理のない範囲で行う

❸ 飲水量と排尿量のチェック
- 飲水量や排尿量の経時的変化を確認する
- 脱水の有無についても確認し、必要に応じて皮下補液や飲水補助を行う

❹ 投薬管理
- 動物のストレスを最小限にかつ確実に内服薬を投与できる方法を探す

❺ 環境整備
- けいれん発作を起こす危険がある場合には、入院ケージ内に緩衝材を付けケガを防ぐ
- 寝たきりの事例では褥瘡予防のため、高反発マットを敷き、定期的な体位変換を行う

治療方法について

腎臓にあるネフロンは再生能力が組織の中でもとても低いため、一度機能が低下した腎臓の組織が治療により回復する可能性は限りなく低いとされています。そのため、慢性腎臓病の治療では、血液中の老廃物や毒素を体内に溜めないようにすること、そして、慢性腎臓病の進行を緩やかにすることが重要になります。

ステージ分類による治療方針の違い

慢性腎臓病と診断された場合、IRISのステージ分類によって治療方針が異なります（**表1-3-6**）。基本的にはIRISの慢性腎臓病治療ガイドラインに従いますが、それぞれの事例に合わせた個別の治療が必要となります。

表1-3-6　IRISの慢性腎臓病治療ガイドライン

ステージ1	ステージ2	ステージ3	ステージ4
腎毒性のある薬剤は注意して使用	ステージ1に準ずる	ステージ2に準ずる	ステージ3に準ずる
腎前性・腎後性の異常に対処	腎臓病用療法食	Pを<5.0 mg/dLに維持	Pを<6.0 mg/dLに維持
新鮮な水をつねに飲めるようにする	低カリウム血症の治療（猫）	代謝性アシドーシスの治療	栄養および水和のサポートと投薬を容易にするための栄養チューブを検討
安定または進行のエビデンスとなるCreやSDMAの変化をモニタリング	—	貧血の治療を検討	—
原因または併発疾患の特定と治療	—	嘔吐・食欲不振・悪心の治療	—
収縮期血圧が持続的に>160または標的臓器障害のエビデンスがある場合は、高血圧の治療	—	必要に応じ、経腸または皮下輸液による水和状態の維持	—
持続的タンパク尿を呈する場合、腎臓病用の療法食と投薬による治療（UPC 犬：>0.5、猫：>0.4）	—	カルシトリオールによる治療を検討（犬）	—
Pを<4.6 mg/dLに維持	—	—	—
必要に応じ、腎臓病用の療法食とリン吸着薬を使用	—	—	—

文献1より引用・一部改変

内科的治療

①バイタルサインチェック

[適切に動物の状態を評価し、異常の早期発見に努める]

状態が悪化すると、バイタルサインに異常がみられます。入院中は時間を決めて定期的に観察を行い、異常に早期に気づくよう努めます。

②食事管理

[必要なエネルギー量が摂取できるように工夫する]

慢性腎臓病では、どのステージでも食事療法が重要な治療法になります。一般的な腎臓病用の療法食（**図1-3-3**）は食事中のタンパク質、P、Naを制限した上で必要なエネルギーを効率的に補給することができるため、腎臓への負担が軽減されます。CKDの早期ステージに対する療法食の場合はタンパク質の制限はされておらず、嗜好性も高いとされています。

食事を療法食に変更することで、腎臓病事例の寿命が延びるデータが報告されています。またIRISでは、腎臓病用の療法食を開始する時期は、ステージ2、もしくは尿タンパクの漏出を伴うステージ1からの開始を推奨しています。まだ食欲のあるうちに腎臓病用の療法食の味に慣らしておくために、早期からの開始を推奨する意見もあります。

③飲水量と排尿量のチェック

[経時的な変化を確認する]

慢性腎臓病が進行し脱水が生じると、皮下輸液や静脈輸液で体に水分を補給する必要がでてきます。慢性腎臓病の経過観察中は、皮下輸液でも腎臓病の進行を抑えることができます。入院や通院が動物にとってストレスになることが懸念されるので、静脈輸液は慢性腎臓病が進行した場合や重度の脱水・心不全などで循環機能が低下している場合、危篤な症状がでた場合などに提案します。

④投薬管理

[動物に負担の少ない投薬方法の選択]

ACE阻害薬は高血圧、タンパク尿に対して、リン吸着剤は高リン血症に対して、吸着炭は高窒素血症に対して投与することの多い薬剤です。プロスタサイクリンとベラプロストナトリウムは慢性腎臓病の進行を遅らせる目的（腎保護）で使用します（**表1-3-5**）。

⑤環境整備

[動物が安心して安全に入院できるよう工夫する]

入院管理が必要となった場合には、事例に合わせて環境整備を行います。

けいれん発作を起こす危険がある場合には、入院ケージ内に緩衝材を付け、ケガを防ぐ工夫が必要です。また、寝たきりの事例では褥瘡予防のため、高反発マットを敷き、定期的な体位変換を行います。

図1-3-3　腎臓病用の療法食の一例
A：腎臓サポート ドライ（ロイヤルカナンジャポン合同会社）
B：腎臓サポート ウェット缶（ロイヤルカナンジャポン合同会社）
C：早期腎臓サポート ドライ（ロイヤルカナンジャポン合同会社）
D：犬用 腎心肝アシスト（シグニ株式会社）
E：猫用 腎心肝アシスト（シグニ株式会社）
F：犬用キドニーケア（ペットライン株式会社）
G：猫用キドニーケア フィッシュテイスト（ペットライン株式会社）
H：プリスクリプション・ダイエット(特別療法食)〈犬用〉k/d ケイディー チキン＆野菜入り シチュー 缶詰（日本ヒルズ・コルゲート株式会社）
I：プリスクリプション・ダイエット(特別療法食)〈猫用〉k/d ケイディー ツナ＆野菜入り シチュー 缶詰（日本ヒルズ・コルゲート株式会社）
J：プリスクリプション・ダイエット(特別療法食)〈猫用〉k/d ケイディー ツナ 缶詰（日本ヒルズ・コルゲート株式会社）
K：ダイエティクス キドニーキープ（犬用製品）（ペットライン株式会社）
L：ダイエティクス キドニーキープ（猫用製品）（ペットライン株式会社）

慢性腎臓病

表1-3-5　薬物治療の例

薬物名	効果
ACE阻害薬	血管拡張、血圧降下
プロスタサイクリン	腎臓の線維化抑制、血小板凝集抑制
ベラプロストナトリウム(猫のみ認可)	血管内皮細胞保護作用、血管拡張作用、炎症性サイトカイン産生作用、抗血小板作用
リン吸着薬	食事中のPの吸着
吸着炭	尿毒症物質の吸着

透析治療

　犬・猫の慢性腎臓病に対する透析治療は積極的に行われておらず、実施できる動物病院も限られます。透析治療には血液透析と腹膜透析がありますが、犬・猫の慢性腎臓病での透析治療はヒト医療とは違い、生活の質を透析治療で維持することは立証されていません。費用や自宅での介護に対する飼い主の負担が大きいこと、特殊な装置と技術が必要なことといったさまざまなハードルがあるため、実際に行う機会は少ないです。

case 1　ステージ2と診断された事例

【事例情報】
- **基本情報**：雑種猫、不妊雌、15歳齢、2.78 kg、BCS 4/9
- **既往歴・基礎疾患**：なし
- **主訴**：元気・食欲の低下
- **経過**：受診当時の血液検査結果は、低カリウム血症（2.2）であり、Cre（5.0）、BUN（46）で腎不全と診断された。6日間入院し、静脈輸液（カリウム補正）を行い、貧血もあったので、ダルベポエチンアルファの投与を行った。内服ではグルコン酸カリウムと水酸化アルミニウムゲルを処方した。その後は週2、3回の皮下輸液に切り替え、Cre（2.75）、BUN（41.2）で、経過観察している
- **各種検査所見**
  - **身体検査所見**：嘔吐、食欲不振
  - **血液検査所見**：貧血、脱水レベル5％以下（軽度）低カリウム血症、Cre（2.78）およびBUN（52.1）上昇
- **治療内容**：皮下輸液（カリウム補正）、投薬治療（マロピタントクエン酸塩一水和物）

観察項目

- □ 基本情報
  - ・元気・食欲の有無
  - ・脱水の有無
  - ・外観の変化
  - ・体重
  - ・飲水量
  - ・尿量の変化　など
- □ 動物の性格

基本情報

　どんな病気でも、まずは動物の基本情報を確認しましょう。慢性腎臓病の場合、元気や食欲、体重、飲水量、尿量の変化を観察します。食欲不振で食べない状態が続くと、体力が落ちて衰弱してしまうだけでなく、体タンパク質が利用されさらに腎臓に負担がかかるという悪循環に陥ります。どうしても食事を受け付けない場合には、獣医師に強制給与を提案してみましょう。また、治療開始時からの血液検査結果を比較し、皮下輸液の量や頻度、内服薬の有無や用量の変化も把握しておきましょう。

※食事指導の詳しい内容についてはp.50を参照して下さい。

動物の性格

　慢性腎臓病が進行し、状態が悪化してくると通院や入院での静脈輸液が必要になります。入院治療は長時間の拘束となるため、動物の性格によっては過度なストレスを感じたり、食事を全く受け付けないこともあります。その場合は飼い主に朝病院に預けてもらい、日中だけ静脈輸液をして、夕方お迎えに来てもらう通院点滴を提案します。

投薬補助&皮下輸液時の保定

　皮下輸液は、比較的飼い主の保定でもできる処置（**図1-3-4**）ではありますが、その動物の性格によって見極めが必要です。本事例の場合、継続的な治療がストレスとなり、処置をする際に攻撃的になって

しまったので、お互いにケガをしないために処置時はエリザベスカラーを装着し、愛玩動物看護師が保定を代わるようにしました。

「いつも大丈夫だから」と油断せず、動物の様子をつねに観察し、臨機応変に対応することが重要です。

図1-3-4　皮下輸液時の保定の様子

case 2　ステージ3と診断された事例

【事例情報】

- **基本情報**：チワワ、不妊雌、15歳齢、3.06 kg、当時のBCS不明
- **既往歴・基礎疾患**：瞬膜腺脱出、膝蓋骨脱臼(右グレード3、左グレード2)、僧帽弁閉鎖不全症(ステージB2)
- **主訴**：特にない（定期検診）
- **経過**：定期検診で腎臓病ステージ3（Cre3.71、BUN105.6）と診断された。週1、2回の皮下輸液を続け、経過観察していた。2ヵ月後、急に悪化し、Cre（6.58）、BUN（140.3）となった。静脈輸液（ドパミン）を5日間継続し、Cre（2.02）、BUN（58.9）のように腎数値が下がった時点で週1回の皮下点滴に切り替えた。2ヵ月ごとに血液検査をして1年半程腎数値を維持していたが、元気食欲が徐々に低下し、Cre（3.57）、BUN（222.3）、再度静脈輸液（ドパミン）を6日間継続。Cre（2.53）、BUN（102.9）のように腎数値は下がったが、食欲が戻らないのでミルタザピンとP（9.3）のため水酸化アルミニウムゲルの内服を処方した。その後は週2、3回の皮下輸液と2週間〜1ヵ月に1回の血液検査で経過観察とした。
- **各種検査所見**
  ・身体検査所見：体重減少、食欲不振
  ・血液検査所見：Cre（4.91）、BUN（151.6）、Ca（9.9）、P（13.8）上昇
- **治療内容**：皮下輸液、静脈輸液

観察項目

case 1と同様の内容となります（p.47を参照）。

食欲不振、脱水、貧血の有無の確認＆強制給与の実施

食欲不振が続き食事を全くとらない場合、当院ではすぐに強制給与を実施するのではなく、理想は腎臓病の療法食を食べてもらうことですが、市販の缶詰やドライフードなど嗜好性の高いものも試し、できるだけ自分の意志で食事をしてもらうようにしています。何も食べてくれない場合には強制給与を実施しますが、状態をみて無理のない範囲で行いましょう。病態によって食事給与量を変更したり、制吐薬を併用する場合もあるので、獣医師に確認しましょう。

本事例の場合、牛・魚アレルギーがあったため、入院中に腎臓病の療法食を与えることができず、牛・魚を含まない消化器疾患の療法食の強制給与を行っていました。

呼吸数の測定

尿毒症が進行し全身状態が悪化すると、呼吸数の上昇がみられることがあります。動物の呼吸状態をよく観察し、何か変化があればすぐに獣医師に報告するようにしましょう（**図1-3-5**）。

本事例では、入院中1時間ごとの呼吸数を測定していました。また、体温の低下がみられたので1時間ごとに体温測定を行っていました。

図1-3-5　呼吸数測定の様子

慢性腎臓病

case 3　ステージ4と診断された事例

【事例情報】
- **基本情報**：スタンダード・ダックスフンド、未去勢雄、16歳齢、6.72 kg、BCS 6/9
- **既往歴・基礎疾患**：胃捻転、腰部椎間板ヘルニア（グレード4）
- **主訴**：他院でヘルニアと診断され、尿が出ないとのことで当院を受診
- **経過**：腎臓病はステージ2で元々治療していて、週2回皮下輸液で通院していた。ヘルニアはステロイド薬に反応し、歩行可能までに回復。圧迫排尿もしていたが、2週間で自力で排尿できるようになる。BCSも初診時は6/9だったが、4/9になるまで体重管理を行った。
腎臓病に対しては、当院でも週2回の皮下点滴を続け、1週間ごとに血液検査をして経過をみていた。腎数値が上がってステージ3になったときは点滴の頻度を2、3日に1回に増やして経過をみた。食欲低下、嘔吐、貧血に対してはその都度、対症療法を行った。その後は月に1回の血液検査で経過を追い、1年ほどステージ3を維持していたが、元気食欲にムラが出てきて腎数値を測るとCre（7.08）、BUN（130.0）となり、ステージ4に上がっていた。静脈点滴（ドパミン）を2週間日帰りで続け、Cre（5.01）、BUN（85.6）となり、数値が少し下がったので、その後2日に1回の皮下輸液に切り替えた。3週間ほど続けたが、寝ていることが増え、元気消失したので再度静脈輸液（ドパミン）を行ったが、1週間後に死亡した。食欲は最後の1週間まではよく食べていたとのこと。
- **各種検査所見**
  - **身体検査所見**：体重減少、食欲不振、元気消失、口臭、振戦
  - **血液検査所見**：貧血、脱水レベル5％以下（軽度）、アルブミン低下（2.1）、Cre（10.17）、BUN（260.8）、Ca（11.3）、P（17.9）上昇
- **治療内容**：皮下輸液、静脈輸液（ドパミン）

観察項目

case 1と同様の内容となります（p.47を参照）。

呼吸数の測定＆体位変換

ステージ4にもなるとかなり全身状態が悪くなっているので、いつけいれん発作が起こってもおかしくない状況です。入院となる場合は突然起こる発作でケガをしないために、入院ケージの内側に緩衝材を貼り付けて頭を打たないように工夫します。自立歩行が難しい場合は、サークルに低反発のマットを敷いてその中で管理する、寝たきりの場合にはタオルで枕をつくるなど、動物の状態に合わせて入院部屋をつくりましょう。

本事例の場合、寝たきりだったためサークルを使用し、高反発マットを敷いて、褥瘡予防を行いました（**図1-3-6**）。また、けいれん発作も起こっていたため、まわりに緩衝材としてやわらかいタオルを設置しました（**図1-3-7**）。

図1-3-6　サークルと高反発マットを使用する例
掃除がしやすいようマットに防水用ビニールを巻く。実際には、マットの高さに合わせてまわりの隙間にタオルを敷き詰めて使用する

図1-3-7　内側に緩衝材を貼り付けている犬舎
けいれん発作が起こる可能性のある事例で犬舎を使用する場合は、ケガ防止のため犬舎の内側面にタオルや緩衝材を貼り付ける。犬舎の扉側は外から中の様子がみえるように低めに緩衝材を貼り付ける

飲水補助

自力での飲水ができない場合、脱水によってさらに尿毒症が進行してしまう恐れがあるので、シリンジを使用して飲水補助をします（**図1-3-8**）。嚥下反応が弱くなっている可能性があるので、誤嚥を防ぐために状態をみて少しずつ与えるようにしましょう。

本事例の場合、誤嚥に注意しながらシリンジを使って、少量ずつ飲水補助をしていました。

図1-3-8　飲水補助の様子

飼い主支援

食事指導

腎臓病用の療法食はタンパク質とNaを制限しているため、一般のフードと比べると味気ないことが多く、食いつきが悪いことがあるかもしれません。ドライタイプ、ウエットタイプ、味が異なるものなど、さまざまな種類のフードを試して好みのものを探しましょう。それでも食べない場合は、フードを人肌程度に温めてにおいを強くしたり、好みの食材を少量トッピングしてみたりすると嗜好性が上がるので当院では勧めています。犬だと蒸したジャガイモやサツマイモ、ささみなど、猫だとかつおぶしや猫缶などがお勧めです。ただし、食材によってはタンパク質、Na、Pを多く含んでいるため、トッピングする際は少量にとどめておきましょう。

投薬管理

1頭ずつその動物に応じた薬の投与法を飼い主へ指導します。好きな缶詰や食材に包む、投薬補助トリーツを使用するなどの投薬法の提案ができるようにしましょう。また、何も食べない場合は、経口投与の方法を指導します。

通院指導

血液検査の数値や超音波検査の結果によって、皮下輸液の頻度を決め、飼い主に通院頻度の提案をします。提案した頻度での通院が難しい場合には、飼い主の可能な通院頻度のうち、提案した回数に限りなく近い頻度で通ってもらい、経過観察しながら輸液量と通院頻度を調整します。

また、自宅での皮下輸液を希望される飼い主には、飼い主の性格を見極めた上で、皮下輸液の方法を指導し、実際に目の前で実践してもらい、可能と判断した場合には自宅での皮下輸液を許可することもあります。

ただし、感染リスクや輸液量の徹底の面から当院では自宅での皮下輸液を積極的にはすすめていません。

ステップアップ！
早期発見するためにできること

　7歳齢程度のシニア期手前頃から腎臓や肝臓、心臓などの病気になりやすくなることや、また、慢性腎臓病だけでなく他の病気も早期発見できる可能性があるため、当院では1年に1回の健康診断を推奨しています。

　問診で「最近、水をよく飲むようになった、排尿が多くなった気がする」と飼い主から情報をもらった場合は、多飲多尿症状が生じている可能性があります。犬の場合、体重1kgあたり20〜90mL、猫の場合、体重1kgあたり0〜45mL（食事の内容によるところが大きい）が1日の飲水量の基準値となっています[14]。

　また、尿量が増えたと感じる場合には、尿色の確認や、尿検査で尿比重や尿タンパクを測定することを推奨しています。

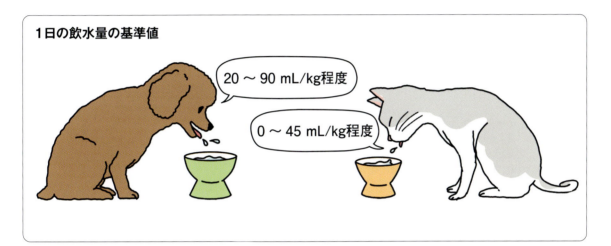

1日の飲水量の基準値
- 犬：20〜90 mL/kg程度
- 猫：0〜45 mL/kg程度

まとめ

　慢性腎臓病は高齢の犬・猫でよくみられる病気で、診断されたら生涯付き合っていく必要のある病気でもあります。本稿の執筆を通して、病気に対しての理解が深まりました。また、入院動物看護や飼い主への支援など、愛玩動物看護師として携われることを具体的に再確認できました。皆さまが慢性腎臓病の動物看護を行う際のお役に立てれば幸いです。

愛玩動物看護師・並木久美

　ペットの長寿化が進み、慢性腎臓病は珍しくない疾患となりました。慢性腎臓病は生涯付き合っていく疾患です。飼い主と獣医師・愛玩動物看護師が信頼関係を築き、疾患を理解してもらうことが慢性疾患における治療継続の鍵となります。そこで飼い主への助言の参考にしてもらえるように執筆しました。本稿が飼い主と獣医師・愛玩動物看護師の治療の一助となれば幸いです。

獣医師・和田あずさ

監修者からのコメント

　慢性腎臓病は病期がさまざまですが、特に一次診療に従事している者にとっては、よく遭遇する疾患かと思います。ただし、高齢だからといった理由だけで決めつけず、事例を診察していくと、実は以前から先天的に腎臓に問題を抱えていたり、尿管閉塞により片側の腎機能がすでに失われているといった事例もあり、比較的若い事例でも遭遇することがあります。急性腎障害と表裏一体といいますか、最初に何かが起こり慢性腎臓病になったということを考えていく必要があります。また、今回はIRISのステージについて話をしていますが、これは動物医療に従事している者が、その事例がどういった状況であるのかを現場で共有しやすくするものだと考えます。くれぐれも動物をよく診て、このステージ分類だけに捉われないようにしてください。現場では状態、性格、飼い主がどこまでできるか、そして医療費といったさまざまなことも含めて、その事例にあった診断・治療を獣医師と連携して行うことが重要だと思います。

　これから小動物臨床現場では愛玩動物看護師の従事する仕事も変化し、増えてくると思います。同時に責任も今まで以上に求められる職業になってくると考えます。本書籍が皆さんの日々の診療の一助となれば幸いです。

獣医師・青木 大

【参考文献】
1. IRIS: https://www.idexx.co.jp/files/iris-pocket-guide-jp.pdf
2. 矢吹 映（2018）：犬の蛋白漏出性腎症. *mVm*,27（178）:pp.6-15. ファームプレス.
3. 宮川優一（2018）：猫の慢性尿細管間質性腎炎. *mVm*,27（178）:pp.16-23. ファームプレス.
4. 長江秀之（2018）：皮下輸液の基本. *mVm*,27（178）:pp.24-31. ファームプレス.
5. 矢吹 映（2022）：慢性腎臓病. In：犬の治療ガイド 2020 私はこうしている. pp.426-429, EDUWARD Press.
6. 矢吹 映（2022）：慢性腎臓病. In：猫の治療ガイド 2020 私はこうしている. pp.372-375, EDUWARD Press.
7. 矢吹 映（2016）：総説2 重篤な腎不全：どこまでやれるか？腹膜透析.*日本獣医腎泌尿器学会誌*，9(1):pp.19.
8. 佐藤れえ子（2010）：慢性腎臓病（CKD）. *SA Medicine*,67:pp.13-17. EDUWARD Press.
9. 秋吉秀保（2012）：血液検査. *SA Medicine*,78: pp.19-36. EDUWARD Press.
10. 宮川優一（2012）：腎機能検査. *SA Medicine*,78: pp.36-40. EDUWARD Press.
11. 華園 究、打出 毅（2012）：尿検査. *SA Medicine*,78: pp.40-50. EDUWARD Press.
12. Mattoon, J.S., Sellon, R. K., Berry, C.R. (2020)：Urinary Tract. Small Animal Diagnostic Ultrasound 4th Edition. p.587, Saunders.
13. 木村浩和，菅沼常徳，小方宗次ほか（1994）：日本猫のX線解剖学. *日本獣医師会雑誌*，47(2)：pp.123-127.
14. 石田卓夫（2014）：13章 副腎疾患の検査 多飲多尿. In：伴侶動物の臨床病理学第2版. pp.216. 緑書房.

第1章 管理が重要な命にかかわる症候／疾患の動物看護

4. 多飲多尿②
「排尿が我慢できない」／副腎皮質機能亢進症

執筆者

茂手木琴美（もてぎことみ）／
愛玩動物看護師（山内アニマルセンター）

山内真澄（やまうちますみ）／
獣医師（山内アニマルセンター）

監修者

左向敏紀（さこうとしのり）／
獣医師（日本獣医生命科学大学名誉教授）

| 症状 | 多飲多尿 |

| 主訴 | 「排尿が我慢できない」 |

 副腎皮質機能低下症（アジソン病）を発症した場合／糖尿病を併発した場合

本稿の目標
- クッシング症候群とはどのような病気かを理解する
- 飼い主との会話や動物の外貌から必要な情報の収集ができる
- 動物の今後の症状の変化と治療内容を理解した上で経過を観察し、飼い主が未来に希望を持てるように支援する

"多飲多尿"と"副腎皮質機能亢進症"

　犬の高齢化が進み、ホルモンのアンバランスによる疾病が増えてきています。副腎皮質機能亢進症（以下、クッシング症候群）や甲状腺機能低下症がその代表で、これらは皮膚病・感染症・肥満・多尿といった一般的な病気や症状の中に隠れていることも少なくありません。

　今回取り上げるクッシング症候群では、副腎皮質から「過剰」に分泌されるコルチゾールの働きにより、全身に症状が出現します。以前は重度での発見が多かったのですが、近年では健康診断や飼い主が早期に気づくことで、軽度からの治療も可能となってきています。また、犬のクッシング症候群の多くは脳下垂体の腫瘍性疾患です。良性腫瘍がほとんどですが完治しがたいこともあるため、飼い主の不安に対して愛玩動物看護師がどのように考え、対応していくかについてみていきます。

第1章 管理が重要な命にかかわる症候／疾患の動物看護

動物看護の流れ

case 多飲多尿「排尿が我慢できない」

ポイントはココ！ p.56

── "多飲多尿"の原因として考えられるもの ──
- クッシング症候群
- 糖尿病
- 慢性腎臓病
- 上皮小体機能亢進症（高カルシウム血症）
- 子宮蓄膿症
- 尿崩症 など

押さえておくべきポイントはココ！

～"多飲多尿"と"クッシング症候群"の関係性とは？～

①病態生理で押さえるポイントは"タイプ分類"
②重症度別の臨床症状

上記のポイントを押さえるためには
情報収集が大切！

検査 p.58

一般的に実施する項目	必要に応じて実施する項目
☐ 身体検査	☐ 高用量デキサメタゾン負荷試験
☐ 血液検査	☐ 低用量デキサメタゾン負荷試験
☐ 尿検査	☐ CT・MRI検査（下垂体の外科手術および放射線治療を考慮する場合）
☐ ACTH刺激試験	
☐ 超音波検査（副腎・胆嚢・肝臓）	

副腎皮質機能亢進症

4 多飲多尿② 「排尿が我慢できない」

治療時の動物看護介入 p.59

"副腎皮質機能亢進症"と診断

治療方法
- 内科的治療：〔内服〔{トリロスタン（アドレスタン）、ミトタン（オペプリム）}〕〕
- 外科的治療（下垂体摘出術、副腎腫瘍摘出術）
- 放射線治療

内科的治療

case1 多飲多尿を呈する事例
- 状態の把握
- 内服薬の服用状況の把握（ACTH刺激試験の変化の記録）

case2 継続したALP高値を呈する長期管理の事例
- 状態の把握
- 内服薬の服用状況の把握
- 内服薬の副作用の出現に注意
- 下痢と嘔吐、食欲不振などの聞き取り

case3 ALP高値・T-cho高値および糖尿病併発の事例
- 状態および内服薬の服用状況の把握（ACTH刺激試験の変化の記録）
- 糖尿病治療に対する生活指導

観察項目
- 一般状態（元気・食欲・排便・排尿など）
- 症状（多飲多尿など）
- 体型の変化（腹部膨満など）
- 被毛の状態（左右対称性脱毛・尾部の状態・石灰化・色素沈着など）
- 筋力の変化

外科的治療
- 下垂体摘出術、副腎腫瘍摘出術

飼い主支援 p.64

経過に応じた飼い主支援
- 主症状の変化の有無の確認
- 投薬管理
- 飲水管理
- 運動　など

経過に応じた飼い主支援
- 術前支援
- 術後支援
- 退院後の支援

> **STEP UP!** 「アジソン病を発症した場合／糖尿病を併発した場合」について考えてみましょう！ p.66

長期的な治療や管理が必要なポイントはココ！

"多飲多尿"と"クッシング症候群"の関係性とは？

多飲多尿の病態生理

飲水量と尿量は、主として脳と腎臓で調節されています（**図1-4-1**）。脳または腎臓の機能が障害されることで飲水量と尿量のバランスが崩れると多尿が起こり、その結果多飲が起こることが多い、というわけです。

クッシング症候群で多尿の症状がでる明確な機序はまだ分かっていませんが、
（1）ステロイドホルモンの過剰分泌により血圧が上がるため、腎血流量が増加する。
（2）ステロイドホルモンが、腎臓の集合管に働くバソプレシン（抗利尿ホルモン）の作用をブロックする。

などの機序が考えられています（**図1-4-2**）。ステロイドホルモンの投与で多尿がでるのも、同じ機序であると推察されています。

多飲多尿の原因として考えられるもの

多飲多尿を起こす原因として考えられる疾患や状態は、下記のものが挙げられます。
- クッシング症候群
- 糖尿病
- 慢性腎臓病
- 上皮小体機能亢進症（高カルシウム血症）
- 子宮蓄膿症
- 尿崩症
- 腎臓濃縮機能低下
- 抗利尿ホルモンブロック
- 浸透圧利尿
- 抗利尿ホルモンの分泌低下　など

クッシング症候群

副腎は、腎臓のすぐ側にある小さな臓器です（**図1-4-3**）。腎臓と同じく左右にあり、皮質と髄質という二つの層でできています。副腎の機能の一つに内分泌機能があります。副腎皮質からは、グルココルチコイド、ミネラルコルチコイド、そしてアンドロゲンが産生されます。副腎髄質からは、アドレナリンやノルアドレナリンといったホルモンが分泌されており、これらは体のストレスに対する調節機能を担っています。

副腎皮質から分泌されるホルモンは、脳の下垂体から分泌される副腎皮質刺激ホルモン（ACTH[*1]）というホルモンの作用で、コントロールされています。

クッシング症候群とは、犬・猫において副腎皮質から分泌されるコルチゾールというホルモンが過剰分泌される（過剰にでる）ことで体に悪影響を与えている状態です。飼い主が気づかないうちに症状が進行していくと、免疫力が低下し感染症を起こしやすくなったり、糖尿病を併発することがあります。

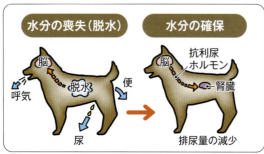
図1-4-1　水分の喪失（脱水）と尿量の調節

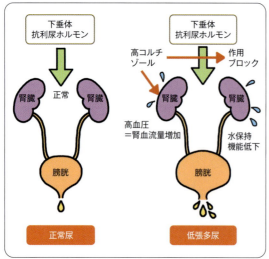
図1-4-2　ステロイドホルモンと多尿の関係

[*1] Adrenocorticotropic Hormone

クッシング症候群のタイプ分類

クッシング症候群は、自然発生タイプと医原性タイプに分けられ、自然発生タイプはさらに、下垂体性と副腎腫瘍性に分類されます。そのうち約90％が下垂体性です。

下垂体性クッシング症候群は、下垂体に腫瘍ができることなどでACTHの分泌が過剰になり、結果副腎が刺激されて体内のコルチゾールが過剰な状態となります。一方、副腎腫瘍性クッシング症候群は、副腎自体が腫瘍化してその働きが過剰になり、同じく体内のコルチゾールが過剰な状態になります。

医原性タイプは、アレルギー性皮膚炎や免疫疾患の治療のために、長期にわたって副腎皮質ホルモン製剤を投与されていた動物でみられます。

重症度別の臨床症状

クッシング症候群の主な臨床症状は重症度により異なります（**図1-4-4、5**）。**表1-4-1**に挙げたように症状が多岐にわたるのは、ステロイドホルモンがタンパク質代謝、脂質代謝、糖代謝、ミネラル代謝など、さまざまな代謝に関与していることが関係しています。また、健康診断などで実施される血液検査項目で本疾患の発症が疑われる項目は、T-cho、ALP、ALTの上昇です。

近年では、飼い主の観察力の向上や健康診断の普及により、症状の初期段階（軽度〜中等度）で発見されることが増えています。そのため、一つの症状、二つの検査値だけで本疾患を疑うのではなく、二つ以上の項目をみて、総合的に判断することが重要となります。

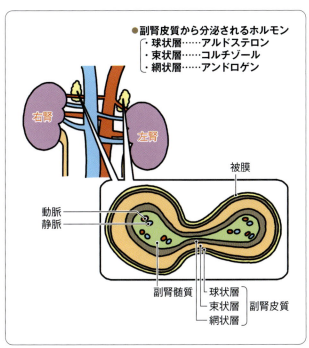

図1-4-3　副腎と内分泌機能

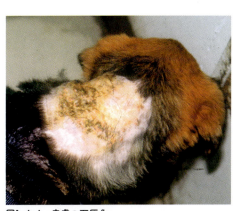

図1-4-4　皮膚の石灰化
（提供：日本獣医生命科学大学名誉教授　左向敏紀先生）

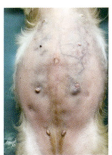

図1-4-5　腹部膨満下垂。乳腺腫瘍も認められる

表1-4-1　重症度別の臨床症状

重症度	主な臨床症状
軽度	多飲多尿
中等度	多飲多尿、多食、腹部膨満下垂、筋力低下、左右対称性の薄毛〜脱毛
重度	多飲多尿、多食、腹部膨満下垂、左右対称性の薄毛〜脱毛、色素沈着、筋肉の菲薄化、皮膚の石灰化、膿皮症、感染症の発現、パンティング、ミオトニア（筋硬直）、神経症状

検査

一般的に実施する項目	必要に応じて実施する項目
☐ 身体検査 ☐ 血液検査 ☐ 尿検査 ☐ ACTH刺激試験 ☐ 超音波検査（副腎・胆嚢・肝臓）	☐ 高用量デキサメタゾン負荷試験 ☐ 低用量デキサメタゾン負荷試験 ☐ CT・MRI検査 　（下垂体の外科手術および 　放射線治療を考慮する場合）

　クッシング症候群疑いの動物に対する「一般的に実施する検査」と「必要に応じて実施する検査」の項目は**表1-4-2**の通りです。「検査名」と「確認すべきこと」について理解し、状況に応じた対応ができるようにしましょう。

表1-4-2　検査項目一覧

	検査項目	確認すべきこと
一般的に 実施する項目	身体検査	一般状態、パンティング、呼吸様式、皮膚の石灰化、皮膚病、色素沈着、感染症（皮膚、外耳など）の有無など
	血液検査	完全血球計算（CBC）（ストレスパターンの発現）、コレステロール・アルカリフォスファターゼ（ALP）の上昇、肝酵素および血糖値の上昇
	尿検査	尿比重の低下
	ACTH刺激試験	テトラコサクチド酢酸塩（コートロシン）（静脈注射または筋肉注射）で刺激することによるコルチゾール値の変化
	超音波検査	左右の副腎の大きさや、胆泥の存在の有無、肝臓の腫大の有無など[※1]
必要に応じて 追加する項目	高用量デキサメタゾン 負荷試験	デキサメタゾンは高力価のグルココルチコイドであり、正常では少量で下垂体からのACTHをネガティブフィードバックにより抑制する。これを利用してACTHとコルチゾール分泌の自律性の有無を鑑別[※2]
	低用量デキサメタゾン 負荷試験	
	CT・MRI検査	下垂体の外科手術および放射線治療を考慮する場合に実施

※1　保定時の体位、呼吸状態には細心の注意を払います。
※2　検査中の空き時間は長時間となるため、できるだけ飼い主と一緒に過ごせるようにします。

一般的に実施する項目の注目ポイント

身体検査

　基本的に、すべての事例において実施する検査です。体重の変化、体温、元気・食欲の有無、排便・排尿の聴取や、体型・被毛の観察、呼吸状態について確認していきます。

　主訴に応じて、飲水量と排尿量の聴取も必要です。飲水量に関しては、飼い主が「どれくらい」とイメージできるように、「ペットボトルでどのくらい」「200 mLカップで何杯」などの基準を示しながら聞くと分かりやすいでしょう。また、動物の体重からの1日の必要量を伝えることで「多飲」の目安になります。

※飲水量の基準値については本書1章-3「慢性腎臓病」p.51を参照してください。

ACTH刺激試験

　コートロシン（静脈注射または筋肉注射）で刺激することによるコルチゾール値の変化を調べる検査です。初診時にはコートロシン投与前および投与後1時間または2時間に採血を行い診断に活用します。一般に投与後の値が20〜25 μg/dL以上の場合、クッシング症候群と判断します。内服治療後は、コートロシン投与後の値のみで薬物投与量の過不足を判断します。15〜25 μg/dLのグレーゾーンでも臨床症状がある場合は、飼い主と相談して治療を開始するか、3〜6ヵ月後に定期検診を行うようにします。

　検査中の空き時間は動物を入院舎には入れず、ストレスを少なくするためにできるだけ飼い主と一緒に過ごしてもらえるようにするとよいでしょう。

必要物品リスト

ACTH刺激試験開始時

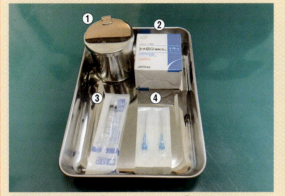

①アルコール綿、②コートロシン、③シリンジ、④針（23〜25G）

採血時

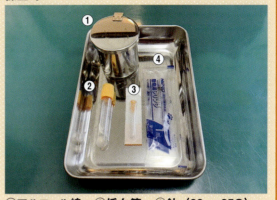

①アルコール綿、②採血管、③針（23〜25G）、④シリンジ

治療時の動物看護介入

動物看護を行う際の注目ポイント

❶ 状態の観察
- 一般状態
- 症状
- 体型の変化
- 被毛の状態

❷ 内服薬の投与状況の把握
- ACTH刺激試験の変化を記録する
- 副作用の有無を確認

❸ ストレスを与えない
- 保定する場合にも気を付ける

内科的治療

内科的治療は、クッシング症候群の治療として多くの動物病院で実施可能な治療法です。

内服薬の投与

トリロスタン

クッシング症候群の治療として、最も多く選択されている治療法です（**図1-4-6**）。この治療は生体内の副腎皮質ホルモンの合成を抑制することで、クッシング症候群における症状の改善を目的としています。

動物に対する薬用量を決定するまでには、定期的にACTH刺激試験を行い、症状の変化をモニタリングする必要があります。

図1-4-6　トリロスタンを有効成分とする製剤の一例
A：アドレスタン60 mg（共立製薬株式会社）
B：トリロスタン錠2.5 mg「あすか」（あすかアニマルヘルス株式会社）

> ⚠️ **注意事項**
>
> トリロスタンの取り扱い上の注意事項および副作用
> ☐ 体重1.7kg以上の犬が対象です。
> ☐ 食欲不振や下痢・軟便などの消化器症状などの異常がみられた場合、直ちに動物病院に連絡していただくように飼い主へ伝えてください。
> ☐ 薬剤を粉にしてしまったり、手で薬を触ってはいけません。触ってしまった場合は、すぐに手を洗います。
> ☐ 妊娠予定の人または妊婦は触らないように伝えましょう。

ミトタン

副腎組織（皮質）に対する壊死作用があり、副腎にできた腫瘍を縮小させ、また、副腎皮質から過剰に産生されるステロイドホルモンを抑える作用があります。通常、副腎腫瘍やクッシング症候群の治療に用いられます。

服用中に食欲不振や下痢・軟便などの消化器症状など異常がみられた場合、直ちに動物病院へ連絡してもらうように伝えます。

これらの薬剤を投与した上で、動物看護を行う際には以下のポイントに注目します。

①状態の観察

[一般状態、症状、体形の変化、被毛の状態を確認する]

内科的治療の効果により、元気がでてきたのか、食欲がでてきたのかといった、その動物の一般状態を確認します。また、クッシング症候群の主な臨床症状である多飲多尿が改善されているのか、中等度、重度でみられる腹部膨満下垂や左右対称性の薄毛〜脱毛、石灰化や色素沈着といった皮膚の状態も合わせて確認するようにします。

②内服薬の投与状況の把握

[ACTH刺激試験の変化や副作用の有無を確認する]

トリロスタンを投与している場合は、定期的にACTH刺激試験を実施して、投与量とコルチゾール値を比較します。症状の改善が認められた場合、薬剤の投与量を減らすことができる可能性について獣医師から説明します。併せて、数値や状態が安定してきても安心はせず、引き続き観察していくことの重要性も飼い主へ伝えます。

副作用の有無についても確認します。副作用がでている場合には、内服薬を減量したり、中止したりすることが必要となるため、その場合は獣医師に相談します。

③ストレスを与えない

[保定する場合にも気を付ける]

ストレスは動物に大きな影響を及ぼします。ストレスの影響で血圧なども大きく変動することがあるので、保定する場合にもストレスを与えないように気を付ける必要があります。

外科的治療

大きく分けて、下垂体摘出術と副腎腫瘍摘出術があります。

下垂体摘出術は脳下垂体の腫瘍を摘出する手術で、非常に難易度の高い手術となります。この手術は、ほとんどが大学病院などの二次診療施設に依頼することになります。手術費用、術後のホルモン補充など飼い主への金銭的負担も大きい治療法です。

副腎腫瘍摘出術は副腎腫瘍の事例に対する治療方法として、一次診療の動物病院でも行われています。

放射線治療

下垂体腫瘍に対して行われる治療法ですが、放射線治療ができる施設が少なく、飼い主の金銭的負担も大きくなる治療法です。

case 1 多飲多尿を呈する事例

【事例情報】
- **基本情報**：ミニチュア・ダックスフンド、不妊雌、11歳11ヵ月齢、8.10 kg、BCS 7/9
- **既往歴・基礎疾患**：乳腺腫瘍・僧帽弁閉鎖不全症
- **主訴**：腹部膨満・多飲多尿・子宮蓄膿症を疑って来院
- **経過**：子宮蓄膿症を疑って来院したが、子宮蓄膿症を否定。クッシング症候群を疑いコルチゾールの測定を実施
- **各種検査所見**
  - 身体検査所見：T 38.0℃、呼吸正常、肥満、腹部膨満下垂、腹部皮下血管明瞭、多飲多尿
  - 血液検査所見：肝数値の高値、ACTH刺激試験によるコルチゾール値の高値
  - 超音波査所見：副腎の腫大、肝臓の腫大
- **治療内容**：下垂体性クッシング症候群と診断し、トリロスタンの内服

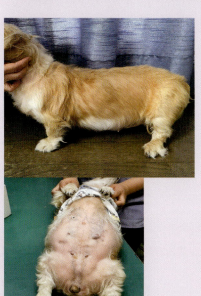

肥満および腹部膨満下垂

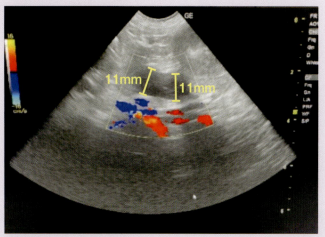
腹部超音波画像（副腎の腫大）

聞き取りと観察項目

- □ 一般状態の確認
  - 元気、食欲の有無
  - 排便、排尿の状態
  - 散歩の状態
- □ 症状
  - 多飲多尿（いつから）など
- □ 体型の変化
  - 腹部膨満（いつから）など
- □ 被毛の状態
  - 左右対称性脱毛
  - 尾部の状態
  - 石灰化
  - 色素沈着　など

変化を確認して飼い主指導につなげる

内科的治療の効果により多飲多尿の症状が軽減されました。

体重が減少し腹部膨満も改善されたため、飼い主もとても喜んでいました。飼い主は薬を飲ませることに苦労していましたが、状態の改善やコルチゾール値の変化がみられたために、現在も頑張って飲ませ続けることができています。

また、体重が減少してきたからといって、食事やおやつの与え過ぎには注意してもらうよう促しました。

ACTH刺激試験の変化の記録を比較し説明する

ACTH刺激試験を実施し、投与量とコルチゾール値を比較しました（**図1-4-7**）。また、前述の通り症

状の改善も認められたため、現在の投与量から減らすことができる可能性について説明を行いました。その際に、数値や状態が安定してきたからといって安心はせず、引き続き自宅での状態と副作用の発現の有無について、よく観察してもらうように伝えました。

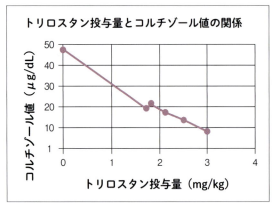

図1-4-7　case 1のACTH刺激試験の記録
トリロスタンの投与量、約1 mg/kgで、臨床的な副作用（下痢・嘔吐・元気消失）がないことを確認し、4週間後（投与量1.8 mg/kg）に、ACTH刺激試験を実施しました。postコルチゾール値が20 μg/dL以下に低下し、多飲多尿が減少したため、しばらく経過観察としていました。しかし、他の臨床症状の軽減やホルモン値の低下が起こらなかったため、トリロスタン投与量を漸次増量し、投与開始4ヵ月目（投与量3.0 mg/kg）にpostコルチゾール値の目標値、9.1 μg/dL以下まで低下させました。元気、運動量の増加があるとの飼い主からの感想も得ています。

呼吸状態や気道の圧迫に気をつけながら保定を行う

血圧などが正常な動物でもストレスを与えない保定を心掛けました。

本事例は腹腔内脂肪が多く、肝臓の腫大も認められ、これらが胸郭を押していたため呼吸がしにくい状態でした。このため、呼吸状態を確認しながら保定を行いました。超音波検査では仰臥位になる時間もあります。そのため特に呼吸の様子を確認しながら、気道を圧迫しないように注意しました。また、保定解放後の安静時も異変が起こらないか、しばらく離れた位置から観察を行い、いつでも酸素投与ができるように準備していました。

採血時の止血について、本事例に止血異常はありませんでしたが、興奮することで血が止まりにくいということがあったため、興奮させないように注意しました。

case 2　継続したALP高値を呈する長期管理の事例

【事例情報】

- **基本情報**：シー・ズー、去勢雄、14歳6ヵ月齢、6.5 kg、BCS 5/9
- **既往歴・基礎疾患**：シュウ酸カルシウム結石、僧帽弁閉鎖不全症（クッシング症候群発症後しばらくしてから発症）
- **主訴**：特になし。健康診断にてALPおよびγ-GTPの高値が認められ、そこからACTH負荷試験へと進んだ
- **経過**：6年前から多飲多尿、脱毛、ALP上昇などの症状があり、精査した結果、クッシング症候群と診断。その後、トリロスタン1 mg/kg/日投与で管理
- **各種検査所見**
  ・身体検査所見：T 38.0℃、呼吸正常、体型正常、被毛・筋肉菲薄化
  ・血液検査所見：ALPの高値、コルチゾール値の高値（初診時）
- **治療内容**：トリロスタンの内服

case 2の外貌

聞き取りと観察項目

- □ 一般状態の確認
  ・下痢、食欲の有無
- □ 症状の変化
  ・多飲多尿の有無
  ・体型の変化の有無
  ・被毛状態の変化の有無
- □ 体型の変化
- □ 被毛の状態

時々生じる異常や副作用についても確認する

ここ1年間、時々、下痢や食欲低下を示すことがありましたが、内科的治療によりコルチゾール値（postコルチゾール値5.0 μg/dL）は安定しており内服も問題なくできていました。しかし、長期間の投与で慣れているからといって油断はできません。

副腎皮質機能亢進症

時々生じていた消化器症状は、トリロスタンを投与していたことと、一時的なストレスにより発現していた可能性があります。そのことを飼い主に伝え、何かあればその都度連絡するように話しました。

副作用（アジソン病の症状）が生じていないか聞き取り、観察する

前述したように内科的治療は問題なく行えていました。しかし一時的に強いストレスがかかったことで下痢の症状がみられたため、内服薬の投与を中止し下痢に対する治療を行いました。その後下痢が改善したため、トリロスタンの内服を再開しました。

今回、消化器症状が発現したことから、アジソン病症状の発現を考え現在は整腸薬も併用しながらトリロスタンの投与量を減量して内服を継続しています。

POINT case1と異なる介入ポイント
- トリロスタン投与後の副作用の発現の確認
- 下痢と嘔吐、食欲不振などの聞き取り

本事例は消化器症状の発現により体重が減少したため、結果的に体重当たりのトリロスタンの投与量が増えてしまいました。投与量と症状が安定してくると飼い主も安心してしまうことがあります。そのため、来院時には投与量が過剰である際に生じる副作用（アジソン病の症状）が生じていないか、問診または聞き取りを行い、注意して観察しました。

POINT アジソン病の症状に注意
下痢、嘔吐、食欲低下、後肢の震え、高カリウム血症、漏尿、てんかん様発作、虚脱、活力低下など

この事例から分かること

・postコルチゾール値が5.0μg/dLでも、長期管理で筋力低下、腹部膨満、脱毛は少しずつ進行します。
・安定期にはアジソン病の発症にも気を付け、ストレスの少ない生活をさせる必要があります。そのため、イベント時の対応についても飼い主とよく相談しておくことが大切です。

case 3　ALP高値・T-cho高値および糖尿病併発の事例

【事例情報】
- **基本情報**：ポメラニアン、不妊雌、12歳10ヵ月齢、2.9 kg、BCS 5/9
- **既往歴・基礎疾患**：健康診断時に胆泥の貯留・甲状腺の低値（0.98μg/dL）を認める。クッシング症候群の治療中に糖尿病発症
- **主訴**：特になし。健康診断にてALP・TCHOの高値を認め、ACTH負荷試験へと移行
- **経過**：トリミング後、頸部、腰部、臀部の発毛が悪かったため来院。多飲多尿もありクッシング症候群を疑いコルチゾールの測定を実施した。その結果、コルチゾール高値のため、クッシング症候群と診断し、アドレスタンによる内科的治療を開始した。1年4ヵ月間は安定していたが、その後、多飲多尿、食欲増加、体重減少が認められた
- **各種検査所見**
  ・身体検査所見：T 38.3℃、体重減少（4.0 kg→2.9 kg）、白内障所見あり、呼吸異常あり
  ・血液検査所見：ALPの高値、T-choの高値、Gluの高値
- **治療内容**：糖尿病治療を優先。インスリン治療が安定した後に、クッシング症候群の治療（アドレスタンの内服）も併せて実施した。
  生活の指導は、1）食事指導・介入、2）インスリン投与法の指導、3）糖尿病およびクッシング症候群治療中の生活指導などを行った

case 3の外貌

聞き取りと観察項目

- ☐ 一般状態の確認
  ・体重の変化
- ☐ 症状の変化
  ・多飲多尿の有無
  ・体型の変化の有無
  ・被毛状態の変化の有無
- ☐ 筋力の変化
- ☐ 呼吸状態の変化

糖尿病を発症することがあることを説明する

治療を開始するに当たり、はじめに獣医師から、クッシング症候群では糖尿病を発症することがあること、クッシング症候群に対する治療が安定していても、糖尿病を発症することがあることを説明しました。

話を進めるなかで、飼い主は本事例について、食欲もあり、多飲多尿の症状がでてきてはいたが、クッシング症候群によるものであると放置していた、減量用フードの給与でなかなか減らなかった体重が減ってきてよろこんでいた、という状況が明らかになりました。

そこで糖尿病の併発を疑い、血糖値の測定をしました。結果、血糖値は高値を示し糖尿病の併発が確定したため、食事管理とインスリン投与の指導を行いました。

また、白内障による視力の低下がみられたため、生活をする上で突然触れたり家具の位置を移動させないように伝えました。

ACTH刺激試験の変化の記録や体重の変化に注意する

本事例は糖尿病を併発しましたが、トリロスタンの内服は変わらず継続しています。（図1-4-8）。クッシング症候群では、10〜20％で糖尿病の症状が発症します。本事例は発症4ヵ月前の血糖値は120 mg/dLでした。多飲多尿という症状が似ているので、飼い主へつねに注意を促すとともに、定期検査では血糖値に注視するとよいでしょう。

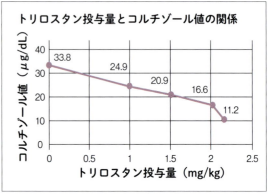

図1-4-8　case 3のACTH刺激試験の記録
クッシング症候群の管理としては、トリロスタン投与量を漸増して、約2.2 mg/kgで、post コルチゾール値10 μg/dL前後で安定し、この投与量で1年間以上維持していました。しかし急に多飲多尿症状が発現したことから、飼い主は「クッシング症候群の症状が現れたために、多飲多尿が生じた」と考えていました。しかし、実際には体重の減少があり、精査したところ、糖尿病の発症であることが明らかとなりました。

飼い主支援

内科的治療を実施する場合

主症状の変化の有無の確認

第一に、もとの主症状の変化を確認してもらうことが大切です。飼い主は、多尿多飲や皮膚症状・脱毛、腹部膨満、石灰化、活力低下といった症状の改善を期待していると思われます。また、検査結果から確認された胆泥症、肝臓腫大、肝酵素上昇、ALPの上昇、高コレステロール血症といった症状の改善も期待すると思います。

しかし、これらの症状の改善は、多尿多飲を除きゆっくりであることを理解してもらいましょう。皮膚症状・脱毛、腹部膨満、石灰化などは改善するまでに数カ月〜1年かかります。ALPの上昇、胆泥症、高コレステロール血症、シュウ酸カルシウム結石などは、さらに時間がかかる可能性があります。

副腎皮質機能亢進症

投薬管理

内服継続と投薬忘れに注意するよう指導しましょう。

クッシング症候群の症状は内服を開始後すぐに改善するものではありません。そのため、典型的な症状である多飲多尿、皮膚病変の改善度合いなどは、日々観察することで徐々に治療効果を実感できることを飼い主へ説明する必要があります。また、クッシング症候群は生涯治療が必要な疾患です。しかし、併発症の改善により投与量を減らすことは可能であるため、そのことも説明し、併発症の改善もよく観察してもらうよう伝えましょう。

また、副作用の一つである消化器症状が認められた場合は、とりあえず投薬を中止してすぐに動物病院へ連絡するようにも伝えましょう。

トリロスタンが処方されている場合、併発症の改善により必要な投与量が減少しても同量を投与していたために、アジソン病を発症することがあります。そのため、アジソン病の症状（p.63参照）についても、しっかりと伝えておくことが大切です。特に、旅行やシャンプー、来客時などのストレスがかかったときに起こりやすいため、イベントの前に相談してもらうようにします。

飲水管理

多飲多尿があっても、水を切らさないで与えることが大切です。たくさん水を飲むからといって与える水の量を制限しない、勝手に薬を増量しない、ということをしっかりと飼い主へ説明し、理解してもらいましょう。飲水量の減少は症状の改善も分かりますし、再増加した場合は病態の悪化や糖尿病発症の発現の発見にもつながります。

運動

筋肉の菲薄化があるため、過度な運動は禁物です。無理な運動は筋肉や腱の損傷につながります。

食事管理、ストレスのない生活環境

クッシング症候群の事例は、ストレスを感じやすいので、なるべくストレスを与えない生活を心掛けるように、生活環境についても飼い主と一緒に考えていけるとよいでしょう。また、体重管理もするように伝えしましょう。

食事、生活環境の改善をしながら動物たちと生活することは、動物たちも幸せであることを理解してもらいましょう。

このように、生涯の治療を宣告された飼い主が動物の未来に希望を持てるように、愛玩動物看護師として寄り添った支援ができるように取り組んでいくことが大切です。

外科的治療を実施する場合

術前：状態と手術の説明

飼い主に対し、動物の今の状態の説明や、手術に際しどのような麻酔をして、どのようなことをするかを簡単に説明します。さらに、術後のおおよその入院期間や退院後の管理についても前もって説明します。

術後：創傷管理

飼い主に、退院時の動物の状態を説明し、創傷管理や退院の見込みについて説明します。

> **POINT　面会について**
>
> 動物は面会というものを理解していません。そのため面会後に飼い主と帰宅できなかったことに落胆して入院室で騒いでしまう動物もいます。
> 飼い主が面会を希望される場合は、動物の性格に応じて、対面かビデオでの面会を選択します。

退院後：ホルモン補充など

飼い主に、退院後の生活や動物の管理方法と注意点について説明します。退院後もホルモン補充が必要であるため、飲み忘れなどがないように継続して指導を行います。

ステップアップ！
アジソン病を発症した場合／糖尿病を併発した場合

内科的治療中の消化器症状

消化器症状がでた場合は、以下の3つのことを頭の中に描いておきましょう。
（1）トリロスタンによる副作用の発現
（2）トリロスタンの過剰投与による一時的副腎皮質機能低下症の発現またはアジソン病の発症
（3）その他の併発症の発現

いずれにしても、消化器症状に関する報告を飼い主から受けた場合は、一度投薬を中止するよう伝えましょう。

（1）の場合は、投与量の減量および乳酸菌製剤、粘膜保護薬などの併用で改善することがあります。

（2）の場合は、一時的な低下症は投薬中止で改善することが多く、獣医師によるコルチゾール値の低下の確認（ACTH刺激試験）のもと、低用量への変更が行われます。一方、アジソン病が発症したと考えられる場合は、アジソン病に対する治療が開始されます。

アジソン病

トリロスタンは副腎皮質でのステロイドホルモンの合成を可逆的に阻害するので、投薬を中止するとホルモン合成は改善することがほとんどです。しかし、時としてアジソン病状態になることがあり、投薬過剰ということではなく、良好なコントロールであったものが突然発症するということもあります。

そのため、アジソン病の症状（p.63参照）についても、飼い主に伝えておく必要があります。そして、アジソン病の症状が認められた場合はすぐに来院してもらいましょう。

糖尿病

クッシング症候群の事例の10〜20％が、糖尿病を発症するといわれています。そのため、定期検診時には必ず血糖値や糖化アルブミン、フルクトサミンの測定を行い、血糖値が参考基準範囲でも110 mg/dL以上になった場合は、注意しましょう。飼い主への注意点としては、尿量・尿の色・においの変化、体重減少、白内障の発症・視力低下に気を付けて観察することを伝えておくとよいです。特に尿の変化はクッシング症候群の症状だと判断して安心しないように、気を付けてもらう必要があります。

※実際の事例は、case 3（p.63）を参照してください。

内服薬で症状がコントロールできない場合

獣医師と共に薬用量の問題なのか、その他の疾患の影響によるものなのかを考えることがポイントです。併発症の影響が強くでている（皮膚病変が強い、石灰化が生じている、乳腺腫瘍が併発している）場合は治りが悪い（コントロール不良）傾向があるため、トリロスタンの投与量が多くなることがあります。投与量を増加しても効果がでにくい場合は、隠れている併発症を探しますが、その際は飼い主への丁寧な情報収集が大切となります。

併発症に対するケア

シャンプー、薬浴、耳掃除、皮膚のケア、歩行援助などの併発症へのケアで改善が認められた場合、トリロスタンの投与量の軽減が可能になることがあります。

COLUMN　ワンランク上の動物看護のために

- 元気、食欲の喪失、消化器症状を呈する事例に対して獣医師と共に内服薬の投与の中止を考えられる
- 内服で症状がコントロールできないとき、獣医師と共に薬用量の問題なのか、その他の疾患を考えることができる
- 生涯治らない病気であることを告げられた後の飼い主の気持ちをフォローできる
  ➡ トリロスタンなどの治療で寿命を全うできる可能性があること、よりよい投与方法や新しい治療法も進み長生きできるようになっていることを伝えられるとよいです。
- 飼い主が動物の未来に希望を持てるようにする
  ➡ 改善した症状などを飼い主と分かち合います。
- 動物の今後のケア・フォローができる
  ➡ 重度な事例のインターネット記事を信じないように、その事例の今おかれている状況をしっかりと伝えます。飼い主と、今何をすればよいかの理解を共有しましょう。
- 確実な保定と準備で、獣医師の補助ができる
  ➡ クッシング症候群の事例は、腹腔内脂肪が胸郭を圧迫して、呼吸がしがたい状態（特にパンティングがある場合）、または、気管の筋肉の脆弱化により気管虚脱になっていることも多いです。そのため、腹部超音波検査、X線検査、採血時などでは、呼吸状態をよく観察しながら保定を行います。
  ➡ 採血後の止血確認をしっかり行います。

⚠ 注意事項

クッシング症候群の事例は血管が弱くなっており皮下出血しやすいです。自宅に戻ってから皮下出血が認められたということもあるので、止血確認は確実に行うようにしましょう。

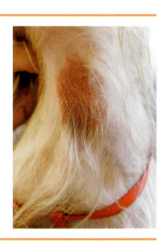

まとめ

クッシング症候群は、副腎または下垂体の腫瘍化もしくは過形成で起こる病気であり、予防することはできません。この病気を放っておくことで、今後認知症様の症状や糖尿病、膵炎、高血圧、感染症（皮膚や膀胱）、血栓症などを引き起こすことがあります。

治療は、トリロスタンの内服が主流ですが、毎日一生懸命に内服薬を投与しても臨床症状は早急には回復せず、度々ACTH刺激試験を実施しながら薬用量を調節しなければなりません。さらに、日常生活にも注意が必要となり、治療は生涯にわたり忍耐を要するものになります。

飼い主のストレスのフォローができる、また、獣医師が治療しやすいように前倒しに準備ができる愛玩動物看護師が上級者といえるでしょう。

愛玩動物看護師・茂手木琴美
獣医師・山内真澄

監修者からのコメント

　副腎皮質ホルモンは、全身のバランスをとるホルモンの代表です。副腎や下垂体の腫瘍に加えて、動物の体に起こる痒みや痛み、炎症などに対して、過剰のコルチゾール（グルココルチコイド）が分泌することで、さまざまな症状が現れます。グルココルチコイドの免疫抑制作用により感染症の増悪が起こると、その痒みや痛みの違和感で症状は増悪します。

　トリロスタンを用いた内科的治療は、グルココルチコイド増加による悪循環を断ち切るために行われており、トリロスタンだけで治癒することは珍しいことです。このため、犬に起こっている種々の併発症（痒み、痛み、感染症、石灰化など）を合わせて治療していかないと、クッシング症候群は十分に改善しません。石灰化がある場合は、特に改善しにくいことが知られています。

　シャンプーや薬物による皮膚や耳の痒みの制御で軽減する例もあります。飼い主の話をよく聞き、犬たちをよく見て、犬たちに起こっていることをあぶり出しましょう。飼い主と協力しながら、犬の負担を減らし、ストレスの少ない生活環境に改善すれば、病態も投薬量も低減します。愛玩動物看護師の力の見せどころだと思います。

獣医師・左向敏紀

5. 腫瘍①
「乳腺にできものがある」／乳腺腫瘍

執筆者
根岸真由（ねぎしまゆ）／
愛玩動物看護師（ALL動物病院グループ）

南 智彦（みなみともひこ）／
獣医師（ALL動物病院グループ）

監修者
今井理衣（いまいりえ）／
獣医師（アーツ人形町動物病院）

症状	腫瘍
主訴	「乳腺にできものがある」

 STEP UP! 炎症性乳癌

本稿の目標
- 乳腺腫瘍の特徴と犬と猫の違いについて理解する
- 乳腺腫瘍の早期発見／早期治療の重要性について理解する
- 外科的治療時の動物看護のポイントと自宅での管理方法について理解する

乳腺腫瘍

　乳腺腫瘍は、診療現場で目にすることが多い腫瘍です。犬の腫瘍では雌でいちばん多く、猫では3番目に多い腫瘍とされています。そのうち犬で約50％、猫で80〜90％が悪性といわれています。悪性の場合はリンパ節、肺などへの転移がみられることがあります。しかし乳腺腫瘍は早期発見・早期治療で根治が期待できます。主な治療法は外科的治療による摘出手術です。良性腫瘍においても増大が激しい場合や腫瘍の自壊がみられる場合は切除の対象です。

　乳腺腫瘍は不妊手術による予防の効果が高い疾患です。乳腺腫瘍の特徴を理解し不妊手術の必要性を飼い主に説明できるようにしましょう。また乳腺腫瘍になった場合の治療法や周術期管理、術後ケアに関しても飼い主に寄り添える動物看護を実践できるようにしていきましょう。

第1章 管理が重要な命にかかわる症候／疾患の動物看護

動物看護の流れ

case 腫瘍「乳腺にできものがある」

ポイントはココ！ p.72

"乳腺にできもの"の原因となる疾患で考えられるもの

☐ 乳腺に関連しない疾患
- 皮膚疾患
- 鼠経ヘルニアや臍ヘルニア など
- 乳腺部以外の腫瘍性疾患
  - 肥満細胞
  - リンパ腫 など

→身体検査、細胞診で鑑別を！

☐ 乳腺に関連する疾患
- 非腫瘍性疾患
  - 乳腺炎
  - 乳腺過形成、線維上皮過形成 など
- 腫瘍性疾患
  - 良性―乳腺腫
  - 悪性―乳腺癌、悪性混合腫瘍、炎症性乳癌、骨外性骨肉腫 など

押さえるべきポイントはココ！

～"乳腺部のできもの"と"乳腺腫瘍"の関係性とは？～

① 乳腺腫瘍は犬では約50%で悪性、猫では80%以上が悪性だが、早期発見・早期治療で治癒の可能性あり！
② 犬の乳腺腫瘍の良性・悪性の診断は組織検査が必要
③ 適切な時期の不妊手術で病気予防効果あり

上記のポイントを押さえるためには
情報収集が大切！

検査 p.74

一般的に実施する項目	必要に応じて実施する項目
☐ 身体検査	☐ 病理組織検査
☐ X線検査	☐ 血液凝固系検査
☐ 超音波検査	
☐ 完全血球計算（CBC）、血液化学検査	
☐ 細胞診	

乳腺腫瘍

治療時の動物看護介入 p.75

"乳腺腫瘍"と診断

治療方法
- 外科的治療
- 放射線療法
- 化学療法（抗がん薬治療）
- 補助治療

外科的治療

case1
- 「良性腫瘍の事例」
  - 術創管理
  - 疼痛管理
  - 全身状態の把握

case2
- 「猫の乳腺腫瘍の事例」
  - 痛みの評価
  - ストレスケア

観察項目（case1）
- 術創の衛生状態
- 痛みのサイン
- 食欲の有無
- 全身状態の確認

観察項目（case2）
- 痛みのサイン
- 呼吸状態
- 術創の確認および創部の衛生管理
- ストレスサインの観察と評価

飼い主支援 p.79

経過に応じた飼い主支援
- 創傷管理の指導
- 自壊時の管理の方法
- 再発の早期発見のための管理

STEP UP!　「炎症性乳癌」について考えてみましょう！ p.80

長期的な治療や管理が必要なポイントはココ！

"乳腺部のできもの"と"乳腺腫瘍"の関係性とは？

乳腺部のできもの

「お腹に何かできている……。」そのような主訴で来院する飼い主は多いです。そのすべてが乳腺腫瘍というわけではもちろんありません。実際に確認してみると皮膚炎を起こしていたり、鼠経ヘルニアが見つかるなど腫瘍以外の原因もあります。そのできものがどのようなものか、見た目・大きさ・実際に触ってみた感触・色、発生部位・数なども重要な所見となるので細かく観察し、記録しておきましょう。また見た目だけで良性／悪性を判断することはできません。できものを発見した場合には早めに獣医師に相談しましょう。

乳腺部にできものを呈する疾患として考えられるもの

乳腺部にできものを呈する疾患は下記のような疾患が考えられます。乳腺腫瘍とそれ以外の腫瘍は治療法や予後が変わりますので、まずはそれらを鑑別することが大切です。

☐乳腺に関連しない疾患
・皮膚疾患
・鼠経ヘルニアや臍ヘルニア など
・乳腺部以外の腫瘍性疾患
　●肥満細胞腫
　●リンパ腫 など
→身体検査、細胞診で鑑別を！

☐乳腺に関連する疾患
・非腫瘍性疾患
　●乳腺炎
　●乳腺過形成、線維上皮過形成（若齢猫）など
・腫瘍性疾患
　●良性—乳腺腫
　●悪性—乳腺癌、悪性混合腫瘍、炎症性乳癌、骨外性骨肉腫 など

乳腺とリンパ節

乳腺とは、哺乳類特有の器官であり、皮脂腺の一つです。犬では左右5対の計10個、猫では左右4対の計8個の乳房があり、一つの乳頭に対して5〜20の乳腺単位から成ります。乳腺の数に応じて、乳頭には乳頭管が乳頭口に開口しています。乳腺の発達にはホルモンによる作用が必要となり、雄ではほとんど発達しません。

乳腺の所属リンパ節（領域リンパ節）※は主に、腋窩リンパ節、副腋窩リンパ節、鼠径リンパ節となります（**図1-5-1、2**）。

※所属リンパ節（領域リンパ節）とは、がんの発生部位と直結したリンパ路をもつ近くのリンパ節のことです。

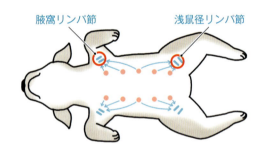

図1-5-1　犬の乳腺とリンパ節

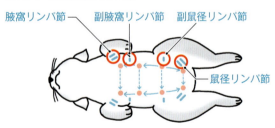

図1-5-2　猫の乳腺とリンパ節

乳腺腫瘍

乳腺腫瘍とは、乳腺の細胞や乳腺を支える筋上皮細胞などがホルモンの影響を受け増殖するうちに遺伝子変異などを生じて腫瘍化したものです。特に卵巣から分泌されるエストロジェン（卵胞ホルモン）やプロゲステロン（黄体ホルモン）が強く関連しているといわれています。

乳腺腫瘍

乳腺腫瘍の発生率は腫瘍の中で犬では2番目に多く、猫では3番目に多いといわれています。また、雌犬に関しては最多です。発症年齢は犬で10〜11歳、猫で10〜14歳と高齢の動物に多くみられます。

乳腺腫瘍のうち、犬では50％、猫では80〜90％が悪性腫瘍であり、犬においては直径3cm以上で悪性腫瘍の可能性が高くなります。

発生部位は犬では第4〜5乳腺ですが、猫では好発部位はありません。

好発犬種・猫種

犬ではプードル、テリア、コッカー・スパニエル、ジャーマン・シェパード・ドッグ[1]などが挙げられます。猫ではシャム[2]です。

乳腺腫瘍のステージ分類

犬と猫の乳腺腫瘍のステージ分類は**表1-5-1、2**の通りです。

表1-5-1　犬の乳腺腫瘍のステージ分類

ステージ	腫瘍の大きさ	所属リンパ節転移	遠隔転移	生存中央値
I	<3cm	なし	なし	3年
II	3〜5cm	なし	なし	2.5年
III	>5cm	なし	なし	1.5年
IV	原発巣に関係なく	あり	なし	
V	原発巣に関係なく	所属リンパ節に関係なく	あり	

※文献4より引用・一部改変

表1-5-2　猫の乳腺腫瘍のステージ分類

ステージ	原発巣の大きさ	リンパ節転移	遠隔転移	生存期間中央値
I	<2cm	なし	なし	4.5年
II	2〜3cm	なし	なし	2年
III	>3cmすべて	なしあり	なし	6ヵ月
IV	すべて	あり	あり	

※文献3より引用・一部改変

予後

乳腺腫瘍は早期発見および早期の外科的治療の介入で根治の可能性がある腫瘍です。

臨床病期（ステージ）や大きさ、リンパ節転移などは悪い予後因子です。犬は3cm以上で悪性腫瘍の可能性が高くなり、リンパ節に転移が認められる場合には、腫瘍のサイズに関係なく約80％で再発したと報告されています。小型犬の場合は悪性腫瘍であっても約半数は転移しづらく手術で根治可能といわれています。

猫では大きさと病理組織検査での組織的悪性度が予後に関連します。2cm以下の小さい時に拡大切除することが重要です。3cm以上は格段に予後が悪くなります。リンパ節への転移も悪い予後因子となります。また、組織型やグレードなど病理組織検査の結果で予後も変わります。

治療

各乳腺の所属リンパ節は、第1〜第2乳腺はわきの下から胸壁にある腋窩・副腋窩リンパ節、第4〜第5乳腺は下腹部にある鼠径リンパ節、第3乳腺はその両方に転移する可能性があります。

悪性の乳腺腫瘍の場合、リンパ節への転移の有無が予後に影響します。そのためリンパ節も同時に切除し、病理組織検査にて、転移について検査します（進行度評価）。

飼い主へのアドバイス

腫瘍が2cmを超えると生存期間が大幅に短くなり、転移の可能性も高くなります。ただし小さい腫瘍でも転移を引き起こし生命にかかわる腫瘍もあるので、発見したら検査を受けることを勧めてください。

予防

犬では2回目の発情までに不妊手術を行うと発生のリスクを抑えることができます。

猫では未不妊猫は不妊猫の7倍の発生率であり1歳未満で不妊手術すると約90％乳腺腫瘍発生リスクを抑えることができます[3]。

検査

一般的に実施する項目
- ☐ 身体検査
- ☐ X線検査
- ☐ 超音波検査
- ☐ 完全血球計算（CBC）、血液化学検査
- ☐ 細胞診

必要に応じて実施する項目
- ☐ 病理組織検査
- ☐ 血液凝固系検査

一般的に実施する項目の注目ポイント

問診

問診の際にチェックすべき項目は以下の通りです。
- ●不妊手術の有無と手術時期、手術の理由
- ●しこりの発生部位
- ●しこりが何ヵ所あるか
- ●しこりはいつからあるか
- ●しこりの大きさの変化や状態（大きくなっていないか・においはないか・出血していないか・自壊していないか）
- ●症状はでているか（疼痛、熱感、跛行、呼吸状態など）

身体検査

まずは主訴である乳腺部のしこりについて確認します。その後、他の乳腺部にもしこりがないか、体表リンパ節の腫れがないかを入念に確認しましょう。

細胞診

身体検査で見つけたすべてのしこりに対して、細胞診を行います。細胞診を行うことで、乳腺腫瘍以外の腫瘍の除外をします。犬の乳腺腫瘍の場合、細胞診による良性腫瘍か悪性腫瘍かの判断は不確実なため、それらの確定診断には病理組織検査が必要になります。猫の場合は、乳腺腫瘍を疑う所見が得られたら、多くは悪性腫瘍として扱います。

リンパ節と肺への転移の確認と細胞診

触診、X線検査、超音波検査にて所属リンパ節への転移と肺、骨、体腔内リンパ節を含めた体腔内臓器への遠隔転移について確認します。転移が疑われる病変は可能な場合、細胞診を行います。

全身状態の確認

血液検査、X線検査、超音波検査、尿検査などにより全身状態の確認を行います。高齢の動物が多いため、基礎疾患の有無を確認し、麻酔・手術時のリスク評価を行います。

| ポイントはココ！ | 検査 | 治療時の動物看護介入 | 飼い主支援 |

治療時の動物看護介入

動物看護を行う際の注目ポイント

❶ **バイタルサインチェック**
・定期的に観察を行い、異常がみられた場合には気道の異常、疼痛、ストレスなどの原因を推測するとともに、獣医師に報告する

❷ **術創管理**
・術創の離開や感染が起こっていないか確認する
・二次感染を防ぐために創部を清潔に保つ
・ドレーン管理（排液の様子、ぬけていないかなど）

❸ **疼痛管理**
・痛みのサインがでていないか観察し、異常に早期に気づく

❹ **食事管理**
・回復に必要なエネルギー量が摂取できるよう工夫する

治療方法について

第一選択は外科的治療です。転移事例や組織学的グレードの高いものでは放射線療法や化学療法（抗がん薬治療）を併用します。

外科的治療

外科的治療では、犬か猫か、腫瘍の数や大きさや推測される悪性度などによって、単一乳腺切除、領域乳腺切除、片側乳腺全切除、両側乳腺全切除の術式が選択されます（**表1-5-3**）。猫では悪性の可能性が高いため、拡大切除とともに副腋窩リンパ節、腋窩リンパ節までの切除が勧められます。鼠経リンパ節は尾側乳腺とともに切除します。

①バイタルサインチェック

[定期的に観察し、異常がみられた場合は原因の推測と獣医師への報告をする]

定期的に観察し、早期発見に努めます。バイタルサインの異常は、気道の異常、疼痛、ストレスなどが原因と考えられます。

②術創管理

[術創を清潔で適切な状態に保つ]

術創の離開や感染が起こっていないかの確認、感染予防対策を行います。また、ドレーンを挿入している場合には、排液の様子やドレーンの抜けがないかも確認します。

片側乳腺全切除では、尾側へ術創が伸長していることが多くあります。術後服やエリザベスカラーによって会陰部まで隠れているか確認しましょう。

③疼痛管理

[痛みのサインがでていないか確認し、異常に早期に気づく]

片側乳腺全切除では、頭側乳腺の直下の筋層も一部切除するため、疼痛が強くみられる可能性があります。

④食事管理

[回復に必要なエネルギー量が摂取できるよう工夫する]

痛みや慣れない環境でのストレスによって食欲が減退しやすくなります。エネルギー不足は回復の遅延を引き起こします。必要なエネルギー量が摂取できるように、給与方法などを工夫します。

第1章 管理が重要な命にかかわる症候／疾患の動物看護

表1-5-3 犬の乳腺腫瘍の術式

術式	切除範囲（青）	目的と特徴	長所と短所
○腫瘤切除 ○単一乳腺切除		○生検目的で行う ○単独腫瘤が自壊したときの、緩和のために行う	○麻酔時間が短い ○疼痛が弱い ○悪性の場合は再手術が必要
○領域乳腺切除		○乳腺腫瘍の根治の可能性のある手術法（良性腫瘍の場合のみ） ○第1・2乳腺を切除する場合は、腋窩リンパ節を一緒に切除する ○第3・4・5乳腺を切除する場合は、鼠径リンパ節を一緒に切除する	○比較的麻酔時間が短い ○第2・3乳腺は1/2の確率で連絡があるため、残った乳腺に転移している可能性がある
○片側乳腺全切除		○乳腺腫瘍の根治が期待できる手術法 ○腋窩リンパ節、鼠径リンパ節も一緒に切除する（猫では副腋窩リンパ節も一括切除）	○麻酔時間が長い ○疼痛が強い
○両側乳腺全切除		○乳腺腫瘍の根治が期待できる手術法 ○腋窩リンパ節、鼠径リンパ節も一緒に切除する ○鼠経リンパ節も一緒に切除（猫では副腋窩リンパ節も一括切除）	○術後に呼吸障害がでる可能性がある ○麻酔時間がとても長い ○疼痛がとても強い ○片側乳腺全切除を2回に分けて実施するのが一般的

as2018年8月号より引用・一部改変

※猫の乳腺腫瘍は多くが悪性腫瘍であるため基本的には、片側乳腺全切除を選択します。ただし、全身状態や外科的治療・麻酔のリスクによっては、この限りではありません。そのため、局所の自壊に対しての対症療法の場合は部分切除を行う場合があります。その際には、切除の目的や術後再発・転移のリスクが上がることについて飼い主の理解を深めておくことに留意します。

case 1　良性腫瘍の事例

【事例情報】

- **基本情報**：ミニチュア・ダックスフンド、不妊雌（8歳時に実施）、14歳、4.32 kg、BCS 7/9
- **既往歴／基礎疾患**：右側第4乳腺腫瘍／良性腫瘍。6年前に右側第4-5領域乳腺切除。基礎疾患なし
- **主訴**：右側第2乳腺付近にしこり
- **経過**：半年前から存在している。しこりがここ1ヵ月で大きくなっている
- **各検査所見**
  ・身体検査所見：腫瘤は右側第2乳腺部に存在。大きさは2.5 cm。表面の自壊なし。皮膚固着、底部固着はともになし。所属リンパ節を含む体表リンパ節の腫大なし
  ・血液検査所見：完全血球計算（CBC）、血液化学検査、ともに明らかな異常所見なし
  ・胸部・腹部X線検査所見：明らかな異常所見なし。リンパ節転移なし・肺転移なし
  ・腹部超音波検査所見：胆嚢に胆泥貯留
  ・針吸引検査（FNA）所見：異形性の乏しい上皮系細胞が多数シート状に採取
  ・組織生検所見：右側第2乳腺腫瘍／良性腫瘍
- **治療内容**：外科的治療／右側第2乳腺分房切除（増大傾向がみられることと、飼い主が希望したため）

術後の観察項目

- ☐ 術創の衛生状態
- ☐ 痛みのサイン
- ☐ 食欲の有無
- ☐ 全身状態の確認

術創管理

術創が汚染されないよう、環境を整備しつねに体を清潔に保てるようにしましょう。被毛に排泄物などがついてしまう場合は、飼い主に説明し被毛を短くカットし管理しやすくする、術創が汚れてしまった場合には獣医師に確認し水で洗い流すもしくは清潔なコットンで拭くなどつねに清潔に保てるように心掛けましょう。

また術創の離開を防ぐため運動の制限やエリザベスカラーや術後服の着用などをして動物が触らないようにしましょう。

包帯伸縮性の包帯を使用している場合は締まりすぎていないか、呼吸を阻害していないか注意しましょう。

疼痛管理

処置時などに体を触った時に鳴く、安静時の震えや呼吸促迫などの症状があるときは痛みがあると考えられるため獣医師に報告しましょう。

また食欲が減退しているときは、食事の工夫をしてみましょう。

・食事を温める、ふやかすなどを行う
・食事の変更（アレルギーに注意）
・トッピングをする
・食事の時だけエリザベスカラーを外す
・食事の補助を行う（食事を顔の近くまで持っていく、手から与えてみるなど）
・面会時に飼い主から食事をあげてもらう

など食事を工夫することにより食欲が増加する場合があります。

※疼痛管理の詳しい内容は本シリーズ2巻3章-6「痛みの評価」を参照してください。

全身状態の確認

入院中は毎日身体検査を行い、発熱や呼吸数上昇など異常所見がないかを確認します。発熱がある場合には感染の可能性もあるためすぐに獣医師へ報告しましょう。疼痛が強いときに現れる症状も見逃さないように注意深く観察をしましょう。また術創の観察も重要です。出血や漿液が溜まっていないかなどを毎日観察しましょう。写真を撮って記録すると共有しやすく経過の確認が容易になります。

飼い主への退院後の説明

術創の離開を防ぐため激しい運動は避けるよう説明しました。また、術創を触ったり、汚れてしまわないように洋服などを着せて保護するように伝えました。もし創部が汚れてしまった場合は水道水などで洗い流し、できるだけ清潔に保つよう指導しました。

術創が広い事例では、皮膚の張りなどによる違和感から歩き方がいつもと異なる可能性があることや、そのような場合でも次第に皮膚が伸びて違和感がなくなること、歩き方の変化がつづく場合は連絡してもらうことを伝えました。

術後も再発がないか、3カ月ごとの定期的な診察と乳腺・術創のチェックを勧めました。

case 2　猫の乳腺腫瘍の事例

【事例情報】
- **基本情報**：雑種、不妊雌（6歳時に実施）、9歳、3.0 kg、BCS 4/9
- **既往歴・基礎疾患**：胆泥症、歯肉炎、腸炎
- **主訴**：胸にしこりがある
- **経過**：2週間前に気づく。大きさに変化なし
- **各種検査所見**
  - 身体検査所見：右側第2乳腺部に腫瘤あり。皮膚固着、底部固着ともになし。所属リンパ節を含む体表リンパ節に腫大なし
  - 血液検査所見：血液化学検査では、軽度の腎数値の上昇、CBC、血液凝固系検査では明らかな異常所見なし
  - 胸部X線検査所見：明らかな異常所見なし
  - 腹部超音波検査所見：明らかな異常所見なし
  - 針生検所見：上皮性細胞が集塊状に採取
  - 組織生検所見：右側第2乳腺腫瘍／悪性腫瘍
  - 臨床病期：ステージⅠ：リンパ節転移なし、肺転移なし
- **治療内容**：外科的治療／片側乳腺全切除

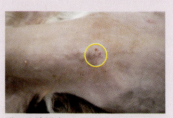

猫の乳腺腫瘍
右側第2乳腺（◎）に認められたしこり

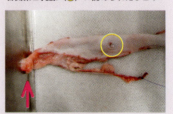

摘出した右側の乳腺
しこり（◎）を含む右側の乳腺とともにリンパ節（↑）も一緒に切除

術後の観察項目

- ☐ 痛みのサイン
- ☐ 呼吸状態
  ・呼吸数、呼吸様相、開口呼吸の有無、可視粘膜色
- ☐ 術創の確認および創部の衛生管理
- ☐ ストレスサインの観察と評価

痛みの評価

　片側乳腺全切除の場合、頭側乳腺は直下の筋層の一部を同時に切除するため、疼痛が強く見られる可能性があります。手術時に局所麻酔も使用しますが、術後の疼痛の様子を観察して、獣医師に報告しましょう。具体的には、事例の食欲や、表情、呼吸状態や歩様などをモニターします。

　片側乳腺全切除の場合、尾側への術創が伸長していることが多いです。猫が自分で舐めてしまうこともあるため、術後服やエリザベスカラーについて会陰部近くまで隠れているか確認が必要です。

ストレスケア

　猫は特にストレスに敏感な事例が多いので、ストレス軽減のため、ケージにタオルをかけて外から見えないようにする、扉の開閉など大きな音を立てないようにする、自宅で使用しているにおいのついたタオルや毛布などをケージに入れる、猫用フェロモン製品であるフェリウェイ（ビルバッグジャパン）を使用するなどなるべく静かで安心のできる環境をつくるようにしましょう。

　また処置もなるべく時間をかけずに行い、移動時や処置時は猫の顔にタオルをかけてまわりがみえないようにする、体に触れる時は静かにやさしく触れるなどを心掛けましょう。

飼い主への説明

　猫の乳腺腫瘍は悪性の場合がほとんどのため、本事例は第二乳腺部の腫瘍だけでしたが片側乳腺全切除を行いました。現状では転移はありませんでしたが、悪性の場合は外科的治療をしても再発や転移の可能性が高いことが考えられました。そして今後肺やリンパ節に転移すると急速に状態が悪化、呼吸状態が悪くなることがあるので特に注意して観察する必要があります。病理組織検査の結果により、今後の治療方針や予後予測を飼い主に伝えることになります。

　化学療法を行う場合には、そのリスクや予測される効果、注意事項を飼い主に十分に理解してもらう必要があります。

飼い主支援

自宅での術創管理について

乳腺腫瘍の外科的治療は術創が大きくなる可能性が高いため、術後は術創の衛生管理、離開の防止、疼痛管理が重要です。

自宅ではエリザベスカラーや術後服の着用を推奨します（**図1-5-3**）。動物が触ることによって術創が離開すると再縫合（再手術）の可能性があることを飼い主にきちんと説明する必要があります。

また術創が大きいと動きが制限されることや痛みを強く感じることもあるため、食欲の低下や活動性の著しい低下がないか注意して見てもらう必要があります。漿液がたまる可能性もあるので術創のチェックを行い、術創部が腫れてきたなどの変化がみられたときは病院に連絡してもらいましょう。

術創が汚れた場合には感染を防ぐため清潔なガーゼでやさしく拭き取る、または水で洗い流すなど清潔に保ってもらうことが必要です。

病理組織検査の結果が良性でも定期的に動物の体を触る、獣医師の診察を受けるなど経過の観察することが重要です。特に悪性の場合には短期間で状態が悪くなる可能性があるため飼い主には予後についてしっかり理解してもらうことが大切です。

自壊しているときの自宅での管理方法

自分でなめてしまう場合は、さらに自壊が広がるため（**図1-5-4**）エリザベスカラーや術後服などで自壊部を保護するようにします。自壊部はできる限り清潔に保ち、包帯で覆う場合は定期的にガーゼの交換と洗浄を行うように説明します。ガーゼは交換時の出血を避けるため、メロリンガーゼなどの非固着性ドレッシング材を使用しましょう。包帯を巻いている場合は強く巻きすぎないように注意してもらいます。

ガーゼの交換や洗浄を怠ってしまうと強いにおいがでることがあり、感染の恐れもあるため、手袋を着用のうえ、定期的に交換するように指導します。自壊した腫瘍のまわりは毛を短くし、管理しやすい状態にするとよいでしょう。飼い主が自宅でできない場合には無理をせず通院してもらいましょう。

予防についての啓発

乳腺腫瘍は不妊手術による予防効果が高い疾患です。若齢期に不妊手術を行うことにより、命にかかわるような大きな病気が防げるということを飼い主に説明できるようにしましょう。また若齢期から体に触られることに慣れさせておくことで病気の早期発見・早期治療につながります。若齢期のしつけの話とともに伝えるとよいでしょう。

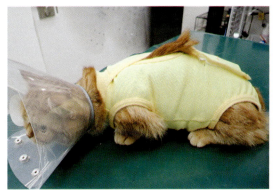

図1-5-3　術後服の着用例

図1-5-4　乳腺腫瘍の自壊

ステップアップ！
炎症性乳癌

炎症性乳癌とは

炎症性乳癌は乳腺腫瘍の一つで、悪性度が高く、転移しやすいのが特徴です。激しい炎症を伴っているようにみえるのが特徴で、腫瘤は、棒状もしくは板状で硬く触知され、自壊することや疼痛を示すことが多くみられます。腫瘍周囲の皮膚リンパ管沿いに小結節がみられることがあり、皮膚リンパ管内に腫瘍細胞が入り込むのが特徴です。

症状

炎症の4徴候（発赤、熱感、腫脹、疼痛）に加え、皮膚リンパ管沿いに小結節が認められます。腫瘍の自壊や易出血性がみられる場合もあり、進行例では肺転移による呼吸促迫や、血液凝固異常による紫斑などが認められることもあります。

治療

外科的治療をしても再発率が非常に高く、術後の縫合部の癒合不全の発生や凝固異常による合併症が生じる可能性があるため、多くの事例で外科的治療は不適応となります。外科的治療をしても早期に再発することがあります。現状で有効な治療法はなく、血栓予防、疼痛緩和を目的とした治療となります（緩和的放射線治療が疼痛緩和の目的で行われることもあります）。

予後

診断時にすでに転移していることが多いです。また播種性血管内凝固（DIC*）などの全身性症状に発展していることも多く、数日から数週間で亡くなることもあり、予後は極めて悪いです。

飼い主支援

自壊した場合は自宅での自壊部の保護や消毒も必要になるので、飼い主に自宅でのケア方法を説明してください。より自壊や出血がしやすいため、病変周囲の毛刈りをして、清潔に保ちましょう。ガーゼを交換する場合は非固着性ガーゼの使用により疼痛やさらなる出血を避けるようにしましょう。

そして強い疼痛も生じている可能性が高いため、獣医師と相談しながら疼痛管理を行っていきましょう。疼痛の度合いについて飼い主とも共有し、元気や食欲など一般状態の変化についても観察してもらいます。

全身症状を伴う場合、急性の臓器不全など、状態が急変する場合もあります。予後不良であることの理解が得られているか、獣医師とも情報共有をしながら、飼い主への伝え方などを検討する必要があります。

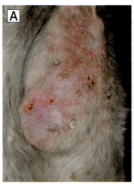 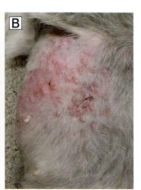

図1-5-5 炎症性乳癌
A：乳腺部を中心に強い疼痛を伴う硬結した病変が認められた。腫瘤表面には熱感とともに紅斑、膿疱が認められる。
B：同事例の側面像。
（提供：東京農工大学　皆上大吾先生）

COLUMN 乳癌で苦しむ猫をゼロにする取り組み

一般社団法人日本獣医がん臨床研究グループ（JVCOG）主催のキャットリボン運動のHPは、猫の乳腺腫瘍を飼い主にも分かりやすく説明しています。ぜひ参考にしてみてください。

キャットリボン　　　　　（提供：キャットリボン運動事務局）

* Disseminated Intravascular Coagulation

まとめ

　乳腺腫瘍は大きさが予後に関連するといわれているので、若齢期から体を触られることに慣れさせるなど、早期発見・早期治療につながるような愛玩動物看護師からの飼い主指導が大切になります。

　繁殖の意思がない飼い主に対しては、不妊手術を行わない場合のリスクを説明し、正しい知識を持ってもらいます。その上で、適切なタイミングでの不妊手術を勧めましょう。ただし、不妊手術を実施すれば乳腺腫瘍が発生する可能性が全くなくなるわけではないことも一緒に説明しましょう。

　また定期的に動物病院へ通い獣医師の診察を受けてもらうことも大切です。

愛玩動物看護師・根岸真由、獣医師・南 智彦

監修者からのコメント

　乳腺腫瘍は犬と猫では発生状況や挙動、予後に相違があり、臨床の現場でよく遭遇する腫瘍ですが病態は各事例でさまざまです。悪性の場合、早期発見・早期治療が重要で予後にも関連します。飼い主が触って発見することも可能な腫瘍なので、普段から動物の体を触る習慣についてお話ししましょう。また、不妊手術による予防ができる数少ない腫瘍のうちの一つです。不妊手術の時期による予防効果の違いや、利点だけでなく手術時のリスクについても理解しましょう。乳腺腫瘍を患った動物の飼い主の中には不妊手術による予防効果についての情報を知らない場合もあります。獣医師・愛玩動物看護師は動物が元気な頃から、身体診察や健康診断をすることはもちろん、不妊手術についての知識も知らせることが重要です。新しく子犬・子猫を迎えた飼い主に触診の仕方を、しつけのお話しなどと関連付けながら指導できるようにしましょう。「今からできる病気予防」として啓発することが大切です。

　一方で、乳腺腫瘍が発見された際には早期の治療計画が必要です。治療の多くは手術ですが、術式により手術後の動物看護のポイントも変わります。猫は悪性腫瘍の前提で早期の拡大切除を計画しますが、犬では各腫瘍に対して術前に病理組織検査にて診断した上で手術計画を立てます。すでに病期が進行し、緩和治療のみを行う場合には飼い主に寄り添う気持ちはさらに必要になります。疼痛や腫瘍の自壊に伴う不快感への対処や、動物だけでなく飼い主の気持ちの変化にも気を配り、動物と飼い主の生活の質を補助できるような動物看護を提案できると良いでしょう。

獣医師・今井理衣

【参考文献】

1. Gregory K. Ogilvie , Antony S. Moore（2008）：第59章 乳腺腫瘍. In：犬の腫瘍（桃井康行監訳）．pp.504-513. interzoo（現EDUWARD Press）．
2. Gregory K. Ogilvie , Antony S. Moore（2003）：第46章 乳腺腫瘍. In：猫の腫瘍（桃井康行監訳）．pp. 337-348. interzoo（現EDUWARD Press）．
3. 古澤 悠：猫の乳腺腫瘍, 概要（特集・犬と猫の乳腺腫瘍 乳がんで苦しむ犬・猫をゼロにする）．*VETERINARY ONCOLOGY*, 33：pp.42-44 EDUWARD Press.
4. 永浦香里：犬の乳腺腫瘍, 予後（特集・犬と猫の乳腺腫瘍 乳がんで苦しむ犬・猫をゼロにする）．*VETERINARY ONCOLOGY*, 33：pp.38-41 EDUWARD Press.

第1章 管理が重要な命にかかわる症候／疾患の動物看護

6. 腫瘍②
「首の付け根にしこりがある」／甲状腺腫瘍

執筆者

宮浦百合子（みやうらゆりこ）／
愛玩動物看護師（松原動物病院）

小山田和央（おやまだかずひさ）／
獣医師（松原動物病院）

奥 朋哉（おくともや）／
獣医師（松原動物病院）

監修者

林宝謙治（りんぽうけんじ）／
獣医師（埼玉動物医療センター）

| 症状 | 腫瘍 |

| 主訴 | 「首の付け根にしこりがある」 |

 猫の甲状腺腫瘍：犬と猫の違い

本稿の目標
- 甲状腺腫瘍の症状を知る
- 甲状腺腫瘍の治療方法を知る
- 甲状腺腫瘍の治療時の動物看護方法を学ぶ

"頸部のしこり"と"甲状腺腫瘍"

頸部周囲は飼い主がよく触る部分のため、頸部に偶発的にしこりを発見することが多いです。その中で甲状腺腫瘍は多くの割合を占め、動物自身は痛みなどの症状がない場合がほとんどです。甲状腺腫瘍は早期に発見し適切な治療を行えば、比較的良好な予後が期待できる腫瘍です。よって、早期に発見できるように飼い主への指導を行ったり、飼い主が気づかないような小さいしこりを、診察の際に愛玩動物看護師が発見することが大切です。本稿を通して、甲状腺腫瘍の治療法を学び、日々の診療や動物看護に活かしていきましょう。

第1章 管理が重要な命にかかわる症候／疾患の動物看護

動物看護の流れ

◆case◆ 腫瘍「首の付け根にしこりがある」

ポイントはココ！ p.86

"首の付け根のしこり"の原因として考えられるもの

- 甲状腺腫瘍
- リンパ節の腫大：リンパ腫、リンパ節炎、反応性過形成など
- 唾液腺の腫大：唾液腺嚢胞、唾液腺腫瘍など
- 皮膚または皮下腫瘤：脂肪腫、軟部組織肉腫など

押さえておくべきポイントはココ！

～ "首の付け根のしこり"と "甲状腺腫瘍"の関係性とは？～

①外科的治療が可能であれば生存期間が長い
②進行がゆっくりで、転移もゆっくりと進行する（1年以上後に転移する可能性もある）
③ホルモン疾患（甲状腺機能低下症、甲状腺機能亢進症）に対する治療が必要な場合がある

上記のポイントを押さえるためには情報収集が大切！

検査 p.87

一般的に実施する項目	必要に応じて実施する項目
☐ 身体検査	☐ 細胞診検査
☐ 完全血球計算（CBC）／血液化学検査	☐ 血圧測定
☐ 胸部X線検査	
☐ 腹部・頸部超音波検査	
☐ 血液凝固系検査	
☐ 甲状腺ホルモン測定（TSH、T_4、fT_4）	
☐ CT検査	
☐ 病理組織学的検査	

甲状腺腫瘍

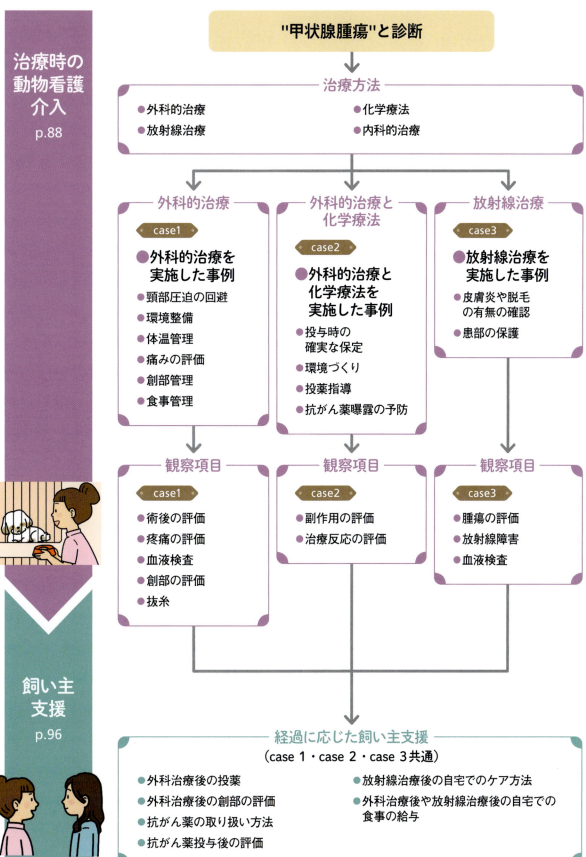

治療時の動物看護介入 p.88

"甲状腺腫瘍"と診断

治療方法
- 外科的治療
- 放射線治療
- 化学療法
- 内科的治療

外科的治療
case1
- 外科的治療を実施した事例
  - 頸部圧迫の回避
  - 環境整備
  - 体温管理
  - 痛みの評価
  - 創部管理
  - 食事管理

外科的治療と化学療法
case2
- 外科的治療と化学療法を実施した事例
  - 投与時の確実な保定
  - 環境づくり
  - 投薬指導
  - 抗がん薬曝露の予防

放射線治療
case3
- 放射線治療を実施した事例
  - 皮膚炎や脱毛の有無の確認
  - 患部の保護

観察項目
case1
- 術後の評価
- 疼痛の評価
- 血液検査
- 創部の評価
- 抜糸

case2
- 副作用の評価
- 治療反応の評価

case3
- 腫瘍の評価
- 放射線障害
- 血液検査

飼い主支援 p.96

経過に応じた飼い主支援
（case 1・case 2・case 3共通）
- 外科治療後の投薬
- 外科治療後の創部の評価
- 抗がん薬の取り扱い方法
- 抗がん薬投与後の評価
- 放射線治療後の自宅でのケア方法
- 外科治療後や放射線治療後の自宅での食事の給与

STEP UP! 「猫の甲状腺腫瘍：犬と猫の違い」について考えてみましょう！ p.98

長期的な治療や管理が必要なポイントはココ！

病態、原因、症状などについて

病態

甲状腺腫瘍は約80〜90％が悪性といわれています。しかし、適切な治療を行えば長期生存が期待できる腫瘍です。

甲状腺は甲状腺ホルモンを産生する臓器であり、甲状腺ホルモンは全身の代謝を活性化する作用があります。甲状腺腫瘍により甲状腺ホルモンの分泌亢進や甲状腺腫瘍による正常な甲状腺の障害に起因する甲状腺ホルモンの分泌低下が認められる場合があり、ホルモン関連による臨床徴候を引き起こすことがあります。しかし、甲状腺腫瘍によるホルモン異常は多くはなく、ほとんどの場合は無症状です。甲状腺腫瘍による症状の多くは、甲状腺腫瘍が他の臓器へ浸潤している場合に発生し、障害されている臓器由来の症状が発生します。頸部の圧迫による嚥下困難や呼吸困難、反回喉頭神経の障害による喉頭麻痺などが起こります。

診断時に他部位へ転移が成立している割合は20〜30％とされています。基本的には、悪性腫瘍が他部位に転移している場合の予後は悪いとされていますが、甲状腺腫瘍の転移病変の進行は緩徐なので、転移が成立している場合でも原発巣が症状を起こしている場合や今後起こす可能性がある場合には治療を行うことが推奨されます。

症状

甲状腺腫瘍は無症状の場合が多いですが、まれに以下のような症状が現れます。

- 咳
- 嚥下困難
- 呼吸困難
- 食欲不振　など

また、甲状腺腫瘍によりホルモン分泌に異常をきたした場合には**表1-6-1**に示したような症状が認められます。

表1-6-1　甲状腺機能亢進症と甲状腺機能低下症の症状

甲状腺機能亢進症	体重減少、多飲多尿、多食、心臓病、高血圧など
甲状腺機能低下症	皮膚症状（膿皮症、脱毛、色素沈着など）、活動性低下、肥満、徐脈、神経症状（顔面神経麻痺、前庭障害など）など

長期の治療が必要な理由

外科的治療が可能な場合には長期生存が期待できますが、転移が発生しないかどうかを定期的に評価する必要があります。化学療法を実施した際には、抗がん薬の副作用に対する治療が必要になる場合があります。外科的治療が困難な場合には放射線治療を行います。放射線治療による甲状腺腫瘍に対する治療効果の評価や、放射線治療の副作用に対する治療が必要です。腫瘍による症状の多くは、甲状腺腫瘍が他の臓器へ浸潤している場合に発生し、障害されている臓器由来の症状が発生します。頸部の圧迫による嚥下困難や呼吸困難、反回喉頭神経の障害による喉頭麻痺などが起こります。

再発や転移がないかの観察

手術適応であれば長期生存が可能ですが、再発や転移がないかの長期的な観察が必要となります。

やってはいけないことや注意点としては、呼吸困難がある場合には興奮させない、頸部を圧迫しないことが挙げられます。

甲状腺腫瘍

検査

一般的に実施する項目
- 身体検査
- 完全血球計算（CBC）／血液化学検査
- 胸部X線検査
- 腹部・頸部超音波検査
- 血液凝固系検査
- 甲状腺ホルモン測定（TSH、T_4、fT_4）
- CT検査
- 病理組織学的検査

必要に応じて実施する項目
- 細胞診検査
- 血圧測定

実施する検査は**表1-6-2**の通りです。

表1-6-2　検査項目

検査項目	確認すべきこと
身体検査	頸部の触診による腫瘤の大きさや可動性の評価、体表リンパ節の評価、栄養状態、呼吸状態の評価（チアノーゼ、呼吸音、努力性呼吸の有無など）
聴診	心雑音の有無、肺音の異常、上部気道閉塞音の有無
完全血球計算(CBC)／血液化学検査	全身状態の把握
胸部X線検査	肺野・心臓の評価、肺転移の評価
腹部超音波検査	転移の評価（肝臓など）
頸部超音波検査	甲状腺腫瘍の評価（サイズや血流、血管や他臓器との関連など）
CT検査	甲状腺腫瘍の評価（サイズや血流、血管や他臓器との関連など）、転移の評価
病理組織学的検査	甲状腺腫瘍の確定（良性や悪性、組織型の評価）
血液凝固系検査	手術時や細胞診実施時に評価
甲状腺ホルモン測定	TSH、T_4、fT_4の評価
細胞診検査	必要に応じて実施
血圧測定	甲状腺機能亢進症や低下症を疑う場合に実施

※TSH：甲状腺刺激ホルモン／T_4：サイロキシン／fT_4：トリヨードサイロニン

一般的に実施する項目の注目ポイント

超音波検査

超音波検査は甲状腺腫瘍の判断に有用です。

頸部のしこりが甲状腺なのかどうか、近くの血管との関連性（血管内への浸潤があるかどうかなど）、周囲の組織との関連性（辺縁が明瞭なのか、周囲に浸潤しているのか）などの判断が可能であり、診断に有効な検査となります。

超音波検査で綺麗な画像を撮るためには、首を真っ直ぐに伸ばして保定することが重要となります。しかし、頸部気管虚脱や頸部椎間板ヘルニアなどの既往歴がある場合には、症状を悪化させる可能性があるので注意が必要です。場合によっては鎮静処置を行ったり、酸素供給を行いながら検査を実施します。保定する愛玩動物看護師は、動物が動くことなく真っ直ぐになるように保定を行うとともに、呼吸状態など動物の状態をしっかりみておく必要があり、異常があれば獣医師に報告しましょう。

POINT 超音波検査時の保定

2人で保定する場合、1人が頭を保定し、もう1人が前肢・後肢を保定します。頭を保持している人は、頸部がまっすぐ伸びるように保定しましょう。

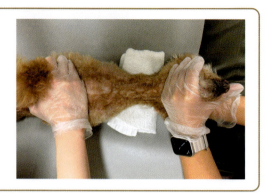

必要に応じて実施する項目

細胞診検査の注意点

実施前の血液凝固系検査が必須です。事例によって鎮静処置が必要になります。

甲状腺は血流が豊富な臓器であり、細胞診による出血リスクが高いことと悪性である可能性が高いため、CT検査などで甲状腺腫瘍と診断可能な場合は細胞診検査は行わず、外科的治療を行う場合もあります。

治療時の動物看護介入

動物看護を行う際の注目ポイント

❶ **頸部への圧迫の回避**
・保定方法などを検討する

❷ **バイタルサインチェック**
・定期的に確認を行い、異常に早期に気づく
・術後の低体温を防ぐための保温を行う

❸ **食事管理**
・嚥下障害の有無を確認しながら与え、誤嚥を起こさないよう注意する
・エリザベスカラーを着用しても食べれるように皿の高さなどを工夫する
・1日に必要なエネルギーを摂取できるようにする

❹ **環境整備**
・安全に治療ができるように環境づくりを行う

❺ **痛みの評価**
・痛みに関連する所見を見落とさない

❻ **創部管理**
・出血や感染がないか定期的に観察を行い、創部を清潔に保つ

❼ **放射線照射部の管理**
・急性障害に気づけるよう指導する

❽ **投薬管理**
・副作用に気づけるよう指導する
・抗がん薬の取り扱いについて指導する

治療方法について

治療の第一選択は外科的治療です。それが困難な場合は放射線治療や化学療法を検討します。

甲状腺腫瘍

すべての治療法に共通する看護介入

①頸部への圧迫の回避

検査時の保定や入院管理時に、頸部圧迫を注意する

手術前の検査の際には頸部圧迫を控え、嚥下困難や呼吸困難、反回喉頭神経の障害による喉頭麻痺などに注意します。

②バイタルサインチェック

定期的に確認し、特に呼吸や体温に注意をはらう

甲状腺腫瘍の影響で、呼吸困難になる可能性があるので、呼吸に注意しましょう。外科手術直後は麻酔の影響で体温が低下するので湯たんぽや毛布で保温します。血液検査では、肝臓数値、腎臓数値、CBCの評価を行います。

③食事管理

誤嚥への注意と食事の補助や皿などの工夫

食事の際には嚥下障害がないかどうかの観察が重要で、食事の給与や強制給与を行う場合には誤嚥させないように注意が必要です。食事の補助や皿の工夫などをしましょう。

④環境整備

落ち着いた環境をつくり、興奮させない

嚥下困難や呼吸困難、反回喉頭神経の障害による喉頭麻痺などが起こる可能性があるので、興奮させないよう静かで落ち着いた環境をつくりましょう。

外科的治療

第一選択となる治療であり、可能であれば実施が推奨されています。適応条件は、底部に固着がなく、可動性があり、広範囲の血管内浸潤がないことです。転移がある場合でも、甲状腺腫瘍が悪影響を出している場合は実施します。全身麻酔が必要となります。

合併症としては、出血、喉頭麻痺が挙げられます。

⑤痛みの評価

ペインスケール（図1-6-1）を用いて痛みの評価を行う

術後の入院時にはペインスケールを使用し、動物の痛みのサインを見逃さないようにします。鎮痛薬の効果が十分か検討しましょう。

⑥創部管理

創部の出血や感染がないかを観察し、清潔を保つ

創部の出血や感染がないかを観察します。エリザベスカラーを着用するため、流涎や食事で頸部周囲が汚れるので、ガーゼでやさしく清拭を行います。

レベル0	レベル1	レベル2	レベル3	レベル4
痛みの徴候は見られない	ケージから出ようとしない	痛いところをかばう	背中を丸めている	持続的になきわめく
	逃げる	第3眼瞼の突出	心拍数増加	
	尾の振り方が弱々しい、振らない	アイコンタクトの消失	攻撃的になる	全身の強直
	人が近づくと吠える	自分からは動かない（動くよう促すと動く）	呼吸が速い	
	反応が少ない	食欲低下	間欠的に唸る	間欠的になきわめく
	落ち着かない、そわそわ	じっとしている（動くよう促しても動かない）	間欠的に鳴く	
判定レベル：	寝てはいないが目を閉じている	術部に触られるのを嫌がる	体が震えている	持続的に鳴く
	元気がない	耳が垂れたり、平たくなっている	額にしわを寄せた表情	持続的に唸る
	動きが緩慢	立ったり座ったり	体に触れたり、動かそうとしたりすると怒る	食欲廃絶
	尾が垂れている			散瞳
	唇を舐める		流涎	眠れない
	術部を気にする、舐める、咬む		横臥位にならない	
	ケージの扉に背を向けている		過敏	
			術部を触ると怒る	

図1-6-1 犬の急性ペインスケール（出典：動物のいたみ研究会 https://dourinken.com/forum/itamiken/）

化学療法

　転移がある場合に実施します。外科的治療や放射線治療と併用する場合もあります。使用する抗がん薬はカルボプラチン、ドキソルビシン塩酸塩、トセラニブリン酸塩などがあります。抗がん薬の投与方法は薬剤によって静脈内投与、経口投与に分かれます。主な副作用には骨髄抑制や消化器症状があります。

⑦投薬管理

[副作用の評価や抗がん薬の取り扱いに注意する]

　静脈内投与を行う薬剤は、血管外に漏出しないように留置をワンショットで入れる必要があるため、保定に注意します。

　経口投与の場合には、病院内または自宅での投与を行います。確実に投与できるように工夫することと、投与を行う人への抗がん薬曝露への注意が必要です。

放射線治療

　腫瘍が固着している場合や血管内に広範囲に浸潤している場合など、外科的治療が不適応な場合に実施します。複数回の麻酔が必要です。

　合併症としては、放射線障害（急性障害、晩発障害）が挙げられます。

⑧放射線照射部の管理

[急性障害に気が付けるように注意し、皮膚の確認、患部の保護を行う]

　放射線治療による副作用として、急性障害と晩発障害があります。動物看護を行う上で重要となるのは急性障害です。急性障害とは照射開始後から1ヵ月以内に発生する症状であり、ほとんどの事例で発生します。主に照射部位の皮膚炎や脱毛などが発生します。

甲状腺腫瘍

case 1　外科的治療を実施した事例

【事例情報】
- **基本情報**：トイ・プードル、不妊雌、13歳、5.15 kg、BCS 5/9
- **既往歴・基礎疾患**：慢性僧帽弁疾患Stage B2
- **主訴**：頸部腫瘤
- **経過**：1週間前に頸部のしこりを発見し、当院を受診。一般状態は良好
- **各種検査所見**
  - 身体検査所見：頸部腫瘤：右、3 cm、底部固着なし、可動性あり
  - 画像検査所見：胸部X線検査・腹部超音波検査では甲状腺腫瘍の転移なし、CT検査で甲状腺腫瘍を疑う所見
- **治療内容**：外科的治療を実施（甲状腺癌）

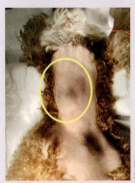
肉眼画像
右頸部に腫瘤。

摘出組織

内科的治療

甲状腺ホルモンの異常がある場合には必要になります。主に経口薬の生涯投与になります。

※甲状腺ホルモンの治療については、2巻のp.13、1章-1「甲状腺機能低下症」、および2巻のp.123の2章-1「猫の甲状腺機能亢進症」を参照してください。

甲状腺腫瘍の大きさは3 cmで底部への固着がなく、周囲臓器への影響や転移も認められなかったため、外科的治療を行いました。術後の合併症の発生もありませんでした。摘出した甲状腺腫瘍の病理組織学的検査では、甲状腺癌と診断されました。

バイタルサインチェック：観察項目

[創部、疼痛、血液検査を行い、評価する]

術後
□ 術部の評価 ・出血、離開、縫合糸の脱落などがないか
□ 疼痛の評価 ・鎮痛薬の効果が十分か ・ペインスケール（図1-6-1）を用いた評価
□ 血液検査 ・炎症や感染がないか ・貧血の進行がないか ・全身麻酔による腎障害 ・膵炎などがないかを評価
再診
□ 術部の評価
□ 抜糸

頸部圧迫の回避

手術前の検査の際には頸部圧迫を控え、なるべく興奮させないように注意します。

体温管理&痛みの評価

術直後は麻酔の影響で体温が低下するので湯たんぽや毛布で保温します。その際は創部を観察できるよう、頸部周囲は空間をあけておきます（**図1-6-2**）。術後の入院時には犬の急性ペインスケール（p.90参照）を使用し、動物の痛みのサインを見逃さないようにします。

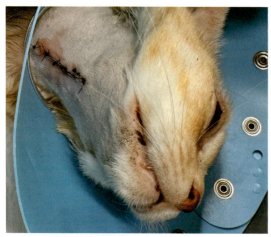

図1-6-2 術直後の創部周囲
観察しやすいように空間をあけておく。

創部管理&食事管理

創部の出血や感染がないかを観察します。創部付近にエリザベスカラーを着用する際には、カラーの縁が創部に当たらないように大きめのカラーを首の根本付近で着用したり、創部をガーゼや包帯で覆うなどの工夫（**図1-6-3**）が必要です。また、流涎や食事で頸部周囲が汚れるので、ガーゼでやさしく清拭を行います。術後合併症として喉頭麻痺が発生する場合があるので、呼吸状態の評価や食事の際には嚥下障害がないかどうかの観察が重要で、食事の給与や強制給与を行う場合には誤嚥させないように注意が必要です。エリザベスカラー着用により食事がうまく取れない場合、皿を高くするなどの介助が必要な場合があります。

術後は定期的な転移の評価（術後1ヵ月、3ヵ月、6ヵ月、12ヵ月、以降は1年ごと）を行います。本事例は、術後1年以上経過しましたが、転移や再発も認められず、元気に過ごしています。

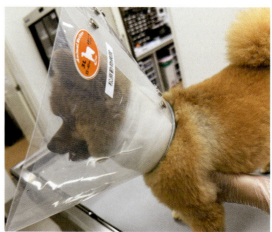

図1-6-3 エリザベスカラーを着用している様子

甲状腺腫瘍

case 2　外科的治療と化学療法を実施した事例

【事例情報】

- **基本情報**：ウエスト・ハイランド・ホワイト・テリア、去勢雄、15歳、7.1 kg、BCS 3/9
- **既往症・基礎疾患**：慢性腎臓病［国際獣医腎臓病研究グループ（IRIS*）の慢性腎臓病ガイドライン stage1］
- **主訴**：食べ物が飲み込みづらい
- **経過**：1カ月前から食べ物が飲み込みづらくなり、痩せてきたことを主訴に当院を受診。身体検査により頸部腫瘤を発見
- **各種検査所見**
  - 身体検査所見：左頸部腫瘤 3.6 cm、底部固着なし、可動性あり
  - 画像検査所見：頸部超音波検査で甲状腺腫瘍を疑う所見
  　　　　　　　　腹部超音波検査で肝臓に転移を疑う所見
  　　　　　　　　肝臓に転移を疑う部位の細胞診検査で転移を疑う所見
  　　　　　　　　CT検査で甲状腺腫瘍と肝臓への転移を疑う所見
- **治療内容**：甲状腺腫瘍の摘出＋術後化学療法
  　　　　　　トセラニブリン酸塩：週3回、経口投与、常温管理
  　　　　　　内服時の副作用：食欲不振、嘔吐、下痢など

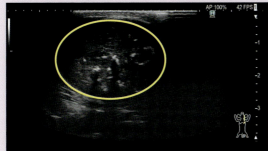

頸部超音波検査で甲状腺腫瘍を疑う所見
石灰化を伴う甲状腺腫瘍が確認できる（◎）。

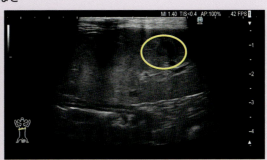

腹部超音波検査で肝臓に転移を疑う所見
低エコー源性を呈する結節＝転移を疑う（◎）。

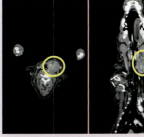  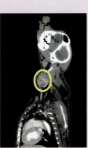

CT検査で甲状腺腫瘍を疑う所見
石灰化を伴う甲状腺腫瘍（◎）。
辺縁は平滑で周囲組織との境界は明瞭。

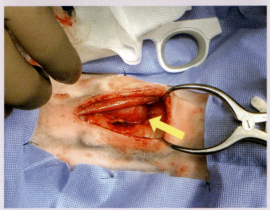 

手術写真
甲状腺腫瘍（⇦）。

摘出組織

* the International Renal Interest Society

肝臓転移を伴う甲状腺腫瘍と診断し、甲状腺腫瘍の増大による症状の発生を予防するために外科的治療を実施しました。摘出した甲状腺腫瘍の病理組織学的検査では、甲状腺癌（髄様癌）と診断されました。

術後は転移病変の進行を遅らせることを目的としてトセラニブリン酸塩による治療を実施しました。

再診の観察項目

- ☐ 副作用の評価
  - ・血液検査により肝臓数値、腎臓数値、CBCの評価
- ☐ 治療反応の評価
  - ・腹部超音波検査

投与時の確実な保定＆環境づくり

静脈内投与を行う薬剤は、血管外に漏出しないように留置をワンショットで入れる必要があるため、保定に注意します。長時間での投与のため、厚手のマットを使用しなるべく静かで落ち着いた環境づくりが必要です。

投薬指導＆抗がん薬曝露の予防

経口投与の場合には、病院内または自宅での投与を行います。病院内で経口投与を行う場合には、おやつで包んだり、投薬補助器（ピルガンなど）を用いて投与を行い、動物が薬を噛み砕き、吐き出さないように一回で投与することが重要です。また、投与を行うスタッフ自身にも抗がん薬曝露の危険が伴うため、投薬時には使い捨ての手袋を装着して薬を取り扱うことが必要です。抗がん薬投与後は排泄物による曝露を予防するため、排泄物を取り扱う際には手袋を着用し、ケージには他のスタッフに分かるよう注意喚起の札を取り付けます。

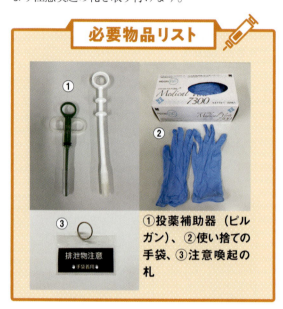

必要物品リスト
①投薬補助器（ピルガン）、②使い捨ての手袋、③注意喚起の札

トセラニブリン酸塩による進行予防があったかどうかは不明ですが、緩やかに転移が進行し、腫瘍に伴う悪液質と腎不全の悪化により術後8ヵ月で死亡しました。

case 3　放射線治療を実施した事例

【事例情報】
- **基本情報**：チワワ、不妊雌、8歳11ヵ月、1.46 kg、BCS 5/9
- **既往歴・基礎疾患**：なし
- **主訴**：咳
- **経過**：2週間前から咳がでたため当院を受診。身体検査により頸部の腫瘤を発見
- **各種検査所見**
  - 身体検査所見：右頸部腫瘤、底部固着あり、可動性なし
  - 画像検査所見：甲状腺腫瘍、血管内に浸潤、気管を圧迫
- **治療内容**
  - 放射線治療：オルソボルテージ放射線照射装置、週1回、合計4回、全身麻酔

オルソボルテージ放射線照射装置

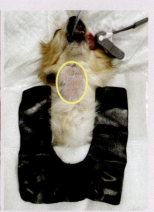
肉眼所見
甲状腺腫瘍がある部位（◎）。

甲状腺腫瘍が周囲臓器や血管へ浸潤しており、外科的治療が不可能と判断したため、当院のオルソボルテージ放射線照射装置による放射線治療を実施しました。全身麻酔下で週1回、合計4回の照射を行いました。

観察項目

- ☐ 腫瘍の確認
  - サイズの変化
  - 転移の評価
- ☐ 放射線障害
  - 皮膚炎
  - 脱毛
  - 気管支炎
  - 食道炎　など
- ☐ 血液検査
  - 複数回の麻酔による全身への影響を評価（腎臓や肝臓など）

皮膚炎や脱毛の有無の確認＆患部の保護

腫瘍の縮小を認めましたが、照射終了の2週間後に軽度の放射線障害（皮膚炎）が発生しました（**図1-6-4**）。照射終了の1ヵ月後には皮膚症状は改善しており、甲状腺腫瘍の定期評価を行っています。

急性障害で皮膚炎が起こっている部位は痒みを伴うことが多く、動物が引っ掻くと症状が悪化するため、掻かないようにエリザベスカラーやストッキネット（**図1-6-5**）などで保護する必要があります。

脱毛による外貌の変化が伴うので、飼い主には事前に説明を実施します。

治療を行うスタッフが放射線被曝しないように、放射線照射室には注意喚起のテープ（**図1-6-6**）を取り付けます。

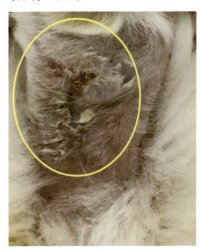
図1-6-4　放射線治療後の皮膚障害
痂疲、発赤を伴う皮膚炎（◎）。

第1章 管理が重要な命にかかわる症候／疾患の動物看護

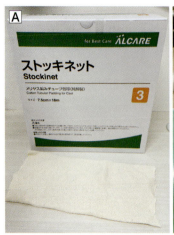

図1-6-5　ストッキネット
A：ストッキネット
B：着用例

図1-6-6　放射線室の注意喚起

飼い主支援

各治療時の飼い主が自宅で行うケア内容とその指導例

外科的治療後の投薬

外科的治療後は1～2日で退院、術後10～14日後に抜糸のために来院してもらいます。その間は自宅での抗菌薬や鎮痛薬の内服が必要となります。自宅では、食欲や元気があるか、嘔吐や下痢がないかを日々観察してもらう必要があります。もし異常なことがあれば、連絡するように伝えています。

外科的治療後の創部の評価

術後は創部を引っ掻いたりしないようにエリザベスカラーを装着する必要があります。創部が汚れた際には、自宅で創部の清拭を行ってもらいます。清拭時の注意点は、創部を強くこすらないようにすることです。こすることによって創の離開につながってしまいます。やさしく叩くように拭くことが重要です。

抗がん薬の取り扱い方法

自宅での経口投与を行う場合には、飼い主への抗がん薬曝露の危険が伴うため、投薬時には使い捨ての手袋を装着して薬を取り扱うことや、投与後48時間の排泄物は直接手を触れないようにするなどを伝えています。

抗がん薬投与後の評価

抗がん薬を投与した際に、抗がん薬による副作用が発生することがあります。一般的な症状としては食欲不振や嘔吐、下痢、発熱などです。これらの症状が発生した場合には、当院へ連絡をするように伝えています。また、異常を早急に発見するために、説明用紙（**図1-6-7**）を渡してTPR測定方法を伝え、自宅でのTPR測定を行ってもらい、数値をTPR測定表（**図1-6-8**）に記入してもらっています。

放射線治療後の自宅でのケア方法

照射部位の腫れ、痒みや不快感がないかをみる必要があります。不快感や痒みがある場合にはエリザベスカラーやストッキネットなどで保護する必要があります。症状の程度によっては外用薬の塗布が必要となります。

外科的治療後や放射線治療後の自宅での食事の給与

処置後は自宅でのエリザベスカラー着用が必要なので、食事の補助や皿などの工夫を伝えます。

甲状腺腫瘍

図1-6-7　TPR説明用紙

図1-6-8　TPR測定表

ステップアップ！ 猫の甲状腺腫瘍：犬と猫の違い

甲状腺腫瘍は犬と猫で病態や治療方針などが異なります。猫の甲状腺腫瘍は片側または両側の甲状腺が軽度に腫れる腺腫や腺腫様過形成と呼ばれる良性腫瘍がほとんどです。腫瘤は見た目では分からないことが多く、触診によって発見することが多いです。

どちらか片方の甲状腺が重度に腫大している場合や周囲組織に浸潤している場合には悪性腫瘍（甲状腺癌）の可能性を考えます。猫の甲状腺腫瘍では、ほとんどが甲状腺腫瘍からの甲状腺ホルモンの産生が過剰となり、甲状腺機能亢進症を起こしています。治療方法としては良性を疑う場合には甲状腺機能亢進症に対する内科的治療（チアマゾールなど）を行います。内科的治療に反応が悪い場合や悪性腫瘍を疑う場合には甲状腺腫瘍の外科的治療を行います。甲状腺腫瘍の摘出後にも甲状腺ホルモンの測定を行い、甲状腺機能亢進症が残っている場合には内科的治療を継続し、甲状腺機能低下症になっている場合には甲状腺ホルモンの経口摂取が必要となります。悪性の場合には術後に化学療法を検討します。

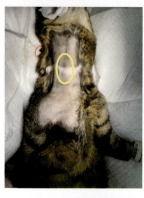

図1-6-9　肉眼画像
◎で示した辺りに腫瘤が存在。甲状腺腺腫では腫瘤が見た目では分かりづらい

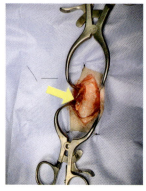

図1-6-10　手術写真
甲状腺腺腫（⇦）が認められる。

まとめ

甲状腺腫瘍は外科、放射線、化学療法、自宅での内服など治療方法が多岐にわたります。それぞれのタイミングで適切な動物看護方法を飼い主と一緒に考え、気持ちに寄り添い支えていくことが大切です。

愛玩動物看護師・宮浦百合子

甲状腺腫瘍は早期に発見し、適切な治療を行えば良好な余命が期待できる腫瘍です。飼い主が気づけるように普段の診察から飼い主の指導を行ったり、来院された動物をしっかり触ることが大切だと思います。

獣医師・小山田和央、奥 朋哉

監修者からのコメント

犬の甲状腺腫瘍の多くは悪性（癌）であり、進行すると呼吸困難や摂食障害を引き起こし、時には窒息してしまうことすらある怖い腫瘍です。一方で早期に発見され、適切な治療が行われれば長期延命や完治が期待できる腫瘍でもあります。

早期発見にはとにかく頸部の丁寧な触診が重要となります。

根本的な治療には外科手術が必要ですが、頸部の手術であるため術後管理（動物看護）も慎重に行う必要があります。本稿を参考に愛玩動物看護師の皆さんが早期発見、適切な動物看護に貢献できることを願います。

獣医師・林宝謙治

7. 腫瘍③
「皮膚にできもの（かさぶた）がある」／猫の扁平上皮癌

執筆者

西岡あかね（にしおかあかね）／
愛玩動物看護師（日本小動物医療センター付属日本小動物がんセンター）

今野 樹（こんのみき）／
愛玩動物看護師

松山富貴子（まつやまふきこ）／
獣医師（日本小動物医療センター付属日本小動物がんセンター）

小林哲也（こばやしてつや）／
獣医師（日本小動物医療センター付属日本小動物がんセンター）

監修者

皆上大吾（あざかみだいご）／
獣医師（東京農工大学）

症状	腫瘤
主訴	「皮膚にできもの（かさぶた）がある」

STEP UP! プラスアルファの看護としてできること

本稿の目標
- 皮膚のかさぶたを主訴に来院した猫に対し、愛玩動物看護師がどのように対応するかを理解し、実践できるようになる
- 猫の皮膚扁平上皮癌に関する知識を習得する

"腫瘤"と"扁平上皮癌"

　猫の皮膚のできもの（腫瘤）は、皮脂腺腫や毛芽腫などの良性腫瘍、肥満細胞腫や扁平上皮癌などの悪性腫瘍が代表的です。かさぶたとは医学用語で痂皮と呼ばれ、分泌物や膿、壊死組織が乾燥した形成物を指します。かさぶたを形成する疾患は、皮膚病（アレルギーや感染）や外傷など多岐に及びます。腫瘤を覆うようにかさぶたが認められることもあり、見た目だけでかさぶたの原因を特定することは困難です。特に、かさぶたが取れてもすぐに新しいものができてしまう猫では、プロフィール、飼育環境、全身状態などを確認した上で、かさぶたの原因を追究する必要があります。

　本稿では、かさぶたがついているだけのように見えることもある、猫の皮膚扁平上皮癌について詳しく解説いたします。

第1章 管理が重要な命にかかわる症候／疾患の動物看護

動物看護の流れ

case 腫瘍「皮膚にできもの（かさぶた）がある」

ポイントはココ！ p.102

"皮膚にできもの（かさぶた）がある"よくある臨床徴候

- 皮脂腺腫
- 毛芽腫
- 肥満細胞腫
- 扁平上皮癌

押さえておくべきポイントはココ！

〜 "腫瘍"と"扁平上皮癌"の関係性とは？〜

①皮膚扁平上皮癌は皮膚の表皮から発生する悪性腫瘍
②びらん、潰瘍、結節など、腫瘍と認識されないような形状になることも！
③よくある臨床徴候

初期病変
- ☐ 引っ掻き傷様、乳頭状、紅斑、プラーク状など
- ☐ 腫瘍部の脱毛や瘙痒感を伴うことも

進行例
- ☐ 潰瘍状を呈し、腫瘍表面から出血することも
- ☐ 通常、強い局所浸潤性

④その他の注意すべき臨床徴候
- ☐ 食欲低下（体重減少）
- ☐ 流涙、鼻汁
- ☐ 多飲多尿（まれ）

上記のポイントを押さえるためには情報収集が大切！

検査 p.104

一般的に実施する項目

身体検査
- ☐ 皮膚のできものを診断するための検査：細胞診検査、組織生検、必要に応じて細菌培養検査
- ☐ 全身のスクリーニング検査（麻酔前検査）：血液検査〔完全血球計算（CBC）、血液化学検査、血液凝固検査、FeLV抗原検査／FIV抗体検査〕、尿検査、胸腹部X線検査、腹部超音波検査など

必要に応じて実施する項目
- ☐ CT検査
- ☐ MRI検査

100

猫の扁平上皮癌

"猫の扁平上皮癌"と診断

治療方法
- 外科的治療
- 放射線治療
- 化学療法
- 電気化学療法（ECT）
- 積極的治療中の栄養療法

治療時の動物看護介入 p.105

外科的治療

case1
- 外科的治療を実施した皮膚扁平上皮癌の一例

術後管理のポイント
- 疼痛管理、感染予防
- 栄養管理
- その他：エリザベスカラーの装着など

食事の工夫
- 形状の工夫
- 与え方の工夫

電気化学療法

case2
- 電気化学療法を実施した猫の扁平上皮癌の一例

ECT後の看護ポイント
- 鎮痛薬や止血薬の使用
- 全身麻酔覚醒時における保定の必要性
- 出血の有無の把握：エリザベスカラーの内側にペットシーツやガーゼ（いずれも白色）を付ける
- ドレッシング材などの使用

観察項目
- 痛みの評価
- 創部の観察
- 感染の徴候

観察項目
- 患部の痛みや出血の確認
- 副作用としての皮膚の炎症

飼い主支援 p.110

飼い主支援（緩和治療）
- 疼痛管理
  ・痛みの評価
  ・服薬コンプライアンス
  ・投薬状況の確認
- 栄養管理
  ・食事の工夫
  ・食欲増進薬の使用
  ・経腸栄養
- 患部の衛生管理
  ・エリザベスカラーの着用
  ・患部周辺のケア

 STEP UP!「プラスアルファの看護としてできること」について考えてみましょう! p.112

7　腫瘍③「皮膚にできもの（かさぶた）がある」

長期的な治療や管理が必要なポイントはココ！

"腫瘤"と"扁平上皮癌"の関係性とは？

猫の皮膚扁平上皮癌とは

皮膚扁平上皮癌は皮膚の表皮から発生する悪性腫瘍です。10歳齢以上で発生することが多く、主に頭部（耳介、眼瞼、鼻鏡）や肢端部に発生します（**図1-7-1、2**）。一部の扁平上皮癌は日光（紫外線）が発生要因と考えられており、屋外飼育であったり、被毛が白あるいは薄い毛色の猫に発生しやすいことが分かっています。皮膚扁平上皮癌は腫瘤（しこり）を形成する場合もありますが、びらん、潰瘍、結節など、腫瘍と認識されないような形状になることもあります。また、まれですが、皮膚扁平上皮癌は多発することもあります。扁平上皮癌の成長速度は比較的遅く、転移率は低いと考えられています。

腫瘤部に脱毛や掻痒感を伴うことがあります。腫瘍が進行すると潰瘍状を呈し、腫瘤表面から出血することもあります。扁平上皮癌は、通常強い局所浸潤性を示しますが、リンパ節転移や遠隔転移が早期から起こることはまれです。

その他の注意すべき臨床徴候

☐ 食欲低下（体重減少）	☐ 疼痛、貧血、転移などで起こる
☐ 流涙、鼻汁	☐ 眼瞼周囲に発生した扁平上皮癌で起こる
☐ 多飲多尿	☐ 腫瘍随伴症候群[※1]として高カルシウム血症を伴う場合（まれ）

POINT 電話対応時

皮膚のしこりや治りにくいかさぶたに関する問い合わせを受けたら、様子をみすぎず、一度動物病院を受診するように促しましょう。他院ですでに実施した検査結果や服用中の薬剤があれば、持参していただくように伝えます。

POINT 問診

一般的な問診事項に加え、生活環境や皮膚病変の経過について詳細に聴取していきます。
- ☐ プロフィール：年齢、性別、品種
- ☐ 飼育環境：屋外あるいは屋内飼育か
- ☐ 発生時期と経過：かさぶたに気づいてからどれくらい経過しているか。かさぶたを繰り返すことがあるか
- ☐ 病変が単発か複数か
- ☐ 皮膚病変以外の臨床徴候があるか

皮膚扁平上皮癌は、紫外線が一因と考えられることから、年齢や被毛の色、屋外で過ごす習慣の有無を必ず確認します。実年齢が不明の保護猫では、保護以前に屋外で生活していた期間が存在する可能性を考慮する必要があります。皮膚病変部に関しては、発生時期や増大傾向の有無、それに伴う活動性の低下や体重減少の有無などを確認します。

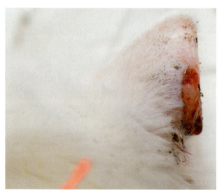

図1-7-1　耳介に発生した皮膚扁平上皮癌

図1-7-2　眼瞼部に発生した皮膚扁平上皮癌

よくある臨床徴候

皮膚扁平上皮癌の初期病変は、引っ掻き傷様のものから乳頭状、紅斑やプラーク状とさまざまです。

※1 腫瘍随伴症候群：腫瘍の原発巣や転移巣から離れた部位に発現する全身性疾患

腫瘍についての知識

●"腫瘍"とは？

　生体内の細胞は適切な細胞数になるようにつねにコントロールされています。一方、腫瘍とは細胞分裂の制御が異常となり、細胞が無秩序に増殖する病態です。腫瘍は悪性腫瘍と良性腫瘍に細分されます。両者とも細胞増殖が異常になることは同じですが、悪性腫瘍は転移を引き起こす可能性を有しているのが良性腫瘍との決定的な違いです（**表1-7-1**）。細胞増殖が異常になるきっかけはさまざまですが、今回紹介する猫の皮膚扁平上皮癌は紫外線が発生誘因の一つであることが分かっています。

表1-7-1　良性腫瘍と悪性腫瘍の主な違い

	良性腫瘍（〜腫）	悪性腫瘍（〜癌、肉腫）
転移のリスク	なし	あり
正常組織との境界	比較的はっきりしている	不明瞭なことが多い
増殖する速さ	大部分が緩徐	緩徐〜速い
全身への影響	小さい	転移を伴うと大きい
再発のしやすさ	完全切除されれば再発しない	完全切除されても再発することがある

●悪性腫瘍の分類

　悪性腫瘍は、細胞の由来によって上皮性、非上皮性、円形細胞腫瘍に分類されます（**表1-7-2**）。上皮性腫瘍は皮膚、乳腺や汗腺などの腺細胞、消化管粘膜細胞などから発生します。非上皮性腫瘍は結合組織、筋肉、骨組織などの支持組織から発生します。円形細胞は非上皮性腫瘍に含まれますが、主に造血器細胞から発生します。上皮性悪性腫瘍は"〜癌（がん）"、非上皮性悪性腫瘍は"〜肉腫"と呼ばれます。

表1-7-2　良性腫瘍と悪性腫瘍の主な違い

上皮性腫瘍	〜癌：【例】扁平上皮癌、乳腺癌、肺腺癌など
非上皮性腫瘍	〜肉腫：【例】線維肉腫、骨肉腫、血管肉腫など
円形細胞腫瘍	リンパ腫、白血病、肥満細胞腫、組織球腫、組織球性肉腫、形質細胞腫、可移植性性器肉腫など

検査

一般的に実施する項目

身体検査
- ☐ 皮膚のできものを診断するための検査：細胞診検査、組織生検、必要に応じて細菌培養検査
- ☐ 全身のスクリーニング検査（麻酔前検査）：血液検査〔完全血球計算（CBC）、血液化学検査、血液凝固検査、FeLV抗原検査／FIV抗体検査〕、尿検査、胸腹部X線検査、腹部超音波検査など

必要に応じて実施する項目

- ☐ CT検査
- ☐ MRI検査

一般的に実施する項目の注目ポイント

POINT 検査に入る前の"いやいやサイン"

動物病院へのキャリーケース内での移動や慣れない場所へ連れてこられることは、猫にとって大きなストレスとなります。病変部の違和感や痛みにより気が立っていることもあるため、猫が出している"いやいやサイン"は見逃さないようにしましょう。猫の性格や状態に合わせて、院内で実施する検査の優先順位を決めておきます。必要な器具や機材をあらかじめ準備しておくと、獣医師との連携が取りやすくスムーズに診察や処置を行うことができます。保定者のケガを防ぐために、ご家族の許可を得た上で、事前に爪を切らせてもらうこともあります。

身体検査

猫の皮膚扁平上皮癌は単発性に発生するものが大部分ですが、まれに多発性に発生することがあります。病変部を写真や動画で記録しておくと、治療効果を比較できて有用です。

診断確定のための細胞診検査

かさぶたの下の肥厚部や腫瘍に注射針を刺入して細胞を採材します（FNA*1あるいはFNB*2）。

診断確定のための組織生検

腫瘍の一部を切除する切開生検(パンチ生検やツル・カット生検など)あるいは全部を切除する切除生検後に、病理組織検査を行います。採材可能な組織の大きさや標本のクオリティーが良好であることから、切開生検ではパンチ生検が頻繁に使用されます。

必要物品リスト

生検前に準備する器具・機材の例

①エリザベスカラー、②タオル（保定用）、③ノギス（病変の大きさを測定）、④カメラ（病変の記録用）、⑤バリカン（病変部が被毛に覆われている場合に剃毛）

必要物品リスト

FNAやFNBで使用する機材の例

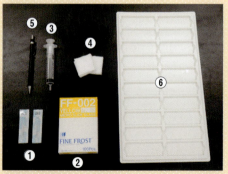

①23Gの注射針、②スライドガラス、③6mLあるいは12mLのシリンジ、④乾綿、⑤鉛筆、⑥マッペ（スライドガラスを収納するトレイ）

*1 Fine Needle Aspiration ／*2 Fine Needle Biopsy

猫の扁平上皮癌

必要物品リスト

組織生検で使用する器具・機材の例

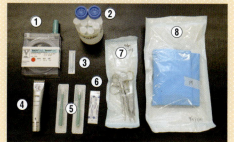

①3-0あるいは4-0ナイロン糸、②ホルマリン、③23G針、④消毒済みのバリカン、⑤6〜8mmのパンチ生検（生検トレパン）、⑥11番のメス刃、⑦外科器具、⑧生検セット

必要物品リスト

生検セットの内訳

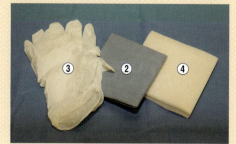

当センターでは①器具敷、②ドレープ、③グローブ、④ガーゼを1セットとして滅菌し、生検時に使用している。

治療時の動物看護介入

動物看護を行う際の注目ポイント

❶ 術後管理
・疼痛管理
・感染予防
・栄養管理
・その他

❷ 放射線治療時の全身麻酔の評価

❸ 化学療法の投薬管理

❹ 電気化学療法の副作用の観察とケア

❺ 栄養管理
・形状の工夫
・与え方の工夫

治療法について（表1-7-3）

表1-7-3　猫の皮膚扁平上皮癌の治療オプション

根治治療(積極的治療)	飼い主支援(緩和治療)
外科的治療	疼痛緩和(薬物治療、緩和放射線治療)
放射線治療	栄養管理
化学療法(分子標的薬、電気化学療法)	衛生管理
積極的治療中の栄養療法	その他、支持療法

外科的治療

①術後管理

[疼痛管理、感染予防、創部ケアを行う]

皮膚扁平上皮癌が限局していて（＝転移が認められない）、かつ完全切除が可能な位置に発生している場合に適応になります。扁平上皮癌は局所浸潤性が強いため、摘出時の切除縁に癌細胞が残存しないよう、広くかつ深く切除しなければなりません（**図1-7-3、4**）。肉眼的に腫瘍の浸潤性が確認しにくい場合、CT検査やMRI検査を実施することがあります。

●手術直後の面会

猫の皮膚扁平上皮癌は顔面や頭部に発生することが多く、外科治療によって外貌（見かけ）が大きく変化することがあります。獣医師は、術後の外貌の変化について飼い主に説明しますが、術後の猫の姿を実際に見ると、つらい気持ちになってしまう飼い主も少なくありません。当センターでは、猫に悲壮感が出ないよう、明るい色のスカーフを首に巻き、きれいな敷物の上に猫を乗せて飼い主と面会してもらっています。愛玩動物看護師が飼い主と話す際の声色や態度などもやさしく、飼い主が少しでも落ち着けるよう話しかけましょう。

> **POINT　創部の観察とケア**
> 術後ケアで気を付けること：術創の皮膚色の変化、腫脹、液体貯留の有無などに気を付け、異常があればすぐに獣医師に伝えます。患部周囲にバンテージを巻く際は、バンテージがきつくなりすぎないよう注意しましょう。特にヴェトラップなどの伸縮性バンテージを使用するときは注意が必要です。緩くまき直してから動物に使用するとよいでしょう。また、痛みの徴候の有無の観察も重要です（**表1-7-4**）。

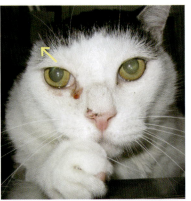

図1-7-3　右耳介の扁平上皮癌を摘出した猫

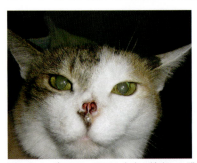

図1-7-4　鼻平面の扁平上皮癌を摘出した猫

表1-7-4　愛玩動物看護師が注意すべき徴候

皮膚の変化	色調の変化：紫色～黒色（壊死）、発赤（炎症） 触知できる変化：冷感・弾性の消失（壊死）、熱感・腫脹（炎症）、波動感（液体貯留、出血）
術創の離開	出血、排膿、縫合糸の状態
痛みの評価	呼吸数、心拍数の増加、血圧の上昇、活動性の低下、眠れない（横になれない）、食欲の低下など

放射線治療

②放射線治療時の全身麻酔の評価

[照射前に全身状態を確認する]

摘出が困難な部位に発生した扁平上皮癌や、手術で完全切除できなかった場合の補助治療として使用されます。放射線照射は複数回照射され、獣医療ではすべて全身麻酔下で治療が施されます。扁平上皮癌は高齢動物に発生することが多いため、複数回の麻酔に耐えられるかどうか、照射前の全身状態の評価が重要です。

化学療法

③化学療法の投薬管理

[薬剤の曝露に注意して投薬する]

　一般的な殺細胞性の化学療法薬（いわゆる抗がん薬）は猫の扁平上皮癌にあまり効果を示しません。一方、犬の分子標的薬※2として販売されているトセラニブリン酸塩（パラディア）は、扁平上皮癌などの上皮性悪性腫瘍に効果を示すことがあります。トセラニブは、隔日あるいは週3回（月・水・金曜日投与など）経口投与します。トセラニブを処方する際には、飼い主への薬剤の曝露に注意する必要があります。飼い主には使い捨てのグローブを着用してもらい、小さな子どもの手の届かない場所にトセラニブを保管してもらう必要があります。

電気化学療法（ECT*3）

④電気化学療法の副作用の観察とケア

[患部の観察をし、保護するなどのケアを行う]

　最近日本でも使用され始めた比較的新しい治療法です（**図1-7-5**）。ブレオマイシン塩酸塩（ブレオ）の全身投与後、腫瘍組織に約1,000～1,300Vの電圧をかけて、ブレオマイシンが腫瘍細胞内に入り込みやすくします。電気をかけるときに痛みが生じるため、ECTは全身麻酔下で実施されます。ECTの副作用として、一過性の発赤、びらん、潰瘍など起こることがあります。

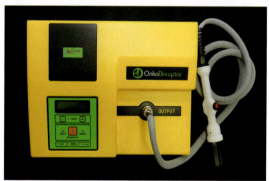

図1-7-5　電気化学療法の機械
腫瘍組織に約1,000～1,300Vの電圧をかけて、抗がん薬を腫瘍細胞内に入り込みやすくする。

積極的治療中の栄養療法

⑤栄養管理

[必要量の食事を与えられるように相談、工夫をする]

　積極的治療は治療効果が高い反面、猫の身体に与える負の影響も大きくなります。治療による猫の負担を最小限にするためには、治療中の栄養状態を一定に保つことが重要です。

　具体的には、積極的治療を開始する前に、現状の猫の体重から1日必要カロリーを計算し、治療中はできる限り必要量の食事を与えられるようにします。飼い主と相談し、猫が食べやすい形状になるよう工夫したり、食欲増進薬を処方したりします（後述）。1日必要量を与えられない場合は、食事用にチューブ設置を検討します（後述）。治療中はこまめに猫の体重を測り、可能であれば体格にあった適正体重に近づくよう徐々に食事量を増やしていきましょう。

※2 分子標的薬：がん細胞に発現する増殖や転移にかかわる分子を標的にする化学療法薬。／*3 Electrochemotherapy

第1章 管理が重要な命にかかわる症候／疾患の動物看護

case 1　外科的治療を実施した皮膚扁平上皮癌の一例

【事例情報】

- **基本情報**：雑種猫、不妊雌、推定11歳齢、3.9kg、当時のBCS不明
- **既往歴・基礎疾患**：尿路結石
- **主訴**：右上眼瞼の腫脹
- **経過**：4ヵ月前から眼瞼の異常があり点眼処置等を行っていた
- **各種検査所見**
  - 身体検査所見：身体検査所見：右上眼瞼および下眼瞼皮膚にびらんおよび潰瘍性病変が認められた
  - 血液・尿検査所見：軽度の高窒素血症、尿比重＞1.040
  - 胸部・腹部X線検査所見：明らかな転移所見なし
  - 腹部超音波検査所見：明らかな転移所見なし
  - CT検査所見：頬部に21×29×21mm大の辺縁不整な腫瘤性病変を認める。同病変は右眼窩に浸潤し、右眼をやや尾側へ圧排している。右眼と腫瘤の境界は比較的明瞭
  - 細胞診検査所見：扁平上皮癌
- **治療内容**：右眼球摘出も含めた拡大切除＋胃瘻チューブの設置
  - 第9病日：右眼周囲の皮膚腫瘤の拡大切除と右眼球摘出および胃瘻チューブを設置
  - 第29病日：術創は良好に治癒し退院
  - 第42病日：補助化学療法として、カルボプラチン200 mg/m^{2}を投与（ご家族の希望で抗がん薬は1回のみの投与）
  - 第97病日：食欲良好のため胃瘻チューブを抜去

身体検査所
見右上眼瞼と下眼瞼に皮膚びらん・潰瘍病変が認められる。

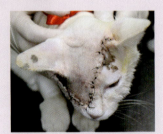
第10病日（術後3日目）の様子
皮膚扁平上皮癌の拡大切除と右眼球摘出を行い、皮弁を形成。

第97病日の様子
施術部位にもきれいに毛が生えそろい、元気食欲ともに良好。

観察項目

- ☐ 痛みの評価
- ☐ 創部の観察
- ☐ 感染の徴候

疼痛管理、感染予防

　痛みの評価、術創および周辺皮膚の状態の観察が重要です。皮弁を用いた手術の場合、傷の離開や壊死、炎症、感染に注意する必要があります。猫に触れる際は、使い捨てグローブを装着し、感染予防に徹します。

栄養管理

　術後の栄養管理および採食を控えることで術創の衛生状態を保つことを目的に胃瘻チューブを設置しました。どうしても飼い主が胃瘻チューブの設置をご希望されない場合、食事の内容や食事法の工夫が必要です。

食事の工夫

●形状の工夫

　リキッド食への変更、ドライフードをふやかす、ペースト状にする、ウェットフードを食べやすい大きさに丸めるなど。

●与え方の工夫

　術後一定期間は、エリザベスカラーの装着が必須です。エリザベスカラーによって採食しづらくなり、食事を採るのを諦めてしまう猫もいます。その場合、食事の間だけエリザベスカラーを外したり、食器の高さを工夫するとよいでしょう。

　ほかにも、食事を手から与えたり、シリンジで与えるなどしてみましょう。

case 2　電気化学療法を実施した猫の扁平上皮癌の一例

【事例情報】
- **基本情報**：雑種猫、去勢雄、9歳齢、6kg、当時のBCS不明
- **既往歴・基礎疾患**：特になし
- **主訴**：鼻梁部の隆起
- **経過**：1ヵ月前から認められた
- **各種検査所見**
  - 身体検査所見：鼻梁部の腫脹。一般状態は良好。左下顎リンパ節の軽度腫大
  - 血液・尿検査所見：特記事項なし
  - 胸部・腹部X線検査所見：明らかな転移所見なし
  - 腹部超音波検査所見：明らかな転移所見なし
  - CT検査所見：鼻梁部正中やや左寄りに7×3×14mmのドーム状皮膚隆起を認める。腫瘤に接する鼻骨や上顎骨に異常所見は認められない
  - 病理組織検査所見：扁平上皮癌
- **治療内容**：電気化学療法（ECT）
  - 第7病日：1回目のECTを全身麻酔下で実施
  - 第63病日：2回目のECTを全身麻酔下で実施
  - 第99病日：ECT後の再診で完全寛解を確認し、治療はいったん終了とした
  - 第338病日：完全寛解が維持されていた

身体検査所見
鼻梁部に皮膚の隆起がみられる。

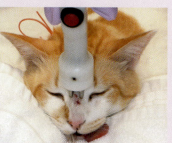

第7病日の様子
第1回目のECTを施術している様子。

第99病日の様子
皮膚の赤みや隆起は認められず、病変は消失した。

観察項目
- ☐ 患部の痛みや出血の確認
- ☐ 副作用としての皮膚の炎症

ECT後の皮膚の看護とケア

　ECT直後は痛みや患部からの出血が起きやすく、鎮痛薬や止血薬を使用します。特に全身麻酔覚醒時には、患部をこすりつけたり、ぶつけたりしないよう猫を支えます。エリザベスカラーを装着する場合、カラーの内側にペットシーツやガーゼ（いずれも白色）を付けると、出血の有無を正確に把握可能です。ECT後は数日～数週間、さまざまな程度の皮膚炎が起こることがあります。その場合、自宅でドレッシング材など使用し、患部を保護するようなケアが必要です。

飼い主支援

飼い主支援（緩和治療）

猫の皮膚扁平上皮癌では、痛み、食欲低下、体重減少、腫瘍周囲の炎症や感染などが問題になります。癌とは直接闘いませんが、猫が少しでも快適に過ごせるよう積極的に介入する治療です。緩和治療は、看取りや終末医療とは異なります。

疼痛管理

痛みの評価

猫は本能的に痛みを隠す動物です。ご家族が猫の痛みを認識していないことも珍しくありません。痛みがあるときの猫の徴候として、元気や食欲低下、いつもの場所に出てこない、遊びに興味がなくなる、触れられるのを嫌がるなどがあります。猫にこのような徴候がないか、愛玩動物看護師はご家族とじっくりと対話を進める必要があります。

服薬コンプライアンス

治療には痛みを緩和するために鎮痛薬や消炎薬、医療用麻薬などを使用することがあります。猫に使用可能な薬剤は数多く、薬剤の形状、投与経路、作用時間、効果の感じ方もさまざまです。猫の性格や通院頻度、費用面なども考慮されるため、愛玩動物看護師が飼い主とコミュニケーションをとり、薬剤に対する要望を把握しておくと、獣医師が薬剤を選択しやすくなることがあります。

投薬状況の確認

獣医師が薬剤を処方した後は、愛玩動物看護師が飼い主に自宅での猫の様子（食欲や活動性、排泄など）を確認するようにしましょう。飼い主に猫の様子を記録してもらうことで、薬剤の使用前後の変化などを知ることができます。

栄養管理

食事の工夫

皮膚扁平上皮癌が鼻鏡部や口唇部に発生した場合、腫瘍の増大により物理的に食事が採れなくなることがあります。ドライフードを一粒〜数粒ずつ手で食べさせたり、ペースト状の食事をシリンジなどで舌の上に乗せるようにすると、猫が食べてくれることがあります。ただし、全身状態が悪い猫に食事を介助する場合、しっかりと毎回嚥下ができているか、また、喉に食べものが詰まってチアノーゼがないかどうかを注意深く観察しましょう。

食欲増進薬の使用

猫に使用できる食欲増進薬には注射薬、経口薬、外用薬などがあります。食欲低下時には経口薬の投与が困難なことも多いため、ミルタザピンの外用薬（Mirataz：日本未発売）が非常に便利です（**図1-7-6**）。

図1-7-6　Miratazの耳介用の外用薬
Miratazは耳介の内側に塗布する。

> ⚠️ **注意事項**
>
> 薬を塗布する際、飼い主には手袋を装着してもらうよう指導しましょう。

経腸栄養

10〜20％程度の体重減少が始まっている、あるいは採食や投薬が困難な場合、経鼻・食道チューブ、食道瘻チューブ、胃瘻チューブを検討することがあります（**図1-7-7〜9**）。

これらのチューブを設置することで、流動食やミキサー食を効率的に与えることができます。チューブ設置後も、口から食事を採ることは可能です。水分、抗菌薬や痛み止めなどの投薬もチューブから行えます。チューブのデメリットとして、胃瘻や食道瘻チューブの設置には全身麻酔が必要なことと、設置後の瘻孔部の感染などが挙げられます。初診時に悪液質が顕著な場合は、生検と同時にチューブの設置を

行うこともあります。

※チューブの設置については2巻p.295、3章-3「経腸栄養／胃瘻チューブの管理」を参照してください。

図1-7-7　経鼻カテーテルを設置した猫
カテーテルの径が細いため、食事の粘度には注意が必要。

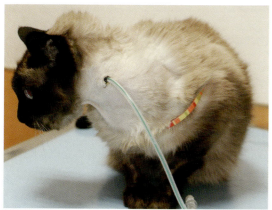

図1-7-8　食道瘻チューブを設置した猫
経鼻カテーテルよりもチューブ径が大きく、ミキサー食の給与も可能である。

図1-7-9　胃瘻チューブを設置した猫
食事をチューブから与えている様子。胃内残量を確認しながら、必要に応じて食事の量や間隔の調整を行う。

患部の衛生管理

エリザベスカラーの着用

猫の皮膚扁平上皮癌では、猫が患部を気にして掻いてしまったり、グルーミングで皮膚が傷ついてしまうことがあります。エリザベスカラーは皮膚を保護したり、汚れを広げないようにするために着用してもらうことがあります。エリザベスカラーが猫のストレスとなり活動性の低下がみられたりする場合には、材質や形状が異なるものを試したり、飼い主が目を離すときのみ着用してもらうのも一つです（**図1-7-10**）。

患部周辺のケア

被毛に汚れやかさぶたが絡み、皮膚が引っ張られたり、皮膚がただれたりすることがあります。飼い主の許可が得られるようであれば、患部周囲を剃毛し、患部をできるだけ清潔に保つよう心掛けましょう。患部の拭き取りには、タオルを湿らせ、電子レンジで人肌程度に温めたタオルを使用します。温かいタオルを使用すると、猫が顔面の清浄を許容してくれることも多く、汚れが湿気でふやけてコームも通りやすくなります。ただし、過度に患部を擦りすぎてしまうと、皮膚の赤みが増したり、掻痒感が強くなったりすることがあるため、獣医師と相談しながら患部周辺のケアを実施してください（**図1-7-11**）。

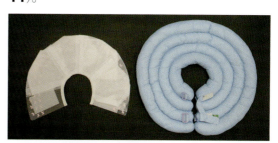

図1-7-10　内側にガーゼを貼り付けたエリザベスカラー（左）と布製エリザベスカラー（右）

図1-7-11　タオルで拭き取る様子
猫の好む顎下から徐々に患部に向かって拭き取るように行う。

ステップアップ！ プラスアルファの看護としてできること

猫の皮膚扁平上皮癌は早期に転移を起こすことが少なく、扁平上皮癌とともに長期生存できる猫もいます。「長生きしてほしい」と願う一方で、自宅での看護に飼い主が疲れてしまうことも頻繁にあります。愛玩動物看護師は、猫の看護だけでなく、自宅での看護に疲れた飼い主の気持ちを支えてあげられるよう努めましょう。

飼い主が来院した際には積極的にコミュニケーションをとりましょう。飼い主の話によく耳を傾け、自宅での猫との過ごし方の変化に注意を払います。嫌がる猫の顔面の清浄など、自宅でしにくいことを病院で行うことで、飼い主の精神的負担の軽減につながることもあります。また、「自宅で十分なケアができていない」と、飼い主に思わせない配慮や声掛けもとても大切です。診察や検査時には飼い主とともに猫のこともたくさん褒めてあげると効果的です。

まとめ

猫の皮膚扁平上皮癌は、猫の皮膚に発生する悪性腫瘍で2番目に多いものです。日向ぼっこが好きな飼い猫の他、保護猫でも多く発生しています。最初はひっかき傷、あるいはただのかさぶたと軽視されてしまう傾向が強く、獣医師のみならず、愛玩動物看護師もこの疾患の見つけ方を学んでおく必要があります。猫の皮膚扁平上皮癌に対する電気化学療法は、コストパフォーマンスに優れた治療法です。国内では、まだ一部の動物病院でのみ実施可能ですが、皮膚扁平上皮癌の今後の治療の主軸になる可能性があります。

今回の原稿作成に当たり、2人の愛玩動物看護師が激務の合間をぬって、丹念に原稿を作成してくれました。西岡あかね氏、今野樹氏に深く感謝の意を表したいと思います。また、彼女らの原稿を校閲してくれた松山富貴子先生にも、謹んで感謝の意を捧げたいと思います。

獣医師・小林哲也

監修者からのコメント

　本文中にも紹介されている通り、猫の皮膚扁平上皮癌は紫外線の影響で発症することが知られています。被毛が薄く日光の当たりやすい場所である耳介の先端、眼瞼周囲、鼻梁、鼻鏡など、頭部を中心に発生します。頭部は動物のキャラクターを最もよく反映する場所であるため、手術による外貌の変化を不安に思うご家族が多いことも特徴といえます。しかしながら、外貌の変化を気にするのはあくまで人間であり、実際に耳介や鼻鏡を切除した動物の多くは、手術後も変わらぬ日常を過ごすことができます。手術に対するご家族の不安を取り除くために、同様の手術を受けた動物の日常生活の動画をお見せするのもアイデアの一つです。

　手術、放射線治療、化学療法というがん治療の基本的治療以外に、ECTという新たな選択肢ができたことは、皮膚扁平上皮癌に苦しむ猫とそのご家族には朗報です。将来的に外貌変化の少ない治療の選択肢が増えることを期待しつつ、本稿に紹介されている"今できること"を最大限実践しましょう。

獣医師・皆上大吾

【参考文献】
1．丹羽昭博（2020）：扁平上皮癌. SA Medicine BOOKS 猫の治療ガイド2020 私はこうしている. pp.743-745, EDUWARD Press.
2．鳥巣至道（2020）：食道・胃・空腸カテーテルによるチューブ栄養. SA Medicine BOOKS 猫の治療ガイド2020 私はこうしている. pp.912-915, EDUWARD Press.
3．廉澤剛, 伊藤博 編（2018）：コアカリ 獣医臨床腫瘍学. pp.1-2, 5-11, 21-22, 33. 文永堂出版.
4．日本獣医がん学会獣医腫瘍科認定医認定委員会 監修（2013）：獣医腫瘍学テキスト. pp.1-11. ファームプレス.
5．日本動物看護学会 監修（2002）：動物看護学各論. pp.92-96. インターズー（現EDUWARD Press）.
6．Ogilvie, G.K., Moore, A.S.（2013）：扁平上皮癌. 猫の腫瘍. pp.393-400. インターズー（現EDUWARD Press）.

第2章

飼い主支援が重要な症候／疾患の動物看護

第2章
飼い主支援が重要な症候／疾患の動物看護

1. くしゃみ・鼻水「くしゃみ・鼻水が出ている」
   ／慢性鼻炎・慢性副鼻腔炎 …………… 117
   - **STEP UP！** 誤嚥性肺炎を併発した場合 …………… 130

2. 歯石沈着「歯石が溜まっている」
   ／歯周病 …………… 133
   - **STEP UP！** 子犬のホームデンタルケア …………… 149

3. 下痢①「下痢が続いている」
   ／蛋白漏出性腸症 …………… 155
   - **STEP UP！** 内視鏡生検での正しいサンプリング方法 …………… 169

4. 下痢②「下痢が続いている」
   ／膵外分泌不全症 …………… 173
   - **STEP UP！** 膵炎に続発した場合／糖尿病を併発した場合 …………… 180

5. 後肢跛行「後ろ肢をかばっている」
   ／股関節形成不全 …………… 189
   - **STEP UP！** 股関節形成不全の「急変」 …………… 209

6. 後肢麻痺「歩くことができない」
   ／胸腰部椎間板ヘルニア …………… 211
   - **STEP UP！** 「進行性脊髄軟化症」と「頸部椎間板ヘルニア」 …… 225

7. 瘙痒①「痒がっている」
   ／マラセチア皮膚炎 …………… 227
   - **STEP UP！** シャンプーの上手な使い分け …………… 243

8. 瘙痒②「痒がっている」
   ／皮膚糸状菌症 …………… 247
   - **STEP UP！** 医療関連感染（院内感染）防止の重要性 …… 258

9. 瘙痒③「痒がっている」
   ／犬アトピー性皮膚炎 …………… 261
   - **STEP UP！** 健康な皮膚の動物への保湿剤の勧め …………… 280

10. 紅斑「皮膚に赤い斑点がある」
    ／膿皮症 …………… 283
    - **STEP UP！** 継続的な通院治療の重要性～皮膚科手帳の活用とトリマーとの連携の勧め～ …………… 299

11. 充血「白眼が赤い、眼ヤニがでている」
    ／乾性角結膜炎（ドライアイ） …………… 301
    - **STEP UP！** 全身性疾患と関連したドライアイへの対応 …………… 314

12. 眼球白濁「黒眼が白い」
    ／白内障 …………… 317
    - **STEP UP！** 緊急性のある白内障の見極め／眼が見えなくても楽しめる遊びの提案 …………… 330

第2章 飼い主支援が重要な症候/疾患の動物看護

1. くしゃみ・鼻水
「くしゃみ・鼻水がでている」／慢性鼻炎・慢性副鼻腔炎

執筆者

稲葉里紗（いなばりさ）／
動物看護助手（名古屋みなみ動物病院・どうぶつ呼吸器クリニック）

稲葉健一（いなばけんいち）／
獣医師（名古屋みなみ動物病院・どうぶつ呼吸器クリニック）

監修者

藤原亜紀（ふじわらあき）／
獣医師（日本獣医生命科学大学）

症状 慢性鼻炎・慢性副鼻腔炎

主訴 「くしゃみ・鼻水がでている」

STEP UP! 誤嚥性肺炎を併発した場合

本稿の目標
・慢性鼻炎・副鼻腔炎について理解する
・問診、視診、聴診から症状の程度を理解する
・慢性鼻炎・慢性副鼻腔炎の動物に対する適切な看護や飼い主に対する自宅での管理のアドバイスができるようになる

"くしゃみ・鼻水"と"慢性鼻炎・慢性副鼻腔炎"

　小動物呼吸器診療において、くしゃみ・鼻水を主訴に来院される犬や猫は多くいます。「くしゃみ・鼻水」と一口にいっても、その原因によって症状の出方は多岐にわたり、軽微な疾患から生涯にわたり治療が必要な疾患までさまざまです。
　慢性鼻炎・慢性副鼻腔炎と診断された場合、生涯にわたる治療・管理、また在宅での治療・管理が必要になることもあるので、長期管理の看護のポイントを飼い主に理解していただくことが大切です。院内での看護だけでなく、自宅でできる治療法などについても押さえていきたいと思います。

動物看護の流れ

case くしゃみ・鼻水「くしゃみ・鼻水がでている」

ポイントはココ！ p.120

―"くしゃみ・鼻水"の原因として考えられるものは―
- 呼吸器感染症
- 外傷
- 鼻腔内腫瘍（腺癌、扁平上皮癌など）
- アレルギー性鼻炎
- 口蓋裂
- 異物　など

押さえておくべきポイントはココ！

～"くしゃみ・鼻水"と"慢性鼻炎・慢性副鼻腔炎"の関係性とは？～

①完治可能な疾患との鑑別が必要
②長期で疾患を患っている場合、一般状態が低下していることがある
③鼻水以外の症状が認められる場合もある

- ☐ 異常呼吸音（スターター）
- ☐ くしゃみ、痰が絡むような単発性の咳
- ☐ 逆くしゃみ

上記のポイントを押さえるためには
情報収集が大切！

検査 p.121

一般的に実施する項目
- ☐ 身体検査
- ☐ 血液検査
- ☐ 細菌・ウイルス検査
- ☐ X線検査・X線透視検査

必要に応じて実施する項目
- ☐ 内視鏡検査（鼻鏡検査）
  ・検体採取（鼻鏡検査にて鼻腔中部〜後部の鼻汁を採取）し、感染症の有無を確認
- ☐ CTもしくはMRI検査

| ポイントはココ！ | 検査 | 治療時の動物看護介入 | 飼い主支援 |

慢性鼻炎・慢性副鼻腔炎

治療時の動物看護介入 p.125

"慢性鼻炎・慢性副鼻腔炎"と診断

治療方法
- 抗菌薬投与
- ステロイド薬投与
  ①経口投与
  ②局所投与：スペーサーを用いたステロイド吸入療法・ネブライザー吸入・点鼻薬など
- 全身麻酔下での鼻腔内洗浄
- 在宅ネブライザー療法
- その他、対症療法

内科的治療

case1
- ステロイド薬投与で治療を行った犬の慢性鼻炎の一例
- 状態の観察
- ステロイド投与時の副作用の観察
- 投薬方法の変更の検討

case2
- 鼻腔内洗浄と在宅ネブライザー療法を行った猫の慢性副鼻腔炎の一例
- 鼻腔内洗浄の補助
- 在宅ネブライザーの指導

観察項目（case1）
- 血糖値
- 肝数値
- 食欲が増加しているか
- 多飲多尿の有無
- 皮膚の状態

観察項目（case2）
- 全身状態
- ネブライザー実施後の鼻水・くしゃみの増減
- 鼻水の性状の変化

飼い主支援 p.130

経過に応じた飼い主支援
（case 1・case 2共通）
- 在宅ネブライザー療法での注意点
- 内服ステロイド薬投与の際の経過観察の方法

 STEP UP! 「誤嚥性肺炎を併発した場合」について考えてみましょう！ p.131

長期的な治療や管理が必要なポイントはココ！

"くしゃみ・鼻水"と"慢性鼻炎・慢性副鼻腔炎"の関係性とは？

鼻炎・副鼻腔炎の症状

慢性鼻炎の主な呼吸器症状は1ヵ月以上続く慢性鼻汁（漿液性、粘液性、出血性、膿性など性状はさまざま）で、多くは両側性ですが片側性なこともあります。ズーズー・ブーブー・スースーといった異常呼吸音であるスターター（**動画2-1-1**）、くしゃみ、痰が絡むような単発性の咳、逆くしゃみ（**動画2-1-2**）などがみられることがあります。また、それらの症状が持続、重症化することによる食欲低下や元気消失、睡眠時無呼吸、飲水障害などが認められることもあります。

※スターターの詳しい内容については本シリーズ第2巻2章-2「犬の喉頭麻痺」内、p.145の表2-2-2を参照してください。

スターター

逆くしゃみ

原因と病態

慢性鼻炎の原因は明らかになっていませんが、気道刺激物質やアレルゲンなどに対する慢性炎症性反応または免疫介在性反応といわれています。

①さまざまな原因疾患により炎症が起こり、鼻粘膜がうっ血し、浮腫を生じる。

②慢性化すると鼻粘膜が肥厚し、分泌物の粘性が増すとともに量も過剰になる。

③線毛の破壊や扁平上皮化生により粘液線毛クリアランスが破壊され、鼻汁が蓄積する。

④排出機構の障害により刺激物質の排出が制限され、炎症は維持・増悪する。

副鼻腔炎は、さまざまな鼻腔内の原発疾患に伴う二次的な細菌感染が続くことで、副鼻腔や前頭洞に炎症が波及して発症するといわれています。

①副鼻腔や前頭洞の炎症により鼻甲介粘膜が腫れて分厚くなり、前頭洞、篩骨甲介洞、鼻甲介との連絡が遮断される。

②前頭洞内および副鼻腔内で細菌が増殖しやすい環境となり、粘液膿性鼻汁が長期にわたりうっ滞する。

長期の治療が必要な理由

上記の病態により鼻腔粘膜が破壊され、鼻汁を排出する機能が低下／喪失してしまうと正常な鼻腔粘膜へと回復することはなく、完治しないことが多いため生涯にわたる長期治療が必要になります。

完治しないため症状の緩和を目標にする

慢性鼻炎・副鼻腔炎のほとんどは一般的に完治が期待できないため、鼻汁・くしゃみをなくすことではなく、今よりも症状を緩和させる、生活の質を向上させることが治療目標となります。

飼い主からなかなか治らないなどのご相談をいただいたときには、生涯の治療や管理が必要なことを理解していただけるように心掛けます。少しでも改善したこと、変化したことがあれば教えていただき、その状態を維持できるように動物看護の面からもアドバイスしましょう。

症状の変化について

治療をしていく中で食欲や活動性はもちろん、鼻汁の性状・量、くしゃみの頻度、呼吸様式・呼吸音について観察します。

慢性鼻炎・慢性副鼻腔炎

　鼻汁が透明でサラサラな漿液性鼻汁から緑色をした膿性鼻汁に変化したときには、二次的な細菌感染を疑わなければいけません。

　鼻汁の量、くしゃみの頻度の変化は治療後の評価に役立ちます。例えば、ネブライザー治療を始めてから鼻汁の量が増えることは今まで溜まっていた鼻汁が治療効果によって排泄できていると判断することができます。

　呼吸様式・呼吸音についても、鼻汁が排出され鼻腔の通りが改善することで努力呼吸やスターターなどの異常呼吸音が軽減/消失したりします。

評価は長期的な期間で行う

　完治が期待できる疾患ではないため、日ごとの症状で評価せず、週〜月単位など長期的な期間での治療評価をしなければなりません。

検査

一般的に実施する項目	必要に応じて実施する項目
□ 身体検査 □ 血液検査 □ 細菌・ウイルス検査 □ X線検査・X線透視検査	□ 内視鏡検査（鼻鏡検査） ・検体採取（鼻鏡検査にて鼻腔中部〜後部の鼻汁を採取）し、感染症の有無を確認 □ CTもしくはMRI検査

一般的に実施する項目の注目ポイント

　検査は侵襲性の低い検査から進めます。まずは身体検査にて鼻汁の性状や呼吸の様子などを確認します。

　次に、血液検査を実施しますが、1〜2ヵ月以上持続する慢性鼻炎は感染症が主原因ではないため、血液検査では特異的な所見は認められず、白血球やCRPの上昇なども通常認められません。

　さらに詳しく病状を把握するために、X線検査・X線透視検査を行い、必要に応じて内視鏡検査、CT・MRI検査を実施します。

身体検査

身体検査では以下のような項目を観察します。

● **鼻汁の性状の確認**

　サラサラで透明な鼻汁（漿液性または水様性鼻汁）（**図2-1-1**）、濁った色でネバっとした鼻汁（粘液性鼻汁）（**図2-1-2**）、緑色っぽい鼻汁（膿性鼻汁）（**図2-1-3**）、血液が混じっている鼻汁（出血性鼻汁）（**図2-1-4**）、鼻出血（**図2-1-5**）

図2-1-1　漿液性鼻汁：慢性副鼻腔炎の猫

図2-1-2　粘液性鼻汁：慢性鼻炎の犬

図2-1-3　膿性鼻汁：慢性副鼻腔炎の猫

図2-1-4　出血性鼻汁：慢性鼻炎の犬

図2-1-5　鼻出血

第2章 飼い主支援が重要な症候／疾患の動物看護

- ●鼻汁は両鼻から出ている両側性なのか、片側のみか
- ●呼吸様式の確認

  努力性呼吸、開口呼吸、呼気時の頬部拡張（**動画2-1-3**）、鼻翼呼吸など

- ●異常呼吸音の確認

  スターターの有無

- ●外鼻孔通気検査

  鼻鏡にスライドガラスやティッシュペーパーなどをかざすことで、左右の鼻腔の疎通を確認

X線検査

閉口下のラテラル像とDV像の撮影を行います。ラテラル像の撮影時のポイントは左右両眼が撮影台に対し、正確に垂直に並ぶように位置するとよいポジショニングが得られます。DV像の撮影時には鼻先を上げるように撮影することで鼻腔内が広く写し出されます（**図2-1-6**）。副鼻腔炎の症例では前頭洞の不透過性が亢進していることがあります（**図2-1-7**）。

慢性鼻炎・慢性副鼻腔炎の症例は、鼻汁の誤嚥による誤嚥性肺炎を患っていることもあるため、頭部だけでなく胸部X線検査も忘れずに撮影しましょう。

動画2-1-3
https://e-lephant.tv/ad/2003949

呼気時の頬部拡張：鼻腔内腫瘍の犬

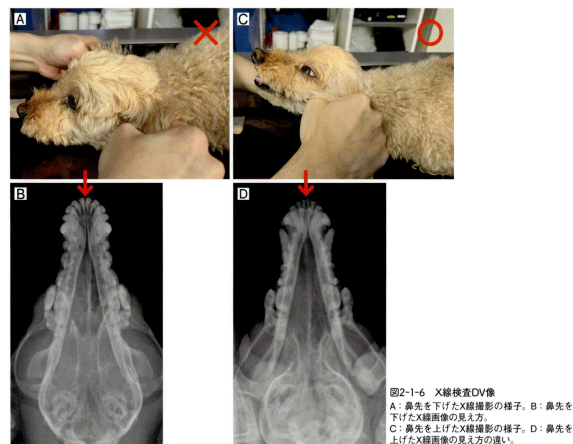

図2-1-6　X線検査DV像
A：鼻先を下げたX線撮影の様子。B：鼻先を下げたX線画像の見え方。
C：鼻先を上げたX線撮影の様子。D：鼻先を上げたX線画像の見え方の違い。

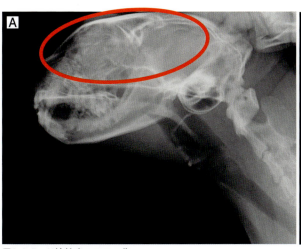
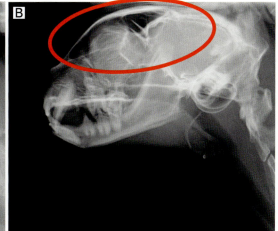

図2-1-7　X線検査ラテラル像
A：慢性副鼻腔炎の猫の前頭洞の不透過性亢進
B：正常猫

鼻鏡検査

　鼻鏡検査は気管内挿管し全身麻酔で実施する検査です。外鼻孔から細い軟性鏡や硬性鏡を入れて鼻の中を観察する前部鼻鏡検査（**図2-1-8**）と、口から内視鏡を反転挿入し鼻咽頭から後鼻孔周辺を観察する後部鼻鏡検査（**図2-1-9**）を行うことにより、鼻腔の粘膜病変（充血や腫脹、鼻甲介軟骨の萎縮／消失）・鼻汁の停滞、異物や腫瘤状病変の有無の確認ができます（**図2-1-10**）。

　その他の疾患との鑑別を含め、鼻鏡検査では鼻炎の診断のための粘膜生検や細胞診検査、鼻汁の採取が可能です。

図2-1-8　前部鼻鏡検査

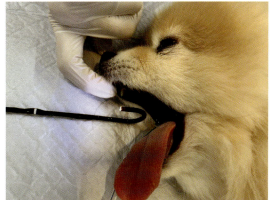

図2-1-9　後部鼻鏡検査

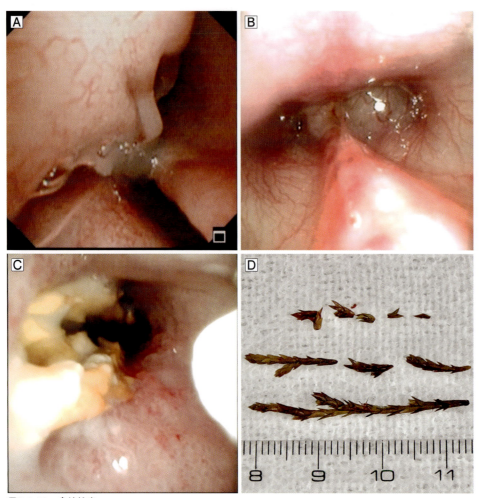

図2-1-10　鼻鏡検査
A：前部鼻鏡検査で確認された鼻汁の停滞
B：後部鼻鏡検査で確認された鼻腔内腫瘍
C、D：確認された鼻腔内異物

| ポイントはココ！ | 検査 | 治療時の動物看護介入 | 飼い主支援 |

治療時の動物看護介入

動物看護を行う際の注目ポイント

❶ 観察
- いつからか
- 鼻汁の性状
- 両側性か片側性か
- 鼻出血の有無
- 食欲・元気はあるか
- 家での呼吸様式

❷ ステロイド薬の投与時の観察
- 血糖値
- 肝数値
- 食欲が増加しているか
- 多飲多尿の有無
- 皮膚の状態

❸ 吸入ステロイド療法の選択
- スペーサー吸入
- ネブライザー吸入

❹ 鼻腔内洗浄の補助

❺ 長期管理
- 飼い主とのコミュニケーション

内科的治療

治療法

- ☐ 抗菌薬投与
- ☐ ステロイド薬投与
   ①経口投与
   ②局所投与：スペーサーを用いたステロイド吸入療法・ネブライザー吸入・点鼻薬など
- ☐ 全身麻酔での鼻腔内洗浄
- ☐ 在宅ネブライザー法
- ☐ その他、対症療法

ステロイド薬投与

①観察②ステロイド薬の投与時の観察

聞き取りと、全身状態や鼻汁の性状などを確認する

治療では食欲や活動性、鼻汁の性状や呼吸様式について観察します。慢性鼻炎・慢性副鼻腔炎の治療ではステロイド薬の投与が必要になることがあります。ステロイド薬の全身投与を行う場合には、一般状態の確認を含めた定期的な副作用チェックが必要になります。ステロイド薬の経口投与を実施する場合には副作用などがないか注意します。

③吸入ステロイド療法の選択

薬の特徴を理解し、適切に対応する

ステロイドには全身に作用する経口投与と局所投与の２種類があり、さらに局所投与にはいくつかの選択肢がありますが、治療強度や副作用の有無、犬や猫の性格などを考慮して選択する必要があります。スペーサーを用いた吸入ステロイド療法（フルチカゾン吸入）などの局所療法は副作用が少なく長期治療に向いています（**図2-1-11**）。

フローインジケーター

図2-1-11　エアロキャット（株式会社Zpper）

鼻腔内洗浄

④鼻腔内洗浄の補助

誤嚥に注意し、スムーズなサポートを行う

　鼻が詰まって眠れないくらい一般状態が低下してしまった場合には、鼻鏡検査で精査するとともに一度鼻の中をきれいにする鼻腔内洗浄を行うことがあります。

　具体的な方法や補助の内容は、p.129「鼻腔内洗浄の実施方法」を参照してください。

ネブライザー療法

⑤長期管理

在宅ネブライザーの指導を行う

　長期管理の場合には、副作用の少ないネブライザー療法を推奨しています。慢性鼻炎・慢性副鼻腔炎は終生の治療が必要であること、またネブライザー療法は長期的に実施することで効果が得られる治療であるため、通院で行うのではなく自宅で飼い主に実施してもらえるよう愛玩動物看護師がネブライザー療法の実施方法を指導し、在宅でネブライザー療法を実施してもらいます。ネブライザー療法では抗菌薬や血管収縮薬［アドレナリン液（ボスミン外用液0.1％）］、去痰薬、気管支拡張薬などの薬剤を煙にし、吸入させることができます（**表2-1-1**）。ネブライザーにはジェット式と超音波式、メッシュ式などの種類があり、噴霧量や噴霧される粒子サイズ、使用する薬液量、費用などに差があります。病態および使用する薬剤によってネブライザーを選択します。犬や猫の性格や飼い主の生活スタイルに合わせて直接吸入する方法とケージなどに入れて行う方法を提案し、実際に実施方法を見せながら指導をしています。

表2-1-1　ネブライザー療法で使用する薬剤の一覧

加湿剤	生理食塩液
抗菌薬	ゲンタマイシン硫酸塩（ゲンタミン）、アミカシン硫酸塩（アミカシン）、ホスホマイシン硫酸塩水和物（ホスミシン）、クロラムフェニコール（クロロマイセチン局所用液5％）
ステロイド薬	デキサメタゾンメタスルフォベンゾエートナトリウム（水性デキサメタゾン）、ブデソニド（ブデソニド吸入液0.5mg）
気管支拡張薬	プロカテロール塩酸塩水和物（メプチン吸入液0.01％）
去痰薬	塩酸ブロムヘキシン（ビソルボン吸入液0.2％）
血管収縮薬	アドレナリン液（ボスミン外用液0.1％）

慢性鼻炎・慢性副鼻腔炎

case 1　ステロイド薬投与で治療を行った犬の慢性鼻炎の一例

【事例情報】
- **基本情報**：ミニチュア・ダックスフンド、去勢雄、6歳齢、8.66 kg、BCS 7/9
- **既往歴・基礎疾患**：なし
- **主訴**：1年前からの鼻汁（粘液性〜粘液膿性鼻汁）、くしゃみ
- **経過**：かかりつけ医にて抗菌薬や去痰薬などを投与したが、症状の緩和は認められなかった。鼻閉症状（スターター）により呼吸苦あり、横臥状態になることが3度あった
- **各種検査所見**
  ・鼻鏡検査所見
- **治療内容**：慢性鼻炎（リンパ球形質細胞性鼻炎）と診断し、ステロイド薬の経口投与にて治療開始。その後、症状が安定したため吸入ステロイド療法へと切り替え、長期治療を継続することとなった

ステロイド薬投与の際の観察項目

　慢性鼻炎では鼻粘膜の炎症を抑える目的でステロイド薬の投与が必要になることがあります。ステロイド薬の全身投与を行う場合には、血液検査で血糖値や、ALT、AST、ALP、GGT、T-billなどの肝臓に関連した数値の確認や食欲の増加、多飲多尿の有無、皮膚の状態など、一般状態の確認を含めた定期的な副作用チェックが必要になります。ステロイド薬の経口投与を実施する場合には日常生活の中での変化がないか注意します。

吸入ステロイド療法のポイント

　吸入ステロイド療法はエアロキャットやエアロドッグを用いてステロイド薬（フルチカゾン）を吸入させます。鼻と口をマスクで覆い、フルチカゾンを1プッシュし、スペーサー内に噴霧された薬剤を10〜20呼吸かけて吸入させます。その際、フローインジケータが呼吸とともに動いているか確認してもらいます。マスクが正しく装着され密着されていれば呼吸に合わせてフローインジケータが動き、呼吸回数がカウントできます。マスクを鼻と口に密着させる必要があるため、おとなしい犬や猫に適しており、嫌がる動物や怒ってしまう動物の場合には難しいこともあります。長期管理のため、将来的にできるようになってもらうためにマスクにおやつを入れてマスクと顔を密着させることに慣れさせるよう時間をかけて練習していただくこともあります。

　嫌がってしまいフルチカゾン吸入が困難な事例には、ネブライザーを用いた吸入ステロイド療法が向いているかもしれません。長期的に実施できる方法を提案できるよう飼い主とのコミュニケーションは必要です。また、吸入ステロイド療法はステロイド薬の経口投与よりも効果が弱いことがあり、吸入ステロイド療法への変更後に症状が悪化してしまうケースもあります。定期的に飼い主とコミュニケーションをとり、十分な治療効果が得られているか症状の変化がないか確認しましょう。

case 2　鼻腔内洗浄と在宅ネブライザー療法を行った猫の慢性副鼻腔炎の一例

【事例情報】
- **基本情報**：トンキニーズ、去勢雄、5歳齢、4.2 kg、BCS 5/9
- **既往歴・基礎疾患**：なし
- **主訴**：3年前からの鼻汁（膿性鼻汁）、くしゃみ、間欠的な鼻出血
- **経過**：症状の悪化とともに食欲廃絶、活動性の低下、運動不耐性を認めるようになった
- **各種検査所見**
  ・X線検査所見
  ・鼻鏡検査所見
- **治療内容**：慢性副鼻腔炎と診断し、鼻鏡検査時に鼻腔内洗浄を実施。その後在宅ネブライザー療法にて治療を開始した

鼻腔内洗浄の意義

　鼻腔内洗浄は、硬くなってしまい自力では排出することのできない鼻汁を洗い流すことができます。

　鼻腔内洗浄をすることで、鼻汁が詰まり呼吸が苦しい事例では、一時的に呼吸を楽にすることができ、その後に行う治療の効果を高めることができます。鼻炎や副鼻腔炎の全事例に必要な処置ではありませんが、重度の場合、診断時または治療開始前に実施するとよいかもしれません。重症な事例では定期的に鼻腔内洗浄を実施しなければいけない場合もあります。実施方法については、後述の「鼻腔内洗浄の実施方法」（p.129）を参照してください。

在宅ネブライザー療法

　当院では在宅ネブライザー療法用の超音波ネブライザーとして新鋭工業のコンフォートオアシスを使用しています（**図2-1-12**）。

　ネブライザー療法は直接犬や猫の顔の前に霧状にした薬剤を落とす方法、またはプラスチック製のキャリーの中に犬や猫を入れ、そこにネブライザーのホースを挿し、キャリーの中を霧状の薬剤で満たしその中で呼吸をすることで薬剤を吸入させる方法の2通りを提案します（**動画2-1-4、5**）。

在宅ネブライザー療法：
直接吸入させる方法（強め）

在宅ネブライザー療法：
キャリーに入れる方法

直接吸入させる方法

　直接吸入させる場合の注意点は、犬や猫が動いてしまいしっかりとネブライザーの霧を吸入させることが難しいこともあるので、1人で実施する場合はスリングに入れてもらったり、飼い主2人で実施してもらう場合は、抱っこする人、顔の前に霧を落とす人、それぞれで在宅ネブライザーを行ってもらいます。また、顔の前から霧が来ると犬や猫が嫌がってしまうことがあるので、正面から霧を向けるのではなく、上から霧を落とすような感覚で実施してもらいます。それでも嫌がってしまう場合は霧の量を調節して弱めの霧で実施してもらうこともあります（**動画2-1-6**）。

図2-1-12　コンフォートオアシス（超音波式ネブライザー）（新鋭工業）

慢性鼻炎・慢性副鼻腔炎

在宅ネブライザー療法：
直接吸入させる方法（弱め）

キャリーを使用して吸入させる方法

　キャリーを使用する場合の注意点は、密閉は避けて必ず空気孔を数か所つくることです。密閉してしまうと、キャリーの中が暑くなってしまい、呼吸が苦しくなってしまうことがあります。逆に隙間が多すぎるキャリーを使用する際は、中を確認してもらい、犬や猫が霧で見えなくなるくらいの霧の量がキャリーの中に充満するよう、バスタオルを使用してキャリーの外を覆ってもらいます。また、キャリーの中に挿すホースは必ず上のほうに挿してもらい、ホースのたわみがないようにまっすぐ挿すように伝えます。ホースを下のほうに挿してしまうと、薬剤の霧が下に溜まり十分に薬剤を吸入することができません。ホースがたわんでいるとそこに水分が溜まってしまい、霧をでにくくさせることがあります。

鼻づまりの対処法

　在宅ネブライザー療法や吸入療法を実施する際には、鼻が詰まった状態では十分な効果を得られないことがあるため、乳児用の鼻水吸引機（**図2-1-13**）を使用してからネブライザー療法を実施してもらうよう指導します。

図2-1-13　乳児用の鼻水吸引機

鼻腔内洗浄の実施方法

　鼻腔内洗浄は気管内挿管した全身麻酔下で行います。
　誤嚥をさせないように咽頭にガーゼをしっかりと詰め（**図2-1-14**）、動物を伏臥位にして頭を下げるような体勢にします。その際には胸と首の下にタオルを入れます（**図2-1-15、16**）。
　滅菌生理食塩液20〜50mLを2本と6〜8Frカテーテルを1本用意します（**図2-1-17**）。
　片方の鼻にカテーテルを挿入し、滅菌生理食塩液を勢いよく数回に分けて注入します。挿入するカテーテルは鼻孔よりすぐの位置に設置します。生理食塩水を注入すると反対の鼻腔より鼻汁とともに生理食塩液が排出されます。注入が終わったら、咽頭に詰めたガーゼを新しいものに詰め直します。
　これを片鼻につき2〜3回繰り返します。中から流れ出てくる鼻汁を確認できたら洗浄終了です。
　最後にサクションにて鼻の中に残った滅菌生理食塩液をカテーテルで吸い出して終了です。
　鼻腔内洗浄は一度に何度も繰り返し行うこともあるため、助手をする愛玩動物看護師は次に使うガーゼ、滅菌整理食塩液、カテーテルを準備し、獣医師がスムーズに処置を行えるようサポートします。

図2-1-14　咽頭にガーゼを詰めている様子

図2-1-15　胸と首の下にタオルを入れた姿勢（前から見た図）

図2-1-16　胸と首の下にタオルを入れた姿勢（横から見た図）

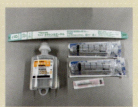

図2-1-17　滅菌生理食塩液とカテーテル

飼い主支援

環境整備

慢性鼻炎や慢性副鼻腔炎の症状は生活環境の変化、特に湿度に影響を受けることがあります。特に秋から冬は湿度が下がるため、鼻汁が固まりやすく、病態が悪化しやすくなります。そのため、加湿器などを使って家の湿度を50％以上に維持してもらうように指導します。

経過ごとに飼い主へ伝えたい観察ポイント

治療効果の確認

ネブライザー療法を実施し鼻汁・くしゃみが増えることがあります。それは停滞していた鼻汁がネブライザー療法により排出されることで、むしろ治療効果が得られていると判断できます。その場合、いびきや異常呼吸音、逆くしゃみなどの症状は治療前よりも減少していることが多いため問診で確認しましょう。

状態の悪化の早期発見

咳が併発したり、鼻汁の性状の変化（漿液性から膿性の変化）など何か変化があればいち早く教えてもらい、症状の悪化や二次感染の悪化を早めに気づいてあげられるようにお願いします。

治療を続けていても鼻汁の停滞により一般状態が悪化する場合には、全身麻酔下になりますが、定期的に鼻腔内洗浄を行わないといけない場合もあります。その点も治療開始時から飼い主に事前に理解してもらうことが大切です。

ステップアップ！
誤嚥性肺炎を併発した場合

慢性鼻炎・慢性副鼻腔炎の場合、寝ている間などに鼻汁を誤嚥してしまい、誤嚥性肺炎を併発することがあります（**図2-1-18**）。

"いつもより呼吸が速い、突然咳が増加した"というような相談があれば、獣医師に必ず報告しましょう。誤嚥性肺炎を発症していた場合には酸素室での入院管理や抗菌薬・気管支拡張薬などの投与が必要になることもあります。

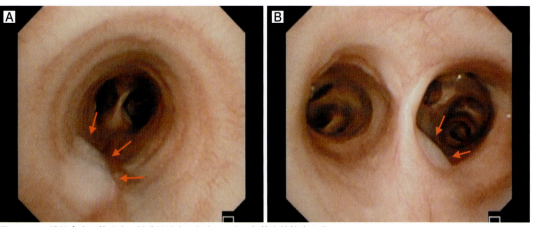

図2-1-18　慢性鼻炎の管理中に誤嚥性肺炎を発症した犬の気管支鏡検査所見
A：胸部気管の鼻汁
B：右気管支内の鼻汁

まとめ

鼻水・くしゃみを主訴に来院する患者さんは一般診療・専門診療にかかわらず日々遭遇しうる疾患です。

慢性の鼻汁・くしゃみの場合、獣医師だけでなく愛玩動物看護師・動物ケアスタッフが話を伺うことも多いかと思います。ご自宅での管理が中心となり、アドバイスをしたり、一緒に悩んだりすることはとても重要ですので、今回の内容が皆様の動物看護に少しでもお役に立てれば幸いです。

動物看護助手・稲葉里紗

慢性鼻炎や慢性副鼻腔炎は完治が期待できない疾患であり、病院での治療だけでなく、ご自宅における日々のケアがとても重要です。長期間にわたる治療では慣れるまで飼い主も戸惑うことや不安なことが多いはずです。在宅ネブライザー療法一つをとっても、キャリーケースで上手に治療を受けてくれる事例もいれば、飼い主が抱いた状態でないと実施できない事例など、動物によっても最適な実施方法は異なります。それゆえ、ホームケアの方法や注意点を愛玩動物看護師が理解しておくことで、飼い主とその動物に最適な日常ケアを提案できるはずです。その後の日常的なケアについても愛玩動物看護師による細やかなサポートができると、飼い主も安心して治療を続けられるでしょう。

獣医師・稲葉健一

監修者からのコメント

慢性鼻炎や慢性副鼻腔炎で鼻汁やくしゃみを呈している動物は非常に多いです。そしてその病気は生涯お付き合いしなくてはならないことをご家族に正確に理解していただき、どのように看護・維持することで快適に過ごすことができるのか、一緒に考えていくことが重要となります。

本稿ではそちらについて詳細に記載されておりますので、これからの動物看護について参考にしていただけたら幸いです。

獣医師・藤原亜紀

第2章 飼い主支援が重要な症候/疾患の動物看護

2. 歯石沈着
「歯石が溜まっている」／歯周病

執筆者

新谷政人（にいやまさと）／
愛玩動物看護師（くみ動物病院）

大池美和子（おおいけみわこ）／
獣医師（くみ動物病院）

監修者

樋口翔太（ひぐちしょうた）／
歯科医師・獣医師〔D.V.D.S.（獣医歯科出張診療）〕

症状 歯石沈着

主訴 「歯石が溜まっている」

STEP UP! 子犬のホームデンタルケア

本稿の目標
- 歯石と歯周病の関係を理解し、口腔内の異常に気づけるようになる
- 継続できるホームデンタルケアを身に付ける

"歯石"と"歯周病"

　動物も高齢化が進み、それに伴い発生する疾患も増加してきています。今回は高齢化により問題となってくる疾患の一つである口腔内疾患の中から「歯周病」を取り上げ解説していきます。

　動物は口から食べものを摂取して生きるため、口腔の健康は生命の要ともいえるでしょう。口腔の健康には、歯と歯肉などの健康が大前提です。本稿では「歯石」に注目し、そこから「歯周病」に対しての動物看護についてまとめています。「歯石」を見たらどのように考え、そして看護するのか、どこに注意すればよいかなど、よりよい動物看護につなげるために症例を紹介しながら、実践的な飼い主支援も含めた具体策を考えていきたいと思います。

動物看護の流れ

case 歯石沈着「歯石が溜まっている」

ポイントはココ！ p.136

"歯石が溜まっている"ことを放置してはいけない理由
- 歯肉に炎症を起こす
- 歯根の露出
- 顎の骨が骨折するリスク
- 採食ができないことによる生命維持の危険
- 心筋や腎臓、肝臓などの全身疾患への影響

押さえるべきポイントはココ！

〜 "歯石"と"歯周病"の関係性とは？〜

①病態生理で押さえるポイントは"歯周病の進行度"
②歯周病を放置してはいけない理由は、"口腔内だけの問題ではない"ため
③"歯石"は歯周病を助長する
④明日から使える観察ポイント
- ☐ 口腔内の肉眼的変化
- ☐ 口腔外の肉眼的変化
- ☐ 早期発見のために知っておきたい行動やしぐさなどの変化

上記のポイントを押さえるためには情報収集が大切！

検査・治療 p.139

一般的に実施する項目
- ☐ 身体検査
- ☐ 口腔内観察
- ☐ CBC/血液化学検査
- ☐ X線検査［頭部（歯槽骨、上・下顎骨など）、鼻腔、心臓、肺（上腹部〜下腹部）］

必要に応じて実施する項目
- ☐ 血液凝固系検査
- ☐ 超音波検査
- ☐ 細菌培養検査、薬剤感受性試験
- ☐ 微生物学的検査（グラム染色）
など

| ポイントはココ！ | 検査 | 治療時の動物看護介入 | 飼い主支援 |

歯周病

2 歯石沈着「歯石が溜まっている」

治療時の動物看護介入 p.140

"歯周病"と診断

↓

治療方法
- 投薬による内科的治療：血管拡張薬・強心薬・利尿薬など、事例の重症度に応じて使い分ける
- 外科的治療（僧帽弁形成術）：断裂した腱索の再建など

↓

外科的治療

case1
- 歯が動揺している（乳歯遺残）事例

case2
- 歯が動揺していて歯肉が赤い事例

- 抜歯後の痛み、出血、感染の有無の観察
- 口腔内以外の状態の観察（栄養状態、外貌）
- ICUでのバイタルサインのモニタリング
- 症例に応じた術後管理

↓

観察項目
- 口腔内の観察
- 食欲の有無と食事内容
- 栄養状態の確認
- 外貌の観察

↓

飼い主支援 p.145

経過に応じた飼い主支援
（case 1・case 2 共通）
- 退院後のホームデンタルケアに関する指導
- 定期的な体重チェックや栄養管理の指導
- 再発リスクに関する説明

 STEP UP! 「子犬のホームデンタルケア」について考えてみましょう！
p.149

長期的な治療や管理が必要なポイントはココ！

"歯石"と"歯周病"の関係性とは？

歯周病の病態をまとめました。その中でなぜ歯周病を放置してはいけないかを学んでいきましょう。そして次に、歯石が歯周病にどうかかわるかについて、考えていきましょう。

ところどころに注目すべき肉眼的変化や臨床症状なども併せて記載していますので、観察ポイントとして日頃の動物看護に役立ててください。

歯周病とは？　病態生理を学ぼう！

1. 歯垢・バイオフィルムの形成

唾液成分中のタンパク質が歯の表面に付着し被膜となります（**図2-2-1**）。その後グラム陽性球菌が増殖し、食物残渣、血液成分、多糖類、細菌、細胞の残骸などを含んだ歯垢が形成されます。

歯垢が厚くなり、グラム陰性桿菌の増殖も起こりはじめます。そして細菌は多糖類を産生してバイオフィルムを形成し、抗菌薬や宿主の免疫応答に強い抵抗性を示します。

2. 歯周炎の発症（歯周病ステージ1：歯肉炎）

歯周病原性細菌が増えると同時に、細菌により産生された物質やそれに対する宿主側の防御反応により、歯肉に対して炎症が惹起されます（**図2-2-2**）。

> **POINT　歯肉炎の早期発見**
> 炎症は歯肉にのみ起こっている状態です。歯肉炎の早期発見を心掛け、歯槽骨や歯根膜などの歯周組織に炎症を波及させないことが大切です。

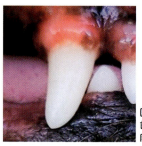

図2-2-2　歯周病ステージ1（歯肉炎）の肉眼写真

3. 歯周組織の炎症と破壊、歯周炎へと進行（歯周病ステージ2～4：歯周炎）

歯周組織の破壊が起こり、歯周炎へと進行します（**図2-2-3**）。歯根膜線維の喪失やアタッチメントロス（歯周組織の歯面への付着の喪失）がみられ、歯槽骨の吸収から歯根が露出します。

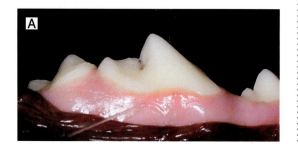

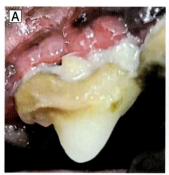
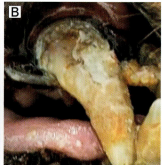

図2-2-3　歯周病ステージ2～4（歯周炎）の肉眼写真
AもBも歯周組織が破壊されている。

図2-2-1　正常な歯（A）と歯垢の沈着およびバイオフィルムの形成（B）

歯周病

歯周病のステージング

歯周ポケットの深さ、歯肉の退縮量の程度により、歯周病はステージ1～4に分類されます（**図2-2-4**）。
- ステージ1：歯肉炎（歯肉が赤くなり炎症を認めます）
- ステージ2：軽度歯周炎（歯周組織の支持が25%以下失われます）
- ステージ3：中等度歯周炎（歯周組織の支持が25～50%失われます）
- ステージ4：重度歯周炎（重度に進行した歯周炎です。歯周組織の50%以上が失われます）

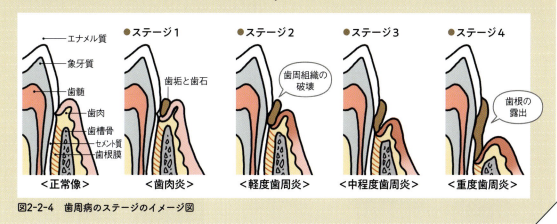

図2-2-4　歯周病のステージのイメージ図

なぜ歯周病を放置してはいけないの？

歯周病は口腔内だけの問題ではありません。歯周病が進行すると、歯槽骨や顎の骨の吸収が進みます。これにより歯が抜けてしまうだけでなく、顎の骨が骨折するリスクも上がります。さらに痛みや物理的変化により採食ができなくなると、生命の維持自体が危ぶまれます。

歯の根尖周囲に炎症が及ぶことで、根尖周囲の腫れや、根尖周囲に瘻管が形成されて口腔外の皮膚に開口部を認めることもあります。これらの症状は、眼窩下や下顎に多くみられます。

さらに、歯周病は心筋や腎臓、肝臓などの全身疾患へ影響を及ぼすことも懸念されているため、早期から歯周病の発見と対応が求められます。

"歯石"は歯周病を助長する

唾液中のカルシウム（Ca）やリン（P）の働きで歯垢の石灰化が起こり、これが歯石に変化します。

歯石は表面が粗造であるため、歯石の表面には歯垢が沈着しやすくなります。このため歯石があることで歯垢が付きやすくなり、さらに歯周病が助長されてしまいます。また、破折した歯の残存や歯並びが悪いと、歯垢および歯石が付きやすくなります。

このようにして歯石の沈着が進むと同時に、歯周病がどんどん進行する悪循環に陥ってしまうのです。

> **COLUMN　犬猫は歯垢が歯石になりやすい**
>
> 犬や猫は口腔内がアルカリ性であるため、歯垢が歯石になりやすい！
> - 犬：3～5日で歯垢が歯石に変化する
> - 猫：約7日で歯垢が歯石に変化する

第2章 飼い主支援が重要な症候/疾患の動物看護

─ 観察ポイント ─

口腔内の肉眼的変化（図2-2-5）

- ☐ 歯肉が赤い
- ☐ 歯肉が腫れている
- ☐ 歯肉から出血しやすい
- ☐ 歯肉が腫れている
- ☐ 歯石の付着が進んでいる
- ☐ 歯がぐらぐらしている
- ☐ 歯肉に穴が開いている（内歯瘻）

早期発見のためにしっておきたい行動やしぐさなどの変化（図2-2-7）

- ☐ 硬いものが食べにくそう
- ☐ 食べるのを躊躇する
- ☐ 食べるのに時間が掛かる
- ☐ 食欲が落ちてきた
- ☐ 口を気にするしぐさがある
- ☐ 口を触られるのを嫌がる
- ☐ 口を掻くしぐさがみられる
- ☐ 流涎が増えた

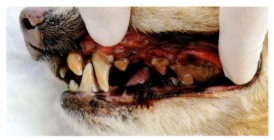

図2-2-5　口腔内の肉眼的変化の例
歯肉が赤く、腫れている様子が確認できます。

口腔外の肉眼的変化（図2-2-6）

- ☐ 顔面の頬が腫れる
- ☐ 流涎（よだれ）が付着している（口まわり、前肢）
- ☐ 口周りの皮膚に皮膚炎がみられる
- ☐ 口腔外の皮膚に瘻管がみられ、血液や滲出液がみられる（外歯瘻）

図2-2-7　早期発見のために知っておきたい行動やしぐさなどの変化の例

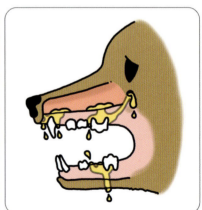

図2-2-6　口腔外の肉眼的変化の例
瘻管が形成され、皮膚には瘻孔が認められる。また、血液や滲出液、排膿がみられる。

歯周病

検査

一般的に実施する項目
- ☐ 身体検査
- ☐ 口腔内観察
- ☐ CBC/血液化学検査
- ☐ X線検査［頭部（歯槽骨、上・下顎骨など）、鼻腔、心臓、肺（上腹部〜下腹部）］

必要に応じて実施する項目
- ☐ 血液凝固検査
- ☐ 超音波検査
- ☐ 細菌培養検査、薬剤感受性試験
- ☐ 微生物学的検査（グラム染色）
- など

検査項目は**表2-2-1**の通りです。

検査を行うことで何を調べているのかを把握し、異常が確認された項目に関しては、「何が」「どのようにおかしい」のかが分かるようにしましょう。

また、治療方針にて決定した治療方法はどのような内容のものなのかも、きちんと把握することが大切です。

表2-2-1　検査項目一覧

	検査項目	確認すべきこと
一般的に実施する項目	身体検査	体重減少の有無（摂食できているか）、TPRの異常、各リンパ節の腫大の有無、外貌の異常の有無（頬の腫れ、口まわりの汚れ、被毛の状態）
	口腔内観察	歯列の確認（破折、欠歯、残存歯、動揺する歯の有無）、歯垢・歯石の付着、歯肉炎・歯周炎の有無、腫瘤の有無、口臭、出血、舌の異常など
	完全血球計算（CBC）	炎症、感染、貧血、脱水、止血異常の有無
	血液化学検査	全身状態の把握（電解質、肝臓、腎臓などの評価）、炎症の有無
	X線検査	頭部（歯槽骨、上・下顎骨など）、鼻腔、心臓、肺、上腹部〜下腹部の異常
必要に応じて実施する項目	血液凝固検査	止血異常の有無
	ホルモン検査	全身状態の把握（甲状腺、副腎などの異常）
	Real PCR検査（猫の場合）：IDEXX社	伝染病と感染症の有無（猫コロナウイルス、猫ヘルペスウイルス、猫カリシウイルス、トキソプラズマ、マイコプラズマなど）
	超音波検査（胸部、腹部）	胸部・腹部の評価（心臓、肺、上腹部〜下腹部の異常）
	血圧測定	血圧の異常
	細菌培養検査、薬剤感受性試験	細菌感染症の有無、薬剤の選択（全身疾患が考慮される場合に実施）
	微生物学的検査（グラム染色）	細菌感染症の有無（全身疾患が考慮される場合に実施）

一般的に実施する検査項目の注目ポイント

X線検査

手術前には、抜歯により下顎を骨折するリスクなどの評価もX線検査（頭部撮影）で行います。p.143のcase2のX線写真を参照してください。

治療時の動物看護介入

動物看護を行う際の注目ポイント

❶ 術前の観察
- 口腔内の観察
- 食欲の有無と食事内容
- 自宅でのデンタルケア（ホームデンタルケア）の状況

❷ ICUでのバイタルサインのモニタリング
- 麻酔後の覚醒状態の観察
- 意識レベルの確認、体温、心拍、呼吸数、肺音、脈圧、CRT
- 静脈点滴が血管外に漏れていないか

❸ 術後の観察
- 抜歯後の痛み、出血、感染の有無

❹ 栄養管理
- 栄養状態の観察

❺ 長期管理
- ホームデンタルケアの継続
- 定期的な歯科検診

治療方法について

外科的治療を実施する場合は、必要物品や手術室の準備、動物の術前準備など。内科的治療を実施する場合は、治療により起こり得る反応を確認するなど、先回りした動きができるようにすると、何か不測の事態が生じた場合に臨機応変に動くことができます（**表2-2-2**）。

表2-2-2　治療方法一覧

治療方法		治療内容
外科的治療の例	スケーリング	プラーク・歯石の除去
	ポリッシング	歯面研磨（再付着を予防）
	ルートプレーニング	病的セメント質の除去
	キュレッタージ	歯肉ポケット内壁の搔爬
	抜歯	（歯の動揺、乳歯遺残）歯による痛み・炎症・出血の軽減
	フラップ術	抜歯後の状況により吸収糸による縫合
内科的治療の例	輸液の投与	脱水の評価に応じて実施（皮下、静脈）
	抗菌薬投与	細菌感染の疑いがある場合に実施
	消炎鎮痛薬の投与	疼痛がある場合に実施 ※血液化学検査で腎臓パネルの確認（非ステロイド性抗炎症薬（NSAIDs[*1]）投与による影響の確認）
	内服薬の服用	全身疾患が考慮される場合に使用
	サプリメントの服用	歯周病の原因菌の増殖予防（スケーリング後など）
その他	皮膚症状への対処	皮膚を気にしてなめることで被毛が口腔内に溜まり、歯周病が起こるリスクがあるため、対処する必要があります。

外科的治療

①術前の観察

[口腔内やX線検査で状態を確認する]

口腔内の観察とともに、外貌の被毛の状態や前肢の汚れの有無を確認します。口の痛みによる食欲の有無や食事内容を飼い主に聞き、栄養状態も確認します。

[*1] Non-Steroidal Anti-Inflammatory Drugs

歯周病

②ICUでのバイタルサインのモニタリング

[全身麻酔時や覚醒時の異常に注意する]

外科手術では麻酔時や覚醒時の意識レベルの確認、体温、心拍、呼吸数、肺音、脈圧、毛細血管再充満時間（CRT）、静脈点滴が血管外に漏れていないかのモニタリングを行います。

③術後の観察

[疼痛管理をし、感染に注意する]

抜歯後の痛み、出血、感染の有無に注意し、患部の保護のためにエリザベスカラーを着用し観察を行います。

④栄養管理

[治療前後での体重の変化、食事内容を確認する]

治療によるストレスなどで食欲不振や脱水、体重減少がおこる可能性が考えられるので、来院時の体重を計測し、その後の変化を観察します。

⑤長期管理

[ホームデンタルケアの継続と定期的な検診の指導を行う]

口腔内に食物残渣が溜まることを防ぐためや体重管理を行うために、食事内容を検討します。また定期的に経過観察を行うために、検診を受けていただくようにしましょう。

case 1　外科的治療「歯が動揺している（乳歯遺残）」事例

【事例情報】

- **基本情報**：ポメラニアン、去勢雄、4歳4ヵ月齢、5.2kg、当時のBCS不明
- **既往歴・基礎疾患**：急性腹症（膵炎と腸炎疑い）
- **主訴**：口臭と歯肉炎
- **経過**：麻酔下でスケーリングと乳歯抜歯（706）を行い、デンタルケア指導を行った。1ヵ月ごとの歯科検診を可能な範囲で提案した。現在はご自宅転居にて転院。
- **各種検査所見**
  - 身体検査所見：左下顎第二前臼歯（706）の乳歯遺残、歯垢・歯石の付着、歯肉炎、歯周炎
  - 血液検査所見：得意所見なし
  - X線検査所見：特異所見はなし
- **治療内容**：抜歯、スケーリング、ルートプレーニング、内服薬、ホームデンタルケア

術前の観察項目

口腔内の観察

- ☐ 歯の動揺による痛み、出血の有無
- ☐ 乳歯遺残による歯垢・歯石の付着、歯周ポケットの確認
- ☐ 歯列の確認
- ☐ X線検査による口腔内、鼻腔内、上顎・下顎の状態確認

など

POINT　視診とX線で評価

口腔内の評価として外貌だけでなくX線検査と併せて評価を行っていきます。

食欲の有無と食事内容

- ☐ 口腔内の痛みによる食欲の有無
- ☐ 食事内容
- ☐ 摂取カロリー、食事量
- ☐ アレルギーの有無

など

POINT　食事内容のチェック

缶詰やペースト状の食事は、食物残渣が口腔内に残りやすいため普段の食事内容を把握していきます。また食事内容、アレルギーの有無を確認することで治療後にお勧めする食事の選択につなげます。

自宅でのデンタルケア（ホームデンタルケア）について

ホームデンタルケアについては、以下のことを飼い主に確認します。

- ☐ ホームデンタルケアの内容
- ☐ ホームデンタルケアの方法
- ☐ 使用している製品（デンタルグッズ、トリーツ、玩具）

など

> **POINT　ホームデンタルケアを行えない理由**
>
> ホームデンタルケアを行えない理由として「歯ブラシを嫌がる」ケースがあります。まずは、コミュニケーションを重視した方法をお勧めしていきます。また、歯ブラシを嫌がる理由として「口腔内が痛い」という場合もあります。普段の診察や飼育指導時に口腔内の観察を行い、異常があれば獣医師に報告しましょう。
> →詳しくは、「飼い主支援（p.145）」へ

抜歯後の痛み、出血、感染の有無の観察

抜歯後の痛み、出血、感染の有無について、患部をいじらないようにエリザベスカラーを着用し観察を行いましたが、目立った異常もなく経過は良好でした。退院後に食物残渣が口腔内に溜まることでの細菌感染を考慮し、食事内容、定期的な患部の消毒、ホームデンタルケアの必要性を提案しました。

ICUでのバイタルサインのモニタリング

術前のバイタルサインの異常はありませんでしたが、麻酔後の覚醒状態の観察のために、ICU[*2]にて意識レベルの確認、体温、心拍、呼吸数、肺音、脈圧、毛細血管再充満時間（CRT[*3]）、静脈点滴が血管外に漏れていないかのモニタリングを行いました。

歯周ポケットの観察

麻酔下でスケーリングを行ったことで、外貌の観察やX線検査では気づくことができなかった右上顎第四前臼歯（以下108と呼ぶ）（図2-2-9）の歯周ポケットは3mmで、歯肉から微量の出血を確認しました。そのため、詳しい歯の状態を把握するために歯科用X線発生装置で撮影を行い、歯周炎の進行度を確認しました（図2-2-10）。

108の患部に関しては、術後の経過観察で歯肉の腫れ、出血がないか確認を行いました（図2-2-11）。経過は良好だったため引き続きホームデンタルケアを継続してもらい、1ヵ月に1回の歯科検診をお勧めしました。

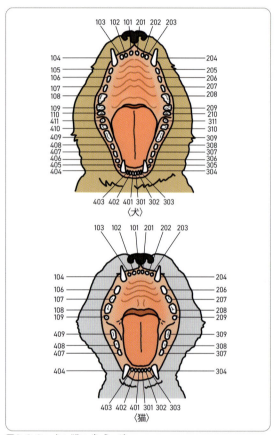

図2-2-9　犬と猫の歯式の違い

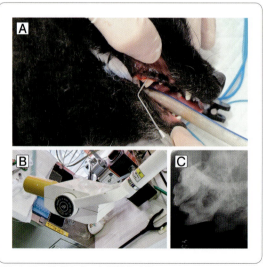

図2-2-10　抜歯をする必要性を確認
抜歯処置の必要性を歯周プローブ（A）と歯科用X線発生装置（B）を用いて確認した。この事例の場合、X線画像（C）より歯根の明らかな吸収像は認められなかったため、歯を温存できた。

[*2] Intensive Care Unit　／[*3] Capillary Refill Time

| ポイントはココ！ | 検査 | 治療時の動物看護介入 | 飼い主支援 |

歯周病

図2-2-10　術後8日目の経過観察時の様子

図2-2-11　帰宅前の様子

特に異常もなく経過が良好であったため、静脈点滴の抜去とICUでのモニタリングを解除し、手術を行った当日に帰宅しました（**図2-2-11**）。

case 2　外科的治療「歯が動揺していて歯肉が赤い」事例

【事例情報】

- **基本情報**：雑種猫、去勢雄、7歳6ヵ月齢、体重5.6kg、当時のBCS不明
- **既往歴・基礎疾患**：心筋炎または心内膜炎疑い（現在は良化）
- **主訴**：口臭と歯肉炎
- **経過**：麻酔下で全臼歯抜歯を行い、経過良好
- **各種検査所見**
  - ・身体検査所見：左下顎第二前臼歯（308）、左下顎第一後臼歯（309）の動揺、重度の歯周炎
  - ・血液検査所見：
  - ・X線検査所見：
  - ・超音波検査所見※

※2ヵ月齢時に原因不明の心筋炎を発症し、その後定期的な超音波検査を実施しています。

- **治療内容**：スケーリング、ポリッシング、全臼歯抜歯、フラップ術、全身バリカンで毛玉除去

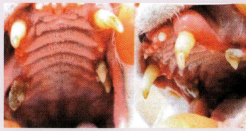
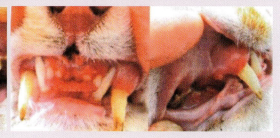

手術前検査の口腔内観察（重度の歯周炎）

術前の観察項目

栄養状態の確認
- ☐ 体重減少の有無
- ☐ 食欲の有無

口腔内の観察
- ☐ 歯の動揺や歯周炎による腫れ、出血、痛みの有無
- ☐ 口腔内の食物残渣の有無
- ☐ 全身状態の確

外貌の観察
- ☐ 毛玉や毛づくろいの有無
- ☐ 流涎、口腔内の痛みによる前肢の汚れの有無

術前の観察

循環器疾患に対する定期的な検診時に歯周炎が確認されたため、経過観察を行っていました。しかし、今回は定期検診とは別日に「毛づくろいをしなくなり、全身に毛玉ができてしまった」とのことで来院されました。

診察室で口腔内を観察したところ重度の歯周炎と左下顎第二前臼歯（308）、左下顎第一後臼歯（309）の動揺が認められたため、麻酔下による全臼歯抜歯と全身バリカンによる毛玉除去を行うことになりました。

歯周炎の観察

術前の口腔内の観察により重度の歯周炎が観察されました。全臼歯抜歯を行う前に術前検査として血液検査、X線検査、定期的な循環器の超音波検査を行いましたが、特異的所見はみられませんでした。また、抜歯により下顎を骨折するリスクの評価もX線検査（頭部撮影）で行いました（**図2-2-12**）。が、獣医師により問題がないと判断されたため、手術を実施することになりました。

術後の口腔内の観察

手術は、スケーリング、ポリッシング、全臼歯抜歯（**図2-2-13**）、フラップ術を実施しました。手術翌日の口腔内の観察では、患部の腫脹はありましたが出血もなく経過は良好でした。

術後8日目の診察の際も経過良好で、動物も口を気にしていないとのことだったため、経過観察となりました。

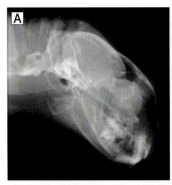 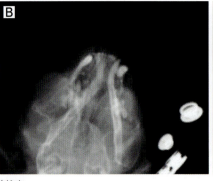 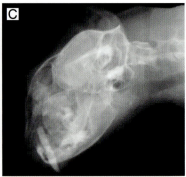

図2-2-12　術前検査で実施した頭部X線検査
抜歯を行う際に事前に下顎の骨折を起こすリスクがないかの確認を行った。
A、C：抜歯を行う際に下顎の骨折リスクがないかを確認した。　B：鼻腔の状況を確認した。

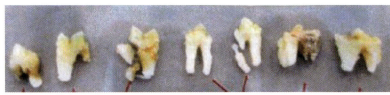 

図2-2-13　抜歯した歯

外貌の観察

毛玉ができ、毛づくろいを行わなくなった理由と、今回の口腔内の異常に関連性があるのかを確認するために、手術後に外貌の観察を行いました。飼い主からのお話では、「手術を行ってから毛玉もなく、毛づくろいをしたり行動範囲が増えた」とのことでした。このことを考えると、口腔内の痛みが外貌や行動の変化に影響していたため、術後の経過良好に合わせよい変化が認められたと評価しました。

また、口腔内の痛みで口周りをいじることにより、前肢が流涎で汚れている（**図2-2-14**）ことがありましたが、今回はそのような異常はみられませんで

図2-2-14　流涎や出血による前肢の汚れ

栄養状態の観察

来院時の体重は5.6kgであり食欲もありましたが、手術時のお預かりによるストレスで、食欲不振や脱水による体重減少が起こる可能性が考えられたため、栄養状態の観察も行いました。

術後の経過は良好で手術の翌日には退院となりましたが、入院中に食事や飲水の様子はみられず、体重は5.42kgとなり約3％の減少が起こっていました。そのため退院後は体重管理、食欲の有無、口腔内に食物残渣が溜まっていないかの観察を継続的に行いました。

術後8日目の診察の際は経過良好で食欲もあり、術後から約4ヵ月後には体重は5.64kgとなり、手術前と変わらない体重に戻りました。

現在は口腔内に食物残渣が溜まることを防ぐためや体重管理を行うために、去勢避妊後のドライフード（ロイヤルカナン社のニュータードケア）で経過観察を行っています（多頭飼育のため、他の猫も食べられるようにニュータードケアをお勧めしています）。

飼い主支援

退院後のホームデンタルケアに対する支援

ホームデンタルケアの説明のしかたについて

今まで歯磨きを行ったことがない場合、必ず初めに「歯ブラシから行わない」ことをお話します。理由として、口を触ることや異物（指や歯ブラシ）を入れられることを嫌がり「歯磨き＝嫌なこと」と覚えてしまう可能性や、うまくいかないことで飼い主のモチベーション低下にもつながるからです。そのため、まずはステップごとにできることを飼い主と一緒に考えていきます。当院では飼い主に下記の3つのことをお伝えしています。

1. なぜホームデンタルケアを行う必要があるのか？
2. そのためにどのような方法やデンタルグッズがあるのか？
3. それを行うことでどんなメリットがあるのか？

また、この3つをただ口頭でお伝えするのではなく、**図2-2-15**の資料のステップに沿って提案しています。そして、無理なく楽しく継続できることを理解してもらうことを目的に、飼い主自身がホームデンタルケアを行いたくなるように話をしていきます。その際にデンタルケア製品の使用に関しても勧めますが、製品を売ることを目的には行いません。

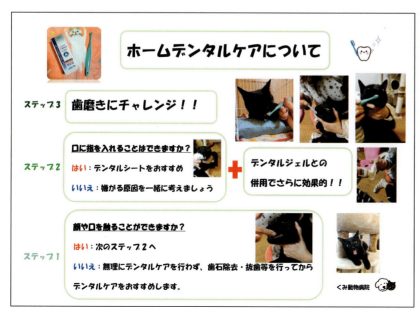

図2-2-15
筆者がホームデンタルケア説明時に使用する資料　その1

説明が必要な理由

飼い主から、「歯科に関して詳しく説明を受けたことがない」と言われることが多々あります。また麻酔下でスケーリングや抜歯を行い、きれいになれば終わりと思われているケースもあります。

歯科に関しての必要な知識、処置後のホームデンタルケアについて説明することは肝要です。飼い主が内容を理解できたとしても実際に行動に移すことは難しいため、ご家族の生活環境や考えを尊重しながらホームデンタルケアへとつなげていきます（**図2-2-16**）。

継続するための秘訣

飼い主のモチベーション維持

ホームデンタルケアは、飼い主の力なくしては成功しません。そのため、指導後に「実際に行ってみてどうだったか」について伺います。飼い主のモチベーション維持のために、うまく行えていなくても否定はせず、指摘する際も「こうするとさらによいですね」など、話し方、伝え方には配慮していきましょう。

また、どのあたりに気を付けてケアをするとよいか、当院では歯垢・歯石検査ライト（**図2-2-17**）を照射して説明しています。言葉だけでなく可視化することで飼い主の理解も深まり、気を付けて磨いていくところを知り、効果的なデンタルケアへとつなげることができます。

最低3日に1回でも大丈夫

飼い主のモチベーションに関しては、毎日となると家庭の事情で行えない日もあると思います。できない日があることで自身を責めないように、事前に「難しい時は最低3日に1回でも大丈夫ですよ」とお伝えし、歯磨きをしないときは、効果が期待できるデンタルガムの使用や食事にしていただくとよいでしょう。なぜ3日に1回なのかは、歯垢から歯石になるリスクが犬では3～5日、猫では1週間であることを理由としています。

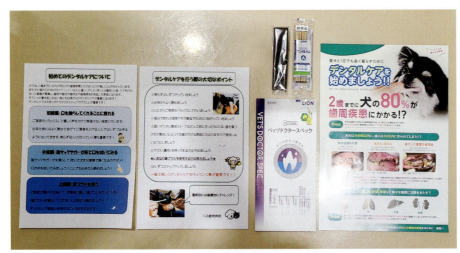

図2-2-16 筆者がホームデンタルケア説明時に使用する資料 その2

 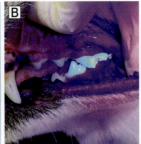 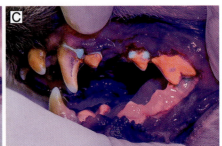

図2-2-17　歯垢・歯石検査ライトの使用例
A：歯垢・歯石検査ライト
B・C：清潔で損傷のないエナメル質は白色に、歯垢・歯石が沈着箇所は赤紫からオレンジに蛍光する。

歯周病

定期的な経過観察

また、無理なく最終的に歯磨きが大好きになるように定期的（1ヵ月に1回）にご予約で来院してもらい、その場対応にせずに飼い主と対話をしながら行うことで継続するきっかけをつくるとよいでしょう。

ホームデンタルケアの指導後には、経過を確認するために定期観察日の設定をしていきます。理由として、提案した内容の飼い主からの評価、飼い主の疑問に寄り添うこと、安心してもらうことを目的としています。

そのため、当院では必ず予約してもらい、来院時は担当の愛玩動物看護師が対応し、口腔内の状況を獣医師に報告する流れで行っています。そうすることで待ち時間の短縮、継続的な指導を行うことが可能です。

実際の飼い主支援の例
～case 1に対する定期的な歯科検診の実施～

case1は術後から1ヵ月に1回、歯科検診を開始しました。そして検診2回目の診察で108の歯垢の付着と破折を確認しました（**図2-2-18**）。麻酔下のスケーリング時の画像（**図2-2-19**）からも破折が確認できたため、以前からあったものと考え、飼い主に自宅で使用している玩具やトリーツなどを含めて再確認を行いました。

デンタルチェックシート（**図2-2-20**）を用いた確認により、破折した原因としてデンタルガムが硬いものであることが分かったため、今後は歯への負担が少ない弾力性のあるデンタルガムを使用してもらうことをお勧めしました。また、食事に関しては半生タイプの食事を使用していたため、食物残渣が溜まりやすいことをお話し、歯ブラシの使い方を飼い主に説明しました（**図2-2-21**）。さらにホームデンタルケアのステップアップとして、デンタルシートの使用から歯ブラシとジェルの使用に変更することをお勧めし、1ヵ月後の歯科検診をお伝えしました。

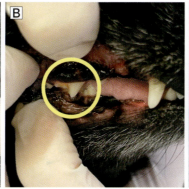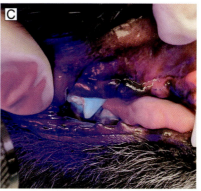

図2-2-18　2回目の歯科検診時の様子
A：108同様に208が破折しやすいため確認した（破折はなく歯垢と歯石を確認）。B・C：108（○）に歯垢の付着と破折を確認した。

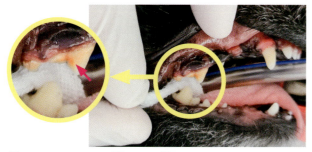

図2-2-19　スケーリング前の108の様子
破折していること（○）が確認できた。

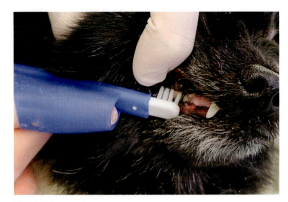

図2-2-21
実際に飼い主の前で歯ブラシの使い方を見せている様子
トレーニング用の歯ブラシを使用して飼い主へ歯ブラシの使い方を伝えている。

図2-2-20　当院で歯科指導時に使用するデンタルチェックシート
本来は、歯科指導前に使用するが、case1の場合は初回の診察時に取り忘れたため、後日確認を行った。

実際の飼い主支援の例
～case 2に対する退院後のホームデンタルケアの実施～

たまちゃんの家は多頭飼育のため、ホームデンタルケアを行うことが現実的に難しい状況でした。また、猫のホームデンタルケアをお伝えした際に「猫も歯磨きをしたほうがよいことを知らなかった」と話されていました。たまちゃんの家だけでなく猫を飼育している飼い主からは、診察時にホームデンタルケアの話をすると同様の意見を言われることがあり、可能な範囲でデンタルケア用のトリーツを使いながらストレスなくホームデンタルケアを行ってもらうことの必要性をお伝えしています（**図2-2-22**）。

また、口腔内の食物残渣を考慮し、食事はドライフードをお勧めしています。ただし最近では猫の腎臓病に配慮してドライフードとウェットフードを合わせたミックスフィーディングの必要性が謳われているため、たまちゃんも中高齢になることを考慮し、口腔内だけでなく腎臓病に配慮した食事内容をお伝えしています。

図2-2-22　ホームデンタルケアの様子と猫へのデンタルケア用のおやつやフードの一例
A：筆者の愛猫もずくが歯ブラシについたジェルをなめている様子。猫の飼い主にも犬同様にいきなり歯磨きを行わず、デンタルジェルを手や歯ブラシにつけてなめるところから始めてもらうとよい。またストレスなく継続できるように、デンタルケア用のトリーツやフードをごほうびとしてお勧めしている（B、C）。
B：C.E.T.インテリデント（株式会社ビルバックジャパン）
C：プリスクリプション・ダイエット〈猫用〉t/dティーディードライ（日本ヒルズ・コルゲート株式会社）

歯周病

ステップアップ！
子犬のホームデンタルケア

歯科予防の重要性

子犬のうちから歯科予防

動物が高齢になり重度歯周病があるなかで麻酔リスクにより治療が行えない状況や、見た目をきれいにするためだけに無麻酔で歯石除去（**図2-2-23**）が行われることがあります。動物の負担、恐怖、事故につながる経験をさせないために、子犬のうちから継続できるホームデンタルケアの指導を行いましょう。

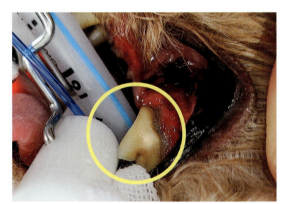

図2-2-23　無麻酔によるスケーリングを行っていた症例
歯石が残り、重度の歯周炎を起こしているのが確認された。

子犬のホームデンタルケアを行う際のポイント

楽しく行う

子犬のホームデンタルケアを行う際のポイントとして「家族皆で楽しく行う」ことを筆者は重要視しています。初めはデンタルグッズは使用せずに、子犬とのコミュニケーションを行います。顔→口まわり→口の中と少しずつ無理なく触ることに慣れていき、最終的に歯磨きができるようなステップアップを目指します。楽しく行うためにできたらよく褒め（大げさなくらい）、ごほうびとしてデンタルケア用のトリーツやドライフードの使用などをお勧めしています。

歯科の定期検診は、1ヵ月に1回をお勧めし、磨き残しがないかなど歯垢・歯石検査ライトを使用し、状態に関する話をしていきます。

こまめなコミュニケーション

飼い主だけが頑張ることがないように「私たち愛玩動物看護師と一緒に頑張っていきましょう」と、声掛けやコミュニケーションをこまめにとり、継続するきっかけをつくり続けていきましょう。そのためにも動物病院スタッフ全員がデンタルケアの重要性を理解し、飼い主に共通のツールを提供できるように、普段から歯科学の知識、院内の取り扱い製品、製品の使用方法など指導する準備が必要です（**図2-2-24**）。

第2章 飼い主支援が重要な症候/疾患の動物看護

図2-2-24　当院で取り扱っているデンタルケア製品
A：ベッツドクタースペック デンタルジェル（ライオンペット株式会社）、B：Pero-oneペロワン（株式会社メニワン）、C：ベッツドクタースペック オーラルスプレー（ライオンペット株式会社）、D：C.E.T.アクアデント フレッシュ（ビルバックジャパン株式会社）、E：ベッツドクタースペック デンタルブラシ（ライオンペット株式会社）、F：C.E.T.デンタルブラシ ペリエイド（ビルバックジャパン株式会社）、G：C.E.T.デンタルブラシ ダブル（ビルバックジャパン株式会社）、H：C.E.T.ビルバックチュウS（ビルバックジャパン株式会社）、I：インターベリーα（物産アニマルヘルス株式会社）、J：ベッツドクタースペック オーラルケア・サプリメント（ライオンペット株式会社）、K：デンタルバイオ（共立製薬株式会社）

トリーツと玩具について

　飼い主と動物のコミュニケーションとしてトリーツや玩具を使用することは、ご家族が楽しく暮らすための大切な方法です。ただし、使用するものには注意が必要です。

　犬と猫のための2019 AAHA（アメリカ動物病院協会）デンタルケアガイドラインの飼い主教育の項目で、家庭での口腔衛生および製品の推奨について公表されています（https://www.aaha.org/aaha-guidelines/dental-care/dental-care-home/）。

　そのなかで安価でよく使用される咀嚼玩具がさまざまな症状や事故につながることが啓発されています。そのため、子犬の頃から歯の損傷や誤飲などを未然に防ぐために愛玩動物看護師は飼い主に正しい情報を伝えていくという、重要な役割を担っています。

　動物病院でデンタルケア製品をお勧めする際は、歯垢・歯石除去の付着の予防効果が期待できる米国獣医口腔衛生委員会（VOHC）から承認証のある製品がお勧めです（図2-2-25）。安全で効果の期待できる動物病院専用の製品を、飼い主に使用上の注意事項などを併せて説明しながら、積極的にお勧めしていきましょう。

歯周病

図2-2-25　VOHCマークのついている製品の一例
A：プリスクリプション・ダイエット＜犬用＞t/dティーディードライ（日本ヒルズ・コルゲート株式会社）
B：C.E.T.ベジデントフレッシュXS（ビルバックジャパン株式会社）
C：オーラベットM（日本全薬工業株式会社）

子犬の頃からホームドクターで歯科予防を行う重要性

　歯周病は進行すると口腔内の痛み、出血、感染、食欲低下、各臓器への影響などで最終的に命にかかわる状態へ陥ります。しかし日々の診療の忙しさによりすべての飼い主に歯科指導を行うことは現実的には難しい現状があります。

　口腔内の状態悪化により「年齢や口腔外の疾患があり麻酔が掛けられない」「痛みが強くデンタルケアが行えない」「無麻酔で歯科処置を行う」などの状況をつくらないために、獣医療関係者が歯科学に対する正しい知識や技術を身に付けましょう。子犬の頃から歯科予防の重要性を獣医師のみでなく愛玩動物看護師が飼い主に歯科指導をしていくことは肝要です。

　日々の業務のなかで指導を行うタイミングとしては、飼育指導時、身体検査時に口腔内の確認、ペットドックで歯科チェックを追加するなどが挙げられます。それぞれの施設で行えることを見つけていき、動物の歯の健康を守っていきましょう（**図2-2-26～28**）。

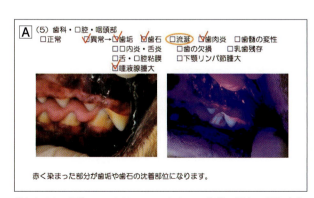
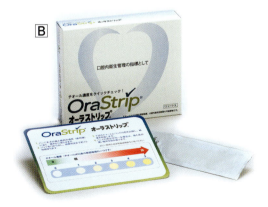

図2-2-26　当院のペットドックのお知らせの歯科に関する項目（A）と、犬の口腔内の衛生状態がわかるチェックシート「オーラストリップ」（物産アニマルヘルス株式会社）（B）
オプションで歯垢・歯石チェックがある。

第2章 飼い主支援が重要な症候/疾患の動物看護

図2-2-27 初診時にお渡しするリーフレット
初診時に予防関係をお話しする際に歯科のリーフレットとデンタルガムを渡している。

図2-2-28 待合室の掲示物の一例

COLUMN　ホームデンタルケアの指導の実例

ルイちゃん（ミニチュア・ダックスフンド）の例

　9ヵ月齢時のペットホテル中に歯科検診を希望され、口腔内の確認を行った。そのときは大きな異常所見はなかったが、飼い主からホームデンタルケアの希望があり、後日予約にて歯科指導を行った。デンタルチェックシート（p.148図2-2-20を参照）を使用し、その結果を踏まえて下記の3つの指導を行った。
①歯磨きの方法と製品について
②硬いおやつによる破折のリスクについて
③歯磨きが行えているかの定期的な歯科検診について

以上のことをお伝えし1ヵ月に1回の歯科検診をお勧めした（ルイちゃんは、歯ブラシを嫌がらず歯磨きがきちんと行えていたため、2回目の歯科検診で半年に1回の歯科検診をお勧めした）。
※新型コロナウイルス感染症の予防を実施の上実施した。

まとめ

　歯周病は、一次診療施設において毎日遭遇する身近な疾患の一つだと思います。その多さがゆえに来院するすべての飼い主さんにホームデンタルケアをお伝えすることは難しく、結果として症状を示してから治療を行うケースも珍しくありません。歯周病の悪化は、歯だけでなく最終的には全身に影響を及ぼし、健康、寿命、QOL低下を引き起こしていきます。このような現状を1件でも多く打破していくために歯科指導が重要な役目になることはいうまでもありません。今回の内容を通して一人でも多くの愛玩動物看護師さんが、歯科に興味・関心を持ち、明日の診療に生かしてもらえるとうれしいです。

愛玩動物看護師・新谷政人

　日々の診療の中で、口から食事を摂ることの大切さを痛感することが多々あります。動物は食べることなしでは健康に生きることができません。また昨今では、動物においても歯周病と全身疾患の関連性が明らかになってきており、このことから口腔内の健康が全身の健康につながるといっても過言ではありません。

　動物が年をとっても美味しく食事を食べるためには、若いときからのデンタルケアの意識を飼い主さんと一緒に育むことが大切です。また口腔内トラブルに早く気づいてあげること、これも動物のお口の健康に非常に重要になってきます。本稿が飼い主支援や気づきの一助になればと思います。

獣医師・大池美和子

監修者からのコメント

　デンタルケアに関心を持つ飼い主さんは年々増加していると感じています。しかし、臨床現場では重度な歯周病であっても、漫然とした抗菌薬の投与や経過観察が行われ、悲惨な状態になっている動物に多く出会います。

　歯周病は糖尿病と同じく慢性疾患であるため、獣医師だけで治すことができるわけではなく、愛玩動物看護師の飼い主さんに寄り添う力が非常に重要な役割を担います。「動物だから歯ブラシが難しい！」と思いがちですが、ヒトの臨床現場でも同様にセルフケアの定着は非常に難しく、歯科医療関係者は毎日苦心しています。完璧にこなす必要はありません。一つひとつのご家族にあった方法を考え提案していくことで少しでも良い環境をつくることができれば、あなたはそのご家族の将来を少し幸せなものに変えることができるのです。一か八かでホームランを目指すよりも小さなヒットを重ねることで、信頼され長く寄り添うことができるようになると思います。

　私は歯科分野は、国家資格となった愛玩動物看護師が自分自身で対策を考え、力を発揮できる分野だと考えています。

歯科医師、獣医師・樋口翔太

[参考文献]
1. 日本小動物歯科研究会(2020): 動物看護のための小動物歯科学の基礎. pp.35-45.
2. 日本小動物歯科研究会(2021): 獣医歯科学Level-1講義編. pp.27-29.
3. 藤田桂一(2008): 犬の歯周病. *mVm*, 109: pp.6-17.
4. 網本昭輝, 杉本大輝, 藤田桂一, ほか(2020): 光誘導蛍光定量法（QLF法）を応用した歯垢歯石検査用ライトの開発. *Vet-i*, 27: pp.1-5.
5. 藤田桂一(2017): 猫によくみられる歯科疾患—診断と治療—. フェーリス, 12: pp.19-37.
6. 澤田眞弓(2018): 自宅で予防歯科を実施してもらうために. *CAP*, 346: pp.28-31.
7. 戸田 功(2017): アフターケアについて. *Vet-i*, 20: pp.28-32.

第2章 飼い主支援が重要な症候/疾患の動物看護

3. 下痢①
「下痢が続いている」／蛋白漏出性腸症

執筆者
横田優里（よこたゆり）／
愛玩動物看護師（関内どうぶつクリニック）

岡﨑誠治（おかざきせいじ）／
獣医師（関内どうぶつクリニック）

監修者
石岡克己（いしおかかつみ）／
獣医師（日本獣医生命科学大学）

症状	下痢

主訴	「下痢が続いている」

STEP UP! 内視鏡生検での正しいサンプリング方法

本稿の目標
- 慢性消化器症状を呈する疾患を理解し、飼い主から適切な項目の聴取ができるようになる
- PLEが疑われる場合の鑑別診断に必要な検査の補助ができる
- それぞれの動物の治療方針を理解し、飼い主に対して自宅での投薬、栄養管理、経過観察のアドバイスができる

―――― "下痢"と"蛋白漏出性腸症" ――――

　蛋白漏出性腸症（ＰＬＥ*／ピーエルイー）とは、前提として低タンパク血症（特に低アルブミン血症）を起こしており、その原因が消化管からのタンパク質の漏出である状態を指す言葉です。消化器型リンパ腫、腸リンパ管拡張症、慢性腸炎（免疫抑制薬反応性腸症など）などが原因疾患となります。つまりPLEは病態であって、原因となる疾患名ではありません。来院した動物がPLEなのかどうかを症状だけから推測することは、相当重度でない限り難しいです。重篤な症状を示しており、慢性腸症を疑う過程で血液検査を実施し、低アルブミン血症と判明した場合、やっとPLEを疑い始めることになります。

　飼い主は食事管理や投薬を根気よく継続していく必要があるため、本稿を読んでPLEの全体像を押さえ、より寄り添った動物看護につなげることを目指しましょう。

* Protein-Losing Enteropathy

第2章 飼い主支援が重要な症候/疾患の動物看護

動物看護の流れ

case 下痢「下痢が続いている」

ポイントはココ！ p.158

"下痢が続いている"低アルブミン血症を起こす可能性のある代表的な疾患

- 腸リンパ管拡張症
- 慢性腸炎
- 消化器型リンパ腫
- 肝不全（門脈体循環シャントなどを含む）
- 蛋白漏出性腎症
- 副腎皮質機能低下症（アジソン病）

押さえておくべきポイントはココ！

～ "下痢"と"PLE"の関係性とは？ ～

①病態生理で押さえるポイントは
　"慢性的な消化器症状"と"低アルブミン血症"
②急性下痢と慢性下痢を区別しよう！
③PLEは重度でない限り症状だけから推測することは難しい
④重症度による臨床徴候の変化

上記のポイントを押さえるためには
情報収集が大切！

検査・治療 p.159

一般的に実施する項目
- □ 問診（情報収集）
- □ 一般身体検査
- □ 糞便検査
- □ 血液検査（完全血球計算［CBC］・血液化学検査）
- □ X線検査
- □ 超音波検査
- □ 内視鏡検査

必要に応じて実施する項目
- □ 除外診察に必要となるその他の血液検査
- □ 尿検査
- □ 糞便PCR検査
- □ 開腹での腸全層生検

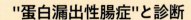

蛋白漏出性腸症

治療時の動物看護介入 p.162

"蛋白漏出性腸症"と診断

治療方法
- 食事療法（低脂肪食、超低脂肪食、低アレルゲン食）
- 内科的治療（投薬治療：ステロイド薬、ステロイド薬などの免疫抑制薬、抗がん薬、抗菌薬など）

内科的治療

case1
- セカンドオピニオンで来院した事例
- 投薬による副作用の発現の観察
- 食事管理

case2
- 緊急性が高い事例
- 食事管理

観察項目
- セカンドオピニオンに至った経緯
- 今までの治療内容
- これからの治療方針に関する希望

観察項目
- 元気・食欲の有無
- 嘔吐、下痢の回数や程度
- 脱水の程度（ふらつきや意識の低下など）

飼い主支援 p.167

経過に応じた飼い主支援
（case 1・case 2 共通）
- 急変に対する対応
- 投薬方法の提案
- 食事管理などの自宅チェックの提案

STEP UP! 「内視鏡生検での正しいサンプリング方法」について考えてみましょう！ p.169

長期的な治療や管理が必要なポイントはココ！

"下痢"と"PLE"の関係性とは？

PLEの基礎知識

PLEを疑う状況とは、一般的に3週間以上続く慢性的な消化器症状（下痢や嘔吐）かつ、血液検査で低アルブミン血症を示す状態です。また、年齢やその他の症状の組み合わせなどにより、疑う原因疾患はさまざまです。

PLEでは、それぞれの原因疾患によって小腸のリンパ管が拡張もしくは破綻します。小腸のリンパ管は本来消化した脂肪を吸収する働きがあります。しかし、リンパ管の拡張もしくは破綻により消化管内腔へとタンパク質の漏出が起こります。漏出する代表的なタンパク質はアルブミンですが、その他にグロブリン、アンチトロンビンⅢなど、他のタンパク質も含まれます。血中アルブミンには血管内に水分を保つ膠質浸透圧作用などがあるため、アルブミン濃度低下により血管の外に水分が溢れ出すことで浮腫（むくみ）になりやすくなったり、腹水が貯留したりします（**図2-3-1**）。

PLEの犬で一般的な症状は下痢をはじめとする消化器症状ですが、ごく軽度な病態であれば必ずしも起こるわけではないので注意が必要です。一方、猫での発生はまれです。

低アルブミン血症を起こす可能性のある代表的な疾患

低アルブミン血症を起こす可能性のある疾患は、消化管以外が原因となっているものも含めて下記のように非常に多岐にわたります。

- 腸リンパ管拡張症
- 慢性腸炎（免疫抑制薬反応性腸症など）
- 消化器型リンパ腫
- 肝不全（門脈体循環シャント、肝硬変など）
- 蛋白漏出性腎症（糸球体腎炎など）
- 副腎皮質機能低下症（アジソン病）
- 消化管感染症
  （パルボウイルス感染症、寄生虫感染症など）
- 慢性腸重積
- 全身的な熱傷
- 重度の栄養不良
  （長期的な食欲廃絶、膵外分泌不全症によるものなど）

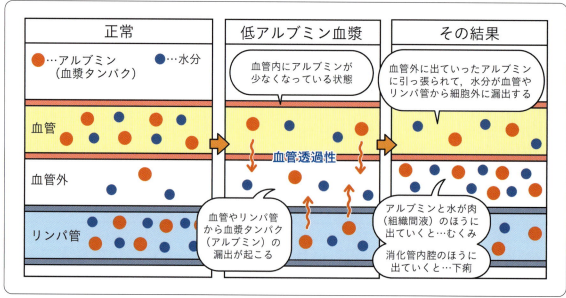

図2-3-1　PLEの病態生理

蛋白漏出性腸症

急性下痢と慢性下痢を区別しよう！

発症から3週間以内の症状であれば、急性胃腸炎と考えられます。そのため、動物の症状が重度でない場合は、下痢を起こしたきっかけ（食事内容の変更など）がないかの聴取、寄生虫感染がないかを検査することなどが優先されます。症状が軽度であれば詳しい検査を実施することはまれで、治療も対症療法（必要に応じて止瀉薬、制吐薬、整腸薬、水和など）が中心となり次第に治癒します。

3週間以上続く場合は、胃腸炎が慢性化していると考えられます。そのため、一般的な対症療法への反応が乏しいのであれば、血液検査、画像検査などの精査が必要になります。

PLEは重度でない限り症状だけから推測することは難しい

前述のように、急性胃腸炎の場合は基本的に血液検査を実施すること自体がまれです。そのため、重篤な症状を示すか、慢性腸症を疑う過程でスクリーニング検査として血液検査を実施し、低アルブミン血症と判明してから、はじめてPLEを疑うことになります。

重症度による臨床徴候の変化

表2-3-1のように、重症度は軽度、中等度、重度に分けて考えることができます。それぞれの臨床徴候を理解し、個別に合わせた対応ができるようにしましょう。

表2-3-1　重症度による臨床徴候の変化

軽度	無症候もしくは軽度軟便など
中等度	中等度の消化器症状、元気・食欲の低下、＜10％の体重減少、軽度の腹水貯留・浮腫
重度	重度の消化器症状、元気・食欲の廃絶、＞10％の体重減少、重度の胸腹水貯留・浮腫、血栓症のリスク

〔犬慢性腸症臨床活動性指数（CCECAI）を簡略化しています〕

検査

一般的に実施する項目
- 問診（情報収集）
- 一般身体検査
- 糞便検査
- 血液検査（完全血球計算［CBC］・血液化学検査）
- X線検査
- 超音波検査
- 内視鏡検査

必要に応じて実施する項目
- 除外診察に必要となるその他の血液検査
- 尿検査
- 糞便PCR検査
- 開腹での腸全層生検

検査から診断までの流れは図2-3-2の通りです。診断名によってその後の治療方法や予後が大幅に違ってきます。そのため治療開始前に適切に除外診断を行い、確実にPLEであることを確認します。そしてどの疾患でPLEに至っているのかを突き止める必要がありますが、そのためには最終的に全身麻酔下での内視鏡生検で確定診断を得ることが理想的です。しかしながら、X線検査、超音波検査などの

画像診断で、明らかに内視鏡が届かない位置に主病変が集中していることが確認された場合は、開腹下での全層生検などが妥当となる場合もあります。仮診断時に症例の状態がよく、食事療法のみで良好なコントロールが得られる場合は、飼い主と慎重に相談して内視鏡生検を実施しない判断となる場合もあります。また、症例の状態があまりに悪いときはその場では全身麻酔が現実的ではない場合があり、仮診断により治療を優先することがあります。症例の状態が落ち着き次第、改めて内視鏡生検を検討することもあります。

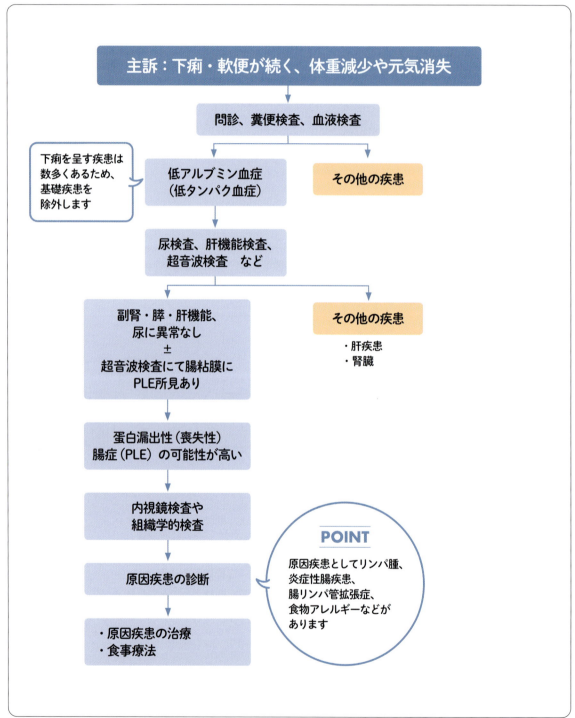

図2-3-2　PLEの検査～診断までの流れ
みんなのどうぶつ病気大百科　PLE保険診療推奨フローチャートより引用・改変（https://www.anicom-sompo.co.jp/doubutsu_pedia/node/864）

蛋白漏出性腸症

一般的に実施する項目の注目ポイント

X線検査・超音波検査

　X線検査や超音波検査はPLEの確定診断には不要な場合もありますが、下痢は幅広く多様な疾患で認められる症状であるため、見逃しを防ぐ除外診断として必須の検査となります（**図2-3-3**）。

　四肢を引張りすぎないように保定をし、検査中だけでなく検査後も動物の様子をよく観察しましょう（呼吸が荒くないか、跛行や挙上がないかなど）。

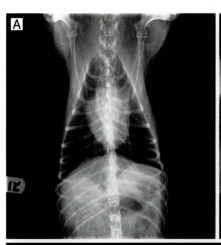
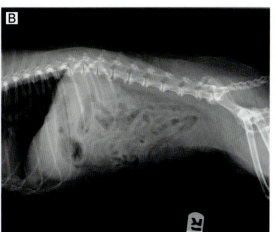
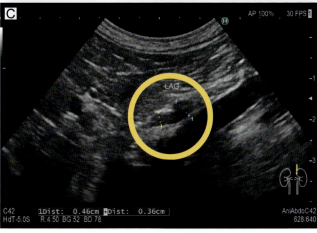

図2-3-3　X線検査画像と腹部超音波検査画像
A：胸部X線画像（正常像）。麻酔前検査として撮影
B：胸部X線画像（正常像）。除外診断として重要な撮影
C：腹部超音波断層像（副腎短径）。副腎皮質機能低下症（アジソン病）が重要な鑑別診断となる。腎臓や血管をランドマークに長軸像を描出する。左副腎（黄色い〇）は左腎頭側に落花生型の陰影を探す。

必要に応じて実施する項目の注目ポイント

内視鏡検査

　PLEの確定診断には全身麻酔下での内視鏡生検もしくは開腹手術による全層生検が必要になります。侵襲性が少ない内視鏡生検が好ましい場合が多いです（**図2-3-4**）。内視鏡検査では生検が主目的ですが、スコープでの肉眼所見も非常に重要です。獣医師は見落としを避けるため小腸以外にも胃や結腸をくまなく観察します。そのため、結腸の観察時にできるだけ便が残っていないよう、温水で徹底的に浣腸処置する必要があります。

> ⚠️ **注意事項**
>
> 　病理診断結果がリンパ球形質細胞性腸炎（慢性腸炎）と返ってきたとしても、将来的にリンパ腫となる症例がある可能性が示唆されています。特に柴などの犬種では最終的に高悪性度リンパ腫にまで発展する場合が多いとされているため、確定診断後や治療が安定した後に関しても、警戒して経過観察、場合によって再度の内視鏡生検をする必要があります。

第2章 飼い主支援が重要な症候/疾患の動物看護

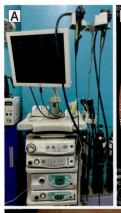
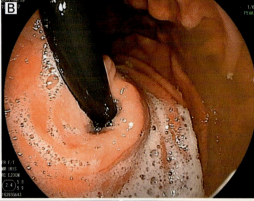
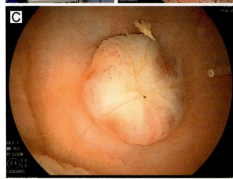
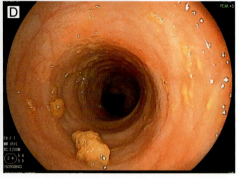

図2-3-4　内視鏡検査と内視鏡検査所見
A：内視鏡機器（スクリーン、スコープ、本体）
B：胃内は広く油断すると見落としてしまう部位ができる。噴門部なども振り返って入念に観察する必要がある。
C：回盲部は写真のような特徴的な形をしており、スコープを通す操作難易度はやや高め。
D：結腸内は浣腸による適切な洗浄ができていないと残便で視界が非常に悪くなる。

治療時の動物看護介入

動物看護を行う際の注目ポイント

❶ 問診
- 症状、治療経過
- 転院の経緯、今までの治療内容と希望する治療（転院の場合）

❷ 食事管理
- 適した食事の選択

❸ 投薬による副作用の発現の観察
- 多飲多尿であるか
- 食欲増進はあるか
- 皮膚が薄くなっていないか
- 消化管潰瘍による吐血などがみられないか

食事療法

①問診 ②食事管理

[スムーズな診察のために問診をし、適切な食事の選択をする]

PLEでは薬を使った治療を行う場合にも食事療法が重要です。

小腸リンパ管の負担を軽減するため、低脂肪食を与えることが一般的です（図2-3-5）。具体的には脂肪含有量が7～8％程度（乾物重量ベース）となるよう調整された総合栄養食や療法食を選択できる

| ポイントはココ！ | 検査 | 治療時の動物看護介入 | 飼い主支援 |

蛋白漏出性腸症

ことが理想です。実際は多くの場合で食欲が低下していることも考慮する必要があり、フード選びにはたくさんの選択肢をもっておくとよいです。

また、一般的な低脂肪食に反応しない症例や症状が重篤な症例には、自家製の超低脂肪食を選択する場合があります。総合栄養食や療法食とは違い栄養バランスが破綻しやすいため、1日に必要な給与量を詳細に記載して飼い主に渡しておく必要があります。その際、体重が低下している症例が多いため、体重維持量よりやや多めに設定することが多いです。まれにアレルギー様の腸炎からPLEを起こしていることがあり、その場合は低アレルゲン食により奏効する場合があります。

図2-3-5　当院で使用することが多い低脂肪食
A：プリスクリプション・ダイエット犬用 i/d アイディー ローファット 消化ケア ドライ（日本ヒルズ・コルゲート株式会社）
B：消化器サポート 低脂肪 小型犬用 ドライ（ロイヤルカナンジャポン合同会社）
C：ピュリナ プロプランベテリナリーダイエットEN 消化器ケア［低脂肪］（ネスレ日本株式会社）

COLUMN　超低脂肪食とは？

加熱した鶏ささみ（タンパク質源）とじゃがいも（炭水化物源）を基本として、カロリー比率1：2で混合した手づくり食のことです。脂肪含有量は1％以下で療法食に対しても圧倒的に少ないため、重度なPLEでも奏効することが多いです。また、超低脂肪食は食欲が低下している動物でも好んで食べてくれることも多いです。

内科的治療（投薬治療）

③投薬による副作用の発現の観察

[聞き取りと観察で副作用の徴候に気づけるようにする]

軽度なPLEであり低脂肪食の給与に良好な反応を示している場合、内服薬は必ずしも必要とはなりません。定期的な検査をしつつ経過観察となります。重症例などでは内視鏡生検の直後からステロイド薬、抗菌薬、食事療法を併用して開始し、確実な治療効果を優先することがあります。重篤で後がないような場合は、確定診断前に治療を開始する場合があります。

状態が安定してきたら不要な薬は徐々に減薬・休薬します。細胞診検査や病理組織検査で原因疾患がリンパ腫などであることが判明した場合は、抗がん薬治療を開始します。外科療法が適応となる腫瘍の場合もありますが、小腸の広範囲にリンパ管拡張、タンパク質の漏出が起こることがほとんどのため、外科療法を実施することは基本的にありません。

また低アルブミン血症が重度の場合、低アンチトロンビンⅢ血症に陥っている可能性が高いです。その場合は血栓症予防薬を使用する必要があります。

POINT　プレドニゾロン

代表的なステロイド性の免疫抑制薬です。炎症を抑えることから幅広く使用されますが、それ以外にもさまざまな細胞の働きを抑制し悪影響を与えます。

また、ステロイドホルモンは元々体の中でも副腎といわれる腎臓の隣にある小さな臓器から分泌されています。プレドニゾロンの長期服用により、体内のステロイドホルモンの分泌量が少なくなるおそれがあります。症状がなくなったからといって服用を急に止めることは副腎不全の症状を起こすおそれがあるため、徐々に減薬→休薬という流れを守ることが大切です。

case 1　セカンドオピニオンで来院した事例

【事例情報】
- **基本情報**：キャバリア・キングチャールズ・スパニエル、不妊雌、7歳齢、8.0 kg、BCS5/9
- **既往歴・基礎疾患**：なし
- **主訴**：下痢
- **経過**：数年にわたり間欠的な大腸性下痢を繰り返しており、他院にて内視鏡検査で炎症性腸疾患（IBD[*1]）と確定診断を受けた。当時はアルブミン数値は正常。ステロイド薬の内服を推奨されて飼い主は嫌悪感を抱いたため、当院をセカンドオピニオンとして受診された。食事療法を十分に検討されていなかったため、繊維強化食を提案した。その後良好に管理できていたが1年後に低アルブミン血症を伴う慢性小腸性下痢を発症した。その間、元気・食欲に一度も変化はなかった
- **各種検査所見**
  - 糞便検査所見：感染性下痢否定的
  - 尿検査所見：タンパク尿なし
  - 腹部超音波検査所見：肝臓、副腎、膵臓に異常なし
  　　　　　　　　　　小腸粘膜下層に線状高エコー像（図2-3-6）、空腸リンパ節の軽度腫脹（図2-3-7）
  - 血液検査所見：Alb、Chol値の低下。TBA、c-TLI、コルチゾール正常
  - 内視鏡検査：肉眼像で小腸全域に浮腫状変化あり（図2-3-8）
  　　　　　　　病理組織検査にてリンパ管の拡張を伴う中等度リンパ球形質細胞性腸炎と診断胃および大腸にも軽度のリンパ球形質細胞性腸炎が認められた。
- **治療内容**：
  実際には内視鏡検査以外の一通りの検査を終えた後、PLEであることがほぼ確定していたが、飼い主の希望もあり内視鏡生検実施前に低脂肪食を試験的にチャレンジしてもらった。アルブミン値はある程度回復したものの、結局下痢症状を完全にはコントロールできず内視鏡生検に至った
  プレドニゾロン併用で非常に良好な排便となったが、多飲多尿などの副作用が自宅での許容範囲を超えていたため、センターコートに変更。しかし低アルブミン値となってしまったため、アトピカへと免疫抑制薬を変更。現在はアトピカの投与によりアルブミン値、便性状含めた一般状態ともに、良好にコントロールしている（図2-3-9）

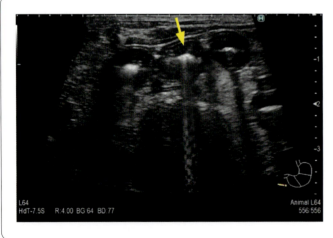
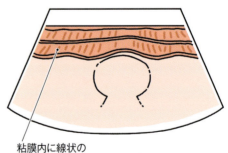

粘膜内に線状の高エコー所見が認められます。

図2-3-6　小腸粘膜下層に線状高エコー像
中等度から重度なリンパ管拡張がある場合にこのような超音波画像となる。ストリエーション（⇨）がない場合もPLEである可能性は否定できない。

[*1] Inflammatory Bowel Disease

| ポイントはココ！ | 検査 | 治療時の動物看護介入 | 飼い主支援 |

蛋白漏出性腸症

3 下痢① 「下痢が続いている」

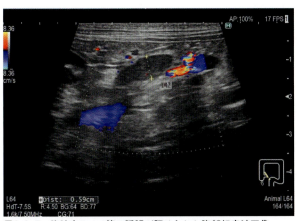

図2-3-7　腹腔内リンパ節の腫脹が認められた腹部超音波画像
この場合、可能であればFNAにて細胞診検査を実施する

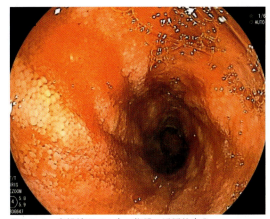

図2-3-8　内視鏡下での十二指腸の浮腫状変化

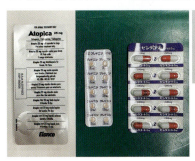

図2-3-9　PLEの症例によく処方する免疫抑制薬
免疫抑制薬はコストや効果の切れ味の観点から、プレドニゾロンを第1選択として使う場合が多い。しかし、副作用の強度や効果の程度により変更する場合がある。

（提供：エランコジャパン株式会社）

聴取項目とポイント

セカンドオピニオンなど、他院から転院されてくる飼い主は少なくありません。問診の際に症状や治療経過を聴くことも大切ですが、
- なぜ転院しようと思ったのか
（セカンドオピニオンに至った経緯）
- 今までどんな治療をしてきたのか
- これからどんな治療を希望しているのか

の3点を会話のなかから読み取ることが大切です。それらを獣医師に伝えることで、よりスムーズに診察を進めることが可能となり、飼い主さんに動物病院を信頼していただくきっかけにもなります。

また、愛玩動物看護師による問診は、動物病院の窓口となることもありますので、言葉遣いや声のトーンにも気を付けましょう。

投薬による副作用の発現の観察

ステロイド薬は副作用として多飲多尿や食欲増進が起こる場合があります。

また、多飲多尿を訴える代表的な疾患として腎臓病やクッシング症候群がありますが、副作用のことも頭に入れておけばカルテで治療履歴を確認することで、選択肢として考えることができます。

他にも、
- 皮膚が薄くなる
- 感染症にかかりやすくなる
- 消化管潰瘍ができやすくなる

なども起こり得るため念頭においておくことが大切です。

case 1に関してもステロイド薬の処方から多飲多尿が起こり、「トイレが間に合わなくなり困っている」とご連絡がありました。そのため、プレドニゾロンによる副作用である可能性を考え、薬剤の休薬および変更を提案しました。

case 2　緊急性が高い事例

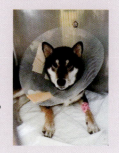

【事例情報】
- **基本情報**：柴、去勢雄、4歳齢、14.5 kg、BCS3/9
- **既往歴・基礎疾患**：なし
- **主訴**：元気食欲低下、嘔吐、下痢
- **経過**：以前から間欠的な下痢症状があったものの、1ヵ月間で10％近い体重低下を伴っており、元気・食欲の低下、嘔吐、激しい下痢（図2-3-10）を示した。来院時5％程度の脱水を示していた。悪性度、緊急性が高いと考えて内視鏡生検を急いだ
- **各種検査所見**
  - ・糞便検査所見：感染性下痢否定的
  - ・尿検査所見：タンパク尿なし
  - ・腹部超音波検査所見：肝臓、副腎、膵臓に異常なし。小腸広範囲に筋層の肥厚。腫瘤状病変、消化管層構造の不整などなし
  - ・血液検査所見：Alb、Chol値の低下。TBA、c-TLI、コルチゾールベース正常
  - ・内視鏡検査所見：肉眼的に十二指腸に浮腫状変化あり。病理組織検査にてリンパ管の拡張を伴う中等度リンパ球形質細胞性腸炎と診断された
- **治療内容**：
  内視鏡生検の前に入院下で静脈点滴を行い十分に水和しつつ、プレドニゾロンの短期的投与により症例の一般状態をある程度回復させることを優先した。その際、制吐薬、抗菌薬、止瀉薬なども補助的に投与。症例が麻酔に耐え得る状態であることを確認した後に内視鏡生検を行い、結果を待たずにプレドニゾロンの積極的投与と低脂肪食の給与を開始した
  　元気・食欲は比較的速やかに回復したが、十分なアルブミン、コレステロール値の回復がなかったため、超低脂肪食を提案。良好に反応したため、現在は低脂肪食と超低脂肪食の混合比率1：1を目指して徐々に食事内容を調整中である

図2-3-10　case 2の下痢
便は液状であり水分喪失が激しくなりやすい状態だった。
※p.185 図2-4-9 糞便チェックシートの例を使用するとよい

聴収項目とポイント

聴収項目としては下記の3つが挙げられます。
- 元気・食欲の有無
- 嘔吐、下痢の回数や程度
- 脱水の程度（ふらつきや意識の低下など）

　頻回の嘔吐と下痢により脱水症状や電解質異常を起こす場合があります。また、脱水症状は血流が悪くなるのでふらつきや意識の低下がみられることもあります。
　このような症状を起こす原因として考えられるものは他に、アレルギーや異物誤飲などもあり、自宅で様子をみるということが危険な場合が多いです。そのため、すぐに来院していただき症状の原因追及（精密検査）と対症療法が必要となります。

| ポイントはココ！ | 検査 | 治療時の動物看護介入 | 飼い主支援 |

蛋白漏出性腸症

> **POINT** 本事例のポイント
> - 症状が重度であり確定診断および積極的な治療の開始を急ぐべき状況でした。
> - 若齢ということもあり、飼い主は検査や確定診断にとても積極的でした。
> - 柴であるため、若齢であってもリンパ腫などを警戒しました。

食事管理

一般的にPLEの食事管理では低脂肪食を推奨します。なぜなら、食事中の脂肪含有量を制限することで小腸リンパ管からタンパク質が漏出するのを軽減できるからです。また、食事の変更で低アルブミン血症の改善が認められればステロイド薬などの内服の減薬も可能です。

Case 2に関しては、一般的な療法食では十分な治療効果がみられなかったので、超低脂肪食にしてもらったところ良好にコントロールできるようになりました。

⚠️ **注意事項**

超低脂肪食

内服薬のなかで特にステロイド薬の長期使用について不安に思われる飼い主はとても多いです。ステロイド薬に限らず、食事変更をすることで少しでも薬を減らすことができればとても安心できます。

さらに超低脂肪食は、手づくりで飼い主の手間がかかる代わりに、強力な武器になります。しかしながら、栄養バランスは当然偏っておりAAFCOの栄養要求基準を満たしていません。2ヵ月以上継続するとまずカルシウム代謝などの異常が起こり得るので、低アルブミン血症が回復してきたら、徐々に総合栄養食として設計されている低脂肪食の比率を増やしていきます。当院では予防的にヒト用のマルチビタミン＆ミネラルのサプリメントを分割して飲ませるよう指示しています。

飼い主支援

PLEの治療には、動物だけではなく飼い主の協力も非常に重要となってきます。また、PLEが完治するということは難しいため、飼い主と共にこの病気と長くお付き合いしていくことが必要です。

「動物とその飼い主に少しでも安心して大切な時間を過ごしていただく」という点で飼い主支援はとても大切になってきます。

急変に対する対応

症状が重症化すると血栓症や腹水、胸水の貯留がみられることがあります。
- 肢先がぶよぶよとむくんでいる
- お腹周りが急に膨らんできた
- 呼吸が苦しそうでぐったりしている
- 痛いのか鳴いており、うまく歩けない

などの症状がみられた場合は、様子をみずにすぐに動物病院に連れてきてもらうようにお伝えしましょう。

投薬方法の提案

「薬を飲ませること」は飼い主がいちばん苦労することです。そのためさまざまな方法を提案することができれば、飼い主の選択肢が広がり、治療継続のモチベーションアップにつながります。

〈投薬方法の一例〉
- 薬を砕かずそのまま口の中に入れる
- ごはんに入れて食べさせる
- おやつにくるんで投与する（**図2-3-11**）
- 錠剤を砕いてシリンジに入れ、水と一緒に飲ませる

※投薬方法については、第2巻3章-2「投薬」を参照して下さい。

図2-3-11　当院で使用している投薬用のおやつの例
A：PiLL BUDDY NATURALS（株式会社ネイチャーリンクス）
B：MediBall ササミ味（株式会社ジャパンペットコミュニケーションズ）

POINT　ベストな方法はそれぞれ異なる

自宅の環境や動物の性格により「ベストな方法」は異なります。「薬を飲ませる」という行為自体に抵抗のある方もいらっしゃるので、その点もよく考えやさしく説明しましょう。

また、基本的にはおやつを禁止してしまうことも多いですが、食事内容が制限されることを気にする飼い主もいます。症状が安定してきた場合、以下のような低脂肪のものであれば適宜ごほうびとして少量与えてみてもよい場合があります。私たちにとって些細なことでも、飼い主はよろこんでくれる場合があるということを意識しましょう。

当院で使用している低脂肪のおやつの例
A：マイトマックストリーツ（中型・大型犬）（共立製薬株式会社）
B：マイトマックストリーツ（小型犬）（共立製薬株式会社）
C：消化器サポート低脂肪 トリーツ（ロイヤルカナンジャポン合同会社）

食事管理などの自宅チェック

緩やかな日々の変化は意外と気づきにくいものです。記録をつけることにより、獣医師も飼い主も正確に経過を把握することができます。表を作成し飼い主自身で毎日記録してもらうことも有効な手段です。飼い主も「治療に参加できている」「治療効果が出ている」という意識から治療継続のモチベーションアップにもつながります。

また、特に手づくり食を頑張ってもらう場合は、具体的な内容を指示しないと飼い主はとても不安に感じてしまいます。動物の体重や体格に合わせて食事管理表をつくり、必ずお渡しするようにしましょう（**図2-3-12**）。

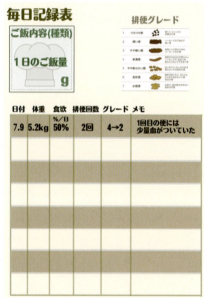

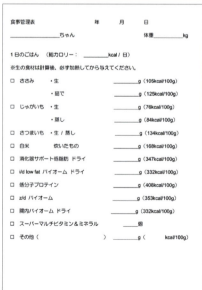

図2-3-12　当院で使用している記録表と食事管理表

ステップアップ！ 内視鏡生検での正しいサンプリング方法 STEP UP!

病理組織検査のために「知っている」と「知らない」では全然違う！

PLEなどの消化器疾患での確定診断は肉眼所見だけでは難しいため、内視鏡生検は確定診断につながる重要な検査となります。生検はただ組織を取ればよい、というわけではなく、採取した組織を外注で病理組織検査に出すことになるため、診断的価値があるものを採材して提出することが重要です。

診断価値のあるサンプルとは？

小腸の組織サンプルのイメージ図は**図2-3-13**の通りです。

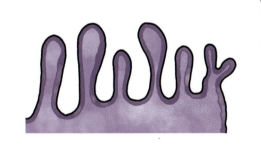

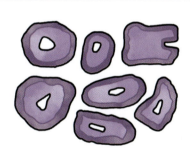

図2-3-13　組織サンプルのイメージ図
上は診断価値のあるサンプル、下は診断しにくいまたはできないサンプル。

小腸の組織には柔毛がたくさんあり、ちょうど毛足が長いバスマットのような形をしています。この絨毛の表面にはさらに微絨毛を持つ吸収上皮細胞があり、内部には血管やリンパ管などが通っています（**図2-3-14**）。

サンプルを提出する際には、この構造が分かるように提出することが大切です。そのためには、①サンプルの向きに注意する、②固定をしっかりと行い提出する、の2点が重要なポイントとなります。

組織標本は主にパラフィン包埋で作製します。工程として「固定→脱水・脱脂→包埋→薄切→染色」という流れで作製されますが、提出をする動物病院側は「固定」までを行います。

注意：薄切とは組織を薄く切るという工程です。薄切をする際にどんな向きでサンプルを提出されているかは分からないため、適切な提出方法でないと前述したように診断価値のないサンプルができてしまいます。

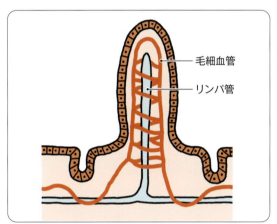

図2-3-14　小腸の形態学的特徴

サンプル採取から固定までの流れ

必要物品リスト

内視鏡でのサンプル採取

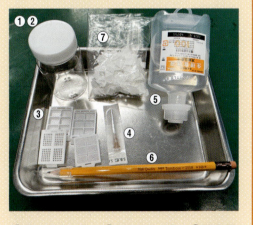

①広口の入れ物、②ホルマリン液、③固定用包埋カセッテ*、④注射針（26G）、⑤生理食塩液、⑥鉛筆、⑦濾紙

＊内視鏡によって得られた生検サンプルは、小さく壊れやすいのでカセッテに入れて壊れるのを防ぎましょう。

POINT 採取したサンプルの適切な取り扱い手順

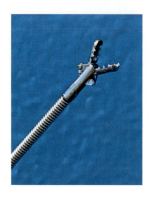

① 生検鉗子を開きます。
② サンプルが折りたたまれてしまっている場合、鉗子から剥がす前に注射針を用いて広げます。
③ あらかじめ生理食塩液で湿らせたろ紙に、サンプルの粘膜筋板側を、注射針を用いて貼り付けます。このとき、粘膜面が上になるようにしましょう。
④ 必要なサンプルを採取したら、採取部位別に小組織片用の固定包埋カセットに入れます。
⑤ 採取部位をカセットに記載し、ホルマリン液入り容器内に入れます。
※油性マジックなどはホルマリンで消えるため鉛筆などを用いること。

補足：ホルマリン液について

ホルマリン原液（ホルムアルデヒド37％以上含有）を10倍に希釈した液です（**図2-3-15**）。細胞は放置しておくと腐敗していくので、ホルマリンに浸漬して細胞の変化を止め、可能な限り生体内に近い状態に保つことが重要になります[※1]。

なお、毒物及び劇物取締法により劇物に指定されているため、取り扱いには十分な注意が必要です[※2]。

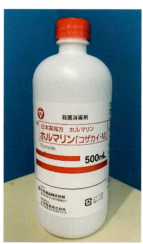

※1 組織によってはpHの影響を受けるものがあります。そのためホルマリンの希釈液としてリン酸緩衝液を加え、pHを中性に調節することにより組織の傷害を軽減できます。
※2 労働安全衛生により作業主任者の選任表示や雇い入れ時の労働衛生教育を行わなければなりません。

図2-3-15　ホルマリン原液

⚠️ **注意事項**

ホルマリンを扱う上での注意
「吸いこまない！」「触らない！」が鉄則です。最悪の場合、致命的な症状を起こします。
身体にはとても有害なものなので細心の注意を払い、必ず手袋、マスクを着用して作業しましょう。

POINT　サンプルを適切に取り扱うために！

1. サンプルを正しい向きでろ紙に貼り付ける！

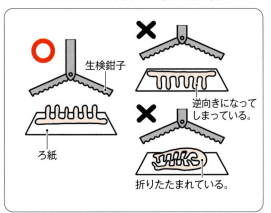

2. ホルマリン容器を正しい方法で提出する！

容器からホルマリンがこぼれないように蓋にパラフィルムなどを巻きましょう。できるだけ空気の層を少なくしましょう。

ホルマリン容器の正しい提出方法

> 単純に指示に従うだけではなく、これらの注意点を踏まえて内視鏡検査の補助に参加することを心掛けましょう。

まとめ

　今回執筆依頼をいただき、いかに分かりやすくお伝えするか、動物たちや飼い主さんにどんな支援をしたらよいのか。改めて考えることができ私自身ととても勉強になりました。
　本稿が皆さまのよりよい動物看護に役立てば幸いです。

動物看護師・横田優里

　PLEは重度であれば重篤な症状となり、腫瘍が原因となる可能性もあります。コントロール不良となることも珍しくなく、継続的な下痢・食欲不振は飼い主さんにとっても大きな不安やストレスになります。自宅での投薬や食事管理を少しでもお手伝いできるよう細やかな気遣いでサポートしましょう！

獣医師・岡﨑誠治

監修者からのコメント

　PLEは、慢性消化器疾患の動物でよくみられる病態です。PLEは重症化すると膠質浸透圧の低下から腹水の貯留をきたしますし、時には血栓症の引き金となることもあります。治療中なのにどんどんタンパクが下がってしまうなど、進行する場合は要注意です。PLEの動物が通院しているときは、意識的に血液検査の値をみて、状況がよくなっているのか悪くなっているのか、自分でも確かめるようにしましょう。また、内視鏡検査を行う際の検体の調整は、愛玩動物看護師の重要な仕事です。検体の扱いが適切でなかったり、向きが正確に伝わらなかったりすると、診断精度に影響してしまいます。エキスパートとしての内視鏡補助の技術は、ぜひ身に付けてほしいと思います。

獣医師・石岡克己

第2章 飼い主支援が重要な症候／疾患の動物看護

4. 下痢②
「下痢が続いている」／膵外分泌不全症

執筆者

阿片俊介（あがたしゅんすけ）／
愛玩動物看護師（クロス動物医療センター）

榎園昌之（えのきぞのまさゆき）／
獣医師（クロス動物医療センター）

監修者

坂井学（さかいまなぶ）／
獣医師（日本大学）

症状 下痢

主訴 「下痢が続いている」

 膵炎に続発した場合／糖尿病を併発した場合

本稿の目標
- 膵外分泌不全症の病態を理解する
- 下痢の問診時の聴収ポイントを理解する
- 自宅での観察ポイントを飼い主にアドバイスできる

"下痢"と"膵外分泌不全"

　動物病院を受診する理由として皮膚疾患に次いで多いのが下痢などの消化器疾患です。消化器疾患の中でも、なかなか治らず下痢や軟便をずっと繰り返しているような慢性下痢では、動物はもちろん飼い主も心身ともに疲弊していきます。

　慢性下痢を引き起こす疾患はいくつかありますが、本稿ではその中でも特徴的な臨床徴候を呈する膵外分泌不全症（以下、EPI[*1]）についてみていきましょう。

　EPIでは膵臓の消化酵素が欠乏してしまうため、それを補うことが治療の中心になります。そのため生涯投薬が必要であり、長期的な管理が重要となってくる疾患です。飼い主に正しく病気を理解してもらうことは治療を継続させるモチベーションを維持するためにも大切です。

　本稿ではEPIの病態生理から動物看護のポイント、自宅でのセルフチェックまでを解説していますので、EPIを正しく理解し飼い主に寄り添った動物看護を目指しましょう。

[*1] Exocrine Pancreatic Insufficiency

第2章 飼い主支援が重要な症候／疾患の動物看護

動物看護の流れ

case 下痢「下痢が続いている」

ポイントはココ！ p.176

慢性下痢を呈する疾患として考えられるもの

- 感染症（寄生虫、原虫、細菌、ウイルス）
- 消化管内異物
- 消化管腫瘍
- 慢性膵炎
- EPI
- 細菌性腸炎
- 腸リンパ管拡張症
- 食事反応性腸症
- 抗菌薬反応性腸症
- 炎症性腸疾患（IBD）
- 甲状腺機能亢進症

押さえておくべきポイントはココ！

〜 "下痢"と"EPI"の関係性とは？ 〜
① 膵臓の機能を理解しよう
② 病態生理で理解するEPI

上記のポイントを押さえるためには
情報収集が大切！

検査 p.178

一般的に実施する項目
- ☐ 問診
- ☐ 身体検査
- ☐ 完全血球計算（CBC）、血液化学検査
- ☐ 血清のトリプシン様免疫活性（TLI）
- ☐ 糞便検査
- ☐ 腹部超音波検査

必要に応じて実施する項目
- ☐ 血清コバラミン
- ☐ 血清ビタミンK

タブ: ポイントはココ！ | 検査 | 治療時の動物看護介入 | 飼い主支援

膵外分泌不全症

治療時の動物看護介入 p.180

"膵外分泌不全症"と診断
↓
治療方法
- 内科的治療（消化酵素薬、ビタミン剤、抗菌薬の投与）
- 食事療法

↓

内科的治療

case1
- 内科的治療で奏功した事例
  - 食事指導
  - 治療効果の確認

case2
- コバラミンの投与を行った事例
  - 体重の管理
  - 投薬指導

観察項目（case1）
- 一般状態の確認（元気、食欲）
- 便の性状（形状、におい、色、量など）
- 食事内容の確認
- 環境の変化の有無
- 誤食歴（異嗜、食糞など）
- 体型の変化（削痩など）
- 被毛の状態（毛艶など）

観察項目（case2）
- case 1と同様
- 他院での治療歴の確認

飼い主支援 p.185

経過に応じた飼い主支援（case 1・case 2共通）
- 自宅でのチェック
- 投薬のアドバイス

 STEP UP! 「膵炎に続発した場合／糖尿病を併発した場合」について考えてみましょう！ p.186

長期的な治療や管理が必要なポイントはココ！

"下痢"と"EPI"の関係性とは？

慢性下痢を呈する疾患として考えられるのはこれ！

下痢を引き起こす原因はさまざまですが、中でも"3週間以上持続する下痢"を"慢性下痢"といいます。慢性下痢を呈する疾患として挙げられるものは以下の通りです。

- 感染症（寄生虫、原虫、細菌、ウイルス）
- 消化管内異物
- 消化管腫瘍
- 慢性膵炎
- EPI
- 細菌性腸炎
- 腸リンパ管拡張症
- 食事反応性腸症
- 抗菌薬反応性腸症
- 炎症性腸疾患（IBD[*2]）
- 甲状腺機能亢進症（猫） など

膵臓の機能を理解しよう

膵臓の働き

膵臓は胃の後ろ側（尾側）に位置し、胃から十二指腸に沿うように存在します。犬や猫の膵臓は二葉構造になっており、胃の幽門部あたりを膵体部、そこから十二指腸側に伸びる部分を膵右葉、膵体部から胃に沿って伸びる部分を膵左葉といいます（**図2-4-1**）。

膵臓には、ホルモンを生成し血中に分泌する内分泌機能と、消化酵素を腸管に分泌する外分泌機能があります。

内分泌機能は、内分泌細胞の集合体であるランゲルハンス島が担っており、血糖値の調節などを行っています。一方、外分泌機能を担う細胞からはさまざまな消化酵素を含む膵液が生成・分泌され、食物の消化のメインを担っています（**表2-4-1**）。

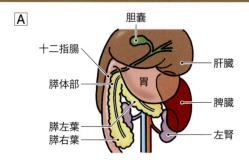
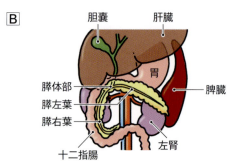

図2-4-1　膵臓の解剖学的位置
A：犬
B：猫

表2-4-1　膵臓の機能

内分泌機能	ランゲルハンス島	α細胞：グルカゴンの分泌
		β細胞：インスリンの分泌
		δ細胞：ソマトスタチンの分泌
外分泌機能	腺房細胞	消化酵素の生成・分泌
	導管細胞	水、重炭酸、内因子（IF）などの生成・分泌

[*2] Inflammatory Bowel Disease

膵液とその役割

膵液は、腺房細胞から分泌される消化酵素と、導管細胞から分泌される重炭酸イオンや内因子（IF*3）を含んだ液体が混ざった消化液です。

胃の内容物が十二指腸に流れ込むと、十二指腸粘膜からセクレチンやコレシストキニンというホルモンが放出され、大量の膵液が膵管を通って十二指腸に分泌されます（**図2-4-2**）。

膵液の主な役割は、①食物中の糖やタンパク質、脂質の消化を助け、吸収しやすい状態にすること、②胃液により酸性に傾いた食物を中和することの二つです。また、膵液に含まれるIFは、ビタミンB_{12}の一種であるコバラミンの吸収に必要な物質になります。

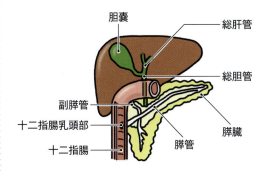

図2-4-2 膵臓の解剖

EPIの基礎知識

EPIでは、何らかの原因で膵臓から生成・分泌される消化酵素が欠乏してしまいます。分泌能力が90％以上失われると食物の消化が十分に行われず（消化不良）、栄養素をうまく吸収することができないため（吸収不良）、食欲は旺盛なのに痩せてきます。被毛に艶がなく粗剛になります（**図2-4-3**）。食欲の亢進に伴い、食糞や異嗜がみられることもあります。消化・吸収不良により、糞便量は増加し、慢性的な下痢〜軟便がみられるようになります。また必ずではないですが、脂肪の消化不良による脂肪便を呈することもあります。**表2-4-2**に一般的な臨床徴候をまとめました。

犬のEPIの主な原因は①腺房細胞の萎縮（PAA*4）、②慢性膵炎に続発する腺房細胞の破壊の二つです。猫ではほとんどの場合、慢性膵炎が原因とされています。

表2-4-2 一般的な臨床徴候

慢性的な軟便・下痢	体重減少
食欲亢進	被毛粗剛
脂肪便	異嗜・食糞
便量の増加	

PAA

膵臓の腺房細胞に対する自己免疫疾患であり、腺房細胞を選択的に障害するため消化酵素が十分に分泌されず、食物を消化することができなくなります。通常、影響があるのは外分泌機能であり、内分泌機能は障害されないため糖尿病を併発することはほとんどありません。好発犬種として、ジャーマン・シェパード・ドッグ、ラフ・コリー、イングリッシュ・セター、チャウ・チャウなどが挙げられます。

発症年齢は比較的若齢で、ジャーマン・シェパード・ドッグでは2歳までに、その他の犬種でも5歳までに発症するのが一般的です。

慢性膵炎

慢性膵炎の末期になると膵臓組織の破壊が腺房細胞にまで及び、その結果膵酵素が欠乏します。慢性膵炎では膵島の破壊も起こることがあり、糖尿病を併発する可能性がPAAより高くなります。PAAとは異なり比較的高齢で発症します。

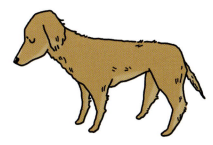

図2-4-3 被毛粗剛、削痩の犬

*3 Intrinsic Factor ／ *4 Pancreatic Acinar Atrophy

検査

一般的に実施する項目	必要に応じて実施する項目
☐ 問診 ☐ 身体検査 ☐ 完全血球計算（CBC）、血液化学検査 ☐ 血清のトリプシン様免疫活性（TLI） ☐ 糞便検査 ☐ 腹部超音波検査	☐ 血清コバラミン ☐ 血清ビタミンK

　EPIを疑う動物に対して「一般的に実施する項目」と「必要に応じて実施する項目」は**表2-4-3**の通りです。検査の目的を理解し、状況に応じた対応ができるようにしましょう。

表2-4-3　検査項目一覧

検査項目		確認すべきこと
一般的に実施する項目	問診	品種、年齢、食事内容、環境の変化の有無、便の性状（形状、色、におい、量）、食欲亢進の有無、食糞や異嗜の有無
	身体検査	ボディ・コンディション・スコア（BCS）、体重の増減、被毛の状態、腸ガスの程度
	血液検査	全身状態の把握
	糞便検査	寄生虫感染の除外、未消化物の評価（ズダンIII染色、ルゴール染色）、脂肪便の有無
	血清TLI	血中のトリプシンおよびトリプシノーゲン活性
	腹部超音波検査	小腸性疾患の除外
必要に応じて実施する項目	血清コバラミン	低コバラミン⇒EPIの予後不良因子
	血清ビタミンK	血清ビタミンKの低下⇒血液凝固異常

一般的に実施する項目の注目ポイント

問診・身体検査のポイント

　EPIは特徴的な身体検査所見を示すことが多く、問診や身体検査が重要になってきます。問診では、食欲の亢進や食糞・異嗜など消化吸収不良に関連した行動がみられないかを確認します。便のにおいや量の変化についても確認しましょう。

　身体検査では、ボディ・コンディション・スコア（BCS[*5]）の評価（**表2-4-4**）や、前回の来院時と比べて大幅な体重の減少がみられないかにも注目します。また、被毛がパサついたりゴワゴワしたりしていないか（被毛粗剛）、特に猫では会陰部周囲の被毛にベトベトした汚れがみられることがあるので被毛の状態は注意して観察します。

[*5] Body Condition Score

膵外分泌不全症

表2-4-4 BCS（9段階）

BCS 1～2	BCS 3～4	BCS 5	BCS 6～7	BCS 8～9
・外から見ても肋骨や骨盤が容易に観察できる ・触っても体脂肪を確認できない ・腰のくびれやお腹の吊り上がりが顕著	・肋骨や骨盤が容易に触れる ・腰のくびれが顕著で、おなかの吊り上がりも明瞭	・肋骨には余分な体脂肪はなく、容易に触れる ・上から見た時に腰のくびれが観察できる ・横から見た時にお腹が引き締まって見える	・肋骨は余分な脂肪がついているが触ることはできる ・上から見ると腰のくびれは観察できるが明瞭ではない ・お腹の吊り上がりは明瞭ではない	・肋骨は厚い脂肪に覆われていて触ることができない ・上から見ると腰のくびれは観察できない ・お腹の吊り上りはなく、むしろ垂れ下がっている

血液検査

完全血球計算（CBC）や血液化学検査は正常であることが多いですが、栄養状態の悪化に伴い、低アルブミン（ALB）、低グロブリン、低コレステロール、低トリグリセリド血症がみられる場合があります。

血清アミラーゼやリパーゼは犬や猫では膵特異性が低いためEPIの診断においてはあまり有用ではありません。

また、糖尿病を併発している場合は持続的な高血糖が見られます。

膵トリプシン免疫活性（TLI*6）

EPIは、前述の臨床症状があることに加え、膵消化酵素の分泌が減少していることを確認することで診断できます。血清TLIは血中のトリプシンおよびトリプシノーゲンを免疫学的に測定するため、EPIに対する感度と特異度が最も高い検査です。

EPIではTLIの血中濃度が著しく低下し、検出不能となる場合もあります。表2-4-5に基準値をまとめました。犬では2.5 μg/L以下、猫では8.0 μg/L以下でEPIの確定診断となります。グレーゾーンの場合、臨床症状があれば1ヵ月後に再検査を行い評価します。

トリプシンおよびトリプシノーゲンは腎臓から排泄されるため、腎機能障害を併発している事例では腎臓排泄障害により血清TLI値が上昇する可能性があるので注意しましょう。

TLIは食事による影響を受けるので、検査当日は12～15時間絶食をした状態で行うことが推奨されています。

表2-4-5 TLIの基準値

	基準値	グレーゾーン	EPI
犬	5.0 μg/L 以上	2.5～5.0 μg/L	2.5 μg/L 以下
猫	12.0 μg/L 以上	8.0～12.0 μg/L	8.0 μg/L 以下

*6 Trypsin-Like Immunoreactivity

治療時の動物看護介入

動物看護を行う際の注目ポイント

❶ **投薬指導**
・負担の少ない投薬方法を提案する

❷ **飼い主の心のケア**
・飼い主が治療を継続できるよう支援する

❸ **糞便の観察**
・糞便の性状から治療効果を推測する
・飼い主が糞便の性状を正しく判断できるよう指導する

❹ **食事管理**
・適正体重を維持できるよう食事量を指導する

治療方法について

EPIの治療は、著しく欠乏してしまった消化酵素を補充することがメインになります。消化酵素の補充だけでは症状が改善しない場合、ビタミン剤や抗菌薬の投与も同時に行うことがあります。EPIは基本的に予後が良好な場合が多いですが、低コバラミン血症を呈する場合や、食欲不振などの症状がみられる場合、予後が不良になることがあります。

それぞれの治療の目的を正しく理解しましょう。

内科的治療

消化酵素の補充

従来はブタなどの食肉動物の膵臓から抽出した消化酵素薬が使われてきましたが、胃酸に弱く、H₂ブロッカーやプロトンポンプ阻害薬などの制酸作用のある薬（**図2-4-4**）を併用する必要がありました。近年では、腸溶性コーティングがされ胃酸により失活しにくいものや、高力価のパンクレアチンを使用した製剤が使われるようになってきています（**図2-4-5**）。消化酵素薬の明確な投与量は決まっておらず、症状をみながら量を調節していく必要があります。症状の改善がみられない場合は、消化酵素薬の量を増やしたり、消化酵素薬の種類を変更したりすることも検討します。

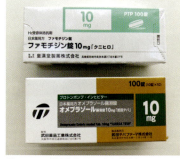

図2-4-4　制酸作用のある薬剤

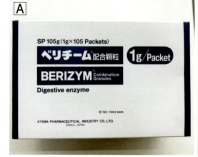

図2-4-5　腸溶性コーティングされた消化酵素薬
A：パッケージ
B：内容物

ビタミン剤の投与

コバラミンの欠乏がみられる場合には、コバラミンの投与も必要になります。低コバラミン血症はEPIの予後不良因子であり、罹患犬の82％、猫の65％で認められたという報告もあります。EPIでは腸管からのコバラミンの吸収能が低下しているため非経口での投与が推奨されています（**図2-4-6**）。また、脂肪

膵外分泌不全症

の吸収が低下するため、ビタミンKなどの脂溶性ビタミンも吸収不良となる可能性があります。ビタミンK欠乏による凝固異常が認められた場合はビタミンKの補充も行う必要があります（**図2-4-7**）。

図2-4-6　非経口のコバラミン製剤
シアノコバラミン（シアノコバラミン注射液1000μg「トーワ」）
（提供：東和薬品）

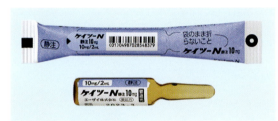

図2-4-7　ビタミンK製剤
メナテトレノン（ケイツーN静注10mg）
（提供：エーザイ株式会社）

抗菌薬の投与

消化酵素薬を投与しても下痢が改善しない場合は腸内細菌が過剰増殖している可能性を考え、抗菌薬（**図2-4-8**）の投与を検討します。

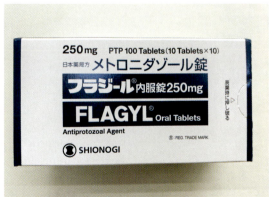

図2-4-8　抗菌薬（メトロニダゾール）

COLUMN　コバラミンと内因子（IF）

コバラミンは消化管から吸収される際にIFと呼ばれる物質と結合する必要があります。ヒトではIFは主に胃で生成されるのに対し、犬や猫では主に膵臓で生成・分泌されます。EPIでは、IFの分泌も低下するため、コバラミンの吸収が十分にできなくなり、血中のコバラミン濃度が低下してしまいます。経口でコバラミンを摂取してもIFが不足している状態では十分に吸収することができないため、非経口的に注射で補充することが推奨されているのです。しかし、近年では経口のコバラミン摂取でも血中のコバラミン濃度が上昇するという報告がでてきており、IFを介さない吸収経路が存在する可能性が示唆されています。

①投薬指導

負担の少ない投薬方法を提案する

EPIの治療では消化酵素薬の投与が必要不可欠であり、多くの場合、生涯にわたり毎日の投薬が必要です。動物と飼い主の負担を少しでも少なくできるような方法を提案しましょう。

※詳しい方法はp.185「投薬の工夫例」を参照してください。

②飼い主の心のケア

飼い主が治療を継続できるように支援する

前述の通り、EPIは毎日の投薬を生涯にわたって継続しなければならない場合がほとんどです。そのため、飼い主の協力が不可欠です。

飼い主の気持ちに寄り添った声掛けを行うなど、治療を継続できるようにサポートしましょう。

③糞便の観察

糞便の性状から治療効果を推測する

糞便の性状を確認することで、消化酵素薬の治療効果を確認することができます。下痢や軟便が再発した場合には、フードの変更や消化酵素薬の増加を検討する必要があります。

食事療法

脂肪などの消化不良を起こしてしまうので低脂肪食が真っ先に思いつきますが、EPIの事例では必ずしも低脂肪食が最適ではありません。総合栄養食の基準を満たす範囲内で中等度の脂肪が制限された高消化性のフードを選択しましょう。

④食事管理

[適正体重を維持できるよう食事量を指導する]

下痢や軟便が続くと、治療開始時は削痩している場合があります。多くの飼い主はフードのパッケージに記載されている体重あたりの給与量を目安にしていますが、削痩時の体重に合わせてフードの量を決定すると、エネルギー不足となります。

また、エネルギー量の異なるフードに変更したにもかかわらず、給与量を変更しなかった場合には、摂取エネルギー量が不足することもあります。

治療開始時やフード変更時には、正しい給与量となっているかを必ず確認しましょう。

case 1　内科的治療で奏功した事例

【事例情報】

- **基本情報**：ホワイト・スイス・シェパード・ドッグ、未去勢雄、4歳、28.5 kg、BCS 2/9
- **既往歴・基礎疾患**：なし
- **主訴**：元気食欲はあるが、体重が減っている気がする。可視粘膜が白い気がする
- **経過**：1週間前から泥状便が続いている。いつも食べているフードを切らしてしまったため別のフードを与えたが、下痢をしたためいつものフードにすぐに戻すも、下痢が続いている。
- **各種検査所見**
  - 一般状態：元気・食欲あり。体重の減少（最大時は35 kgあった）
  - 血液検査：CBC、血漿総タンパク（TP）、ALBは正常
  - 糞便検査：寄生虫（−）、芽胞菌（＋）、球菌優位
  - 追加検査：
  - 下痢パネル（IDEXX）：クロストリジウム（＋）
  - 犬トリプシン様免疫活性（cTLI[*7]）：1.9 ng/mL
- **治療内容**：細菌性腸炎を疑い、メトロニダゾール（フラジール）と有胞子性乳酸菌・パンクレアチン（ビオイムバスター）で治療したが改善はみられなかった。寄生虫疾患なども除外され、重度の体重減少もみられたため、EPIを疑いcTLIの検査を行うと同時にサナクターゼM・メイセラーゼ・ブロクターゼ・オリパーゼ2S・膵臓性消化酵素TA（ベリチーム）の投薬を開始した。投薬開始2週間で泥状便の改善と体重の増加がみられた。また、cTLIも低値を示しており、EPIと診断して治療を継続中。

観察・聴取項目

- □ 一般状態
  - 元気の有無
  - 食欲の有無
- □ 便の性状
  - 水様？　泥状？　軟便？
  - 色の変化の有無
  - においの変化の有無
  - 量の変化の有無
- □ 食事内容
  - 食事の変更はしていないか
  - 食べ慣れないものを与えていないか
- □ 環境の変化
  - 引っ越しや新しい動物の飼養などはないか
- □ 誤食歴の確認
  - 食べ物じゃないものを食べていないか（口にしているものの確認）
  - 食糞の有無
- □ 体型の変化
  - 体重減少の程度（いつからなのか、元の体重は？）
  - 削痩の有無
- □ 被毛の状態

[*7] Canine Trypsin-like Immunoreactivity

外貌など観察しながら聴取する

本事例では、普段食べているフードから急に別のフードに切り替えた背景があったため、フードの変更による下痢・軟便をイメージしてしまうかもしれませんが、詳しく聴取することで体重の減少がみられるなど重要な情報をいくつか聞き出すことができました。下痢・軟便は一次診療の臨床現場では非常によく遭遇する症状ですが、飼い主の話だけでなく動物の外貌などを注意深く観察して聴取するよう心掛けましょう。

体重減少がみられる際は食事の給与量を確認する

飼い主が体重減少を訴えた際には、通常時の体重の確認はもちろん、減り始めた時期も聞き取ることを忘れないようにしましょう。また、エネルギー量が大きく異なるフードに切り替えていた場合、切り替え前と同じ量を与えていると摂取エネルギー量が少なくなってしまうこともあります。可能であればフードのパッケージをみせてもらい、給与量が適切かどうかも併せて評価するとよいでしょう。

食事指導

本事例では消化酵素薬の投与開始直後に体重の増加が認められましたが、その後思うように体重が増えませんでした。そこで飼い主にフードのパッケージを写真に撮ってきてもらい、フード量が適正かどうかを確認しました。

多くの飼い主はフードのパッケージに記載されている体重あたりの給与量を目安に与えているので、削痩時の体重に合わせてフードを与えてしまうとエネルギー不足になってしまいます。通常時の体重に合わせた食事量になっているかどうかも確認しましょう。

POINT：EPIで推奨される食事の特徴

PAAによるEPIでは低脂肪食は必ずしも推奨されていません。体重が減少して削痩している場合が多く、効率的にエネルギーを摂取するためには高エネルギー密度の脂肪をある程度含んだ高消化性のフードが理想的です。また、繊維質が多く含まれると脂肪の吸収を妨げてしまう可能性もあるので、繊維質も適度に制限されたフードを選びましょう。

本事例では脂肪含有量が一般的な、比較的エネルギー密度の高い総合栄養食を食べていましたが、治療中もまれに脂肪便がみられ、体重の増加もやや停滞していました。このような事例では、前述したようなフードへの切り替えも検討します。

A

B

EPIで推奨される療法食
A：消化器サポート ドライ（ロイヤルカナンジャポン合同会社）
B：プリスクリプション・ダイエット（特別療法食）〈犬用〉i/d アイディー 小粒 ドライ（日本ヒルズ・コルゲート株式会社）

治療効果の確認

消化酵素薬の治療効果は①体重の増加と②糞便の性状で確認することができます。自宅でも定期的な体重測定と糞便の観察をするよう説明しました。本事例では消化酵素薬の投与により軟便はすぐに改善がみられましたが、治療を継続していくうちに白っぽい便や体重の増加率の低迷がみられました。症状は改善傾向にありますが、下痢や軟便などが再発してしまうようであればフードの変更や消化酵素薬の増量も検討していく必要があります。

case 2　コバラミンの投与を行った事例

【事例情報】
- **基本情報**：ウェルシュコーギー・ペンブローク、去勢雄、9歳、10.9 kg、BCS 3/9
- **既往歴・基礎疾患**：なし
- **主訴**：他院で通院中だったが、改善しないため
- **経過**：2ヵ月前から急な体重減少（2 kgの減少）がみられ、黄色の軟便の症状があり他院を受診。ステロイド薬の投薬を行っていた
- **各種検査所見**：
  - 一般状態：元気・食欲はあり。黄色の軟便で、1日に2～3回程度。食糞などの行動はみられなかった
  - 血液検査：リパーゼは正常範囲だがやや低値。アラニントランスアミナーゼ（ALT[*8]）、アスパラギン酸トランスアミナーゼ（AST[*9]）、アルカリフォスファターゼ（ALP[*10]）の高値
  - 腹部超音波検査：肝実質のびまん性高エコー、十二指腸の運動性低下
  - 追加検査：cTLI：2.88 ng/mL
- **治療内容**：パンクレアチンの投与、シアノコバラミンの皮下注射、ステロイド薬（プレドニゾロン）の漸減

観察・聴取項目

case 1と同様の項目と他院での治療歴を観察・聴取します（p.182、183参照）。

本事例では食糞などの行動はみられませんでしたが、短期間での大幅な体重減少がみられたことや慢性的な軟便がみられたことから、TLIの追加検査を実施しました。

体重管理

消化酵素薬の投与を開始して体重がどれくらい増えてきているかを定期的に記録・観察するよう説明しました。

case 2では投与開始1週間で11.35 kg（＋0.45 kg）、3週間で11.75 kg（＋0.4 kg）、5週間で12.5 kg（＋0.75 kg）ともとの体重程度まで増加していました。目標とする体重に対して順調に増加しているかどうかは治療の評価をする上で非常に重要です。症状が安定するまでの間は2週間間隔くらいで体重を測りに来るように伝えましょう。

POINT　BCSの評価基準を明確にする

BCSは主観的な評価となるため、評価する人によって差がでやすいことが難点です。評価するポイントをリスト化し、評価基準を明確に設定することによってブレの少ない評価が可能になります。また、5段階評価なのか9段階評価なのかも院内で統一することも大切です（本誌では9段階評価で統一）。

投薬指導

本事例では転院前よりステロイド薬（プレドニゾロン）の投薬治療を行っていましたが、消化酵素薬の投薬により症状が改善されたため、プレドニゾロンを漸減していきました。プレドニゾロンを長期間投与している場合、副腎皮質からのステロイドホルモンの分泌が低下します。その状態で急に休薬してしまうと体内のステロイドホルモンが不足してしまい副腎皮質機能低下症に至る可能性があるため、プレドニゾロンは急に投薬を中止することができません。飼い主にはその旨を説明し、投薬方法を順守するよう指示しました。

*8 Alanine Transaminase ／ *9 Aspartate Transaminase ／ *10 Alkaline Phosphatase

膵外分泌不全症

飼い主支援

EPIによる腺房細胞の変化は不可逆的なので、症状が改善した後もほとんどの場合は生涯にわたって治療を継続する必要があります。自宅での観察ポイントをしっかりとアドバイスし、疾患と上手に付き合っていけるようケアすることは愛玩動物看護師の大切な役割になります。

自宅でのチェックのすすめ

EPIは自宅での投薬治療がメインとなります。治療がうまくいっているかどうかを評価する上で、飼い主の日々の観察内容がとても重要になります。

☐ 体重の変動
☐ 便の性状
☐ BCS

以上3点を飼い主が簡単に観察・記録できるようチェックシートを作成し、渡すのもよいでしょう（**図2-4-9、10**）。

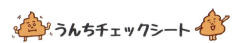

図2-4-9 糞便チェックシートの例

便の状態を評価する

図2-4-10 当センターで使用している糞便スコア

投薬のアドバイス

EPIの治療では消化酵素薬の投薬は必要不可欠です。消化酵素薬のほとんどはカプセル剤もしくは散剤であり、量も多いので薬が苦手な動物では投薬に苦労することもあるかもしれません。毎日、しかも生涯飲み続けなければならない薬なので、動物にも飼い主にも負担の少ない方法を提案しましょう。消化酵素薬は胃酸による失活を防ぐため腸溶性コーティングになっているものもあります。薬の特徴を理解した上で、適切な助言ができるよう心掛けましょう。

投薬の工夫例
・食事にふりかけて与える
・水に溶いてスポイトで投与する
・オブラートに包み、ウエットフードで団子状にして与える

ステップアップ！
膵炎に続発した場合／糖尿病を併発した場合

膵炎が進行すると腺房細胞が破壊されることによりEPIを併発することがあります。この場合、食欲の低下や嘔吐などの症状がみられる場合もあり、疼痛の緩和や食事の管理がとても重要になります。膵炎に続発するEPIでは低脂肪食が推奨されます。また、消化管への負担を軽減するため、繊維質も制限された高消化性のフードの長期給与が必要になります。

慢性膵炎による膵細胞障害は腺房細胞だけでなくランゲルハンス島などの内分泌細胞も破壊してしまい、糖尿病を併発してしまう可能性もあります。このような場合では低脂肪食の給与に加え、摂取エネルギーの管理も必要になってきます。また、毎日の酵素剤の投与だけでなくインスリン投与もしなければならず、飼い主の負担は大きいものになります。

治療継続のモチベーションを維持するためにも、愛玩動物看護師による飼い主の心のケアは非常に重要です。

COLUMN　訪問動物看護の可能性

EPIは生涯にわたって治療が必要な疾患です。飼い主に治療についてしっかり理解してもらうことは治療継続に必要不可欠です。治療への反応性が良く状態が安定している場合、愛玩動物看護師による定期的な訪問動物看護により体重やBCSのチェック、糞便状態の確認を行うことで通院の負担を減らすことも今後可能になっていくかもしれません。

国家資格化した今、さまざまな形で愛玩動物看護師による治療への参加が期待されます。

まとめ

EPIは生涯にわたって投薬が必要な疾患の一つであり、症状が改善した後も治療を継続してもらうためにも、飼い主の病気への理解や日々の投薬の負担の軽減など愛玩動物看護師によるフォローがとても大切だと思います。一方で投薬がしっかりとされており、適切な食事を食べていくことで健康な動物と同じような生活を送ることができます。自宅でできるセルフチェックのポイントを指導して、生活の質（QOL*11）の高い日常が送れるようサポートするのは愛玩動物看護師の重要な役割になります。飼い主と日頃からコミュニケーションをとり、寄り添った動物看護ができるよう心掛けていきましょう。

愛玩動物看護師・阿片俊介、獣医師・榎園昌之

― 監修者からのコメント ―

EPIは体重減少や下痢を特徴とする病気です。動物の食欲はあるにもかかわらず痩せてしまい、便の調子も悪いため飼い主は非常に心配してしまいます。しかし、EPIは血中のTLI濃度を測定することで確定診断でき、また消化酵素薬を中心とした内科的治療によりQOLを保つことができます。愛玩動物看護師はこのようなEPIについて理解を深めることにより、飼い主の不安を解消し、生涯にわたる治療に対するモチベーションを保つ動物看護を提供することができると思います。

獣医師・坂井 学

*11 Quality of Life

膵外分泌不全症

【参考文献】

1. 松本浩毅（2020）：膵外分泌不全. In：犬の治療ガイド 2020 私はこうしている. pp.421-423, EDUWARD Press.
2. 大野耕一（2017）：膵外分泌不全を疑うとき. In：ベーシック診療 犬と猫の肝・胆・膵, pp.12-13, EDUWARD Press.
3. 大野耕一（2017）：膵外分泌疾患. In：ベーシック診療 犬と猫の肝・胆・膵, pp.71-76, EDUWARD Press.
4. 永田矩之（2022）：⑤膵外分泌不全（特集・膵疾患を極める〜病態から理解して適切な治療へつなげる〜）. *CLINIC NOTE* 199：pp.50-55.
5. 濱田 興（2022）：各論⑤：犬の膵外分泌不全に対する食事療法（特集・消化器疾患の食事療法〜「嘔吐、下痢、食欲がない」に対する治療の選択肢〜）. *CLINIC NOTE*, 208：pp.40-42.
6. 竹内和義（2015）：膵外分泌機能不全（EPI）の病態・診断・治療. In：伴侶動物の治療指針 Vol.6. pp.86-95, 緑書房
7. Westermarck, E., Wiberg, M.（2012）：Exocrine pancreatic insufficiency in the dog：historical background diagnosis and treatment. *Top Companion. Anim. Med.,*（27）3：pp.96-103.
8. Toressona L., Steinerc,J.M.Spodsbergb ,E., *et al.* Gunilla Olmedalb Jan S Suchodolskic Jonathan A. Lidburyc Thomas Spillmanna（2021）：Effects of oral cobalamin supplementation on serum cobalamin concentrations in dogs with exocrine pancreatic insufficiency：A pilot study. *Vet. J.,* 269

第2章 飼い主支援が重要な症候／疾患の動物看護

5. 後肢跛行
「後ろ肢をかばっている」／股関節形成不全

執筆者
杉山菜苗（すぎやまななえ）／
愛玩動物看護師（どうぶつの総合病院）

井口青空（いぐちあおぞら）／
獣医師（どうぶつの総合病院）

監修者
木村太郎（きむらたろう）／
獣医師〔動物外科診療室 東京（VST）／
木村動物病院〕

| 症状 | **後肢跛行** |

| 主訴 | **「後ろ肢をかばっている」** |

 股関節形成不全の「急変」

本稿の目標
- 股関節形成不全の病態についての理解を深める
- 動物の痛みに気が付き、評価できるようになる
- 股関節形成不全に罹患した動物に対し、適切な動物看護介入が実践できる

"跛行"と"股関節形成不全"

　跛行は日々の診療を行う中で遭遇することの多い症状の一つです。「動物が健康的で不自由のない生活を送れるように」と願う私たちにとって、跛行の原因となる疾患を理解することは非常に重要です。本稿ではさまざまな原因の中から、日常的に特に目にする機会の多い股関節形成不全症（HD[*1]）について解説します。股関節形成不全を理解し、どのように動物看護介入を行うのかを一緒に考えていきましょう。本稿が皆さまの日々の診療に役立てば幸いです。

*1 Hip Dysplasia

第2章 飼い主支援が重要な症候／疾患の動物看護

動物看護の流れ

case 後肢跛行「後ろ肢をかばっている」

ポイントはココ！
p.192

――― 跛行を呈する疾患として考えられるもの ―――

〈若齢〉
- 股関節形成不全
- 虚血性大腿骨頭壊死
- 膝蓋骨脱臼

〈成犬〉
- 骨関節炎（OA）
- 前十字靱帯疾患
- 神経疾患（馬尾症候群など）
- 腫瘍

押さえておくべきポイントはココ！

～"跛行"と"股関節形成不全"の関係性とは？～
① 跛行とは正常に歩行することができない"状態"
② 病態生理で押さえるポイントは"病態のステージと痛みのレベル"

上記のポイントを押さえるためには
情報収集が大切！

検査
p.194

一般的に実施する項目

- ☐ 情報収集（品種、年齢、性別、既往歴、家族歴、経過）
- ☐ 身体検査〔体重、TPR、ボディ・コンディション・スコア（BCS）、マッスル・コンディション・スコア（MCS、p.198コラム参照）〕
- ☐ 整形学的検査：視診（姿勢評価、歩様検査など）
- ☐ 整形学的検査：触診（痛み、関節液貯留、関節可動域、関節の不安定性、腫れなどの評価）
- ☐ 簡易神経学的検査
- ☐ X線検査

股関節形成不全

5 後肢跛行「後ろ肢をかばっている」

治療時の動物看護介入 p.199

飼い主支援 p.207

"股関節形成不全"と診断
↓
治療方法
- 保存療法：鎮痛薬投与、リハビリテーション、運動指導、体型管理など
- 外科手術：大腿骨頭頸部切除術（FHNE）、股関節全置換術（THR）など

↓ ↓

保存療法

case1
- 保存療法で奏効した事例
  - 治療経過と自宅での様子の聴取
  - 痛みの評価

外科的治療

case2
- 外科手術に至った事例
  - 術後の入院管理
  - 創部のケア

↓ ↓

観察項目
- 痛みの評価
- 体重管理
- 筋肉量

観察項目
- 周術期の痛みの評価
- 創部の観察

↓

経過に応じた飼い主支援
（case 1・case 2共通）
- 住環境のアドバイス
- 投薬のアドバイス
- 適切な運動についてのアドバイス
- 退院時のアドバイス
- 通院終了時のアドバイス

 STEP UP! 股関節形成不全の「急変」について知っておきましょう！ p.209

長期的な治療や管理が必要なポイントはココ！

"跛行"と"股関節形成不全"の関係性とは？

跛行とは？

跛行とは正常に歩行することのできない"状態"を指す用語です。いわゆる患肢をかばっている状態のことを跛行と呼びます。他の歩様異常である麻痺や運動失調などとは区別されており、跛行の原因として、痛みや関節可動域の低下を呈する運動器疾患（骨・関節・筋肉・腱・靭帯などの病気）、一部の神経疾患、腫瘍、免疫疾患などが挙げられます。

「歩き方がおかしい」「肢を痛がる」「長距離を歩けなくなった」などといった症状を主訴に、動物病院に来院するケースが多いです。

跛行を呈する疾患として考えられるもの

若齢の場合
1. 股関節形成不全（大型犬＞小型犬）
2. 虚血性大腿骨頭壊死（小型犬）
3. 膝蓋骨脱臼（小型犬＞大型犬）

成犬の場合
1. 骨関節炎（OA*2）（股関節形成不全などによる）
2. 前十字靭帯疾患（大型犬＞小型犬）
3. 神経疾患（馬尾症候群など）
4. 腫瘍（骨肉腫、軟部組織肉腫など）

股関節形成不全と跛行の関連性を理解しましょう！

股関節形成不全とは、生まれつきの股関節の緩みによる大腿骨頭の亜脱臼／脱臼を特徴とする発育疾患です（**図2-5-1**）。股関節形成不全の動物は大腿骨頭の亜脱臼／脱臼により、成長過程において通常よりも寛骨臼は浅く、大腿骨頭は平坦に形成されるため、股関節の不安定性はさらに増加します（**動画2-5-1**）。また、不安定な股関節はOAの原因となり、OAは痛みを生じるため跛行を引き起こします。加えて、OAは一度発症すると治ることはありません。

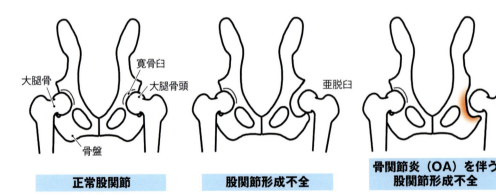

図2-5-1　正常な股関節と股関節形成不全

*2 Osteoarthritis

股関節形成不全

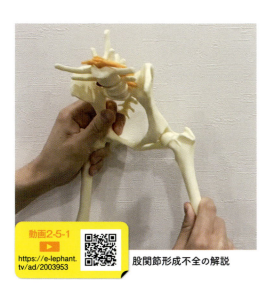

動画2-5-1 股関節形成不全の解説
https://e-lephant.tv/ad/2003953

股関節形成不全の病態生理

生まれた時点ではX線検査などで検出できる構造的な異常はありませんが、成長とともに徐々に股関節の不安定性が増加することでさまざまな症状（跛行、疲れやすい、性格の変化など）が認められるようになります。特に生後8ヵ月齢前後で跛行を呈する事例が非常に多いとされています。

股関節形成不全を持っていたとしても、1歳を迎える頃になると、股関節周囲の軟部組織（筋肉、靭帯、関節包など）の強度が増すことで不安定性は軽減されます。そのため、徐々に症状も改善していくことが多く、治療方針の決定に難儀します。また、約80％の事例で成長とともに症状が自然に改善するという報告もあります。

中高齢を迎えると関節周囲の軟部組織の脆弱化（主に筋肉量の減少）により股関節の不安定性が再発することがあります。これはOAの進行が原因であると考えられます。つまり、股関節形成不全は年齢により痛みの原因が変わるため、3つの病態ステージに分けて考えられています（**図2-5-2**）。

股関節形成不全は通常両側性に発症し、原因として遺伝的要因が第一に考えられていますが、生活環境や栄養状態なども影響します。

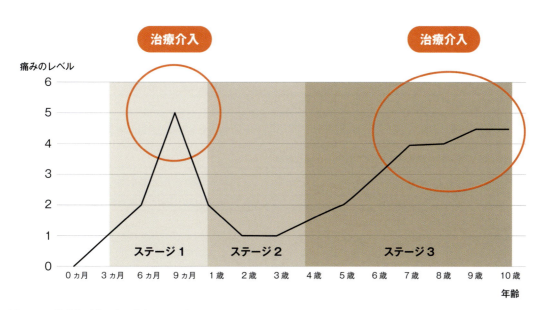

図2-5-2 股関節形成不全の進行イメージ
- 病態ステージ1（～1歳齢）：股関節の不安定性による痛み
- 病態ステージ2（1歳齢～中齢期）：症状は自然に回復
- 病態ステージ3（中齢期～）：OAによる痛み

検査

一般的に実施する項目

- ☐ 情報収集（品種、年齢、性別、既往歴、家族歴、経過）
- ☐ 身体検査〔体重、TPR、ボディ・コンディション・スコア（BCS）、マッスル・コンディション・スコア（MCS、p.198コラム参照）〕
- ☐ 整形学的検査：視診（姿勢評価、歩様検査など）
- ☐ 整形学的検査：触診（痛み、関節液貯留、関節可動域、関節の不安定性、腫れなどの評価）
- ☐ 簡易神経学的検査
- ☐ X線検査

一般的に実施する検査の注目ポイント

後肢跛行を呈する動物が来院した際に、実施する検査は**表2-5-1**の通りです。それぞれの検査内容とその目的について理解し、素早い対応ができるようにしましょう。

表2-5-1 検査項目一覧

検査項目	確認すべきこと	目的
情報収集（問診）	品種、年齢、性別、既往歴、家族歴、経過などの確認	鑑別疾患の絞り込み
身体検査	体重、TPR、ボディ・コンディション・スコア（BCS）、マッスル・コンディション・スコア（MCS）の確認	一般状態の確認
整形学的検査（視診）	姿勢評価（立ち姿、座り姿）、歩様検査	歩様異常の評価（跛行、麻痺、運動失調、虚弱） 患肢の特定（頭部／腰の上下動） 跛行重症度の評価（跛行グレード、**表2-5-2**）
整形学的検査（触診）	立位での触診 例）筋肉量の触知、関節液貯留、腫脹の触知、伸展時疼痛	原因部位と原因疾患の特定
	横臥での触診 例）股関節の伸展、三角試験、オルトラニ試験、バーデン試験、脛骨圧迫試験／前方引き出し試験	
簡易神経学的検査	姿勢反応および脊髄反射の評価	原因疾患の特定と他疾患の除外
X線検査	患肢および正常肢の撮影	原因疾患の特定と他疾患の除外

表2-5-2 Brunnbergの跛行グレード分類

グレード0 （動画2-5-2）	グレード1 （動画2-5-3）	グレード2 （動画2-5-4）	グレード3 （動画2-5-5）	グレード4 （動画2-5-6）
跛行なし	非常に軽度の跛行 （ほとんど影響はない）	負重は弱いが つねに着肢している （軽度の負重性跛行）	負重は非常に弱く、 時々挙上も認められる （重度の負重性跛行）	つねに負重がない （完全挙上）

グレード0

グレード1

グレード2

股関節形成不全

動画2-5-5 グレード3

動画2-5-6 グレード4

歩様検査

歩様異常には跛行以外に麻痺、運動失調、虚弱があります。歩様検査では歩き方を見ることでどの歩様異常に分類されるかを判断します。股関節形成不全に罹患している動物では**表2-5-3**のような特徴的な歩様が認められるため、歩様検査で原因疾患を絞り込みながら患肢を特定することに役立ちます。

> **POINT 動物の動きをしっかりとコントロールする**
> - **常歩（Walk）**：ゆっくりと歩かせることで、歩様異常の種類と患肢の特定を行います。
> - **速歩（Trot）**：軽く走らせることで、より顕著に症状を呈する場合があります。
> - **円周歩行**：円を描くように歩かせます。円の内側に患肢がある場合、より顕著に症状を呈する場合があります。
> - **階段歩行**：階段を上る時は後肢に、下りる時は前肢に強く負重がかかるため、顕著な症状を呈します。

> **POINT 歩様動画を撮影するメリットを理解する**
> - 繰り返し歩様を確認することで正確な評価につながります。
> - スロー再生を用いることで患肢の特定精度が上がります。
> - 歩様の治療過程を客観的に評価することができます。

表2-5-3 股関節形成不全の罹患動物で認められる歩様検査時の特徴的な所見

腰の上下動	股関節形成不全は両側性に発症することが一般的だが、症状に左右差がある場合に認められる。より痛みの強い肢を着肢する際に、負重を軽減するために腰が浮くような歩行をする
腰振り歩行（Monroe Walk、動画2-5-7）	股関節の可動域の狭さに起因する歩幅を制限した歩様が認められる
兎跳び歩行（Bunny Hop、動画2-5-8）	走行時に両後肢をそろえて跳躍する走り方で、強い負重に耐えるために両後肢で着地する

動画2-5-7 腰振り歩行

動画2-5-8 兎跳び歩行

整形学的検査（触診）

跛行の原因部位や疾患を特定するためには整形学的検査（触診）が必須となります。股関節形成不全に罹患している動物では**表2-5-4**の異常所見が認められます。

> **POINT　触診時の保定**
>
> **検査中は動物が動かないようにしっかりと保定する**
> ● 場合によっては二人で保定を行います。
>
> **検査をスムーズに実施するために検査の流れを理解して保定を行う**
> ● 触診は「立位」→「横臥位」の順番で実施します。
> ● 横臥位での触診は末端から体幹に向かう順番で行います。
> ● 患肢の触診は最後に実施します。
>
> **触診中に動物の呼吸状態や心拍数、表情の変化を観察する**
> ● 動物の疼痛反応に気を付けて観察します。

表2-5-4　股関節形成不全の罹患動物で認められる触診時の異常所見

立位での触診	患肢の筋肉量減少（**図2-5-3**） →疾患による影響を反映している
	股関節の伸展時疼痛（**図2-5-4**）
横臥位での触診	股関節の可動域（ROM*3）制限
	オルトラニ試験（**動画2-5-9**） →犬の股関節の不安定性（亜脱臼）を検出する
	バーデン試験（**動画2-5-10**） →5ヵ月齢以下の犬の股関節の不安定性（緩み）を検出する
	三角試験（**図2-5-5**） →股関節の頭背側脱臼を検出する

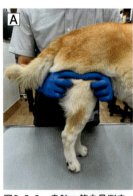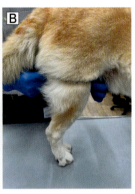

図2-5-3　患肢の筋肉量測定
A：主観的な筋肉量の評価、B：メジャーテープを用いた客観的な筋肉量の評価

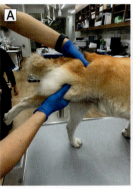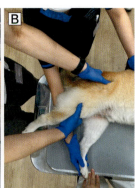

図2-5-4　股関節の伸展
伸展時に疼痛反応が認められる。
A：立位、B：横臥位

動画2-5-9
https://e-lephant.tv/ad/2003961
オルトラニ試験

動画2-5-10
https://e-lephant.tv/ad/2003962
バーデン試験

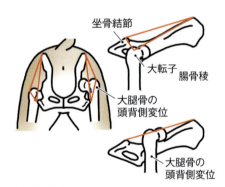

図2-5-5　三角試験
腸骨稜-大転子-坐骨結節が直線で触知される。

*3 Range of Motion

股関節形成不全

X線検査

　X線検査での股関節形成不全の重症度と実際の臨床症状の重症度は関連しないことが知られています。しかし、股関節形成不全の鑑別診断と併発疾患（股関節脱臼／大腿骨頭骨折／OA）の評価にX線検査は必須となります。撮影方法は、多くのX線所見を得ることができ、撮影自体も簡便であることから、通常撮影（OFA*4）像がもっとも広く実施されています（図2-5-6）。

X線撮影時のポイント

□ **OFAでの撮影・保定**（図2-5-6）
● 左右の対称性を意識して撮影します。

□ **特殊な撮影方法**（図2-5-7、8）
● 特殊なX線撮影を実施する場合もあります。

POINT　骨格をイメージする

X線撮影時は以下のことに注意して保定します。

- 第7腰椎を含む
- 棘突起は椎体の中央にある
- 閉鎖孔は左右対称
- 大腿骨を内旋させ膝蓋骨が大腿骨の中心にくるようにする
- 後肢を伸展し両後肢は互いに平行になるようにする
- 右のマーカーを入れる
- 膝関節を含む

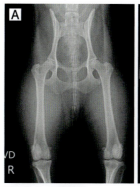
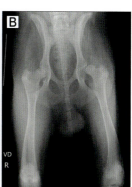

図2-5-6　X線検査
A：正常な股関節
B：左側大腿骨頭亜脱臼を伴う股関節形成不全

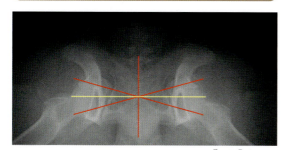

図2-5-7　特殊なX線撮影法〔背側寛骨臼辺縁（DAR*5）〕
背側寛骨臼辺縁の形態を評価する。恥骨結合固定術（JPS*6）や骨盤三点骨切り術（TPO*7）の適応や予後判定などに用いる。
（提供：動物外科診療室 東京／木村動物病院　木村太郎先生）

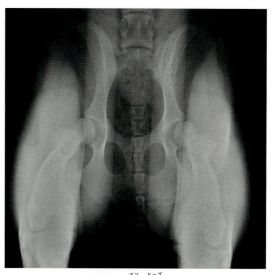

図2-5-8　特殊なX線撮影（Penn HIP）
（提供：動物外科診療室 東京／木村動物病院　木村太郎先生）

---

*4 Orthopedic Foundation for Animals ／*5 Dorsal Acetabular Rim ／*6 Juvenile Pubic Symphysiodesis ／*7 Triple Pelvic Osteotomy

第2章 飼い主支援が重要な症候／疾患の動物看護

POINT　保定は左右対称を意識する

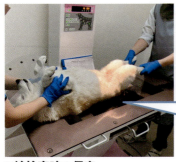
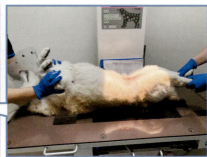

X線検査時の保定
保定の際に動物が痛がる場合や抵抗する場合には鎮静下で撮影を行う。

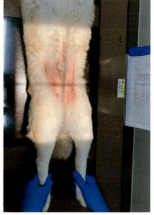

X線検査時の保定の注意点
X線照射領域に保定者の指や手などが入らないように注意する。

COLUMN　マッスル・コンディション・スコア（MCS[*8]）

MCSは、脊椎、肩甲骨、頭蓋骨および腸骨翼の視診と触診により評価されます。MCSは、正常、軽度の低下、中等度の低下、重度の低下と評価されます（p.203 図2-5-13）。ただし、肥満状態に影響されることから、ボディ・コンディション・スコア（BCS[*9]）と同時に評価することが重要です。股関節形成不全では、特に臀筋群と大腿筋群の低下が顕著に現れます。

MCSの触診に必要な部位

[*8] Muscle Condition Score ／ [*9] Body Condition Score

治療時の動物看護介入

動物看護を行う際の注目ポイント

❶ 痛みの評価
・痛みが強い場合には鎮痛薬の投与を提案する

❷ リハビリテーション（リハビリ）
・適度なリハビリの実施・指導

❸ 環境整備
・肢への負担が少ない環境をつくるよう指導する

❹ 体型管理
・体重過多にならないようフード量や運動について指導する

❺ 投薬管理
・薬による副作用（NSAIDsによる消化器障害）の確認
・投薬のタイミング（NSAIDsは食事と同時or食後投与を推奨）の確認

❻ 創部管理（外科的治療を行った場合のみ）
・アイシングとホットパックを行い、回復を促す
・創部を清潔に保つ
・エリザベスカラーを装着する

❼ バイタルサインチェック（外科的治療を行った場合のみ）
・定期的に観察し、異常に早期に気づく

治療方法について

治療の第一目的は生活の質（QOL*10）を良好に保つことです。そのためには痛みの緩和やOAの進行抑制、股関節機能の維持が役立ちます。

股関節形成不全に対する治療は保存療法と外科手術に大きく分けることができます。治療方針は発症年齢、X線検査所見、症状の重症度（QOLへの影響）、費用などさまざまな要因から決定します（**図2-5-9**）。

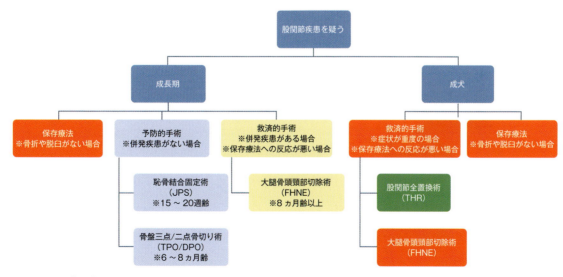

図2-5-9　股関節形成不全に対する治療方針
赤：よく実施される、黄：比較的実施される、緑：まれに実施される、青：非常にまれ

*10 Quality of Life

保存療法

股関節形成不全と診断された成長期の犬の多くが保存療法で回復すると報告されているため、治療の第一選択となります。

①痛みの評価

痛みが強い場合には鎮痛薬の投与を提案する

痛みを感じずに日常生活を送ることが保存療法の目標です。歩様や姿勢等から動物が痛みを感じていないか適切に評価することが重要になります。痛みがある場合には、非ステロイド性抗炎症薬（NSAIDs[*11]（エヌセイズ））やオピオイドの投与を獣医師に提案しましょう。

②リハビリテーション（リハビリ）

適度なリハビリの実施・指導

筋肉の萎縮を防ぐために、低衝撃かつ関節を大きく動かす運動の実施および飼い主に対しての指導を行います。好ましい運動と避けるべき運動を**表2-5-5**にまとめました。過度な運動は患肢を痛める原因となるため注意が必要です。

表2-5-5　好ましい運動と避けるべき運動

好ましい運動	避けるべき運動
ゆっくり負重させて歩く	走る
起立運動	急激な上下運動
水中運動	ターン
草むら・土・砂の上を歩く	ジャンプ
クッション性のある床で運動	硬い床での運動

③環境整備

肢への負担が少ない環境をつくるよう指導する

すべらないように床材を工夫したり、生活環境に段差をなくすように指導します。

④体型管理

体重過多にならないように指導する

BCS 4〜5/9を目標に食事内容の指導を行います。

⑤投薬管理

NSAIDsによる消化器障害の確認

鎮痛薬としてNSAIDsを使用している場合には、副作用である消化器障害がでていないか確認します。

NSAIDsの投薬のタイミングを指導する

NSAIDsは食事と同時、または食後の投与が推奨されています。動物と飼い主の負担の少ない方法で、正しいタイミングで投与できるよう指導します。

[*11] Non-Steroidal Anti-Inflammatory Drugs

外科手術

　外科手術は発症年齢で選択肢が変わります。外科手術は「成長期において予防的に実施される術式」と「臨床症状に対して救済的に実施される術式」があります（**図2-5-9**）。予防的な術式は将来的な跛行やOAを予防する目的で実施されます。しかし、予防的手術は実施時に臨床症状を呈していないことが多いため、外科手術を実施する事例には厳格な診断が必要です。

　救済的な術式は臨床症状が重い場合や飼い主が望む機能回復が保存療法で得られない場合に実施され、大腿骨頭頸部切除術（FHNE*12、**図2-5-10**）と股関節全置換術（THR*13、**図2-5-11**）が主に選択されます。THRはリハビリを必要とせず運動機能回復の見込める非常に優れた術式ですが、費用が高額になることや安定して実施できる執刀医が少ないため再手術となる可能性があります。このことから、FHNEは術後の運動機能がある程度低下してしまうことが知られていますが、日常生活で問題になることはまれであるため、日本国内でもっとも実施されています。

　外科的治療を行った場合には、保存療法を行った際の注目ポイントに加えて、以下の内容も介入が必要です。

⑥創部管理

感染予防し、回復を促す

　創部を清潔に保つとともに、アイシングやホットパックによって回復を促します。創部の感染や離開を防ぐ目的で、エリザベスカラーを着用します。

⑦バイタルサインチェック

定期的に観察し、異常に早期に気づく

　バイタルサインの異常がみられた場合にはすぐに獣医師に報告しましょう。

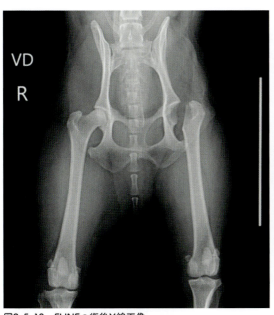

図2-5-10　FHNEの術後X線画像

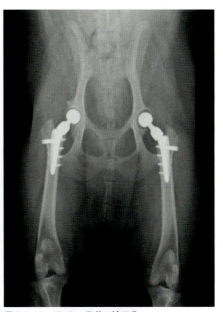

図2-5-11　THRの術後X線画像
（提供：動物外科診療室 東京／木村動物病院　木村太郎先生）

POINT　FHNEの術後動物看護

　FHNEの術後は運動機能回復および維持を目的に、可能な限り早いタイミングでリハビリを開始することが重要となります。術直後は疼痛により、質の高いリハビリの実施が難しい事例もあります。そのため、当院では積極的な疼痛管理と遅くとも術後1週間以内のリハビリ開始を推奨しています。疼痛管理はリハビリ時に患肢への負重が十分可能になるまで継続します。

*12 Femoral Head and Neck Excision ／ *13 Total Hip Replacement

第2章 飼い主支援が重要な症候／疾患の動物看護

case 1　保存療法で奏効した事例

【事例情報】

- **基本情報**：アイリッシュ・セター、未去勢雄、9ヵ月齢（初診時）、体重28 kg、BCS 5/9
- **既往歴・基礎疾患**：なし
- **主訴**：症状が改善しないため
- **経過**：7ヵ月齢時に左後肢の間欠的な跛行を主訴に他動物病院を受診。股関節形成不全と診断され、鎮痛薬（NSAIDs）を処方
- **初診時所見**
  - 身体検査所見：TPR異常なし、元気・食欲あり、消化器症状なし、跛行は徐々に悪化
  - 整形学的検査所見：
    視診：両後肢の負重性跛行（跛行グレード2、Monroe Walkあり）
    　　　両後肢のスタンス狭小化
    触診：両後肢の筋肉量低下（左＞右）、オルトラニ試験は両側後肢で陽性
    　　　両側股関節の伸展時疼痛あり（左＞右）
  - X線検査所見：両側の寛骨臼は浅く、左側大腿骨頭では亜脱臼が認められた
- **治療内容**：年齢を考慮し保存療法を選択
  1. 鎮痛薬（ロベナコキシブ）の投与
  2. 体重管理指導
  3. 適切な運動指導

保存療法の観察項目

保存療法の目標は痛みを感じずに日常生活が送れることです。そのため、**図2-5-12**の3点の循環がうまくいっているか、追加治療や動物看護介入の必要性の有無を判断するために、2週間に1回を目安に観察を行います。

疼痛管理

歩様の比較には動画撮影が有用です。また、鎮痛薬（NSAIDs）の副作用がでていないか消化器症状（食欲不振、嘔吐や吐出、流涎）の有無を確認します。長期投与を行う可能性があるので、投薬の負担や難易度も確認しましょう。

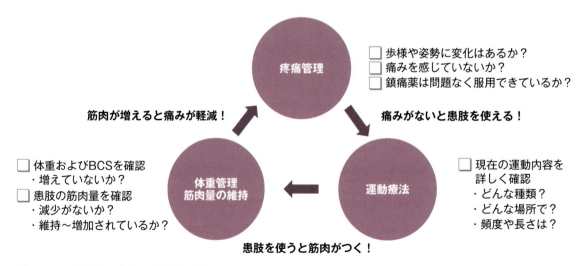

図2-5-12　保存療法の各項目の関係性と観察項目

股関節形成不全

体重管理

体重過多は関節に負担がかかります。BCSの4～5（9段階評価）が理想です。また、マッスル・コンディション・スコア（MCS）のシステムを用いて栄養評価を客観的に行うとよいでしょう（**図2-5-13**）。

説明	図
筋肉の消耗なし、筋肉量が正常	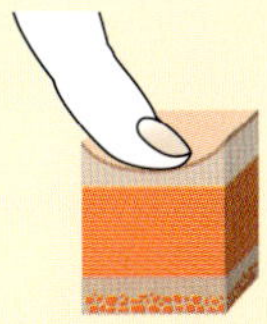
軽度の筋肉の消耗	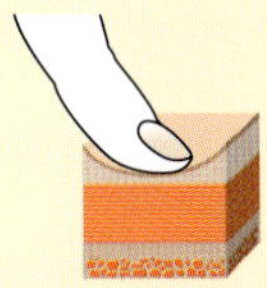
中等度の筋肉の消耗	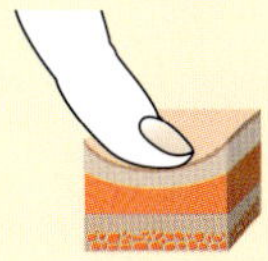
著しい筋肉の消耗	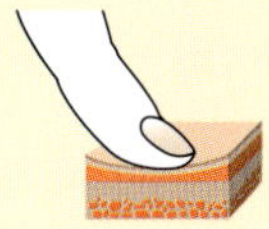

図2-5-13　MCS
MCSにおける筋肉量の評価には目視ならびに側頭骨、肩甲骨、肋骨、腰椎、および骨盤上の触診が含まれる。
https://wsava.org/wp-content/uploads/2020/01/Global-Nutritional-Assesment-Guidelines-Japanese.pdf を引用改変

筋肉量の評価

後肢の筋肉量（臀筋群やハムストリング筋群）の増減で治療効果を推察し、維持もしくは増加を目指します。また、臀部、股関節まわりの筋肉をしっかりつけることで股関節の安定化を向上させます（**図2-5-14**）。

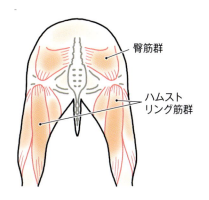

図2-5-14　股関節形成不全で萎縮しやすい筋肉

治療経過と自宅での様子の聴取

前回の来院時と比較し、明らかな悪化がない事例の多くで、保存療法を継続します。悪化がある場合には、運動内容や内服薬を調整していく必要があります。また、治療反応が乏しい場合には早期外科介入も検討する必要があるため、日常生活から感じる痛みや歩様の変化の聞き取りは非常に大切です。

痛みの評価

再診ごとに痛みの様子を飼い主から聞き取ります。この時、**図2-5-15**のような慢性痛判定シートを活用して、日常生活での変化の有無を確認し判断していきます。

※本シリーズの2巻3章6「痛みの評価」も参照してください。

図2-5-15　慢性痛判定シート
(動物のいたみ研究会 https://dourinken.com/forum/itamiken/ より引用)

case 1に行った動物看護介入は**表2-5-6**の通りです。初診から3ヵ月後に当院での診察は終了となりました。

表2-5-6　case 1の経過と動物看護介入

	経過	動物看護介入
初診時	適正体重を28〜32 kgに設定し、体重過多がないように指示した	食事量の変更は行わなかった
	鎮痛薬（ロベナコキシブ）の内服を再開した	消化器症状に注意。食事と同時に与えることを指示した
	現在の運動内容を確認した（1〜1.5時間／回・2回／日、散歩は休みやすみの歩行、ドッグランも利用）	ノーリードでのドッグラン利用を中止。30分／回・4回／日のリーシュ・ウォーク（引き綱運動）でやわらかい場所をゆっくりと散歩する運動に変更した
1ヵ月後	体重過多なし（BW 29 kg、BCS 5/9）	別施設でのプールを利用した水中トレーニングを1回／週でスタートした
	跛行はやや悪化傾向。患肢の筋肉量も減少傾向が認められた	
	ロベナコキシブは継続となった	
2ヵ月後	体重過多なし（BW 29.6 kg、BCS 5/9）	現在の運動内容で継続するよう伝えた
	患肢の筋肉量、歩様の改善が認められた（30分の散歩で継続的に歩行ができるようになった）	
	ロベナコキシブは休薬となった	
3ヵ月後	体重過多なし（BW 30.2 kg、BCS 5/9）	治療経過が良好であったため、当院（二次診療）での診察は終了となった
	歩様は正常。オルトラニ試験は陰性だった	

case 2　外科手術に至った事例

【事例情報】

- **基本情報**：フラットコーテッド・レトリーバー、未去勢雄、8ヵ月齢（初診時）、体重23.8 kg、BCS 4/9
- **既往歴・基礎疾患**：股関節形成不全（7ヵ月齢時）
- **主訴**：かかりつけ動物病院にて、右後肢股関節脱臼を認めたため
- **経過**：
  - 3ヵ月齢時：迎え入れた当初から散歩を嫌がる
  - 7ヵ月齢時：右後肢の跛行があり、かかりつけ動物病院にて股関節形成不全と診断
  　　　　　　明らかな股関節脱臼は認められず、対症療法を開始
  - 8ヵ月齢時：症状は悪化傾向。鎮痛薬を変更（フィロコキシブ→トラマドール）
  　　　　　　右後肢股関節脱臼を認める
- **初診時所見**
- 身体検査所見：TPR異常なし、活動性良好、食欲あり、消化器症状なし、右後肢を完全挙上
- 整形学的検査所見：
  　視診：右後肢の重度負重性跛行および間欠的挙上（跛行グレード3）
  　　　　後肢の立位スタンス狭小化あり
  　触診：両後肢の筋肉量低下（右＞左）、オルトラニ試験は両側後肢で陽性（右＞左）
  　　　　右側股関節の伸展時疼痛あり
- X線検査：両側の寛骨臼は浅く、右側大腿骨頭では亜脱臼あり、右股関節の軽度OAあり
- **治療内容**：不安定性と症状の重症度、OAを伴っていることから外科的治療（大腿骨頭頸部切除術）を選択

術後の観察項目

☐ 周術期の痛みの評価
　・手術直後の急性疼痛のモニタリング（ペインスケールを使用）

☐ 術部の観察
　・術創：離開、出血、滲出液
　・創部周囲：発赤、腫脹、熱感、浮腫、汚れ
　・自壊行動の有無

術後の入院管理

当院ではバイタルサインの確認、輸液・薬剤投与、食事給与、排泄補助、リハビリ、アイシング／ホットパックなどを入院管理シートの指示のもと実施しています（**図2-5-16**）。麻酔覚醒直後の不安定な時間帯はICUユニットで酸素化・温度管理を行いながら

毎時バイタルサインをモニタリングしていきます。

術後12時間は術部の急性期痛に対してしっかり鎮痛薬が足りているかを、ペインスケールをもとに確認します（**図2-5-17**）。痛みを感じている様子があれば獣医師に報告し、鎮痛薬の増量、追加の指示をもらいます。

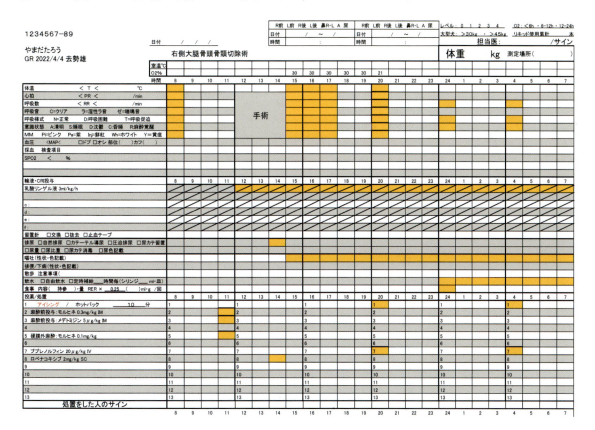

図2-5-16　当院で使用している入院管理シート
このシートを用いて24時間体制で動物看護を行う。

創部管理

患部を冷やすことで炎症を抑え、疼痛を緩和する作用があります。そのため、術後3日目まで1日4回10分程度アイシングを行います（**表2-5-7、図2-5-18**）。術後4日目以降、患部の熱感等がなく、炎症が落ち着いている状態で浮腫がみられた場合は1日4回10分程度、血流改善のため患部のホットパックをします（**図2-5-19**）。これらの処置は退院後、自宅でも継続してもらいます。アイシングとホットパックの注意点は**表2-5-8**の通りです。また、創部は汚染や濡れるようなことがないように排泄の補助を行い、入院ケージ内はつねに清潔に保ちます。観察項目に挙げたような異常がある場合は獣医師に報告します。この時、創部の様子を写真に撮って共有することも有用です。入院ケージでは、床材の下にバスマットやヨガマットを敷き、犬が滑らないような工夫をします。

case 2に行った動物看護介入は**表2-5-9**の通りです。

グラスゴーのペインスケール（ショートフォーム）

日付　／　／　時間 _____

_____

以下の項目で適切なスコアを選択し、合計スコアを算出してください

（2）術創 or 疼痛部位を
- 気にしていない ………… 0
- 見ている、見つめている … 1
- 舐めている ……………… 2
- 擦っている ……………… 3
- 噛んでいる ……………… 4

＊脊椎、骨盤、複数箇所の四肢骨折の場合、移動に補助が必要な場合はBは実行せずにCに進みます

B　リードを付けてケージから出す
（3）立ち上がる/歩行時の様子
- 正常 ………………………………… 0
- 跛行あり …………………………… 1
- 動きがゆっくり、気が進まない様子 … 2
- 動きが固い様子 …………………… 3
- 動くことを拒否する ……………… 4

C　術創/疼痛部位の5cm傍を優しく圧迫する
（4）
- 反応なし …………………… 0
- 見る ………………………… 1
- たじろぐ …………………… 2
- 唸る、庇う ………………… 3
- 噛みついてくる …………… 4
- 鳴く ………………………… 5

D　犬の全体的な様子
（5）
- 幸せそうで満足げ、幸せそうで活発 … 0
- 静かな様子 ………………………… 1
- 周囲に無関心/反応しない ………… 2
- ナーバスになっている、不安げ、怖がっている … 3
- 刺激に対して反応しない ………… 4

（6）
- 快適そう ……………………… 0
- 落ち着きがない ……………… 1
- 休めていない ………………… 2
- お腹を丸めている、緊張している … 3
- 固まっている ………………… 4

トータルスコアで6/24以上 or 5/20以上（Bを実施していない場合）の場合は鎮痛強化が推奨される

図2-5-17　グラスゴーのペインスケール
文献10より引用、一部改変

表2-5-7　アイシング剤の種類と特徴

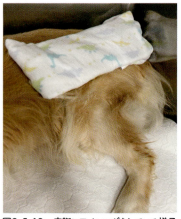

図2-5-18　実際にアイシングをしている様子

股関節形成不全

表2-5-8 アイシングとホットパックの注意点

共通	アイシング	ホットパック
アイシングもホットパックも創部に直接当たらないように、タオルで包んで当てる	過冷却・凍傷（特に保冷剤使用時）	火傷
中身の漏れによる創部の濡れに気を付ける	低体温	高体温
動物が嫌がるようなら無理はしない	エチレングリコール入りの保冷剤を使用しない（誤食による中毒）	温めすぎない（適温は39〜45℃）
	癒合不全	

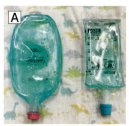 

図2-5-19 ホットパックの例
A：輸液バックに色をつけたもの、B：蒸しタオルを袋に入れたもの

表2-5-9 case 2の経過と動物看護介入

項目		経過	動物看護介入
室温管理		覚醒直後に低体温が認められた	室温30℃で保温。3時間程度で改善した
酸素濃度の設定		麻酔後の低酸素状態を考慮	術後6時間はICUを30%酸素で設定した
疼痛評価（ペインスケール※1）	①術直後	8／20	ロベナコキシブ 2 mg/kg SC を追加
	②術後1時間	5／20	追加鎮痛なし
	③術後3時間	5／20	追加鎮痛なし
	④術後6時間	4／20	モルヒネ塩酸塩水和物からブプレノルフィン塩酸塩に変更
	⑤術後12時間	4／24	追加鎮痛なし※2

※1 当院ではグラスゴーのペインスケール（ショートフォーム）を使用しています。最大スコアは24です（自立歩行を評価できない場合は20）。スコアが5／20（6／24）以上の場合は追加鎮痛が必要です。
※2 術後12時間から歩行を開始したため、ペインスケール評価も総スコアを20から24に変更し、歩行状態の確認を追加しています。

飼い主支援

住環境のアドバイス

滑りやすい床（フローリング）は避け、滑らない工夫をしてもらうようにアドバイスします（例：絨毯・マット・滑り止めワックスなど）。また、ソファやベッドから飛び降りる行動や、自由な階段の上り下りをさせないような環境にしてもらうようにも伝えます。

投薬のアドバイス

犬は苦い味やミント味の薬を嫌がります。フードに包んで与える方法で投与できれば、お互いストレスフリーでハッピーです。しかし、カプセルやオブラートにしっかり包まないと、すぐに溶けて味がフードに移るため飲まなくなってしまいます。そのため、この方法でうまくいかない場合は、投薬器を使用したり、粉状にして糖液に溶かしてシリンジで飲ませたりと、飼い主と一緒に対策を考えましょう（**図2-5-20**）。

投薬がうまくできず、罪悪感を持って隠してしまう飼い主もいます。「投薬できていますか？」とストレートに聞くのではなく、「お薬飲ませるのは大変ではないですか？ ご苦労されている点はありませんか？」など、飼い主の心理的負担になっていないか、長期の投薬に耐えられるかなどを踏まえて聴取できるとよいかと思います。

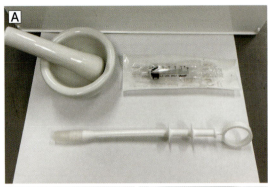

図2-5-20　投薬時に使用する物品の例
A：すり鉢と投薬器、B：オブラート、C：おやつに包む、
D：カプセル、E：嗜好性の高い缶詰に包む。

適切な運動についてのアドバイス

患肢を使わないと筋肉の萎縮が生じ、長期的には立てなくなってしまいます。そのため、極力後肢を使用させるようにして、筋肉量を増やすようにしてもらいます。

1日1〜2時間を目安に短時間の運動を頻回に行うことが望ましいです。しかし、関節に負担のかかる運動は避けてもらうよう伝えます〔**表2-5-5**（p.200）、**図2-5-21**〕。

図2-5-21　運動のNG例とOK例
左：ぐるぐるまわるのはNG
右：草むらや足場の悪いところをゆっくり歩くのはOK

退院時のアドバイス

退院後の注意事項を書いた、「退院報告書」を飼い主に渡して、何に注意して生活をしたらよいのか、いつでも確認できる状態にします。

- ☐ 連絡が必要な好ましくない症状
- ☐ 術部の観察、連絡が必要な異常項目
- ☐ 術部のケア（アイシング、ホットパック）のやり方
- ☐ エリザベスカラー着用のお願い（絶対に舐めないようにしてもらう）
- ☐ 内服薬の説明（種類・作用・副作用など）
- ☐ リハビリの進め方・やり方について

保存療法の場合の通院終了時のアドバイス

将来的に股関節形成不全に伴いOAが進行すると慢性的な痛みが生じる可能性があります。運動やリハビリを継続し筋肉量を維持しても、痛みの程度によっては手術が適応となる場合もあるので、歩き方（跛行の有無）や運動不耐性に関しても様子をみてもらうようにします。また、これらの症状は寝起きや運動後に顕在化することが多いことも覚えておくとよいでしょう。

外科手術を行った場合の通院終了時のアドバイス

手術した側の股関節周囲の筋肉量を増やし、安定化を促してもらいます。

反対側の股関節にも不安定性がみられる場合、今後OAが認められる場合がありますので、保存療法として筋肉量の維持や体重制限が必要となることを飼い主へ伝えます。

ステップアップ！股関節形成不全の「急変」について知っておきましょう！ STEP UP!

　股関節形成不全の犬は、寛骨臼が通常よりも浅く形成されており股関節の不安定性を伴っています。そのため、大腿骨が外れやすくなっており、股関節脱臼の発生リスクも高くなっています。

　股関節脱臼が起こった時の症状として

- ☐ **症状（跛行、痛み）の急激な悪化**：完全挙上、体を触ると嫌がる、怒る
- ☐ **姿勢の急激な変化**：患肢の内転や外転（脱臼方向によって変化）

などがみられます。動物は激痛からつらい状態におかれていることが多く、また脱臼状態が長引くと筋肉の拘縮が起こり手術の成績に影響するといわれています。

　股関節形成不全に続発する股関節脱臼の場合、非観血的整復は股関節脱臼が起こる可能性が高く治療として適応外となりますが、動物の感じている痛みを取り除いてあげるために脱臼時は早急に動物病院を受診することを勧めておきます。

　当院には救急センターがあり、夜間の急激な痛みと後肢完全挙上が主訴の股関節脱臼の事例がよく受診しています。早期に受診してもらい、疼痛管理をしながら外科手術に向けて安静に過ごしてもらいます。

まとめ

　このような機会をもらい、私自身股関節形成不全について改めて一から勉強しました。

　当院には専門診療があり、それぞれの分野にスペシャリストな獣医師と愛玩動物看護師が勤務しています。今回、それぞれのスペシャリストにアドバイスをもらいながら執筆しました。

　痛みのある生活は動物のQOLを低下させてしまいます。またこの疾患は飼い主の協力が不可欠であり、若い時期から長期にわたり動物の生活を支えてもらう必要があります。愛玩動物看護師として、飼い主の心理的負担を軽減させて、動物も人も楽しく日常生活が送れるような提案や支援ができるといいなと感じました。

愛玩動物看護師・杉山菜苗

　ヒト医療では運動器疾患に伴う関節の痛みが寿命にかかわることが近年知られてきています。動物医療においても医療の発展と共に高齢化が進み関節疾患を伴っている高齢動物に出会う機会も非常に多いと思います。動物が高齢になっても飼い主と一緒に散歩したり、痛みを感じずに不自由なく生活を送るためには私たちが動物の異変をいち早く察知し、飼い主と一緒になって日常に寄り添っていくことが重要だと思います。本稿が明日からの診療や飼い主支援の一助になれば幸いです。

獣医師・井口青空

監修者からのコメント

　股関節形成不全という病気は、膝蓋骨内方脱臼とともに臨床で最も多く遭遇する整形外科疾患の一つです。しかし、この病気に苦しむ動物たちは、適切な治療を受けられずにいることが少なくありません。本稿では、この病気について杉山菜苗さん、井口青空先生から、罹患動物の発見や診断補助、治療の手助けや飼い主のサポートに至るまで詳細にわたり、分かりやすく解説していただいています。日常の診療から、愛玩動物看護師にしか気づけないことが多くあると感じています。その手助けが、診療の質を向上させることに疑う余地はなく、獣医師、愛玩動物看護師、その両者の協力をもって、当たり前に、適切な股関節形成不全の治療が実施される時代が来ることを、期待したいです。

獣医師・木村太郎

【参考文献】

1. Tobias,K.M., Johnston,S.A.（2018）Chapter 58：Pathogenesis, Diagnosis, and Control of Canine Hip Dysplasis. In：Veterinary Surgery: Small Animal 2nd. pp.964-992. Saunders
2. Fossum,T.W.（2018）：Small Animal Surgery. 5th. pp.1209-1220. Mosby.
3. Kirberger,R.M., McEvoy,F.J.（2016）The hip joint and pelvis. In：BSAVA Manual of Canine and Feline Musculoskeletal Imaging 2nd. pp.212-232. BSAVA.
4. Koch,D., Fisher,M.S.（2020）Part2 Dignostic Procedure. In：Diagnosing Canine Lameness. pp.78-182. Thieme.
5. 林慶，本阿彌宗紀（2016）：第1章跛行診断のSTEPS. In：SURGEON BOOKS 整形外科疾患に対する系統的検査STEPS 犬の跛行診断. pp.2-41．インターズー（現エデュワードプレス）．
6. Tisha,A.M.H.（2017）：Conservative Management of Hip Dysplasia. *Vet.Clin.Small Anim.*, 47(4)：pp.807-821
7. Barr,A.R.S., Denny,H.R., Gibbs,C.（1987）：Clinical hip dysplasia in growing dogs: the long-term results of conservative management. *J.Small Anim.Practice.*, 28(4)：pp.243-252.
8. Kinzel,S.Von Scheven,C.,Buecker,A.,*et al*.（2002）：Clinical evaluation of denervation of the canine hip joint capsule:A retrospective study of 117 dogs. *Vet. Comp. Orthop. Traumatol.*, 15(1)：pp.51-56.
9. Mario. G.,Ana,R.G.,Catarina,G.（2010）：Diagnosis, genetic control and preventive management of canine hip dysplasia: a review. *Vet.J.*, 184(3)：pp.269-276.
10. Reid, J.,Nolan,A.M.,Hughes, J.M.L., *et al*.（2007）：Development of the short-form Glasgow Composite Measure Pain Scale (CMPS-SF) and derivation of an analgesic intervention score. *Animal Welfare*, 16(S)：pp.97-104.
11. Tobias,K.M, Johnston,S.A.（2018）Chapter59：Surgical Management of Hip Dysplasia. In：Veterinary Surgery: Small Animal 2nd. pp.992-1018. Saunders.
12. 林慶，本阿彌宗紀（2016）：第3章後肢の跛行診断/股関節形成不全〜股関節骨関節症. In：SURGEON BOOKS 整形外科疾患に対する系統的検査STEPS 犬の跛行診断. pp.118-125．インターズー（現エデュワードプレス）．

第2章 飼い主支援が重要な症候／疾患の動物看護

6. 後肢麻痺
「歩くことができない」／胸腰部椎間板ヘルニア

執筆者

齋藤直子（さいとうなおこ）
愛玩動物看護師（東千葉動物医療センター）

佐藤史恵（さとうふみえ）
愛玩動物看護師（東千葉動物医療センター）

内山莉花（うちやまりか）／
獣医師（東千葉動物医療センター）

監修者

小林 聡（こばやしさとし）／
獣医師（ONE for Animals、ONE千葉どうぶつ整形外科センター）

| 症状 | **後肢麻痺** |

| 主訴 | **「歩くことができない」** |

STEP UP! 「進行性脊髄軟化症」と「頸部椎間板ヘルニア」

本稿の目標
- 椎間板ヘルニアの病態や原因について理解する
- 検査、治療方法について理解する
- 治療中、治療後の院内での動物看護、自宅介護について理解し、適切なアドバイスができる

―――― "後肢麻痺"と"胸腰部椎間板ヘルニア" ――――

「後肢が立たない」、「歩けない」といった主訴は、動物病院で働いているとよく遭遇する主訴の一つです。

後肢の機能障害が生じる原因はさまざまであり、今回取り上げる椎間板ヘルニアなどの神経疾患をはじめ、骨折や脱臼といった整形外科疾患、循環器疾患による血栓が原因で生じることもあります。後肢の機能障害が生じうまく動けなくなることは、犬や猫にとって生活の質が著しく低下するため、飼い主も不安に思います。

本稿では椎間板ヘルニアを発症した犬や猫に対し、どのように治療し、愛玩動物看護師としてどのように動物看護していくかを考えていきたいと思います。

211

動物看護の流れ

case 後肢麻痺「歩くことができない」

ポイントはココ！ p.214

― 後肢麻痺を呈する疾患として考えられるもの ―
- 椎間板ヘルニア
- 脊髄梗塞
- 変性性腰仙部狭窄症（馬尾症候群）
- 変性性脊髄症
- 脊髄損傷
- 脊髄腫瘍
- 椎間板脊椎炎
- 血栓塞栓症
- 糖尿病性末梢神経障害　など

押さえておくべきポイントはココ！

〜 "後肢麻痺"と"胸腰部椎間板ヘルニア"の関係性とは？〜
① 病態生理で押さえるポイントは"麻痺症状の定義"
② 胸腰部椎間板ヘルニアとは
　・胸腰部椎間板ヘルニアの分類
　・胸腰部椎間板ヘルニアのグレード

上記のポイントを押さえるためには情報収集が大切！

検査 p.216

一般的に実施する項目	必要に応じて実施する項目
☐ 情報収集（問診、既往歴）	☐ CT検査
☐ 歩様検査	☐ MRI検査
☐ 身体検査	☐ 脊髄造影検査
☐ X線検査	
☐ 神経学的検査	
☐ 尿検査	
☐ 血液検査	

胸腰部椎間板ヘルニア

治療時の動物看護介入 p.217

"胸腰部椎間板ヘルニア"と診断

治療方法
- 内科的治療（ケージレスト、脊髄保護、薬物治療、鍼灸治療）
- 外科的治療（片側椎弓切除術など）
- リハビリテーション（リハビリ）

内科的治療

case1
- 内科的治療を実施した事例
- 入院中の食事管理
- 排泄管理
- 抱っこする際の工夫
- 床材の工夫

外科的治療

case2
- 片側椎弓切除術を実施した事例
- 食事介助
- 排泄管理
- エリザベスカラー装着時の皮膚状態の観察
- 投薬管理
- 創部管理
- 食事管理
- リハビリテーションの実施

飼い主支援 p.223

経過に応じた飼い主支援（内科的治療）
- 急変時対応に関する指導
- 確実に治療を完了するための指導
- 生涯続く治療に対するモベーションを維持するための支援や指導
- 日常的なケアに対する理解度促進や継続のための指導

経過に応じた飼い主支援（外科的治療）
- 面会対応
- 退院後の管理に対する支援

STEP UP! 「進行性脊髄軟化症」と「頸部椎間板ヘルニア」について考えてみましょう！ p.225

6 後肢麻痺「歩くことができない」

長期的な治療や管理が必要なポイントはココ！

"後肢麻痺"と"胸腰部椎間板ヘルニア"の関係性とは？

麻痺の定義

麻痺とは、「神経、筋肉組織の損傷、疾病により、筋肉の随意的な運動機能が低下、消失した状態」と定義されています（**表2-6-1**）。また、不全麻痺という言葉は「随意運動の減弱した状態」を示します。

病態生理

肢を一歩前に出すという随意的な運動機能は、大脳皮質から神経系を通って指令が伝達され四肢の随意筋が反応し運動が起こります。神経系は体中に巡っており、神経経路のどこかで障害が起こることで、前肢、後肢が動かなくなる、排泄が正常にできなくなるといった症状が生じます。

表2-6-1　麻痺症状の定義

種類	定義
四肢麻痺	すべての肢を動かせない
四肢不全麻痺	すべての肢を自発的に動かせるが起立歩行は不可能 or 虚弱であるが歩行可能
片側麻痺	片側前後肢の麻痺
片側不全麻痺	片側前後肢の不全麻痺
対側麻痺	両後肢の麻痺
不全対麻痺	両後肢の虚弱
不全単麻痺	1本の肢の虚弱

後肢麻痺を呈する疾患として考えられるもの

後肢麻痺を呈する疾患としては、神経疾患、内科疾患、腫瘍性疾患が挙げられます。**表2-6-2**に具体的な疾患の一例をまとめましたので、参考にしてください。

椎間板ヘルニア

椎間板は、硬い髄核とそのまわりを包むやわらかい線維輪によって構成されコラーゲンやプロテオグリカンを主な成分としています。椎体の間に存在し、脊椎が動く際にクッションの役割を担っています。椎間板ヘルニアとはこの椎間板が椎体間から逸脱している状態をいいます。

椎間板ヘルニアの分類

椎間板ヘルニアは髄核が脊柱管内に脱出するハンセンⅠ型と、線維輪が脊柱管内に突出または膨隆するハンセンⅡ型に分類されています（**図2-6-1**）。

ハンセンⅠ型は、髄核が急性に脊柱管内に脱出し脊髄に圧迫性損傷を引き起こすため、症状が急速に悪化します。Ⅰ型を発症しやすいのは軟骨異栄養犬種（ミニチュア・ダックスフンド、フレンチ・ブルドッグなど）などです。

ハンセンⅡ型は、数ヵ月～数年単位で少しずつ線維輪が膨隆する圧迫性損傷です。Ⅱ型は大型犬などを含む非軟骨異栄養犬種でみられます。

椎間板ヘルニアが発症する要因としては、遺伝・犬種、加齢、物理的ストレスなどさまざまな因子が挙げられます。これらの因子が引き金となり、椎間板のプロテオグリカンが減少し、さらに栄養供給が障害されることにより椎間板が変性してしまいます。変性した椎間板は弾力性、柔軟性を失っており脱出・逸脱しやすくなります。

胸腰部椎間板ヘルニアのグレード

胸腰部椎間板ヘルニアのグレードについては**表2-6-3**の通りです。

グレードⅠ～Ⅱでは、薬剤による治療とケージレストによる治療を検討することが多いです。グレードⅢ以上になると、内科的治療よりも外科的治療のほうが予後が良好なため、外科手術適応となります。

胸腰部椎間板ヘルニア

表2-6-2　後肢麻痺を呈する疾患の一例

疾患名	概要
脊髄梗塞	片側後肢の甲を引きずる（ナックリング）、座り込んで立ち上がれないなどの症状がみられる。突然発症することが多く、発症後24時間以上経過した後は症状の進行がみられないのが特徴
変性性腰仙部狭窄症（馬尾症候群）	第7腰椎と仙椎の間に神経の圧迫が生じることでみられる。大型犬でみられることが多い
変性性脊髄症	後肢麻痺から四肢麻痺・呼吸筋麻痺へと進行する神経疾患でSOD-1遺伝子の変異が原因として特定されている。国内ではウェルシュ・コーギーにおいて遺伝子検査が行われている
脊髄損傷	交通事故が原因となることが多い。脊髄のみでなく、脊椎や四肢の骨折、内臓の損傷を伴うことがある
脊髄腫瘍	リンパ腫、髄膜腫、神経鞘腫などいくつか種類が挙げられる。高齢動物だけでなく、若齢でも発症がみられる
椎間板脊椎炎	椎体や隣接椎間板に細菌が感染し、痛みや後肢麻痺を引き起こす。外科的治療はなく長期的な抗菌薬の投与が必要。大型犬に多いとされるが、どの年齢の犬種でも発症する可能性がある
血栓塞栓症	副腎皮質機能亢進症（クッシング症候群）などの基礎疾患や循環器疾患を持つ動物で発症することが多く、後肢に行く血管に血栓が詰まることが原因。基礎疾患の治療と抗血栓治療が必要となる
糖尿病性末梢神経障害	コントロールできていない糖尿病事例にみられる。特徴的なのは猫の坐骨神経障害であり、後肢がベタ足走行になる

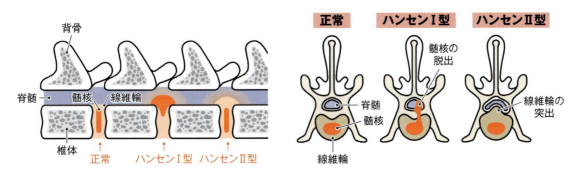

図2-6-1　椎間板ヘルニアの分類

表2-6-3　胸腰部椎間板ヘルニアのグレード

グレード	症状
I	背部痛
II	歩行可能（後肢の不全麻痺）
III	歩行不可（後肢の不全麻痺）
IV	排尿障害＋／－、深部痛覚あり（後肢の完全麻痺）
V	排尿障害あり、深部痛覚なし（後肢の完全麻痺）

※不全麻痺：自発的な筋収縮が軽度〜中等度障害されている
　完全麻痺：自発的な筋収縮が全くみられない

検査

一般的に実施する項目	必要に応じて実施する項目
☐ 情報収集（問診、既往歴） ☐ 歩様検査 ☐ 身体検査 ☐ X線検査 ☐ 神経学的検査 ☐ 尿検査 ☐ 血液検査	☐ CT検査 ☐ MRI検査 ☐ 脊髄造影検査

検査項目の注目ポイント

後肢麻痺を呈し胸腰部椎間板ヘルニアを疑う動物が来院した際に、「一般的に実施する項目」と「必要に応じて実施する項目」は**表2-6-4**の通りです。「検査名」「確認すべきこと」について理解できるようにしましょう。

表2-6-4　検査項目一覧

検査項目			確認すべきこと
一般的に実施する項目	問診		年齢、犬種、歩様、排泄状況、生活環境（自宅の床材）、既往症などを確認
	歩様検査		滑らない環境下で歩様・麻痺の具合を確認
	身体検査		一般状態の確認
	X線検査		脊椎に明らかな異常がないか確認
	神経学的検査		病変部のおおよその位置の特定のために実施
		姿勢反応 - 固有位置感覚	肢先をひっくり返し、直ちに正常な位置に戻すことができるかを評価
		姿勢反応 - 触覚性踏み直り反応	視覚を遮り、肢の甲を診察台の角に触知させ、台の上に肢を載せられるか評価
		姿勢反応 - 視覚性踏み直り反応	視覚を遮らずに同様の検査を行い評価
		姿勢反応 - 跳び直り反応	1本の肢で体重を支え、体軸を傾けた時にその肢を跳び直り、かつ姿勢を保持できるか評価
		脊髄反射 - 皮筋反射	皮膚を鉗子で軽くつまみ体幹皮筋の収縮を評価
		脊髄反射 - 会陰反射	肛門括約筋の収縮を評価
		脊髄反射 - 膝蓋腱反射	打診槌で膝蓋腱を軽く叩き、下腿が頭側方向へ動くか、またその程度を評価
		脊髄反射 - 橈側手根伸筋反射	打診槌で橈側手根伸筋腱を軽く叩き、上腕が頭側方向へ動くか、またその程度を評価
		脊髄反射 - 屈曲（ひっこめ）反射	四肢の肢先を軽くつまみ、屈曲反射の有無を評価
	尿検査		膀胱炎を併発していないかを評価
	血液検査		全身状態把握、椎間板ヘルニア以外の病気の除外
必要に応じて実施する項目	CT検査		脊椎などの骨格異常の評価。短時間で広範囲の評価が可能
	MRI検査		脊髄神経自体の炎症、圧迫を評価。MRI検査でないと診断が困難な疾患もあるので、それらの鑑別に重要
	脊髄造影検査		造影剤を注入し、脊髄の状態、椎間板の逸脱部位を確認。正確度はCT・MRI検査に対して劣る

治療時の動物看護介入

動物看護を行う際の注目ポイント

❶ **食事管理**
・食器の高さなど事例に合わせた方法で実施する

❷ **排泄管理**
・腰への負担を考慮する
・カテーテル挿入時は定期的に感染や抜去がないか確認する

❸ **投薬管理**
・事例に合った方法を実施・提案する

❹ **環境整備**
・落ち着いて過ごせるよう環境を整える
・生活環境に段差や滑りやすい箇所がないように指導する

❺ **術後管理（外科的治療を行った場合）**
・回復を促し、再発を予防する

❻ **創傷管理（外科的治療を行った場合）**
・定期的に観察し、異常に早期に気づく

治療方法について

治療方法は「外科的治療（手術）」「内科的治療（温存・保存療法）」に分けられます。

外科的治療は、手術を行うだけではなく、術後ケア［リハビリテーション（リハビリ）なども含む］も重要になります。椎間板ヘルニアの場合、症状のグレードにより外科的治療の適応が検討されます。

内科的治療は、ケージレストや継続的な内服薬の服用など、飼い主にその重要性をしっかりと理解して自宅で実施してもらう必要があります。また、院内にてレーザー治療や鍼灸治療を行う場合もあります。

内科的治療（温存・保存療法）

内科的治療は、手術を行わずに脊髄の損傷の修復を促す治療法です。また、内科的治療は一定期間、運動を制限し安静に過ごすこと（ケージレスト）が、主に用いられている方法です（**図2-6-2**）。その他にも内服薬、レーザー治療（**図2-6-3**）、鍼灸治療（**図2-6-4**）により疼痛を管理したり、病変部付近の血流を改善し機能回復を促す方法などもあり、さまざまな治療法を組み合わせて治療を行います。

鍼灸治療は病変部付近の血流を改善し、機能回復を促す治療法の一つです。鍼でツボを刺激することで神経が活性化し、働きや機能が改善することが期待されます。

①食事管理

事例に合わせた食事介助を行う

患部に負担をかけないために、皿を高くするなどの工夫を行います。また、適正体重を維持するために、1日に必要なエネルギー量を算出します。

安静時エネルギー要求量
（RER：Resting Energy Requirement）
① RER＝70×［体重（kg）］$^{0.75}$
② RER＝［30×体重（kg）］＋70kcal

②排泄管理

腰への負担を考慮する

排泄のためにケージの外に出す必要がある場合には、腰への負担を軽減させるためにコルセットを装着します。また、抱っこする際は腰に負担のかかる縦向きの抱っこは避けましょう。

カテーテル挿入時は感染や抜去がないか定期的に観察する

ケージレストによる安静が必要な事例では、カテーテルを挿入し、排尿管理します。カテーテル挿入時は感染のリスクが高まるため、定期的に観察し、異常がないか確認します。

※尿道カテーテルの詳しい内容については本シリーズ2巻3章-4「カテーテル採尿」を参照してください。

③投薬管理

事例にあった方法を実施・提案する

剤形など動物と飼い主の双方に負担の少ない方法を提案します。

④環境整備

落ち着いて過ごせる環境を整える

ケージレストが必要な事例は、興奮して動くことがないように、環境整備を行う必要があります。入院する場合には、人通りの少ないケージを選択する、ケージをタオルなどで目隠しするなど対策を行いましょう。

患部に負担の少ない環境となるよう工夫する

滑りやすい床材や段差は患部に負担となるため、滑り止めのマットを敷く、スロープを設置するなどして負担を軽減します。また、ケージレストの際に、ケージが看護動物より大きく動けるスペースがある場合には、ペットシーツなどをケージの中に入れてスペースを狭くするなどの工夫を行います。

図2-6-2　ケージレストの様子
ペットシーツをサイドに固定して使用。

図2-6-3　レーザー治療
A：レーザー機器本体
B：レーザー治療中の様子

図2-6-4　鍼灸治療

外科的治療（手術）

外科的治療は、主にグレードⅢ以上の事例に考慮され、脊髄を圧迫している椎間板物質を取り除く手術を行います（片側椎弓切除術など）。椎間板物質を取り除くことにより、脊髄の圧迫を解除し早期の回復を目指すことができます。このように外科的治療は、神経自体を手術するわけではなく、椎間板ヘルニアによって損傷した脊髄が回復する手助けをする方法です。

手術を行うためには、飼い主へ手術方法や麻酔リスクの説明をしっかりと行う必要があります。

⑤術後管理

[術後ケアの実践・指導]

手術を行うことが治療の終了ではなく、術後のケア・管理がとても大切になります。通院や自宅での内服薬服用の継続なども必要になるため、飼い主へ術後ケアの大切さを適切に伝えられるようにしましょう（具体的な内容については、p.221およびp.222を参考にしてください）。

⑥創傷管理

[定期的に観察し、異常に早期に気づく]

赤みや熱感の有無を確認します。異常がみられた場合には獣医師に報告し、アイシングなどの処置を行いましょう。

[リハビリテーション]

椎間板ヘルニアなどの神経疾患を発症すると、運動ができないことに加えて神経からの刺激が失われ、筋肉の萎縮が急速に進んでしまいます。これを最小限に抑える目的で、術後早期あるいは急性期を過ぎた段階で運動療法、水中トレッドミル療法を取り入れると効果が期待できます。また、体の一部が不自由になることにより後肢以外に前肢や体幹に負担がかかるため、マッサージ治療も有効です。

※本シリーズ2巻の3章-7「リハビリテーション」p.353を参照してください。

case 1　内科的治療を実施した事例

【事例情報】

- **基本情報**：ミニチュア・ダックスフンド、去勢雄、8歳2ヵ月齢、5.88 kg、BCS 5/9
- **既往歴・基礎疾患**：なし
- **主訴**：ヘルニア様の症状、排尿障害
- **経過**：3年前から間欠的に椎間板ヘルニアを疑う症状があり、当院の鍼灸治療を受けていた。2日前にジャンプした後から後ろ足の動きが悪くなったとの主訴で来院。
- **各種検査項目**
  ・身体検査所見：後肢不全麻痺あり
  ・神経学的検査所見：
  【後肢】固有位置感覚：(L、R) 2、2
  　　　　踏み直り・とび直り：(L、R) 0、1
  　　　　膝蓋腱反射：(L、R) 1～2、0～1
  　　　　引っ込め反射：(L、R) 2、2
  　　　　皮筋反射：(L、R) ～L4、～L5
  【前肢】NP
  【脊髄障害の位置】脊髄第3分節（T3-L3）
  【神経麻痺の程度】グレードⅢ
  ・血液検査所見：特記なし
- **治療内容**：
  ・入院下での内科的治療を試験的に開始
  ・反応が乏しければ外科的介入

観察項目

- □ 神経学的検査の実施
  ・グレード進行の有無・評価
- □ 入院生活の様子
  ・ケージレストは可能か
- □ 痛みの有無
- □ 排尿の有無、尿の状態の確認
- □ 呼吸様式の変化

観察により分かったこと

case 1の場合は、入院中は1日1回神経学的検査を行い、5日目に後肢の固有位置感覚の改善がみられました。またその後も毎日観察を継続しました。

また、興奮しやすい性格であったため、入院中は刺激の少ない入院室へ移動し、経過観察を行いました。入院当初は排尿が確認されませんでしたが、運動機能の回復や疼痛緩和にて7日目に自力での排尿がみられました。

呼吸様式の変化として、腹部と胸部の動きの協調性がなくなる呼吸（奇異性呼吸）は進行性脊髄軟化症でみられる症状の一つであり注意が必要です。本事例はそのような変化はみられず、入院中の呼吸数の増加などもみられませんでした。

入院中の食事管理

食欲旺盛で食事を一気に食べてしまう傾向がありました。そのため、食事をふやかしの状態にし、入院ケージ内に皿を入れたままにはせず、飲み込んだことを確認してから再度与える、という工夫を行いました。

排泄管理

入院ケージ内だと排尿をしなかったため、数日間はカテーテル挿入下で排尿管理をしていました。症状が改善してきてからは、気分転換もかねて外で排泄させました。この際、腰を痛めないようにコルセットを着用しました（**図2-6-5**）。

抱っこをする際の工夫

縦向きの抱っこは厳禁であるため、腰に負担がかからないように下方と側面から手を添えて安定する状態となるように抱きかかえました。（**図2-6-6**）。

床材の工夫

床材が滑りやすいとさらに足腰へ負担がかかるため、タオルの下に滑り止めを敷き、滑らないような工夫を行いました（**図2-6-7**）。

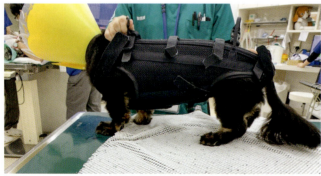

図2-6-5　コルセットの着用　　　　　　図2-6-6　抱っこの工夫

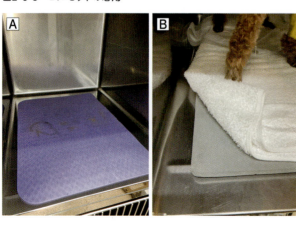

図2-6-7　床材の工夫の例
A：滑り止めマットの使用。
B：滑り止めマットの上にバスタオルを敷いてもよい。

case 2　片側椎弓切除術を実施した事例

【事例情報】

固有位置感覚の消失（ナックリング）

- **基本情報**：ミニチュア・ダックスフンド、不妊雌、8歳2ヵ月齢、7.34 kg、BCS 7/9
- **既往歴・基礎疾患**：なし
- **主訴**：後肢麻痺
- **経過**：2年前から間欠的に椎間板ヘルニアを疑う症状があり、漢方の内服薬で経過をみていた。前日に外猫に向かって吠えたのをきっかけに立てなくなったとの主訴で来院。
- **各種検査所見**
  ・身体検査所見：後肢麻痺あり
  ・神経学的検査所見：
  【後肢】固有位置感覚：(L、R) 0、0
  　　　踏み直り・とび直り：(L、R) 0、0
  　　　膝蓋腱反射：(L、R) 3、3
  　　　浅部痛覚：(L、R) ＋、＋
  　　　皮筋反射：L1付近で消失
  【前肢】NP
  【脊髄障害の位置】脊髄第3分節（T3－L3）
  【神経麻痺の程度】グレードⅣ（病変部はT13－L1）
  ・血液検査所見：軽度のALT上昇
- **治療内容**：
  ・数日入院下で内科的治療
  ・改善が乏しいまたは病状進行があるようであれば外科的介入

観察項目

- ☐ 神経学的検査の実施
  ・グレード進行の有無・評価
- ☐ ステロイド薬投与
  ・ケージレストは可能か
- ☐ 痛みの有無
- ☐ 排尿の有無、尿の状態の確認
- ☐ 呼吸様式の変化
- ☐ 肛門まわりのケア

観察により分かったこと

本事例は、神経学的検査の実施により入院4日目で椎間板ヘルニアのグレードの進行がみられました。また、落ち着いた性格であったため、ケージレストは十分に行えました。しかし、意識的な排尿ができていない可能性が強く、改善がみられませんでした。入院5日目に尿のにおいの変化と血尿を確認したため尿検査を実施し、細菌性の膀胱炎が疑われたため、抗菌薬の投薬を追加しました。

保存療法時の食事介助

皿をラックにかけて食事給与を行いました。食べづらそうな場合は手から与えたり、スプーンで口元に食事を持っていったりして食べさせるなどの工夫を行いました。また食器底面をテープをつけるなどして高さを出しました（**図2-6-8**）。

図2-6-8　皿の工夫の一例

保存療法時の排泄管理

皮膚が長期間排泄物に触れた状況になると、炎症が起こりやすい状態になります（**図2-6-9**）。本事例は尿が漏れでていることもあり、皮膚に炎症が起こりやすい状態でした。そのため、こまめにペットシーツを交換したり、炎症が起こってしまった場合はお尻まわりを剃毛し、なるべく清潔に保てるようにしました。

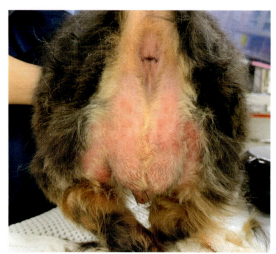

図2-6-9　肛門周囲皮膚炎

保存療法時のエリザベスカラー装着の際の皮膚状態の観察

　静脈点滴を行う動物は、エリザベスカラーを装着した状態で入院となります。しかし、エリザベスカラーを着けることで耳や顎下、口まわりの皮膚が炎症を起こしてしまうことがあります。

　本事例では、食事後に口まわりや顎下を拭いたり、耳のチェックも行いました。

保存療法時の投薬管理

　錠剤、液体、粉のいずれかで、その動物にいちばん飲ませやすい方法で与えています。

　本事例は、漢方を液体で与えていました。

治療方法の変更

　6日間の入院中に痛覚の消失などの状態のやや悪化が認められたため、外科的治療に移行することになり、入院7日目に手術が実施されました。

外科的治療後の創傷管理

　傷の状態（赤み・熱感の有無）を獣医師と共に確認します。本事例の場合、術後数日は熱感があったため、1日2〜3回（各10分程度）のアイシングを行いました（**図2-6-10**）。

外科的治療後の排泄管理

　本事例は術後数日間尿道カテーテルが設置されていたので、カテーテルからきちんと尿がでるかを確認しました。

外科的治療後の食事管理

　術前と気を付ける内容は変わりません。

　本事例の場合、ドライフードはあまり食べず、ササミなど嗜好性の高いものを好んで食べていました。また、膵炎の既往歴もあったため、なるべく低脂肪食を選び与えました。

外科的治療後のハビリテーションの実施

　術後1〜2日目は、足裏マッサージ、引っ込め反射誘発を、術後3日目から追加でレーザー治療、起立補助運動、後肢屈伸運動を実施しました。

図2-6-10　アイシングの様子（一例）

退院時の飼い主指導

　本事例は、術後1週間で退院しました。退院時には飼い主へ自宅での過ごし方として下記の3項目とともに、何かあればすぐに連絡してもらうように伝えました。

・自宅で行ってもらうリハビリテーションに関する指導
・コルセットの装着の仕方
・内服薬の種類と飲ませ方

| ポイントはココ！ | 検査 | 治療時の動物看護介入 | 飼い主支援 |

胸腰部椎間板ヘルニア

飼い主支援

内科的治療を実施する場合

表2-6-5に挙げたような声掛けとともに、下記のような飼い主指導を行います。

表2-6-5　飼い主指導の際の声掛けの具体例

指導項目	具体的な声掛けの例
急変時の対応に関する指導	後ろ足の痛みの感覚がなくなっています。状態が悪化していると思われるので今後の治療方針について先生から説明があります
確実に治療を完了するための指導	絶対安静を頑張りましょう。狭いケージにずっといるのはみていてつらいことかと思いますが、〇〇ちゃんが、また歩けるようになるように一緒に頑張りましょう
生涯続く治療に対するモチベーションを維持するための支援や指導	飼い主さんの毎日のリハビリなどのおかげで〇〇ちゃんは今肢を動かせているんです。〇〇ちゃんもうれしそうですね。お母さんすごいですね！

急変時の対応に関する指導

胸腰部椎間板ヘルニアの状態が悪化した場合、どのような症状が生じるのか、またその際の対応の仕方について、飼い主に具体的に伝えます。急変した際にしばらく様子をみるのではなく、動物病院に連絡してもらい、獣医師から具体的な対応に関する指示をもらうことでさらなる悪化を防ぐことができるため、飼い主に理解してもらうようきちんと伝えることが大切です。

確実に治療を完了するための指導

自宅でのリハビリができているか、できていないようだったらなぜできなかったのかを一緒に考えます。自宅では実現が難しい方法だったことが分かれば、獣医師へ実施可能な内容への変更を提案をすることも大切です。

生涯続く治療に対するモチベーションを維持するための支援や指導

定期的に診察に来てもらい、歩き方やリハビリの実施状況をチェックします。当院では、継続的に漢方やサプリメントを服用している事例が多いので、そちらの処方も兼ねて来院してもらっています。自宅でリハビリを頑張っているようでしたら、動物を褒め、飼い主も褒めるとモチベーションのアップに

つながるかもしれません。

日常的なケアに対する理解度の促進や継続のための指導

適正体重を維持できるよう指導する

適正体重を維持するために必要な食事のカロリーを計算し伝えることで、体重管理を行ってもらいます。

動物と飼い主に負担の少ない方法の提案

薬は飲めているか、飲ませるのは大変ではないかなど、投薬状況に関して定期的に聴取します。このとき、飼い主にとって投薬が大変な状況であることが分かれば、獣医師に減薬や形状の変更に関して相談するなどの対応を行いましょう。また、投薬方法を飼い主と一緒に考えてみることもよいと思います。

患部に負担の少ない環境についての説明

床は滑りにくい状態か、普段過ごす場所に段差がないかの確認や、ソファ・ベッドへのスロープの設置など、動物が過ごしやすい環境にしてもらうように伝えます。

実践してほしいことや注意点を伝える

足裏の毛、爪はなるべく短くしておきます。動物病院でカットする場合は、一人では行わず、必ず二

人で行うことで安全に実施することができます。

シャンプーは状態が安定したら滑り止めなどを敷いた状態で、一人が体を支え、もう一人が洗うようにし、手早く済ませることをお勧めします（**図2-6-11**）。

ブラッシングは、マッサージ効果以外に、神経や筋肉の刺激にもなるため、実施するとよいことを伝えられるとよいです。

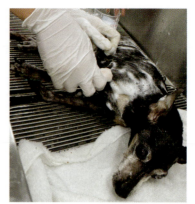

図2-6-11　シャンプーを実施している様子

外科的治療を実施する場合

面会対応

面会で興奮してしまい、安静状態が保てない動物もいるので、当院では性格を見極めて少し遠目からみてもらうか、スタッフが動画を撮影して飼い主にみせています。

面会時に伝える内容と、面会時の具体的な飼い主対応について、**表2-6-6**と**表2-6-7**にそれぞれまとめたので、参考にしてください。

表2-6-6　面会時に伝える内容

・食事の摂取状況
・排泄の状態
・手術部位の状態
・リハビリ内容
・入院ケージ内での様子 （眠れているか、安静に過ごせているかなど）

表2-6-7　面会時の飼い主対応の具体例

動物の性格	具体的な会話の例
緊張気味／怒る	慣れない環境で少し緊張している様子がみられます。可能であればいつも使っているタオルや毛布を持ってきてあげてください。お母さんやご家族のにおいで少し緊張が和らいでくれるかもしれません
静かに過ごしている	静かにお利口さんに過ごしてくれています

退院後の管理に対する支援

食事量と給与方法の指導

入院時に与えていた食事内容、量を伝えます。また、患部に負担をかけないために食器台を使うことを勧めます。

投薬方法の提案と薬の説明

内服薬の飲ませ方や薬に関する説明をします。

患部への負担を少なくするための環境整備についての指導

自宅の床がフローリングの場合、滑り止めなどを敷いてもらうよう伝えます。また、安静にできない動物の場合は、サークルではなくケージで過ごすように指導します。コルセットを持っている場合は、よく動く時間帯は装着しておくことを勧めます。

ステップアップ！「進行性脊髄軟化症」と「頸部椎間板ヘルニア」

ここまで胸腰部椎間板ヘルニアの動物看護介入について考えてきましたが、ステップアップとして、さらに学びを深めていきましょう。

進行性脊髄軟化症

椎間板ヘルニアなどで脊髄が障害を受けた事例の一部で発症し、受傷部位を起点に脊髄が上行・下行性に壊死を起こす致死的な病気です。神経学的検査結果が悪化すること、皮筋反射の消失部位が頭側へ移動すること、呼吸障害が現れることなどが特徴です。数日～1週間程度で亡くなってしまうことが多いです。

進行性脊髄軟化症が疑われる事例が入院している場合、動物が少しでも楽に安心して過ごせる環境づくりだけでなく、体の触り方や飲水・食事の補助などの工夫も行えるとよいでしょう。また、入院中の面会では、飼い主の気持ちに寄り添い、獣医師へ飼い主の気持ちを伝えることで、飼い主と獣医師の架け橋になれるとよいです。

頸部椎間板ヘルニア

病変の部位により、前肢もしくは四肢に症状がみられる場合があります。また、痛みにより、頭を持ち上げられず、頭を低くする体勢も多く見受けられます。

入院中には、床材の工夫に加え、動物に合わせて食事の皿の高さを調整するなど、同じ椎間板ヘルニアでも胸腰部・頸部などの発症部位やその動物の取りやすい体勢により、介入する動物看護の仕方を変更する必要があります。

経過に応じた動物看護

動物は、痛みが軽減する・体が動くようになると、途端に動きが増すことがあります。しかしそのことにより、症状を悪化させてしまうことがあります。症状が改善してきたときには、リハビリや排泄目的の散歩などをうまく用い、気分転換をすることも大切です。

まとめ

「後肢麻痺〜歩くことができない〜」というテーマで、胸腰部椎間板ヘルニアについて執筆しました。急に愛犬が立てなくなってしまった、腰が痛そう、と来院される飼い主は不安でいっぱいだと思います。私たちはそのような飼い主の気持ちを考え、話を聞いたり入院中の様子を伝えることを心掛けています。

入院中の大切なポイントは、投薬管理、食事管理、排泄管理、ケージレストが適切にできているかという点です。内科的治療時の管理では、ケージレスト入院ができるかというのが治療を円滑に進めていくために大切だと考えています。一方、外科的治療では、術後の創部の状態、熱感、痛みのサインもみてください。

退院後は自宅でのケアがとても大切です。自宅でのリハビリや、内服薬の投与、自宅での過ごし方などについて、飼い主の話を聞きフォローアップできるとよいです。

今回は、胸腰部椎間板ヘルニアについてでしたが、後肢が動かない疾患は他にもあります。寝たきりになってしまった動物のケアについて動物病院で相談されることも少なくないと思います。そのような動物に対しての自宅でのケア方法や介護グッズについても頭に入れておくとよいです。

愛玩動物看護師・齋藤直子、佐藤史恵

椎間板ヘルニアという言葉を聞いたことがある飼い主は多く、自分自身がヘルニア持ちです、という方も多数います。身近な病気でありながら、いざ自分の動物が「後肢が動かない状態」になるとどのような治療法があり、どのように管理していくか理解している飼い主は少ないでしょう。私たち獣医師は内科的管理、外科的管理の方法を提案し、その動物にあった治療法を選択していく必要があります。その中で日々の入院管理でその動物のことをよく観察してくれるスタッフがいることはとても重要なことです。愛玩動物看護師の皆さまがお尻まわりの状況や、入院中の様子など動物のことだけでなく、飼い主の不安なことや質問などを私たちに伝達してくれると治療も円滑に進むでしょう。

本稿の内容が椎間板ヘルニアの動物の治療を行っていく上で参考になればと思います。

獣医師・内山莉花

監修者からのコメント

犬の椎間板ヘルニアは急激に悪化することが多く予兆が検知できないことがほとんどです。当センターへ来院する飼い主の多くは自分が予兆を見逃していたと自身を責めていることが多いですが、ヒトと犬では椎間板ヘルニアの発症機序が異なることを説明することが重要です。また、犬の椎間板ヘルニアはグレードVでなければ適切な検査および外科的治療を行うことで改善する可能性が高い疾患であることを飼い主に伝えてください。

動物にとって自由に動くことができないのは生活の質を非常に低下させてしまいます。「すべての動物に動ける喜びを」を実現させるために皆さまの力を発揮してください。

獣医師・小林聡

第2章 飼い主支援が重要な症候/疾患の動物看護

7. 瘙痒①
「痒がっている」／マラセチア皮膚炎

執筆者

若山由紀子（わかやまゆきこ）／
愛玩動物看護師（動物医療センターもりやま犬と猫の病院）

飯田惇一（いいだじゅんいち）／
獣医師（動物医療センターもりやま犬と猫の病院）

監修者

横井愼一（よこいしんいち）／
獣医師（VCAJapan 泉南動物病院）

| 症状 | 瘙痒 |

| 主訴 | 「痒がっている」 |

 STEP UP! シャンプーの上手な使い分け

本稿の目標
- マラセチア皮膚炎について理解を深める
- シャンプーなどの正しいホームケアについてアドバイスができるようになる
- 保定中にも情報を聞き漏らさず、さまざまな提案ができるようになる
- 飼い主とチームになって、治療や管理が行えるようになる

"瘙痒"と"マラセチア皮膚炎"

　犬が痒がりよく掻く、赤みがあって触るとベタベタする、シャンプーをしてもすぐにおう、など皮膚のトラブルを主訴として動物病院を受診される飼い主は少なくありません。中でも本稿のテーマであるマラセチア皮膚炎は、強い痒みや赤みが皮膚に生じ、ベタつきやフケがみられ、若齢〜高齢の犬で幅広く認められる皮膚疾患です。さらに慢性化すると、脱毛、皮膚の色素沈着や苔癬化（たいせんか）などの症状も生じます。

　犬が掻き続けて皮膚がボロボロなってしまうと、犬だけでなく飼い主も強いストレスを感じます。皮膚病の診断や治療には時間が掛かりますし、治す方法も一つではありません。犬や飼い主にとってベストな方法をみつけ、飼い主・獣医師・愛玩動物看護師がチームとなって治療に当たれるように正しい知識を身に付けていきましょう。

第2章 飼い主支援が重要な症候/疾患の動物看護

動物看護の流れ

case 瘙痒「痒がっている」

"痒み"を引き起こす原因として考えられるもの
- 感染症
- アレルギー性皮膚炎
- 先天性要因
- 精神的要因　など

ポイントはココ！
p.230

押さえておくべきポイントはココ！

〜 "痒み"と"マラセチア皮膚炎"の関係性とは？〜

①病態生理で押さえるポイントは"痒みと掻爬(そうは)の悪循環"
②脂漏症についても押さえよう！
③そもそもマラセチアとは？
④初期症状と慢性所見

上記のポイントを押さえるためには
情報収集が大切！

検査
p.232

一般的に実施する項目
- ☐ 皮膚押捺(おうなつ)検査
- ☐ 皮膚掻爬検査
- ☐ 毛検査
- ☐ ウッド灯検査
- ☐ ノミ取り櫛検査

必要に応じて実施する項目
- ☐ 血液検査
- ☐ 内分泌検査
- ☐ アレルギー検査
- ☐ 皮膚病理検査
- ☐ X線検査
- ☐ 超音波検査

| ポイントはココ！ | 検査 | 治療時の動物看護介入 | 飼い主支援 |

マラセチア皮膚炎

治療時の動物看護介入 p.234

"マラセチア皮膚炎"と診断

治療方法
- 内服薬・注射薬
- 外用薬
- シャンプー／保湿

内科的治療

case1 中等症例
- 皮膚科診療の見直し
- 投薬指導

case2 重症例
- 皮膚科問診の実施
- 治療の実施と投薬指導
- シャンプー／薬浴療法の実施

共通する観察項目
- 発症年齢
- 初発／再発
- 発症部位
- 症状
- 食事やおやつ
- 季節性
- 予防
- 痒みのスコア
- 便の回数

飼い主支援 p.239

経過に応じた飼い主支援
（case 1・case 2 共通）

- 内服薬を使用する場合
  ・相談しやすい環境の提供
  ・投薬指導
- 外用薬を使用する場合
  ・使用頻度と正しい使用量に関する指導
- その他
  ・自宅環境の把握と必要に応じた改善指導
  ・食事内容の把握と必要に応じた改善指導
  ・モチベーション維持の工夫

 STEP UP! 「シャンプーの上手な使い分け」について考えてみましょう！ p.243

長期的な治療や管理が必要なポイントはココ！

"痒み"と"マラセチア皮膚炎"の関係性とは？

痒みとは？ 病態生理を考えよう！

痒みは主に皮膚の末梢神経が刺激され、脊髄を通り脳へと伝達される、掻爬行動を伴う不快な感覚と定義されています。犬の場合、噛む、引っ掻く、擦り付けるなどの行動により、痒みを表現します。

痒くて掻くことにより皮膚の炎症を引き起こし、さらなる痒みを誘導することで、痒みと掻爬の悪循環が生まれてしまいます。これを「Itch Scratch Cycle」（イッチ・スクラッチ・サイクル）といいます（**図2-7-1**）。この悪循環は犬に対して多大なる不快感を与えるだけでなく、一緒に住んでいる飼い主も犬が掻いているのを見ることで大変なストレスを感じてしまいます。このような犬の痒みをしっかり抑えるには、適切な検査の実施と迅速な診断、適切な治療を行うことが大切になります。

"痒み"を引き起こす原因として考えられるものはこれ！

犬の痒みを引き起こす疾患には膿皮症、マラセチア皮膚炎、ニキビダニ症、疥癬などの感染症、アトピー性皮膚炎、食物アレルギー、ノミアレルギー性皮膚炎などのアレルギー性皮膚炎、心因性ストレスによる精神的要因、脂やフケが多い体質などの先天性要因などがあります。

脂漏症についても押さえよう！

脂漏症とは過度の鱗屑（フケ）形成、痂皮（カサブタ）形成、皮脂分泌などの多様な臨床所見を伴う角化異常を特徴とする慢性皮膚疾患と定義づけられています。脂漏症には原発性（先天性）と続発性があります。

原発性脂漏症は常染色体の劣性遺伝による遺伝性疾患で、1歳未満に発症をし、コッカー・スパニエルやシー・ズー、ビーグルなどの犬種にみられます。一方、続発性脂漏症は背景に犬アトピー性皮膚炎、食物アレルギー、甲状腺機能低下症、加齢、栄養不良などさまざまな基礎疾患を起因として発症します。

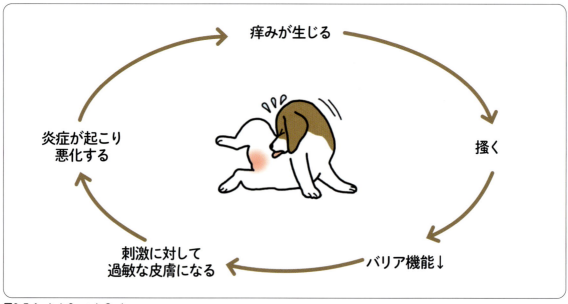

図2-7-1　Itch Scratch Cycle

マラセチア皮膚炎

そもそもマラセチアとは？

マラセチアとは皮膚表面に生息するひょうたん（ピーナッツ）のような形をした酵母様真菌（カビ）です（**図2-7-2**）。普段は皮脂の常在菌として脂肪酸などの皮脂を栄養源にして生活しています。ところが、さまざまな原因でマラセチアの栄養源である皮脂が多い状態が続いたり、皮膚の状態が悪くなったりするとマラセチアの異常繁殖が起こり、皮膚炎を引き起こしてしまいます。その場合、赤みや痒みだけでなく、マラセチアの独特なにおいも発します。

また、宿主特異性が高いので、犬から他の犬やヒトにうつることはありません。

マラセチア皮膚炎

脂漏症により皮膚表面の脂の分泌が多くなると、皮脂を栄養源とするマラセチアが増殖します。マラセチアにより皮脂が分解され脂肪酸となり、これが皮膚に炎症を引き起こします。これをマラセチア皮膚炎といいます。また、マラセチアに対する過敏反応（アレルギー）により炎症を起こす動物もいます。

マラセチア皮膚炎の初期症状と慢性所見

マラセチア皮膚炎の初期は脂漏、紅斑、鱗屑などの症状が認められ（**図2-7-3**）、独特なにおいを発します。病状が進行して慢性化すると色素沈着、苔癬化、脱毛がみられるようになります（**図2-7-4**）。

マラセチア皮膚炎は耳、口の周囲、首の腹側、脇、内股、指間、陰部周囲などの間擦部に主に発生し、高温多湿の時期に悪化します。

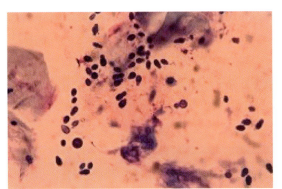

図2-7-2　マラセチア

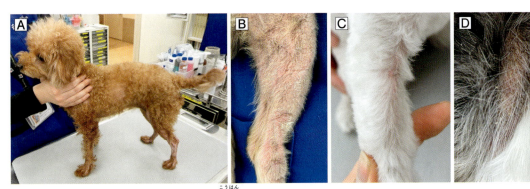

図2-7-3　マラセチア皮膚炎の初期症状（脂漏、紅斑、鱗屑）
A：体全体の脂漏　B：紅斑と鱗屑　C：間擦部に軽度の紅斑、　D：紅斑、鱗屑と一部苔癬化、色素沈着も出始めている。

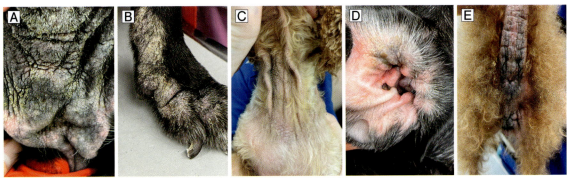

図2-7-4　マラセチア皮膚炎の慢性所見（色素沈着、苔癬化、脱毛）
A：頸部の脱毛、苔癬化、色素沈着、鱗屑と紅斑　B：前肢の脱毛、苔癬化、色素沈着と鱗屑　C：頸部の脱毛、紅斑、苔癬化
D：耳道入り口に紅斑、苔癬化、一部色素沈着　E：尾根部の脱毛、苔癬化、色素沈着、紅斑

検査

一般的に実施する項目
- ☐ 皮膚押捺検査
- ☐ 皮膚搔爬検査
- ☐ 毛検査
- ☐ ウッド灯検査
- ☐ ノミ取り櫛検査

必要に応じて実施する項目
- ☐ 血液検査
- ☐ 内分泌検査
- ☐ アレルギー検査
- ☐ 皮膚病理検査
- ☐ X線検査
- ☐ 超音波検査

一般的に実施する項目の注目ポイント

　一般的に実施する検査は、瘙痒が外的要因によるものかどうかを判断するために行います。具体的には、マラセチア、細菌、皮膚糸状菌などの病原体の過剰増殖やニキビダニ（毛包虫）、センコウヒゼンダニなど外部寄生虫の有無、アレルゲンや刺激物との接触などが原因となっているかを判断するために行われます。

必要に応じて実施する項目の注目ポイント

　一方、必要に応じて実施する検査は、内的要因が瘙痒の原因または増悪因子となっているかを判断するために行われます。具体的には、甲状腺機能低下症による内分泌異常、性ホルモン異常、不適切な食事内容による栄養不良や内臓疾患が原因となっているかを判断するために行われます。

　表2-7-1に、マラセチア皮膚炎疑いの動物に対する「一般的に実施する検査」と「必要に応じて実施する検査」の項目を挙げました。「検査項目」と「確認すべきこと」を理解し、必要物品の準備などの対応ができるようにしておきましょう。

注目ポイント！
五感を使ってしっかりと問診を行おう！

　実施する検査の選定や、スムーズに診察を進めるため、またその他の疾患が症状に関与していないかを確認するためにも、問診は非常に大切です。

　犬種の確認は、マラセチア皮膚炎の好発犬種かどうかを知るためにも大事な要素です。また、発症した年齢や季節性の有無、発疹の部位や程度、犬が普段過ごしている生活環境、食事内容やどのように与えているかといった情報も飼い主から聴取するようにしましょう。

　さらに、飼い主から聞く情報以外にも、私たち自身で犬をよく観察して情報収集しましょう（**図2-7-5**）。鱗屑は出ていないか、発疹部分はないか、脱毛部分はないかなど、視覚を使うことで分かることもあります。それ以外でも触覚を使うことで、触ったときにベタつきはないか、被毛がキシキシする感じはないかを調べたり、嗅覚では、独特なにおいはしないかなども知ることができます。

マラセチア皮膚炎

表2-7-1 検査項目一覧

検査項目		確認すべきこと
一般的に実施する項目	皮膚押捺検査（図2-7-6）	外的要因［マラセチア、細菌、皮膚糸状菌などの病原体の過剰増殖やニキビダニ（毛包虫）、センコウヒゼンダニなど外部寄生虫の有無、アレルゲンや刺激物との接触］が原因かどうかの判断
	皮膚掻爬検査（図2-7-6）	
	毛検査	
	ノミ取り櫛検査	
必要に応じて実施する項目	血液検査	内的要因（甲状腺機能低下症による内分泌異常、性ホルモン異常、不適切な食事内容による栄養不良や内臓疾患）が原因または増悪因子かどうかの判断
	内分泌検査	
	アレルギー検査	
	皮膚病理検査	
	ウッド灯検査※1	
	X線検査	
	超音波検査	

※1 ウッド灯検査は皮膚糸状菌（M.canis）を疑う場合

図2-7-5 五感を利用した情報収集の例

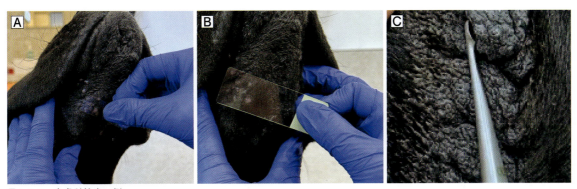

図2-7-6 皮膚科検査の例
セロハンテープによる皮膚押捺検査（A）、スライドガラスを用いた皮膚押捺検査（B）、皮膚掻爬検査（C）。

治療時の動物看護介入

動物看護を行う際の注目ポイント

❶ **薬剤の投与についての指導**
- 投薬に関して困っていることを飼い主から聴取する
- 適切な投与方法を獣医師に相談の上、飼い主に伝える

❷ **シャンプーについての指導**
- 自宅でのシャンプーのやり方、注意点を伝える

内科的治療

内科的治療は大きく分けて「内服薬または注射薬の投与」「外用薬の塗布」「シャンプー療法および保湿」の3つに分類できます。以下に、投薬、シャンプー指導のポイントを示します。

なお、使用する薬剤の例を**表2-7-2**にまとめましたので、参考にしてください（シャンプー剤に関しては、p.243を参照してください）。

①薬剤の投与についての指導

[適切な投与方法を指導する]

薬剤の投与については、適切な投与方法を指導することが重要です。例えば、薬剤をカプセルごと与えるのではなく、中身を出して与えていたりすると、薬剤の必要量を投与することができません。

重度の場合は、症状が落ち着くまで時間を要するので、根気よく投与してもらうように伝えます。ステロイド薬を使用する場合などは、消化器症状などの副作用が生じていないかを観察してもらいます。外用薬が処方された場合には、塗布する部位、量、頻度について指導します。

②シャンプーについての指導

[一連の流れをわかりやすく説明する]

クレンジングオイルの使い方、シャンプーの方法、お湯の温度、洗い方、泡立て方、乾かし方などについて説明します。飼い主が分かりやすいように、できれば写真やイラストなどを利用するとよいでしょう。また、シャンプーで皮脂を取りすぎて乾燥してしまうと、皮脂の過剰分泌を招いてしまいます。そのため、シャンプー後には必ず保湿剤を使用するように伝えます。

表2-7-2　治療方法と主な薬剤

治療方法	種類	薬剤名（商品名）
内服薬・注射薬	抗真菌薬	イトラコナゾール（イトラコナゾール）、ケトコナゾール（ケトコナゾール）
	副腎皮質ステロイド薬	プレドニゾロン（プレドニゾロンなど）
	免疫抑制薬	シクロスポリン（アトピカ）、オクラシチニブマレイン酸塩（アポキル）
	抗体医薬[※2]	ロキベトマブ（サイトポイント）
外用薬	副腎皮質ステロイド薬	ヒドロコルチゾンアセポン酸エステル（コルタバンス）、ジフルコルトロン吉草酸エステル（ネリゾナソリューション）、ジフルプレドナート（アレリーフローション）
	免疫抑制薬	タクロリムス水和物（プロトピック）
	抗真菌薬	ケトコナゾール（ケトコナゾール2％クリーム）

副腎皮質ステロイド薬や免疫抑制薬、抗体医薬は、痒みや炎症が強い場合やアレルギー性皮膚炎が基礎疾患にある場合に使用する（内服薬・注射薬・外用薬共通）

※2　抗体医薬：抗原抗体反応で抗原を中和することにより症状を緩和することを目的とした抗体を主成分とした医薬品

マラセチア皮膚炎

case 1　中等度症例

【事例情報】

- **基本情報**：シー・ズー、雌、11歳齢、7.0 kg、BCS 5/9
- **既往歴・基礎疾患**：犬アトピー性皮膚炎、甲状腺機能低下症
- **主訴**：皮膚の痒みが最近ひどくなってきた
- **経過**：1歳齢時から外耳炎を繰り返していた／5歳齢から鼠径部の紅斑、苔癬化の症状がみられ始める／抗菌薬や抗真菌薬、プレドニゾロン、アトピカなどを与えていたが、調子がよくなると飼い主が薬の服用を中止し、症状が悪化するといったことを繰り返していた／ここ数ヵ月は内服薬を使用せず、シャンプーによるスキンケアのみで様子をみていたが、症状が悪化してしまった。
- **各種検査所見**：
  - 身体検査所見：紅斑、鱗屑、脂漏、色素沈着、脱毛（図2-7-7、8）
  - 皮膚科検査所見：テープストリッピングによる押捺塗抹検査を実施し、鏡検対物レンズ40倍にてマラセチア、ブドウ球菌、変性好中球を検出
  - 血液検査所見：T4（0.65 μg/dL）、TSH（0.95 ng/mL）
- **治療内容**
  - 内服薬：シクロスポリンを処方（2週間だけ抗菌薬、抗真菌薬、プレドニゾロンを併用）／血液検査にてT$_4$の低下、TSHの上昇がみられたためチラージンの投与を開始
  - フード：ラボライン ピュアプロテインサーモンへ変更
  - シャンプー：週に1回N's drive スキンクリーニングオイルで下地洗い
    →皮脂汚れを除去したのちにヒノケアforプロフェッショナルズスキンケアシャンプーで本洗い→シャンプー後にヒノケアforプロフェッショナルズスキンケアローションを塗布

聴取項目と観察項目

皮膚科診察では情報収集（問診）がとても大切です。検査や治療をスムーズに進めるためにも、動物看護師が事前に飼い主から病歴を含め、下記の内容を聴取できるようにするとよいでしょう。

- ☐ 発症年齢（いつから？）
- ☐ 初発／再発（初めて？　それとも再発？）
- ☐ 発症部位
- ☐ 症状
- ☐ 食事やおやつ（給与内容や回数）
- ☐ 季節性の有無
- ☐ 予防の有無
- ☐ 痒みのスコア
- ☐ 便の回数

POINT　問診のコツ

漠然と質問していくのではなく、何を目的にその質問をしているのかを意識しながら聴取していくとよいでしょう。

治療法の見直し

case 1では下のような内容が確認できました。

　本症例は、過去にも抗菌薬、抗真菌薬、プレドニゾロン、シクロスポリンなどで改善がみられたので今回も同様の治療を行いましたが、思ったように改善しませんでした。若齢時より外耳炎を発症していたことが要因として考えられたため、獣医師と相談の上アトピー性皮膚炎に加えて食物アレルギーの併発の可能性も考慮し、食事を変更しました。また、加齢に伴い甲状腺機能低下症を発症していたことから、脂漏の増悪が疑われたため甲状腺ホルモン値も測定しました。

投薬指導

　飼い主への問診により、シクロスポリンをカプセルごと与えるのではなく、中身を出して与えていたことが分かりました。このことにより薬剤の必要量が投与できていなかった可能性が考えられたため、獣医師に相談の上、適切な投与方法の指導を行いました。

第2章 飼い主支援が重要な症候/疾患の動物看護

[問診票 case 1の聴取内容]

- ☐ いつから？（発症年齢）……（ 1歳齢の時から外耳炎あり ）
- ☐ 今回は初めて？ 再発？……（ 再発 ）
- ☐ どこに？（発症部位）……（ 体全体だが、特に首、脇（腋窩）、内股 ）
- ☐ 症状は？……（ 紅斑、鱗屑、脂漏、色素沈着、脱毛 ）
- ☐ 食事やおやつは？……（ 市販シニアフード／おやつはなし ）
- ☐ 季節性は？……（ 年中痒いが特に夏時期 ）
- ☐ 予防はしている？……（ している［フララネル（ブラベクト[※4]）］ ）
- ☐ 痒みのスコア……（ 8/10 ）
- ☐ 排便の回数[※3]と性状……（ 1日3回、やや軟便 ）

※3 排便の回数を確認するのは、食物アレルギーの可能性を考慮するため
※4 予防薬により外部寄生虫感染の除外ができる。ブラベクトはイヌニキビダニ、イヌセンコウヒゼンダニ、ノミ、マダニの駆除

〈改善前〉

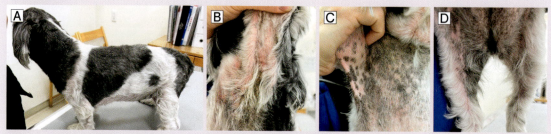

図2-7-7 case1の改善前の皮膚状態（紅斑、鱗屑、脂漏、色素沈着、脱毛）
A：体全体の脂漏　B：頸部の脱毛、紅斑、鱗屑　C：腹部の脱毛、紅斑、色素沈着　D：後肢内側の脱毛、紅斑

〈改善後〉

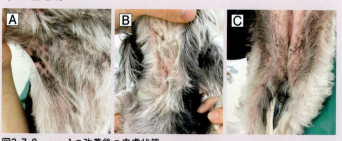

図2-7-8 case1の改善後の皮膚状態
赤みが減り、鱗屑がなくなった（A～C）。脂漏感はやや残っているものの、かなり発毛もしてきた。

マラセチア皮膚炎

POINT　痒みのスコア

痒みのスコア（PVAS*¹）は、飼い主が動物の痛みを10段階で評価するもので、痒みが全くない場合は0、最も痒い場合は10と数字をつけます。

数字をつける時の目安は
- 0：痒みなし
- 2：たまに痒そう
- 4：睡眠中、食事中、運動中は痒がらない
- 6：起きている時定期的に痒がる
- 8：睡眠中や食事中でも痒がる
- 10：ほとんどいつも、痒がっている

と評価します。

case 2　重症例

【事例情報】

- **基本情報**：シー・ズー、未去勢雄、12歳齢、7.7 kg、BCS 5/9
- **既往歴・基礎疾患**：犬アトピー性皮膚炎
- **主訴**：皮膚のベタつきが最近悪化してきて、痒みがひどくずっと掻いている
- **経過**：若齢時から体全体が脂っぽく、痒みが強い／アポキルを使用しているが改善されなかった
- **各種検査所見**：
  ・身体検査所見：紅斑、鱗屑、脂漏、色素沈着、苔癬化、脱毛（図2-7-9、10）
  ・皮膚科検査所見：テープストリッピングによる皮膚押捺検査を実施し、鏡検対物レンズ40倍にてマラセチア（＋＋）、ブドウ球菌（＋）、変性好中球を検出。皮膚掻爬検査、毛検査は異常なし
- **治療内容**
  ・内服薬：最初の2週間は抗菌薬、プレドニゾロンを使用し、炎症が落ち着いた段階でアトピカへ変更／皮膚の状態が悪くニキビダニ（毛包虫）、ノミの影響を除外するためにブラベクトを投与
  ・外用薬：苔癬化が重度の部位にはベタメタゾン吉草酸エステル（デルモゾールG）を塗布
  ・シャンプー：週に1回 N's drive スキンクリーニングオイルで下地洗い
  　→皮脂汚れを除去したのちに、DOUXOS 3 SEBで本洗い
  　→シャンプー後にPE セラミド・オリゴノールスプレーを塗布

聴取項目と観察項目

こちらの項目に関しては、case 1（p.235）と同様です。

皮膚科問診の実施

case 2では下のような内容が確認できました。この情報を獣医師と共有し、検査や治療、飼い主支援の内容を決定していきました。

治療の実施と投薬指導

case 2の飼い主は高齢のご夫婦であるため、しっかりと時間をかけて説明をする必要がありました。まず、脂漏、鱗屑、紅斑、脱毛、苔癬化、色素沈着が重度なことから、発毛するまでかなりの時間を要すると説明しました。また、脂によるベタつきがとても多く、皮膚の炎症も重度であったため、初めはステロイドを使用しました。その後、痒みが落ち着いた段階でステロイドは長期使用に向かないことと、脂の分泌をさらに抑えたかったことから、シクロスポリンに変更しました。内服薬をお渡しするときに、消化器症状などの副作用が生じていないかに関しても、観察していただくようにお伝えしました。さらに外用薬も処方されたので、外用薬を塗る部位と量、頻度を説明しました。

シャンプー／薬浴療法の実施と支援

シャンプーは週に1回クロルヘキシジン酢酸塩（ノルバサンシャンプー 0.5）で洗浄していましたが、皮脂が重度に付着していたためクレンジングオイルとシャンプーで皮脂汚れを除去するようにしました。動物病院のトリミングサロンでの薬浴を勧め、月に1回行うこととなりました。また、クレンジングオイルの使い方、シャンプーの方法、お湯の温度、

*1 Pruritus Visual Analog Scale

洗い方、泡立て方、乾かし方など写真を使って説明しました。シャンプーで皮脂を取りすぎ乾燥すると、皮脂の過剰分泌を招くため、シャンプー後には必ずPEセラミド・オリゴノールスプレーで保湿をするようにお伝えしました。

[**問診票** case 2の聴取内容]

- ☐ いつから？（発症年齢） …………（ 正確な発症日は覚えていないが若齢時から ）
- ☐ 今回は初めて？　再発？ …………（ ずっと痒みがある状態 ）
- ☐ どこに？（発症部位） …………（ 全身に発症しているが、特に四肢と頸部腹側が重症 ）
- ☐ 症状は？ …………（ 紅斑、鱗屑、脂漏、色素沈着、苔癬化、脱毛 ）
- ☐ 食事やおやつは？ …………（ VET LIFE皮膚ケア 低アレルゲン ニシン&ポテト（ファルミナ）を給与 ）
- ☐ 季節性は？ …………（ なし ）
- ☐ 予防はしている？ …………（ 特にしていない ）
- ☐ 痒みのスコア …………（ 9/10 ）
- ☐ 排便の回数と性状 …………（ 1日2回、便は良好 ）

マラセチア皮膚炎

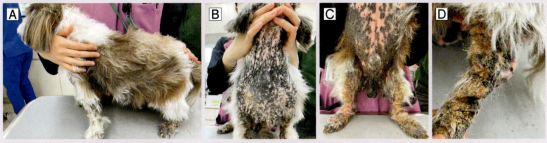

図2-7-9　case 2の改善前の皮膚状態（紅斑、鱗屑、脂漏、色素沈着、苔癬化、脱毛）
A：体全体の脂漏　B：頸部の脱毛、紅斑、色素沈着　C：下腹部の脱毛、紅斑、鱗屑、苔癬化、色素沈着
D：後肢の脱毛、紅斑、鱗屑、苔癬化、色素沈着

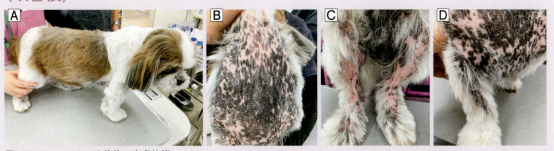

図2-7-10　case 2の改善後の皮膚状態
四肢に付着していた重度の鱗屑と苔癬化が改善し、赤みと脂漏感も減りました（A〜D）。前胸部以外は発毛もかなりみられてきました（C、D）。

飼い主支援

内服薬を使用する場合

相談しやすい環境の提供

　使用する内服薬に対する不安を払拭できるようにしましょう。特にマラセチア皮膚炎の治療ではステロイドを使用することが多いので、とても重要です。

　飼い主は薬の使用に対して不安に思っていても、獣医師に対してはなかなか言いづらいこともあると思います。また、最近はインターネットで簡単に情報が得られるので、たくさん調べすぎてしまいどんどん不安になってしまう飼い主もいます。そのようなとき、動物看護師から改めて薬のことを説明したり、「不安なことはないですか？」と一言質問をすることで、気持ちを話してくださるかもしれません。

　また、普段から飼い主と雑談などでも積極的に話をするようにしておくと、飼い主にとって相談のハードルが下がります。相談しやすい（話しやすい）環境をつくるように心掛けておきましょう。

投薬指導

　マラセチア皮膚炎の治療では、投薬が長期間にわたることが多いため、投薬が難しい状況だと薬を飲ませるという行動が飼い主の負担になってしまいます。

　少しでも負担が減らせるように、投薬方法を一緒に練習や実演してみましょう。それでも難しい場合には、投薬補助商品（ちゅーる、メディボールなど）を利用する方法を考えましょう（ただし、この方法は食物アレルギーがない場合に限ります）。

外用薬を使用する場合

使用頻度と正しい使用量に関する指導

近年1FTU[*2]を基準として外用薬を使用する際の目安が行われるようになっています。1FTUとは、人差し指の先端から第1関節までチューブからしぼり出した量を目安とするものです（**図2-7-11**）。獣医師から伝えられた薬剤の塗布回数の指示は理解していても、塗布する量が少なすぎると期待した効果が得られず、意味のないものになってしまいます。また、量が多すぎると動物に不快感を与えてしまったり、ステロイドの外用薬の場合、治療のためどころか逆に皮膚病（ステロイド皮膚症）になってしまったりします。

上記のような状況を防ぐためにも、あいまいな量の指示ではなく、共通認識の単位を使って説明するようにしましょう。また、外用薬は種類によって使用感が大きく違います。軟膏やクリーム、ローションなど、初めて使用する飼い主のためにも、できれば質感や使用感なども伝えられるようにしましょう（**図2-7-12**）。

外用薬を塗ったところを気にする、舐めてしまうなどの相談を受けることもあると思います。少しでもその動物にとってストレスをかけない方法を一緒に考えましょう（**図2-7-13**）。

図2-7-11　1FTU（ワン・フィンガー・チップ・ユニット）

図2-7-12　腕に塗り、質感の違いを伝えている様子

散歩で気分を紛らわせよう！

- まず患部に外用薬を塗布する

↓

- 30分位散歩に行く（薬を塗って30分〜1時間で成分は吸収されるといわれているため）

↓

- 散歩から帰ってきて四肢を拭くときに、一緒に外用薬を塗布した部分を拭き取る

このようにすることで外用薬を舐めることも減り、動物にかかるストレスを減らすこともできます。また、皮膚上に残っている余分な薬も拭き取ることができます。

図2-7-13　外用薬塗布に対するストレス軽減方法の例

[*2] Fingertip Unit

| ポイントはココ！ | 検査 | 治療時の動物看護介入 | **飼い主支援** |

マラセチア皮膚炎

その他

下記のそれぞれの項目に関しても必要に応じて、飼い主支援が必要な場合があります。聴収内容と合わせて、どのような支援を行うべきかを考えることが大切です。

自宅環境の把握と必要に応じた改善指導

不衛生な環境で生活していませんか？

いつも使っているベッドやブランケットなどがある場合、こまめに洗って取り替えるようにしてもらいましょう。

部屋が乾燥しすぎていたり、ジメジメしていませんか？

エアコンや加湿器を使ってできるだけ一定に保つようにしてもらいましょう。

ストレスの少ない生活ができていますか？

犬種にあった運動を行ったり、ゆっくりと休める場所を設けてもらうようにしましょう。四六時中うるさい環境であったり、人の出入りがある場所にベッドがあると、質の良い休息が取れずストレスが溜まってしまいます。また、運動不足もストレスの原因になるので、犬種に合わせた散歩時間や、外が苦手な動物にはおもちゃを使っていつもより長く遊ぶなどして、体を動かす時間をつくるように飼い主へお伝えしましょう。

規則正しい生活ができていますか？

人と同じで動物にとっても不規則な生活はストレスの原因になります。できるだけ同じ時間に食事、散歩、就寝ができるようにしていただきましょう。

食事内容の把握と必要に応じた改善指導

フードの成分表示を確認しましょう！

フードは総合栄養食、間食、療法食、その他の目的食などに分類されます。米国飼料検査官協会（AAFCO[*3]）などの基準を満たした総合栄養食とは、水と該当ペットフードのみで健康を維持できる栄養素的にバランスの取れた製品のことです。皮膚や被毛を構成するタンパク質は全食事量の3割にもなります。そのため、良質なタンパク質を豊富に含んだ食事は、皮膚にトラブルのある動物にとって非常に大事です。また、タンパク質以外にも抗炎症作用のあるオメガ3脂肪酸、肌のバリア機能をUPさせるアミノ酸やビタミン類などを摂取することも効果的です。

その他に最近ヒトでも話題になっている腸内環境の改善も免疫力UPに役立つといわれています。乳酸菌やオリゴ糖などの摂取で腸内環境を整えることによって、マラセチア皮膚炎の症状を緩和することが期待できます。

その動物にあった食事を給与できていますか？

対象となる犬の状態や生活スタイル、年齢によって必要な栄養素は変わります。シニアになっても幼齢の頃からずっと同じフードを与えていたり、おやつの与えすぎなどでは偏りがでてしまいます。おやつの与えすぎは肥満の原因にもなるので少量に抑えるようにお伝えしましょう。

質の悪いフードを与えていませんか？

開封してから時間が経ってしまっていたり、適切な温度や湿度で保存されていないフードは、酸化して品質が変わってしまいます。開封後の消費期限や保存方法は守るようにしてもらいましょう。

[*3] The Association of American Feed Control Officials

モチベーション維持の工夫

マラセチア皮膚炎は良悪の波があり、繰り返しやすい病気です。急性期にはシャンプーなどを頑張っていても、症状が軽くなると面倒さから飼い主の自己判断でやめてしまい、また悪化してしまう。そんなマイナスなループになってしまわないように継続的なケアを行うためにも、飼い主のモチベーションの維持が大切です。

とはいえ、限られた診察時間のなかでは、獣医師が飼い主さん一人ひとりに長い時間を割いてケアすることは難しいかと思います。そこで、獣医師が手の回らないところをより身近な存在である愛玩動物看護師が補ったり、飼い主とのコミュニケーションで得た情報や変化を獣医師へ伝達できる潤滑剤となれれば、良いチームとして機能していくはずです。どんな些細なことでも話せるような、愛玩動物看護師と飼い主という関係よりも、もっと距離の近い友人のような関係を築けるように、積極的にコミュニケーションを取っていきましょう（**図2-7-14**）。

また、頑張ってケアをしていても飼い主は誰かから褒めてもらったり労ってもらうことが少ないのではないかと思います。「やって当たり前」ではなく、自宅での継続的なケアがどれほど大変なことかを共有したり、実施できていることに対してはしっかりと褒めてあげましょう。褒めることが「モチベーションの維持＝継続的な治療」になるはずです。

図2-7-14　愛玩動物看護師による問診、説明

ステップアップ！
シャンプーの上手な使い分け

マラセチア皮膚炎を発症した動物にとって、シャンプーは非常に大切です。シャンプーが治療の一環として取り入れられることも多く、内服薬や外用薬を減らすこともできます。また、治療だけでなく皮膚トラブルの予防にもなります。ですが、使用方法が間違っていてはせっかくのシャンプーも意味のないものになってしまい、実際に「うまくシャンプーができなかった」と感じる方が多いと聞きます。

シャンプー剤の種類や自宅でのシャンプー方法を飼い主にお伝えできるようにしましょう（**表2-7-3、図2-7-15**）。

※第2巻の3章-2「投薬」p.290「薬浴の手順」を参考にしてください。

表2-7-3　各シャンプー剤の使用方法

種類	製品例	使用方法
低刺激	アデルミル ヒノケア forプロフェッショナルズ スキンケアシャンプー BASICS DermCare 低刺激シャンプー N's drive スキンシャンプー オーツホイップクリームシャンプー デュクソ S3 カームシャンプー	低刺激といわれているシャンプーには、アミノ酸系のアニオン界面活性剤やノニオン界面活性剤が使用されていることが多いです。洗浄力が穏やかなため皮膚への刺激が少なく、アトピー性皮膚炎が基礎疾患にあり皮膚のバリア機能が弱っている動物やクレンジングオイルで皮脂をしっかり落とした後に使用するのに適しています。皮膚に刺激を与えないように、事前にしっかりと泡立てネットなどを用いて泡立てることが大切です。泡立てる余裕があまりない場合には、ポンプ式で泡だったものが出てくるタイプのシャンプーを使用するとよいでしょう。
脂漏、角質溶解	ケラトラックス デュクソ S3 セボシャンプー	脱脂作用や角質溶解、皮膚の軟化作用があります。このタイプのものもよく泡立てて使用します。被毛ではなくしっかりと皮膚に泡が触れるように皮膚になじませてから洗い流しましょう。皮脂やフケが多い場合に適しています。
薬用	酢酸クロルヘキシジン（薬用酢酸クロルヘキシジンシャンプー） クロルヘキシジングルコン酸塩（マラセキュア） ピロクトンオラミン（メディダーム）	殺菌成分が含有されており皮膚に馴染ませて使用します。ずっと使い続けるわけではなく、症状が改善されたら使用頻度を少なくしていきます。シャンプーと名前は付いていますが、泡立てて使うのではなく原液をそのまま体に塗布して使用する外用薬のようなイメージです。下地洗いシャンプーの後に使用し、できれば5～10分ほどつけ置きしましょう。
クレンジングオイル	BASICS DermCare クレンジングオイル N's drive スキンクリーニングオイル	体は濡らさずに使用します。オイルと皮脂を馴染ませて落とすというもので、強力な界面活性剤を使用しなくても、やさしくしっかりと皮脂を落とすことができます。ただ、クレンジングオイルが肌に残ると皮膚が荒れる原因になってしまうので、クレンジングの後は低刺激なシャンプーを使う必要があります。
保湿剤	ヒノケアforプロフェッショナルズ スキンケアローション BASICS DermCare モイスチャライズ N's drive スキンバリア・ヴィア ダームワン PE セラミド・オリゴノール スプレー プレミアム リゾペール	保湿剤の種類には油性成分で皮膚表面を覆い水分の蒸散を防ぐエモリエント（ワセリンなど）と、保湿成分そのものを補充するモイスチャライザー（セラミドなど）があります。また、保湿剤の基材には軟膏、クリーム、ローション、スプレーがあります。保湿したい部位や犬の性格によってこれらを使い分けることが必要です。保湿はシャンプーでの洗浄時だけでなく、可能であれば毎日行うのが効果的です。シャンプー後に使用する場合はドライヤーで乾かした後に保湿をしましょう。

図2-7-15　当院で使用しているシャンプー剤と保湿剤の一例
A：オーツホイップクリームシャンプー（日本全薬工業株式会社）
B：BASICS DermCare 低刺激シャンプー（株式会社QIX）
C：アデルミル（ビルバックジャパン株式会社）
D：デュクソ S3 カームシャンプー（日本全薬工業株式会社）
E：ヒノケア for プロフェッショナルズ スキンケアシャンプー（エランコジャパン株式会社）
F：デュクソ S3 セボシャンプー（日本全薬工業株式会社）
G：ケラトラックス（ビルバックジャパン株式会社）
H：マラセキュア（ささえあ製薬株式会社）
I：メディダーム（日本全薬工業株式会社）
J：N's drive スキンクリーニングオイル（株式会社グラッド・ユー）
K：BASICS DermCare クレンジングオイル（株式会社QIX）
L：BASICS DermCare モイスチャライズフォーム
　　BASICS DermCare モイスチャライズ（株式会社QIX）
M：N's drive スキンバリア・ヴィア（株式会社グラッド・ユー）
N：ヒノケア for プロフェッショナルズ スキンケアローション(エランコジャパン株式会社）
O：リゾペール（和興フィルタテクノロジー株式会社）
P：PE セラミド・オリゴノール スプレー プレミアム（株式会社QIX）

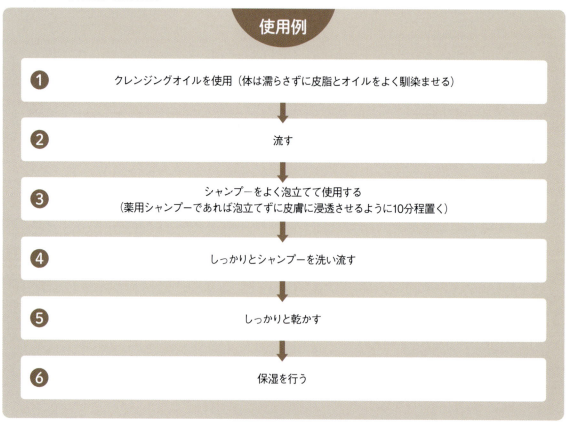

まとめ

マラセチア皮膚炎の治療やケアは、飼い主さんの協力が不可欠な疾患です。この注射を打てば治る、手術をすれば治るといったものではなく、1頭1頭治療方法や期間が異なるため時間のかかる病気だと思います。それゆえに愛玩動物看護師が積極的に治療にかかわれる病気でもあります。飼い主さんとのコミュニケーションを大切にして、より良い治療につなげていけるようにしていきましょう。

愛玩動物看護師・若山由紀子

マラセチア皮膚炎など生涯を通して付き合っていかなければいけない皮膚病の治療はとても大変です。正しい知識を持ち、正しい治療法を行っていても、それが飼い主さんの性格、自宅環境、経済状況にあっていなければ、治療を続けてくれなくなります。多くの手札の中からその動物に合わせた最善の方法を飼い主さんと一緒に考え、共に力を合わせて治していくという意識がとても大切だと思います。決して一方通行ではいけません。そのためには獣医師だけでなく動物看護師とトリマーの力が必要です。ぜひ本稿を参考にしてみてください。

獣医師・飯田惇一

監修者からのコメント

本稿にもあるように、飼い主さんが自宅でどれだけ上手に外用薬を塗布したり、シャンプーしたりするかが、この疾患をうまく管理するキーポイントとなります。

正しい外用薬の塗布の仕方や、シャンプーの仕方の指導をするにはまず、自分が体験すること。動物病院にサロンが併設されている、もしくはシンクがあるなら獣医師の指導の下、あなた自身でシャンプーしてみましょう。どれだけ大変な作業なのか身をもって理解できれば、心からねぎらいの言葉がかけられるはずです。このような慢性疾患では、愛玩動物看護師が飼い主さんの伴走者になってあげることで、飼い主さんとその動物のQOLがぐっと上がります。

獣医師・横井愼一

第2章 飼い主支援が重要な症候／疾患の動物看護

8. 瘙痒②
「痒がっている」／皮膚糸状菌症

執筆者		監修者
生野佐織（しょうのさおり）／ 愛玩動物看護師（日本獣医生命科学大学）	横井達矢（よこいたつや）／ 獣医師（よこい犬猫クリニック）	左向敏紀（さこうとしのり）／ 獣医師（日本獣医生命科学大学名誉教授）

症状 瘙痒

主訴 「痒がっている」

STEP UP! 医療関連感染（院内感染）防止の重要性

- 皮膚糸状菌症について理解し、診断・治療のために必要な聞き取りを行うことができる
- 内服および外用薬指導、自宅での感染症対策のアドバイスなど、症状に合わせた飼い主支援ができる
- 人獣共通感染症ということを理解し、皮膚糸状菌に適した動物病院内での感染症対策が実施できる

"瘙痒"と"皮膚糸状菌症"

　動物の皮膚疾患は多岐にわたり、単純に「痒がっている」といった症状だけでは診断が難しく、どの程度痒みがあるのか、どの部位に症状がでているのかなど、痒みだけでなくその他の情報収集が非常に重要となります。さらに、皮膚疾患の中には、動物と人のどちらにも感染する人獣共通感染症が隠れていることがあります。人獣共通感染症であった場合、動物の治療だけでなく、動物病院スタッフおよび飼い主に対する感染症対策の指導が必要となります。
　本稿では、痒みを引き起こし、人獣共通感染症でもある皮膚糸状菌症について、愛玩動物看護師に必要な知識、飼い主への対応、そして感染症対策について解説していきます。

第2章 飼い主支援が重要な症候／疾患の動物看護

動物看護の流れ

case 瘙痒「痒がっている」

ポイントはココ！
p.250

皮膚糸状菌症の発生要因として重要なこと
- 感染経路
- 人獣共通感染症
- 集団感染
- 不顕性感染
- 易感染状態の動物が感染しやすい

押さえておくべきポイントはココ！

〜 "瘙痒"と"皮膚糸状菌症"の関係性とは？ 〜
① 瘙痒、発赤、脱毛のある他の疾患との鑑別[※1]が重要
※1 p.264 表2-9-1「痒みを呈する疾患として考えられるもの」参照
② 特徴的な臨床症状を抑えることが重要

上記のポイントを押さえるためには
情報収集が大切！

検査
p.251

一般的に実施する項目	必要に応じて実施する項目
☐ 問診	☐ 真菌培養検査
☐ 皮疹の観察	☐ 遺伝子検査（PCR法）
☐ ウッド灯検査	
☐ 被毛や角質の直接鏡検（皮膚掻爬検査）	

248

| ポイントはココ！ | 検査 | 治療時の動物看護介入 | 飼い主支援 |

皮膚糸状菌症

8 瘙痒② 「痒がっている」

治療時の動物看護介入 p.252

"皮膚糸状菌症"と診断

治療方法
- 外用薬、シャンプー
- 内服薬

case1
- 身体の一部分に感染している軽度感染事例
  - 外用薬の塗布およびシャンプー方法の指導
  - 飼い主の症状に対する指導

case2
- 基礎疾患があり全身に症状がある重度感染事例
  - 同居動物に対する指導
  - ストレスへの対策
  - 飼い主指導／支援
  - 家庭での感染症対策の指導

共通する聴取・観察項目

- 聴取項目
  - 易感染状態の確認（年齢、基礎疾患、薬物投与歴など）
  - 症状（自宅での痒みの程度・部位など）
  - 季節性の有無
  - 飼育環境（多頭飼いなど）
  - 看護動物以外（同居動物、飼い主、家族）の感染の確認

- 観察項目
  - 皮膚の状態（限局性または全身性、赤みの程度、鱗屑・脱毛の有無など）
  - 痒みの程度

飼い主支援 p.256

経過に応じた飼い主支援
（case 1・case 2 共通）
- 投薬指導
- シャンプー指導
- 家庭での感染症対策

 STEP UP! 「医療関連感染（院内感染）防止の重要性」について考えてみましょう！ p.258

長期的な治療や管理が必要なポイントはココ！

"瘙痒"と"皮膚糸状菌症"の関係性とは？

皮膚糸状菌症とは？

皮膚糸状菌症とは、動物病院でも来院頻度の高い一般的な皮膚疾患で、ヒトにも感染する人獣共通感染症であり、公衆衛生学的にも非常に重要な疾病です。皮膚糸状菌は多くの種類が知られており、動物やヒトに病原性を示すのは、Microsporum、Trichophyton、Nannizzia、Epidermophytonの4属です。皮膚糸状菌は土壌にも生息しており、外飼いや土壌に触れる機会の多い動物が感染する可能性が高くなります。

国内では犬への感染のうち70%がMicosporum canis M.canisで、M.gypsrumが約20%、Trichophyton mentagrophytesが約10%といわれています。猫ではM.canisが約90%を占めており、被毛にのみ生息している場合もあり、汚染された被毛によって感染が拡大することがあります[1,2]。

発生要因

皮膚糸状菌は角質組織を好む病原性真菌であり、本菌に感染した動物との直接接触や汚染された環境からの間接接触によって伝播されると考えられています[3]。一方で、表皮や被毛上に付着しただけでは感染は成立しません（これを腐生と呼びます）。菌体が角質組織の中に入り込むことで感染が成立し発症するだけでなく、感染後無徴候である不顕性感染となり、保菌動物（キャリア）となることがあります。特に猫はキャリアとなっていることが多いため、感染を拡大させることがあります。そのため、体表から検出された場合に腐生、感染、キャリアのどの段階に当てはまるかを意識して観察を行うことが重要となります。

特に注意が必要なのが集団感染です。ペットショップや多頭飼育では、罹患動物との接触頻度が高く、汚染物を除去するのが難しいことから、感染が蔓延しやすく治療が困難になることが多い傾向にあります。さらに、幼齢／高齢動物や免疫力が低下しているなどの易感染状態の動物が感染しやすく、症状の悪化を招くとされています。

臨床症状

症状は、表在性皮膚糸状菌症と深在性皮膚糸状菌症に分類されます。表在性皮膚糸状菌症は感染が表皮または爪に留まり、脱毛、丘疹、紅斑、痂皮、落屑、膿疱などの皮膚病変が認められ、炎症により環状紅斑（表皮小環、リングワーム）が形成される場合もあります（図2-8-1、2）[1,3]。一般的に左右非対称性に発生します。猫では、鱗屑を伴う不規則な斑状脱毛症として現れることがあり[4]、好発部位は顔回りで、四肢など直接患部に接触しやすい末端に進行しやすいとされています。深在性皮膚糸状菌症は、皮下に肉芽腫瘤病変などの隆起性病変を形成します。

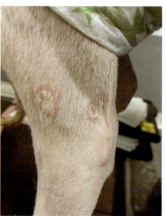

図2-8-1　右側後肢に局在した環状紅斑

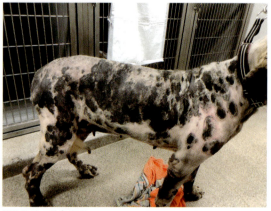

図2-8-2　全身症状
（提供：日本獣医生命科学大学付属動物医療センター　安田暁子先生）

皮膚糸状菌症

検査

一般的に実施する項目	必要に応じて実施する項目
□ 問診 □ 皮疹の観察 □ ウッド灯検査 □ 被毛や角質の直接鏡検 　（皮膚掻爬検査）	□ 真菌培養検査 □ 遺伝子検査（PCR法）

代表的な検査のポイント

皮膚糸状菌症の検査についてはさまざまなものがありますが、本稿では一般的に実施する項目として「ウッド灯検査」と「被毛や角質の直接鏡検（皮膚掻爬検査）」を、必要に応じて実施する項目として、「真菌培養検査」と「遺伝子検査（PCR法）」について解説します。

ウッド灯検査

*M.canis*は皮膚や被毛で成長する際に蛍光体を産生することが知られており、感染した被毛を迅速に検出することを目的にウッド灯を用います。しかし、同じ皮膚糸状菌症の原因である*M.gypseum*や*T.mentagrophytes*は蛍光体を産生しないとされています[3]。環境中にも緑色蛍光を発する物質があるので注意が必要です。ウッド灯検査は、*M.canis*の感染部位の特定、治療効果の判定、汚染物の探知に利用可能です。

被毛や角質の直接鏡検（皮膚掻爬検査）

成書に「皮膚糸状菌の診断には臨床症状、病変部の直接鏡検、ウッド灯検査、培養検査、病理組織学的検査があるが、最も簡単で短時間で確定診断できるものは直接鏡検である」[5]と記載があるように、病変部の検査として容易に行うことができます。病原菌が採取されやすいのは、環状紅斑の中心部ではなく健常部位との境界部であるため、この部分の被毛や落屑を採取することが診断に有用となります。菌糸や分節分生子※2（**図2-8-3**）を検出することで感染を確定することができますが、鏡検による診断は経験を要するものであるため評価が難しいこともあります。ウッド灯検査で陽性を示した被毛の鏡検を行うことで検出率は高くなるため、両者の併用が推奨されています。

※2　分節分生子：菌糸が発育し多数のしきりのような壁（隔壁）が生じ、胞子化したもの。*M.canis*では球形の分節分生子が認められる。

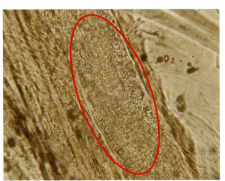

図2-8-3　毛の顕微鏡画像

真菌培養検査

真菌培養は、毛などの検体を適切に採取し、正しい方法で培地へ接種しなければ正確な結果が得られません。検体は、滅菌した歯ブラシや粘着テープを用いたり、または滅菌したピンセットを用いて病変部辺縁の被毛や痂疲を採取します。歯ブラシを用いた方法は検出率が高い一方で、腐生菌などの非病原菌による偽陽性率を上げてしまうことやコンタミネーションにより判定が難しい場合があることが問題となります。被毛や痂疲を培地に接種する方法も推奨されており、ウッド灯検査と併用することで本当に菌体要素であったかを確認するとともに、原因菌の同定のためにも行います。培地は、原因菌を簡単かつ迅速に鑑別するためのDTM[*1]培地（**図2-8-4**）や、菌種同定に適したクロラムフェニコールおよびシクロヘキシミド添加サブローブドウ糖寒天培地が

*1 Dermatophyte Test Medium

用いられます。採取した検体を培地に接種し室温または24〜27℃で静置し、既定の時間でコロニーの形状や菌形態の観察を行います。

図2-8-4　DTM培地（培養前）

遺伝子検査（PCR法）

感染していると考える被毛や組織サンプルを遺伝子検査にかけ、陽性がでれば皮膚糸状症を診断できます。感度は極めて高いとされています。しかし、死滅した菌体や偶発的に付着していた菌体も検出してしまうため、偽陽性率も高くなることに注意が必要です。多くの場合、治療終了判定の目安として使われます。

治療時の動物看護介入

動物看護を行う際の注目ポイント

❶ 外用薬投与に際しての飼い主への聴取
・年齢（幼齢／老齢）
・基礎疾患の有無（免疫力が低下するような疾患であるか）
・薬物投与歴（ステロイドや免疫抑制剤など易感染状態を引き起こす薬物か）

❷ 罹患動物の観察
・長期投与における副作用を把握するため、血液検査などのモニタリングが必要

治療法について

治療は局所療法（外用薬、シャンプー）と全身療法（内服薬）に分かれ（**図2-8-5**）、それに加えて環境の清掃・消毒や経過観察が重要となります。

皮毛に被われている犬猫では、薬物療法については内服薬の投与が基本となります。ただし、肉芽腫性病変を形成している場合では、肉芽腫によって抗真菌薬が真菌まで到達しにくいため、内服薬での完治は困難です。そのため、できる限り外科的に病巣を切除してから抗真菌薬の内服を併用するのが望ましいです。

外用薬

①外用薬投与に際しての飼い主への聴取

[飼い主から詳細な情報を聴取する]

外用薬は、イミダゾール系またはモルフィリン系外用薬が使用されています。薬物療法を行うに当たっては、まずは飼い主からの詳細な情報収集が欠かせません。年齢（幼齢／老齢）、基礎疾患の有無（免疫力が低下するような疾患であるか）、薬物投与歴（ステロイドや免疫抑制剤など易感染状態を引き起こす

皮膚糸状菌症

薬物など）などを聴取します。その上で、若齢動物や肝疾患などの基礎疾患を有する動物や、抗真菌薬の内服薬を使用できない場合（内服薬との併用が禁止されている薬剤を投薬しているなど）は、病変部位を確認し、感染が浅く限局された病巣にのみ塗布します[5]。

シャンプーは、二次感染の予防および環境中への飛散を防ぐことができます。石灰硫黄合剤溶液、クロルヘキシジンシャンプー、ミコナゾール含有シャンプーなどが使われます。

内服薬

②罹患動物の観察

[内服薬の長期投与では、血液検査などのモニタリングを行う]

犬と猫の皮膚糸状菌の内服薬については、イトラコナゾール（イトラコナゾール、イトリゾールなど）とテルビナフィン塩酸塩（テルビナフィン）の有効性が高く[6,7]、副作用の可能性が低く安全性が高い抗真菌薬とされ、よく使用されています。ただし、長期投与で消化器症状、食欲不振、血小板数減少、肝障害の報告があるため、治療中は血液検査などのモニタリングが必要です[8]。

治療の判定

臨床症状の改善、改善した患部の直接鏡検および培養検査の陰性化、M.canis感染の場合はウッド灯検査の陰性化などで判定し[5]、1～4週間ごとの真菌培養にて2回連続で陰性が確認できた場合に治療終了としています。

なお、毛包周囲の皮膚深部にまで感染が及ぶ（深在性皮膚糸状菌症）と被毛により外用薬の塗布が難しくなり、また外用薬と内服薬の併用は治療が遷延化するとの報告があります。

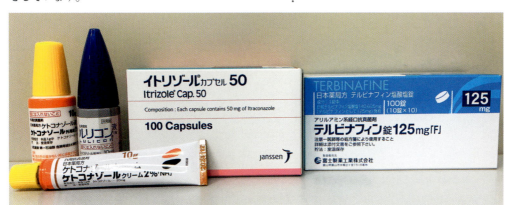

図2-8-5　治療に用いられる主な内服薬と外用薬の例

case 1　身体の一部分に感染している軽度感染事例

【事例情報】
- **基本情報**：ミニチュア・ダックスフンド、不妊雌、10歳5ヵ月齢、2.8kg、BCS 4/9
- **既往歴・基礎疾患**：なし
- **主訴**：特にない（飼い主の偶然の気づき）
- **経過**：飼い主が爪切りを実施する際に右側前肢指間（第3〜4指間）が赤くなっており、フケ（黄色鱗屑）がでていることに気づく。動物に痒がる様子はないが、健康診断のついでに診てもらうために受診。飼い主の首もとおよび腕に発疹ができ、痒みがある
- **各種検査所見**
  - 身体検査：特異所見なし
  - 血液検査所見など：特異所見なし
  - 皮膚検査所見：ウッド灯検査で陽性反応を示し、直接鏡検下で真菌胞子が認められた
- **治療内容**：症状が出ている箇所に抗真菌薬（外用薬）を塗布、感染のある局所のみシャンプーおよび足浴（週1回）、全身のシャンプー（月1回）

右側前肢指間の紅斑

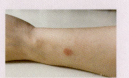
飼い主の腕に認められた円形紅斑

聴取項目と観察項目

聴取

　皮膚疾患では鑑別のために飼い主からの詳細な情報収集が必要になります。皮膚糸状菌症の場合は免疫力が低下している動物が罹患しやすいことから、年齢（幼齢/老齢）、基礎疾患の有無（免疫力が低下するような疾患であるか）、薬物投与の有無（ステロイドや免疫抑制剤など易感染状態を引き起こす薬物か）を聴取します。また他の皮膚疾患との鑑別のために、下記に挙げるような問診項目を聴取するとよいでしょう。皮膚糸状菌症は、ペットショップや多頭飼育の家庭で感染することが多いことから、飼育環境についても詳しく情報を聞き取ります。さらに人獣共通感染症であるため、飼い主や飼い主家族、同居動物に感染がないか確認します。

- ☐ 痒みに関して（痒みのある部位、いつから、初発／再発、痒みのスコア、季節性、予防薬投与の有無）
- ☐ 皮膚の状態に関して（痒み以外の症状、脱毛の有無、脱毛のある部位）
- ☐ 飼育環境［同居動物の有無、飼育場所（室内／室外）、感染している可能性のある動物との接触歴］
- ☐ 年齢
- ☐ 基礎疾患の有無
- ☐ 薬物投与歴
- ☐ 家族や同居動物に痒みや赤みなど、皮膚糸状菌症に関連して症状がでているか

観察項目

- ☐ 鱗屑や落屑の有無
- ☐ 皮膚の赤みの程度
- ☐ 境界が明瞭な円形ないし類円形の紅斑性落屑性脱毛斑
- ☐ 色素沈着
- ☐ 膿瘍
- ☐ 限局性または全身性（どの部位に症状が出ているか）

シャンプーについての指導／支援

　case 1では、基礎疾患もなく、感染が身体の一部分に留まり、痒みもなく動物が気にする様子もなかったため、感染が身体の他の部位に広がる可能性が少ないと獣医師が判断しました。飼い主も日頃から自身で動物のシャンプーを行っており、薬の塗布や局所シャンプーは家庭で実施できるとのことだったので、薬の塗布方法やシャンプーの方法を指導しました。また、飼い主には、ヒトが皮膚糸状菌に感染したときにみられる特徴的な環状紅斑が出ており、感染が疑われました。飼い主には、皮膚糸状菌症は人獣共通感染症であり飼い主自身も感染している可能性があることを伝え、速やかに病院を受診するように促しました。治療中は過度な接触は控え、ペットに触れた場合は必ず手洗いを行うように指導しました。月1回のシャンプーは病院で行いました。シ

ャンプーの際には、患部の右側前肢だけでなく全身を確認し、その他の箇所に感染していないことを確認しました。

case 2 　基礎疾患があり全身に症状がある重度感染事例

【事例情報】
- **基本情報**：猫（Mix）、不妊雌、15歳3ヵ月齢、4.5kg、BCS 6/9
- **既往歴・基礎疾患**：クリプトコックス症による化膿性肉芽腫性炎症
- **主訴**：痒みがあり、毛が抜けている
- **経過**：現病の治療中に、耳の先端より脱毛が始まり、数日で全身に症状が広がった。複数箇所の脱毛、紅斑、鱗屑、痒みがみられる。プレドニゾロン、ウルソデオキシコール酸、ガスモチン、ファモチジンを投与
- **各種検査所見**
    - 身体検査：特異所見なし
    - 血液検査など：ALT、ALPの軽度上昇
    - 皮膚検査：ウッド灯検査で陽性反応を示し、培養検査で皮膚糸状菌の発育を認めた。また、PCR検査にて*M.spp*、*M.canis*および*T.spp*が陽性となった
- **治療内容**：抗真菌薬（内服薬・外用薬）

広範囲にわたる脱毛、紅斑、鱗屑

聴取項目と観察項目

　case 2は、基礎疾患の治療中で、また高齢であることから、易感染状態であり皮膚糸状菌の治療が長期にわたると考えられました。基礎疾患の治療も継続しなければならないこと、またストレスを感じやすい性格であることから、看護動物の性格と飼い主の負担を考慮した動物看護介入を考えて実施しました。

聴取
　基本的にはcase 1と同様です。しかし、同居猫が4頭いることから、他の猫に感染している可能性、もしくは他の猫から感染した可能性を考慮し、来院した動物以外の同居猫についても似たような症状がでていないか必ず確認します。

観察項目
　case 1と同様です。

診察および処置時の看護動物への対応

　重度の感染であったため、内服薬と外用薬を同時に使用することとなり、患部の毛刈りが必要となりました。毛刈りに必要なものや感染症対策に必要なものを事前に準備し、動物の身体をタオルで包み込むなど手早く処置を行い、看護動物のストレスが軽減するように対応しました。

同居動物に対する指導

　皮膚糸状菌は多頭飼いで蔓延することから、感染動物と同居動物は接触させないように隔離することを提案しました。また、同居動物に関して問診を行ったところ、発症数週間前に野良猫を引き取ったことが分かりました。皮膚糸状菌は土壌にも生息しており、引き取った猫も感染している可能性が高いことから、この猫も同様の検査をすることをお勧めしました。また、その他の同居猫にも同様の症状が出た場合は、速やかに動物病院を受診するように伝えしました。

ストレスへの対策

看護動物は、自宅では同居猫と遊ぶことや飼い主と触れ合うことが好きであり、隔離することでストレスとなり治療がさらに長引くのではないかと飼い主が不安に感じていました。そこで、飼い主には定期的に看護動物と触れ合っていただき、触れ合い後は必ず念入りに手洗いを行うこと、また他の猫に接する場合は洋服を着替え、看護動物の毛が付着していないか確認して接するように話しました。また、正しい手洗いの方法を示した説明書を渡しました。

飼い主指導／支援

治療が長期化すること、さらに再感染の可能性があることを伝えました。また、投薬に関して不安を感じている様子があったため、フードに混ぜる、液状おやつに混ぜる、栄養補助トリーツを使用するなどさまざまな投薬方法を提案し、看護動物および飼い主がストレスを感じることなく投薬することが可能となりました。また、治療に対する意欲の低下を軽減するために、来院するたびに飼い主の労をねぎらいました。

家庭での感染症対策の指導

他の動物や人に感染すること、また、感染力が強く環境中で長期間感染力を保つことから、家庭内を定期的に清掃することが重要となります。治療が終了するまで頻繁に掃除機で毛やフケを取り除き、感染動物が使用した物は洗濯または消毒を行うように指導しました。感染症対策については、次項の「飼い主支援」および「病院内の環境整備」（p.259）で詳しく解説します。

飼い主支援

投薬指導

皮膚糸状菌症の治療は長期にわたります。飼い主の薬に関する不安や疑問を払拭できるよう、薬の作用・副作用、薬用量・投薬方法が正しく伝わるよう紙に記載したものを渡すとよいでしょう。

内服薬

皮膚糸状菌症に使用される薬剤は、長期投与中に消化器症状や肝毒性を引き起こす可能性があります。飼い主には、下痢や嘔吐に注意し、定期的に病院に来院し、血液検査を実施する必要があることを伝えましょう。

外用薬

病巣周囲を広めに剪毛し、患部および周囲にしっかりと薬剤を塗布できるようにします。動物が舐めないように注意が必要です。人獣共通感染症であるため、飼い主家族に感染しないよう塗布する際は、使い捨て手袋を装着するよう指導します。約360nmの波長のブラックライトを使用しながら塗布すると塗り残しがなく飼い主にも分かりやすいでしょう。ブラックライトはネット通販などで簡単に購入できます。

使用方法は、痂皮や毛をかき分け、暗い部屋で10 cm以内の距離まで近づけて当てます。診察室内で、飼い主と共に緑色の蛍光発色を示すことを確認すると分かりやすいでしょう。また、ブラックライトはフケや埃、服の繊維などでも発光することから、発色した色の確認や患部を目視での確認することを忘れないようにしましょう。

ただし、ブラックライトを使用できるのは、蛍光発色する*M.canis*が原因真菌のときだけです。その他の皮膚糸状菌が原因の場合やブラックライトが手元にない場合は、病巣をよく観察し塗布する部位を犬の全身のイラストを記載した紙に記載して渡すとよいでしょう。

皮膚糸状菌症

シャンプー指導

　シャンプー療法のみでは皮膚糸状菌症を完治させることは難しいですが、感染した休止期毛を除去し二次感染を予防することや毛や落屑の飛散を防ぐといった意味では効果的です。特に全身症状がでている看護動物の管理では、全身が感染源となるため、シャンプーで可能な限り感染源を除去することが必要となります。シャンプー剤は、石灰硫黄合材溶液や抗菌成分を配合したものを使用します。シャンプーの際に環境中に皮膚糸状菌が蔓延しないように、丁寧に洗浄します。病院内で行う際は、必ず個人防護具（PPE*2）を装着し、他の動物は同じ空間には入れないようにしましょう。

家庭での感染症対策

　皮膚糸状菌症は人獣共通感染症です。同居動物や家族にも感染する可能性は高く、また、治療がうまくいっていても粉塵や毛などの感染源を除去しなければ再感染の可能性が高まります。そのため、家庭での感染症対策は治療と同様、必ず行わなければならず、飼い主の協力が不可欠になります。

罹患動物の隔離

　可能であれば、罹患動物は隔離することを勧めます。隔離する部屋は、掃除や消毒がしやすく（フローリングで物が少ないなど）、換気ができる部屋がよいでしょう。

清掃・消毒

　毛や周辺の埃は定期的に（可能であれば毎日）掃除します。罹患動物が使用し毛が多量に付着しているものは廃棄する、または次亜塩素酸ナトリウム希釈液で消毒します。

動物および人に対する対策

　治療中の罹患動物との接触は可能な限り控えるように指導します。特に、易感染（幼齢、高齢、免疫系の疾患などを有する）状態にある動物や人がいる場合は、感染する可能性が高いことを伝え、健康面に問題がない家族が罹患動物の世話をするようにアドバイスします。

*2 Personal Protective Equipment

ステップアップ！医療関連感染（院内感染）防止の重要性

スタッフへの対策・指導、環境整備

皮膚糸状菌症は、動物および飼い主だけでなく病院スタッフにも容易に感染します。そのため、自分自身の対策および病院内の衛生対策を確実に行い、医療関連感染（院内感染）を引き起こさないようにそれぞれの病院内で事前に対策を立てておきましょう。また、院内感染対策は家庭にも応用できます。家庭での感染症対策は、家族に適した最大限の対策を提案できるように飼い主と共に考えていく必要があります。

を装着します。皮膚糸状菌症は接触感染であるため、ガウンおよびグローブを装着します。特に愛玩動物看護師は保定を行うことが多いため、皮膚糸状菌症と診断がついている場合、もしくは疑いがある場合は必ずPPEを装着します。スタッフ全員がPPEの正しい着脱方法ができ、感染が蔓延しないよう日頃から着脱の練習が必要となります（**図2-8-6、動画2-8-1**）。ガウンを装着せず罹患動物や不顕性感染動物と接触した場合は、着用していたスクラブや看護着を着替えましょう。また、使用したPPEはすべて感染性廃棄物として廃棄します。

スタッフへの対策・指導

PPEの装着
感染症の対策を行う際は、感染経路に合わせたPPE

①首紐および腰ひもを外すまたは引きちぎる。

②表面を前に引っ張るように肩から脱ぐ。

③ガウンの表面に触れないよう、表面を丸め込むように脱ぐ。
※アイソレーションガウンの場合は、手袋も一緒に外すとよい。

④体から離すように持ち、ロール状に小さく丸める。

⑤感染性廃棄物として廃棄する。

個人防護着（PPE）の正しい着脱方法

図2-8-6　ガウンの正しい脱ぎ方
毛が舞わないように慎重に脱ぐようにする。

手指衛生
罹患動物および環境清掃後は必ず手指衛生を実施しましょう。また、PPE着脱前後にも実施します。PPEは病原体から完全に防御するものではありませんので、特にPPEを脱いだ後の手指衛生は重要となります。

手指衛生はただ行えばいいというものではなく、正しいタイミング、方法、実施時間を守らなければ病原体を落とすことはできません。近年、人の医療現場では石鹸による手荒れ防止の観点から擦式アルコール消毒薬を15秒以上かけ擦り込む方法が主流となっていますが、これは手に付着した毛などの汚れ

皮膚糸状菌症

がない場合やアルコール製剤が有効な病原体に対して有効な方法[9-11]なので、皮膚糸状菌症の場合は適していません。皮膚糸状菌症に対する手指衛生では、流水と石鹸を用い、15〜30秒の手洗いを行いましょう。手洗いの方法は、世界保健機関（WHO）が提示している方法を参考にするとよいでしょう（**図2-8-7**）。

また、獣医療関係者は保定の際に感染し、特に衣服から露出した首や腕に病変が認められることが多い傾向にあります（**図2-8-8**）。したがって、手洗いは手だけではなく腕まで洗浄し、首付近まで接触した場合はシャワーなどで洗浄しましょう。

図2-8-7　正しい手洗いの手順
①流水で十分に濡らす、②十分な量の石鹸を手にとる、③両手の平で擦り合わせるようにして泡立てる、④手の甲をもう一方の手でこする、⑤指を組んで、両手の指の間をこすり合わせる、⑥親指をもう一方の手で包みもみ洗う、⑦指先をもう一方の手の平で洗う、⑧両腕まで丁寧に洗う、⑨流水でよくすすぐ、⑩ペーパータオルでよく水分を拭き取る。

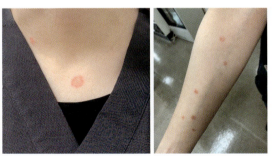

図2-8-8　首と腕に環状紅斑が認められた獣医療関係者

病院内の環境整備

毛やフケが感染源となること、また感染力が強く環境中で1年以上感染力を維持する可能性があることから、罹患動物を処置した部屋はすべて徹底的に清掃する必要があります。分節分生子を殺滅するためには、1％のホルマリンもしくは5.25％の塩素系漂白剤が有効であるとされています[6]。しかし、高濃度の消毒薬は人体にも有害であるため、院内および家庭内で消毒薬を使用する場合は、0.05〜0.1％の次亜塩素酸ナトリウム希釈液を用いて消毒を行うとよいでしょう[12]。分節分生子を完全に除去するためには、使用した物品については、廃棄できるものは廃棄することが望ましいと考えられます。廃棄できないものはしっかりと洗浄し、消毒を行いましょう。

患部の毛刈りを行うときは、周囲に毛やフケが散乱しないように注意します。また刈った毛は放置せず、すぐにビニール袋などに入れ、感染性廃棄物として廃棄しましょう。毛刈りで使用したバリカンやハサミは、洗浄と消毒を行います。

まとめ

　痒みが生じる皮膚疾患にはさまざまな疾患があるため、正確な情報収集と観察能力を身に付けなければいけません。そして治療が長期にわたる場合、飼い主さんの治療に対する意欲を落とさないための対応が求められます。皮膚糸状菌症に関してはこれらに加え、治療と並行して感染症対策が重要です。特に環境の衛生管理に関しては、多くの病院で愛玩動物看護師が主体となって行う業務であると思います。病院内の衛生管理を家庭で実施できるような内容に応用することができれば、ご家族に寄り添ったアドバイスができると思いますので、本稿をきっかけに日頃の衛生管理を見直してみてはいかがでしょうか。

愛玩動物看護師・生野佐織

　皮膚糸状菌症は、私たちの生活・診療の中で身近に遭遇する皮膚疾患そして人獣共通感染症です。適切な治療を行うことに加えて感染を広げないことが重要になります。他の入院動物への感染は人を媒介にして起こる可能性があるため普段から動物に触れた後は手を洗うことや他の動物に広がるおそれがある場合は着替えやガウンや手袋などの防護服の着用が望ましいです。治療を行う以上に院内の消毒や家族への指導など獣医師・看護師共に注意しなければいけないことがあるため、各施設で対策のマニュアルなどを作成しておくのもよいかもしれません。

獣医師・横井達矢

監修者からのコメント

　犬・猫の皮膚糸状菌症は、ありふれた皮膚感染症の一つであり、動物病院において診断・治療例の頻度の高い疾患です。

　マンション、戸建ての住居、飼育環境も密閉性が上がり、人と動物の距離が近くなり、人獣共通感染症としての広がりがみられます。そのような広がりを防ぐためには、素早い診断、適確な治療、そして愛犬・愛猫との親密な暮らしを守るための環境整備アドバイス、飼い主さんの心が大切になります。

　最も大事なことは、動物病院が感染症の"るつぼ"であり、防御の最前線であるということです。健常な動物が持ち合わせているような常在菌でも、弱った動物には大きなトラブルとなる可能性があります。見えない敵が動物病院内に侵入してこないように、獣医師、スタッフと協力して隙をみせないようにしましょう。

獣医師・左向敏紀

【引用文献】

1) 村山信夫 監修(2019): 伴侶動物の皮膚科・耳科診療. pp.74-75, 88-93. 緑書房.
2) 長谷川篤彦 監修(2019): 感染症科診療パーフェクトガイド 犬・猫・エキゾチック動物, pp.240-243. 学窓社.
3) 石田卓夫 総監修(2020): 犬の内科診療Part 1. pp.384-389. 緑書房.
4) Foster, A., Foil,C.S.(2005): BSAVA 小動物の皮膚病マニュアル《第二版》. pp.197-203. 学窓社.
5) 加納塁, 伊從慶太, 原田和記, ほか(2018): 犬・猫の皮膚糸状菌症に対する治療指針. 獣医臨床皮膚科, 24 (1): 3-8.
6) Moriello, K. A., DeBoer, D. J. (2012): In: Infectious Diseases of the Dog and Cat. 4th ed. pp.588-602, 1207-1320. Elsevier Saunders.
7) Sakai, M. R., May, E. R., Imerman, P, M., et al. (2011): Terbinafine pharmacokinetics after single dose oral administration in the dog. Vet. Dermatol., 22(6): pp.528-534.
8) 石田卓夫 監修(2018): 猫の診療指針 Part3. p.147. 緑書房.
9) Larson, E. L., Eke, P.I., Laughon, B. E. (1986): Efficacy of alcohol-based hand rinses under frequent-use conditions. Antimicrob. Agents Chemother., 30(4): pp.542-544.
10) Ehrenkranz, N. J. (1991): Failure of bland soap handwash to prevent hand transfer of patient bacteria to urethral catheters. Infect. Control Hosp. Epidemiol., 12(11): pp.654-662.
11) Ojajarvi, J. (1980): Effectiveness of hand washing and disinfection methods in removing transient bacteria after patient nursing. J. Hyg. (Lond), 85(2): pp.193-203.

第2章 飼い主支援が重要な症候／疾患の動物看護

9. 瘙痒③
「痒がっている」／犬アトピー性皮膚炎

【執筆者】
中屋咲紀（なかやさき）／
愛玩動物看護師（あおぞら動物病院）

飯谷花奈（いいたにかな）／
獣医師（あおぞら動物病院）

【監修者】
島田健一郎（しまだけんいちろう）／
獣医師（日本動物医療センターグループ
麻布十番犬猫クリニック）

症状 瘙痒

主訴 「痒がっている」

 STEP UP! 健康な皮膚の動物への保湿剤の勧め

本稿の目標
- 犬アトピー性皮膚炎の病態を理解し、診断・治療のために必要な聞き取りを行うことができる
- 事例に合わせた飼い主支援を行える
- 内服薬および外用薬指導、スキンケアのアドバイスを行える

"瘙痒"と"犬アトピー性皮膚炎"

　犬アトピー性皮膚炎は、私たちが日々の診察で最も目にする機会の多い疾患の一つです。直接命を脅かす疾患ではないものの、若い犬に多いこと・完治が難しいこと・定期的な来院が必要となること、などから病気と長い付き合いになるケースが多いです。そして痒みにより犬の生活の質（QOL）は著しく下がり、長引く治療に悩まされる飼い主がとても多いと感じます。そのため、治療には獣医師・愛玩動物看護師・飼い主・動物の全員の協力が欠かせません。中でも愛玩動物看護師には、皮膚科の診察で大切となる飼い主の話を聞くことに加え、スキンケア・食事療法・外用薬の指導などでの活躍が期待されます。

　本稿では、犬アトピー性皮膚炎の病態・診断・治療の一例、治療における飼い主支援などについて、一緒に学んでいきましょう。

＊ Quality of Life

第2章 飼い主支援が重要な症候／疾患の動物看護

動物看護の流れ

case 瘙痒「痒がっている」

ポイントはココ！ p.264

痒みを呈する疾患として考えられるもの
- 寄生虫感染症
- 微生物感染症
- アレルギー性皮膚炎
- 腫瘍性疾患
- その他

押さえておくべきポイントはココ！

～"瘙痒"と"犬アトピー性皮膚炎"の関係性とは？～
① 瘙痒（痒み）の定義
② 痒みが認められるときの症状
③ 犬アトピー性皮膚炎について
④ 病態生理で押さえるポイントは"主な発症要因"

上記のポイントを押さえるためには
情報収集が大切！

検査 p.266

一般的に実施する項目
- ☐ 皮疹の観察
- ☐ 皮膚押捺検査（スタンプ検査）
- ☐ 皮膚掻爬検査（スクレイピング検査）
- ☐ 毛検査
- ☐ ウッド灯検査

必要に応じて実施する項目
- ☐ 除去食試験
- ☐ 血液検査(IgE検査など)
- ☐ 内分泌疾患の除外
- ☐ 皮膚生検
- ☐ 画像診断（X線検査、超音波検査など）

| ポイントはココ！ | 検査 | 治療時の動物看護介入 | 飼い主支援 |

犬アトピー性皮膚炎

9 瘙痒③「痒がっている」

治療時の動物看護介入 p.270

"犬アトピー性皮膚炎"と診断

↓

治療方法
- 内科的治療
  - ・薬を使った治療
  - ・スキンケアなどによる皮膚のバリア機能改善
  - ・衛生環境の改善
- 基礎疾患に対する治療

↓

内科的治療

case1
- 犬アトピー性皮膚炎単独の事例
- 食事指導
- 外用薬の選択、塗り方の指導

case2
- アレルギー性皮膚炎の治療中にシニア期を迎えてクッシング症候群を続発した事例
- 基礎疾患の理解
- 内服薬の選択、投与方法

↓

観察・聴取項目（case1）
- 痒みの状況
- 食事内容
- 散歩の場所や頻度
- 排便の回数
- スキンケア状況
- 予防薬の実施状況

観察・聴取項目（case2）
- case 1の項目
- 他院でのこれまでの治療歴
- 若齢時における皮膚や耳トラブルの罹患歴

飼い主支援 p.277

経過に応じた飼い主支援
（case 1・case 2共通）
- 内服薬のアドバイス
- 外用薬のアドバイス
- モチベーション維持

 STEP UP! 「健康な皮膚の動物への保湿剤の勧め」について考えてみましょう！ p.280

長期的な治療や管理が必要なポイントはココ！

"瘙痒"と"犬アトピー性皮膚炎"の関係性とは？

瘙痒（痒み）の定義

痒みは「掻破（皮膚を掻き壊す、掻きむしる）行動を起こさせる皮膚の不快な感覚」と定義されます。ヒトの場合、皮膚が「ムズムズ」したり「チクチク」すると「痒い！」と表現すると思います。痒みは痛みと同様に、体への危険な刺激を感知して、身を守るための重要な防御感覚です。掻破行動（**図2-9-1**）は皮膚から痒みの原因を取り除き、元の状態へ戻そうとする生理的な反応と考えられますが、過度な掻破行動がみられる場合には、皮膚に痒みを起こす何らかの原因が隠れているため、診断と治療が必要となります。

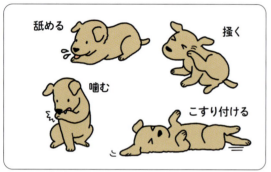

図2-9-1 掻破行動

痒みが認められるときの症状

犬が痒みを感じているときには、痒みのある部位を掻破する行動が認められる他、痒みのある部位の皮膚ではさまざまな炎症反応がみられることも多いです。具体的には以下のような症状が観察されます。

- 皮膚に赤み（発赤）がある
- 皮膚にブツブツ（湿疹）ができる
- 皮膚にフケ（鱗屑）がみられる
- 皮膚がベトベト（脂漏）する
- 掻いたところの毛が抜けて（脱毛）いる
- 皮膚がカサカサ（乾燥）している

など

痒みを呈する疾患として考えられるもの

犬は、舐める・噛む・掻く・こすり付けるなどの行動により痒みを示します。**表2-9-1**のような疾患が鑑別疾患として挙げられます。

犬アトピー性皮膚炎について

犬アトピー性皮膚炎は、さまざまな要因が複雑に関与して発症し、その他の皮膚疾患を併発することも多い慢性の炎症性皮膚疾患です。いまだすべてが解明されていない疾患ですが、発症には以下に示す要因や機序が関連しているといわれています。

主な発症要因

主な発症要因は**表2-9-2**の通りです。

表2-9-1 痒みを呈する疾患として考えられるもの

寄生虫感染症	疥癬、耳ダニ症、ツメダニ症、毛包症（ニキビダニ症）など
微生物感染症	膿皮症、マラセチア皮膚炎、皮膚糸状菌症など
アレルギー性皮膚炎	犬アトピー性皮膚炎、ノミアレルギー性皮膚炎、食物アレルギー（食物有害反応）、接触皮膚炎、昆虫アレルギー（蚊・蛾）など
腫瘍性疾患	皮膚型リンパ腫、肥満細胞腫など
その他	脂漏性皮膚炎、肢端舐性皮膚炎など

犬アトピー性皮膚炎

発症機序

犬アトピー性皮膚炎に罹患した犬では、皮膚の"バリア機能"（外部からのさまざまな刺激、乾燥などから体の内部を保護する機能）が低下していることや皮膚に炎症があることが分かっています（**図2-9-2**）。そのような皮膚では外部からアレルゲンが体内に侵入しやすくなっており、体がアレルゲンを異物とみなし、防御反応を起こします。すると、リンパ球の一つであるT細胞からIL-2、IL-4、IL-31などのサイトカイン（情報を伝える物質）が放出され、脳へ痒みの信号が伝わります。

IL-4は痒みが生じる閾値（リミット）を下げるなどの働きにより慢性的な痒みを起こし、IL-31は痒みを伝えることに関与し急性の痒みを起こします。さらにこの反応は、アレルゲンに対して体を守る抗体である特異的IgE抗体をつくり、肥満細胞などと結合してヒスタミン（炎症やアレルギー反応にかかわる物質）やサイトカインを放出し炎症を引き起こします。

これらの反応により痒みが生じ、掻破行動が起こります。すると皮膚にダメージが加わり、さらにアレルゲンが侵入しやすい状態となり、痒みのサイクルが持続してしまいます。

原因となるアレルゲン

ハウスダストマイト、花粉、植物、カビ、ダニなどが原因として挙げられます。症状が季節性を示すことも多いです。

好発犬種および年齢

柴、ウエスト・ハイランド・ホワイト・テリア、フレンチ・ブルドッグ、シー・ズー、ゴールデン・レトリーバー、ラブラドール・レトリーバーなどが好発犬種で、3歳齢以下の若齢犬での発症が多いです。

臨床症状

顔まわり、耳、四肢を中心に左右対称に皮疹ができることが特徴です（**図2-9-3**）。

軽度事例では紅斑や脱毛、重度事例では色素沈着、苔癬化など皮膚の構造変化を起こします（**図2-9-4**）。

表2-9-2　犬アトピー性皮膚炎の発症要因

要因	概要
遺伝的要因	免疫異常や皮膚バリア機能障害などの親から子へ受け継がれる体質
免疫学的要因	アレルゲンに対する過剰な免疫反応
皮膚バリアの要因	角質層の構造異常、セラミドの減少など
環境要因	アレルゲンが存在する生活環境
分泌腺の要因	皮脂や汗の分泌異常（脂漏、多汗）、皮脂膜の減少など
常在菌の要因	皮膚の表面に特定の細菌やマラセチアなどが増殖しやすい状態
食事の要因	犬アトピー性皮膚炎とともに食物アレルギーも発症している状態
ストレスの要因	精神的なストレス要因が痒みの悪化につながる可能性
薬の要因	治療薬による悪影響の可能性

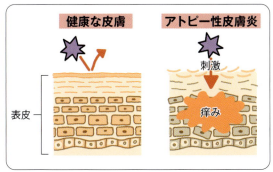

図2-9-2　健常犬と犬アトピー性皮膚炎の皮膚バリア機能

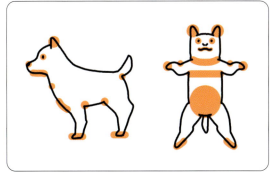

図2-9-3　犬アトピー性皮膚炎の皮疹の分布

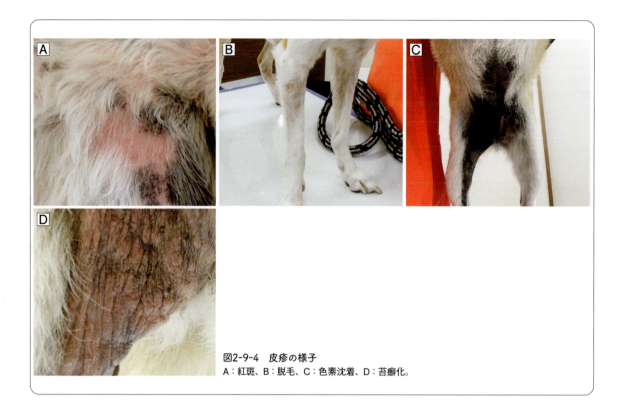

図2-9-4 皮疹の様子
A：紅斑、B：脱毛、C：色素沈着、D：苔癬化。

検査

一般的に実施する項目
- □ 皮疹の観察
- □ 皮膚押捺塗抹検査（スタンプ検査）
- □ 皮膚掻爬検査（スクレイピング検査）
- □ 毛検査
- □ ウッド灯検査

必要に応じて実施する項目
- □ 除去食試験
- □ 血液検査（IgE検査など）
- □ 内分泌疾患の除外
- □ 皮膚生検
- □ 画像診断（X線検査、超音波検査など）

犬アトピー性皮膚炎の問診～治療までの一連の流れ

問診

痒みや皮膚トラブルが主訴で来院した場合、まず問診を行います。獣医師はもちろん、愛玩動物看護師も適切な問診ができるよう、後述（p.273、276）の聞き取り項目を頭に入れておきましょう。痒みの始まった時期や部位、痒みのレベルなどからある程度鑑別診断を絞り込むことができます。

身体検査

動物の状態の把握（TPR測定や触診）とともに、皮膚の状態をよく観察します。

鑑別診断を考える

問診や身体検査で得られた情報をもとに、鑑別診断を考えます。犬アトピー性皮膚炎の鑑別として考慮すべき疾患は、似たような臨床徴候を示す瘙痒性皮膚疾患です（p.264 **表2-9-1**）。

犬アトピー性皮膚炎

検査

診断に向けて、必要な検査を実施します（p.268 **表2-9-4**）。感染症や食物アレルギー、腫瘍など痒みを起こす他の疾患を除外します。

表2-9-3　Favrotの診断基準（2010年）

1	3歳齢以下の発症
2	屋内飼育
3	グルココルチコイド反応性の痒み
4	慢性または再発性のマラセチア感染
5	前肢に症状がある
6	左右の耳介に症状がある
7	耳介辺縁に症状がない
8	腰部背側に症状がない

文献1より引用

診断

検査結果と問診で得られた症状を照らし合わせ、犬アトピー性皮膚炎と診断します（**表2-9-3**）。

治療

急性期、慢性期、維持期を判断して治療を開始します。

COLUMN　Favrotの診断基準（2010年）

現時点で最もよく使用されている犬アトピー性皮膚炎の診断基準です。

この診断基準では、**表2-9-3**に示した8項目の臨床徴候のうち、5項目を満たすと感度が85％、特異度が79％で犬アトピー性皮膚炎と判断できるといわれています。

統計データ解析に基づいているため信頼度は比較的高いですが、100％の診断基準ではないということには注意が必要です。確実な臨床診断を行うためには、他の似たような臨床徴候を示す瘙痒性疾患の除外が必要になります。

- **感度**：犬アトピー性皮膚炎の犬のうち、この診断基準で陽性（＋）となる確率
- **特異度**：犬アトピー性皮膚炎ではない犬がこの診断基準で陰性（－）となる確率

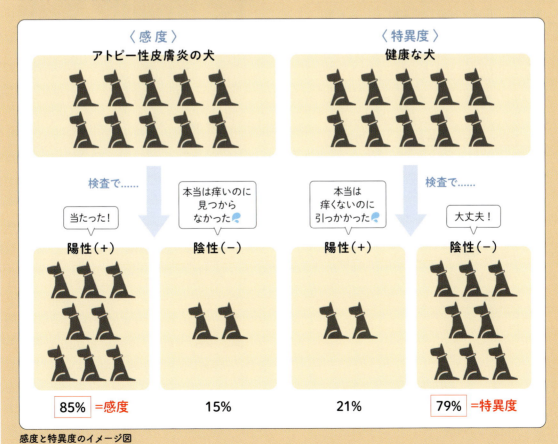

感度と特異度のイメージ図

一般的に実施する項目の注目ポイント

痒みを呈する動物が来院した際に、実施する検査は**表2-9-4**の通りです。それぞれの検査内容とその目的について理解し、対応できるようにしましょう。

表2-9-4　検査項目一覧

	検査項目	確認すべきことと目的
一般的に実施する項目	皮疹の観察	動物全体の外貌、皮疹の分布、皮疹の観察を行い、カルテに記入する
	皮膚押捺検査（スタンプ検査）	球菌、マラセチア、好中球の有無、表皮細胞の状態などを観察する
	皮膚掻爬検査（スクレイピング検査）	疥癬症、ニキビダニ症の除外を行う
	毛検査	外部寄生虫や真菌の除外、毛の状態を観察する
	ウッド灯検査	皮膚糸状菌症の除外を行う
必要に応じて実施する項目	除去食試験	食物アレルギーの除外を行う
	血液検査（IgE検査など）	アレルゲンの検索を行う
	内分泌疾患の除外	副腎皮質機能亢進症（クッシング症候群）や甲状腺機能低下症の有無を確認する
	皮膚生検	皮膚病の原因の探索、腫瘍や自己免疫疾患の除外を行う
	画像検査（X線検査、超音波検査など）	掻破の原因となるような内臓・関節疾患の有無を確認する

皮疹の観察

動物の全体の外貌、皮疹の分布、皮疹の観察（**図2-9-5**）をすべての事例で毎回行います。触ることやにおいを嗅ぐことも大切です。

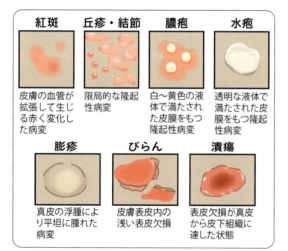

図2-9-5　主な皮疹の種類

POINT 写真とともに記録を残す

必ずカルテには写真とともに皮疹の種類と分布を記入し、他のスタッフがみたときにも皮膚の状態を共有できるようにします。

また、皮疹とこの後に行う検査所見が、一致しているかをつねに確認します

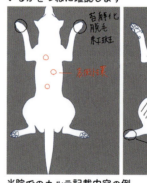

当院でのカルテ記載内容の例

感染症の除外

スタンプ検査は最も頻度の高い検査で、皮疹の認められる場所にスライドガラスまたはセロハンテープを押し当て、染色します。そして、細菌やマラセチア感染の有無、表皮の細胞の状態などを観察します（**図2-9-6、7**）。その他の検査は皮疹や問診、予防薬の投薬歴に応じて実施します。

犬アトピー性皮膚炎

必要物品リスト

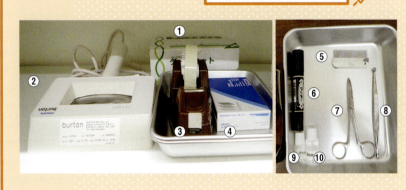

①ダーマキット、②ウッド灯、③セロハンテープ、④スライドガラス、⑤コーム、⑥油性マジック、⑦抜毛鉗子、⑧鋭匙、⑨KOH、⑩ミネラルオイル

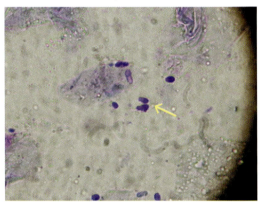

図2-9-6 マラセチア（矢印）

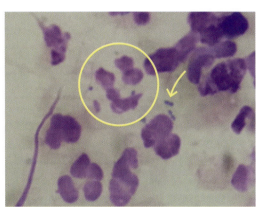

図2-9-7 ブドウ球菌（矢印）、変性好中球（丸枠）

必要に応じて実施する項目

除去食試験

　食物アレルギーと犬アトピー性皮膚炎は見た目での鑑別は難しく、問診や症状の程度から食物アレルギーを否定できない場合に除去食試験を行います。8週間前後、加水分解食や新奇タンパク食などを用いて、痒みが改善するかを確認します。改善が認められれば食物アレルギー、認められなければ犬アトピー性皮膚炎の疑いが強くなります（**図2-9-8**）。ただし、両方を併発している事例もいるので注意が必要です。

　食事の変更により症状が改善した後、負荷試験を実施し、何の食材が原因で痒みを引き起こしているのかを確定します。負荷試験とは、痒みの原因となる可能性のある食材を1種類ずつ、一定期間与え、痒みの有無を判別するものです。血液などを用いたアレルギー検査だけでは、本当に犬に悪影響を与えている食材かどうかを決めることはできません。除去食試験や負荷試験は時間と根気が必要です。飼い主を決して一人にはせず、2〜4週間ごとを目安に一緒に進捗状況を確認し、励ましながら進めるとよいでしょう。

除去食試験のフローチャート

1. **食事選び**
   - これまで食べたことのない食材を使用したもの
   - アレルギーの原因となるような食材が含まれないもの

2. **食事の移行期間（5〜7日間）**
   - 下痢などを防ぐため移行期間を設ける
   - 今までの食事と混ぜながら、徐々に新しい食事の分量を増やす

3. **「1」で選んだ食事のみの生活を8週間継続**
   - おやつは指定されたものは給与可能
   - 歯磨きガム・ペースト、フィラリアなどの予防薬にも注意（厳密な管理が必要）

4. **症状が……**
   - 改善※ → 食物アレルギー
   - やや改善 場所により改善 → 食物アレルギーと犬アトピー性皮膚炎混合型
   - 変わらない → 犬アトピー性皮膚炎

※症状の改善後に負荷試験の実施を検討する

図2-9-8　除去食試験フローチャート

COLUMN　血液検査でのアレルギー検査は必要？

飼い主と話をする中で、「アレルギー検査をしたほうがいいの？」と聞かれることは多いのではないでしょうか？

現在、国内で血液を用いて実施される主なアレルギー検査には、アレルゲン特異的IgE検査、リンパ球反応検査およびアレルギー強度検査などが挙げられます。また、それ以外に皮内反応やパッチテストによるアレルギー検査もあります。このうち、最も一般的なアレルギー検査がアレルゲン特異的IgE検査です。この検査は、アレルギーに関連する抗原を明らかにするために、どのアレルゲンに対して抗体を持っているかを調べる基本の検査です。動物への負担が少なく、薬物の影響を受けにくいといったメリットが挙げられます。一方、検査機関により結果に差が大きくでるデメリットもあり、現状では犬アトピー性皮膚炎における「スクリーニング検査（ふるいにかける検査）」としての標準化は難しい状況とされています。すなわち、アレルギー検査によって犬アトピー性皮膚炎を診断することはできませんが、すでに犬アトピー性皮膚炎を臨床診断した上で、減感作療法（定期的に注射でアレルゲンを少しずつ体内に入れ慣らしていく治療）などの免疫治療に的確な抗原を選択するために有用な検査といえます。飼い主の希望でアレルギー検査を行う場合は、このことをしっかり説明する必要があります。

治療時の動物看護介入

動物看護を行う際の注目ポイント

❶ **患部の観察**
- 皮膚の状態を観察し、異常に早期に気づく
- 治療効果の有無を把握する

❷ **投薬指導**
- 負担の少ない方法を提案する
- 外用薬の正しい使い方を指導する
- 継続治療の重要性について説明する
- スキンケアの方法を指導する

❸ **飼い主支援**
- モチベーションが維持できるよう声掛けや患部の記録を行う

❹ **基礎疾患への対応**（基礎疾患がある場合）
- 病気について理解し、基礎疾患に対する治療についても把握する

犬アトピー性皮膚炎

治療方法について

現在、犬アトピー性皮膚炎を完治させる特効薬はありません。そのため、薬を使った治療では痒みや炎症を抑えることが中心となります。それに加えて、スキンケアや衛生環境の改善などを行うことで、より治療効果が高まったり、薬を減らすことができる可能性があります。

内科的治療法

①患部の観察

異常の発見・治療効果の確認

犬アトピー性皮膚炎の経過は、紅斑（赤み）や丘疹（ブツブツ）（p.268 図2-9-5）がある「急性期」、脱毛や苔癬化（ゴワゴワ）がある「慢性期」、再発を予防する「維持期」に分けられます。

それぞれの時期や、症状の強さに合わせて獣医師が薬を選択します（**表2-9-5**）。診察の際には、前回までの皮疹の状態と比較しながら異常がないか、治療効果は得られているかなどを確認しましょう。

②投薬指導

投薬方法の指導

すべての医薬品は、どの薬をどれくらいの用量、期間で使用するか、獣医師の判断と指示が必要になります。特にステロイド系の製剤は、使い方を誤ると重大な副作用が生じることがあるので、飼い主が薬を適切に使用できているか確認を怠らないようにしましょう。最近、ステロイド外用薬では、治療効果と安全性の両立した抗炎症成分であるアンテドラッグステロイドが含まれる製品［ヒドロコルチゾンアセポン酸エステル（コルタバンス）］、［ジフルプレドナード（アレリーフローション）など］がよく用いられるようになってきています。

表2-9-5 犬アトピー性皮膚炎の治療

急性期	内服薬	グルココルチコイド（プレドニン、プレドニゾロンなど）	炎症や痒みを抑える作用
		オクラシチニブマレイン酸塩	
	外用薬	ステロイド外用薬	炎症や痒みを抑える作用
慢性期	内服薬	グルココルチコイド	炎症や痒みを抑える作用
		オクラシチニブマレイン酸塩	
		シクロスポリン	
		抗ヒスタミン薬	軽症事例や他の薬が使えない場合では使用することがある。眠気を起こす副作用により、掻破行動を抑える効果も期待される
	注射薬	イヌインターフェロンγ	定期的に注射することで免疫を高める作用
	外用薬	ステロイド外用薬	炎症や痒みを抑える作用
維持期	注射薬	ロキベトマブ	痒みの物質の一つ（IL-31）をブロックする作用
		減感作療法（Der2アレルゲンなど）	定期的な注射でアレルゲンを少しずつ体に入れ、慣らしていく治療
	外用薬	ステロイド外用薬	再発予防（プロアクティブ療法など）のために使用

③飼い主支援

[モチベーションが維持できるよう声掛けや患部の記録を行う]

薬物療法と並行して、保湿や低刺激シャンプーなどを使ったスキンケアにより、皮膚バリア機能の向上を目指します。薬のような即効性はないため、慢性期や維持期に継続して行うことが大切です。実際に、セラミドを含む保湿剤を継続して使うことでオクラシチニブマレイン酸塩の量を減らせたという報告もあります。また、必須脂肪酸を含むサプリメントや食事の摂取も、皮膚のバリア機能を高めたり皮膚の炎症を抑えたりする可能性があります。近年、ヒトのアトピー性皮膚炎の治療では、プロアクティブ療法が再発予防に有効といわれています（**図2-9-9**）。今後、犬アトピー性皮膚炎でも活用できる方法の一つですので、ぜひ押さえておきましょう。

[衛生環境の改善指導]

原因となるアレルゲンになるべく触れない生活を目指します。

例えば、散歩コースにアレルゲンがある場合はコースを変更する、散歩後に体の拭き取りを行うのもよいでしょう。

また、マラセチア性皮膚炎や膿皮症を伴っている場合には、その治療も同時に実施します。

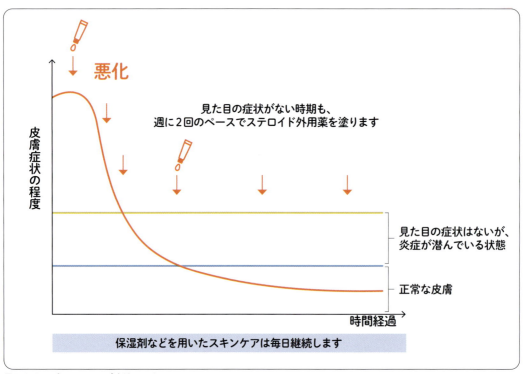

図2-9-9 プロアクティブ療法とは？
ヒトのアトピー性皮膚炎の外用療法では、見た目の皮膚症状が改善した後も、再発予防のために定期的な間隔（週に2回など）でステロイド外用薬などを使用するプロアクティブ療法が推奨されるようになってきました。犬ではまだ十分なエビデンスはありませんが、維持期に行うことで再発までの間隔が延ばせる可能性があるといわれています。
また、保湿剤による毎日のスキンケアも同時に行うとよりよいでしょう。

基礎疾患に対する治療

④基礎疾患への対応

[基礎疾患に対する治療についても把握する]

犬アトピー性皮膚炎は、さまざまな要因が複雑に関与して発症します（p.265 **表2-9-2**参照）。基礎疾患が要因の一つとなっている場合は、疾患ついて正しく理解し、治療内容について把握しておきましょう。

case 1　犬アトピー性皮膚炎単独の事例

【事例情報】
- **基本情報**：ジャック・ラッセル・テリア、去勢雄、4歳1ヵ月、5.8 kg、BCS 4/9
- **既往歴**：白内障（手術済）
- **主訴**：体（特に肩あたりや耳）を痒がる
- **経過**：2歳齢頃から両側肩付近を中心に痒みを訴える。除去食試験には反応せず、臨床徴候と検査により犬アトピー性皮膚炎と診断。オクラシチニブマレイン酸塩が奏効する。なるべく内服薬を減らすことを目標に現在も治療中
- **各種検査所見**：
  - 身体検査所見：痒みが軽度の時期には皮疹は認められないが、痒みが強い時は肩甲骨まわりに脱毛・紅斑が認められる
  - 皮膚検査所見：特異所見なし
  - その他検査所見：一般身体検査所見：異常なし
  - 血液検査所見：異常なし
  - 腹部X線検査・腹部超音波検査所見：異常なし
  - 尿検査：異常なし
  年1回全身検査実施
- **治療内容**：
  - 内服薬：オクラシチニブマレイン酸塩（アポキル）（春・秋以外はEODから頓服、春・秋はSID～時々BID）
  - 外用薬：ヒドロコルチゾンアセポン酸エステル（コルタバンス）（両肩に痒みが強いときはSID、落ち着いているときは週2回を目安に塗布）
  - スキンケア：アトップ7スプレー（両肩や腹部など毛が薄いところを中心にSID）
  - フード：ヒルズ プリスクリプション・ダイエット〈犬用〉ダーム ディフェンス
  - サプリメント：H&J・I・N（乳酸菌製剤、SID、飼い主の希望より使用）
  - シャンプー：月1回トリミングサロンでシャンプーを実施
  - 予防薬：イベルメクチン（イベルメック）（5～11月）、フルララネル（ブラベクト）（3ヵ月に1度、通年）

診察時の聴取項目

- ☐ 痒みの状況
  - いつから
  - 痒みのある部位
  - 痒みの程度
  - 季節性の有無
  - 飼い主家族や同居動物の痒みの有無
- ☐ 食事内容
  - 通常の食事
  - おやつ、サプリメント

- ☐ 散歩の場所や頻度
- ☐ 排便の回数
- ☐ スキンケア状況
  - 方法、製品
  - シャンプーの頻度
- ☐ 予防薬の実施状況

POINT　痒みの程度は、数値化しておくことが大切

実際にこの表を渡して、痒みのレベルを一緒に確認します。飼い主の性格や状況により、日記をつけてもらうこともあります。

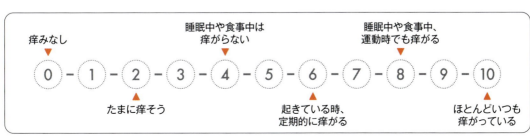

痒みのスコア

食事指導

本事例では除去食試験を実施しましたが、痒みの改善がみられないことから現時点で食物アレルギーの可能性は極めて低いと判断しました。そのため、除去食試験時に使用していた加水分解食を続けるのではなく、ダームディフェンスに変更し、皮膚バリア機能の向上や内服薬の軽減を目指しました。

外用薬の選択、塗り方の指導

外用薬の種類はいくつかあるため、処方する前に実際に飼い主に手に取って動物に塗ってもらいながら、においや使用感を試してもらいました。いくつか試した結果、いちばんベタつきが少なく短時間で済ませられるスプレータイプを使用することになりました。渡す際には、塗る回数や場所を記載できる薬袋と、塗り方の用紙を付けました（**図2-9-10、11**）。

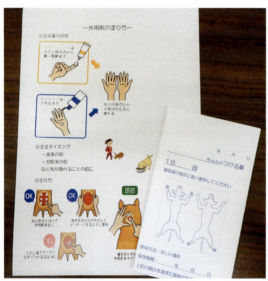

図2-9-10　外用薬用の薬袋と、塗り方の用紙

図2-9-11　当院で外用薬指導を行っている様子
初めて処方する外用薬は、まず院内で試してもらっている。

case 1の治療前後の比較

しっかりと痒みを抑えることで、両側肩付近の脱毛部に毛が生えてきました（**図2-9-12、13**）。

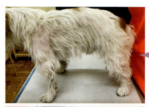

図2-9-12　治療前

図2-9-13　治療後

POINT 飼い主家族全員の理解を得る

本事例では、飼い主家族の中で痒みに対する認識の違いがあり、治療に対する意見も分かれていました。このような状況だと、治療も難航する可能性が高いです。治療にあたる際には、自宅での投薬やスキンケアなど飼い主家族全員の協力が必要となります。そのため、飼い主家族全員から犬アトピー性皮膚炎に関する理解を得ることが大切です。当院での初診時には、犬アトピー性皮膚炎に関する資料なども渡し、飼い主の理解につなげています。

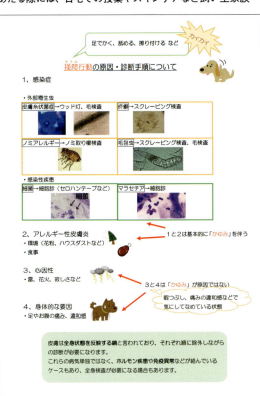

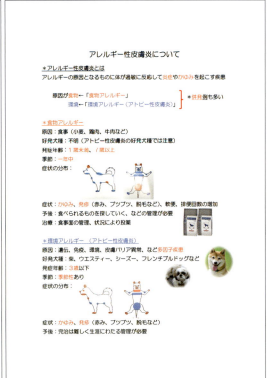

当院で渡している皮膚科資料の一例

犬アトピー性皮膚炎

9 瘙痒③「痒がっている」

case 2　アレルギー性皮膚炎の治療中にシニア期を迎えてクッシング症候群を続発した事例

【事例情報】
- **基本情報**：チワワ、去勢雄、13歳9ヵ月齢、5.2 kg、BCS 5/9
- **既往症・基礎疾患**：クッシング症候群、僧帽弁閉鎖不全症StageB2、膀胱結石
- **主訴**：手足や腹部、脇を痒がり夜もあまり眠れない。特に手足はゴワゴワしている
- **経過**：若齢時より軽度の痒みと外耳炎を繰り返す。季節性から徐々に通年性の瘙痒へ。10歳齢頃より四肢や腹部を中心に痒みが強くなり、他院にて抗瘙痒薬の治療を受ける。次第に瘙痒のコントロールが難しくなり当院を受診。食物アレルギーの除外が不十分ではあるものの、臨床徴候や治療経過より犬アトピー性皮膚炎を疑う。クッシング症候群が続発したことによる微生物感染症の発症と痒みの増悪が認められ現在治療中
- **各種検査所見**：
  - 身体検査所見：すべての四肢端と内股・腋窩に脱毛・色素沈着・苔癬化。所々に黄色の痂皮。尾根部の脱毛。全体に白色の小型の鱗屑を多数認める
  - 皮膚検査所見：スクレイピング検査（−）、ウッド灯検査（−）、スタンプ検査〔マラセチア、変性好中球、球菌（3+）、有核細胞（3+）〕
  - 一般身体検査所見：左側心尖部拡張期雑音Levine 3/6
  - 血液検査所見：非再生性貧血、アルカリフォスファターゼ（ALP*1）高、C反応性タンパク（CRP*2）高
  - ホルモン検査所見：ACTH刺激試験後コルチゾール（高）、サイロキシン（T4*3）・甲状腺刺激ホルモン（TSH*4）（軽度低下）
  - 超音波検査、X線検査所見：僧帽弁逆流、膀胱結石を確認
- **治療内容**
  - 内服薬：オクラシチニブマレイン酸塩を内服していたが、BIDでの投薬が続いたため、シクロスポリン（EOD）へ変更
    ＋オクラシチニブマレイン酸塩頓服。トリロスタン（クッシング症候群）、ピモベンダン（僧帽弁閉鎖不全症）の服用
  - 外用薬：マスキン水スプレー（腹部に膿皮症を起こした時に使用）
  - スキンケア：PE ダーマモイストバス
  - 予防薬：試験的に駆虫を2回実施 サロラネル（シンパリカ）

診察時の聞き取り項目

case 1での項目に加えて、下記の2項目について聴取します。

- □ 他院でのこれまでの治療歴
- □ 若齢時における皮膚や耳トラブルの罹患歴

POINT　シニア期の事例の情報収集

シニア期の事例では、以前の治療歴や治療反応、食事内容などを聞き出し、次の治療へスムーズに移れるようにします。セカンドオピニオンなどで事前に電話で問い合わせがあった場合は、その時点で過去の治療歴などが分かるものを持ってきてもらうよう、伝えるとよいでしょう。

基礎疾患の理解

本事例の場合、基礎疾患の一つにクッシング症候群がありました。クッシング症候群は副腎から分泌されるコルチゾールが過剰に放出されてしまう疾患です。症状の一つとして、免疫力の低下により感染に弱くなり、マラセチア性皮膚炎や膿皮症などを起こしやすくなることがあります。

そのため、クッシング症候群の内服薬での管理に加え定期的なスキンケアを実施し、皮膚のコンディションを保つようにしました。また、体にベタつきが残るのが苦手な事例であったため、PE ダーマモイストバス（株式会社QIX）を用いた週に1度程度の入浴と、PE ダーマモイストバスを希釈したスプレーによる保湿を継続しています。

内服薬の選択、投与方法

治療開始時はオクラシチニブマレイン酸塩を内服していましたが、1日2回での投薬が続いたため、途中でシクロスポリンへ変更になりました。シクロ

*1 Alkaline Phosphatase ／ *2 C-reactive Protein ／ *3 Thyroxine ／ *4 Thyroid Stimulating Hormone

スポリンは投薬のタイミングを食前後2時間空けてもらうことや、嘔吐や下痢が20％前後の割合で生じることを伝えました。また、本事例では液状のシクロスポリン製剤をはじめに使っていましたが、下痢が続いたことや飲みづらいことを獣医師と共有し、チュアブル製剤へ変更しました。

case 2の治療前後の比較

クッシング症候群と微生物感染症の管理により、尾や四肢に発毛が認められました。赤みや痂皮※1・鱗屑※2も減り、夜も眠れるようになりました（**図2-9-14、15**）。

※1 痂皮：角質や膿などの滲出液が固まった病変
※2 鱗屑：ターンオーバー異常による過剰な角質

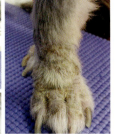

図2-9-14　治療前

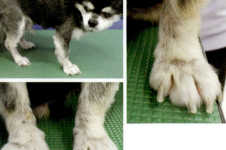
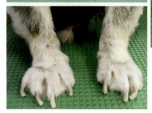

図2-9-15　治療後

> **POINT　飼い主の想いを尊重することで、継続治療につなげる**
>
> 本事例では痒みが重度であったことから、食物アレルギーの除外も行う必要があることを治療中に話しました。しかし、本事例の食事の好みが激しいことや高齢で基礎疾患がいくつかあることなどから、飼い主家族は希望しませんでした。飼い主の想いを尊重すると、使う薬剤が多くなってしまいますが、3ヵ月に1度の頻度で血液検査やホルモン検査をして、体への影響をチェックしながら治療を行っています。

飼い主支援

内服薬のアドバイス

犬アトピー性皮膚炎は若齢時に発症し、慢性的な痒みと皮疹を繰り返すことがほとんどです。治療は内服薬が中心となるため、薬をいかに嫌いにならず投薬を継続できるかが重要となります。そのため、投薬時には液状おやつやトリーツなど犬が好きなものを使い、服薬に対して嫌なイメージをつけないように工夫しましょう。また、犬アトピー性皮膚炎は季節や薬の効果で症状が治ったようにみえることがあります。この時、飼い主の判断で投薬を中止しないように注意喚起を行うことが必要です。

最近では、インターネットやSNSの情報から内服薬を長期間使用することへ恐怖を感じている飼い主も多いです。普段から飼い主の表情や話し方に注目して、不安に思っていることを気軽に話してもらえるような空気感をつくれるとよいでしょう。

また、薬が効くタイミングや副作用なども理解し、投薬のタイミングなどを伝えるようにします（**表2-9-6**）。例えば、オクラシチニブマレイン酸塩を1日1回投薬している事例で夜に痒がることが多ければ、夕食と一緒に投薬するなどの提案ができるとよいでしょう。

表2-9-6 内服薬のメリット・デメリット

	メリット	デメリット
プレドニゾロン	即効性がある、比較的安価　など	長期間の投与で肝障害やホルモンへの影響、多飲多尿　など
シクロスポリン	長期間の投与での報告データがある、苔癬化や脂漏がある事例でも使いやすい　など	20％前後で嘔吐、下痢が生じる、効果を認めるまで2週間前後かかる　など
オクラシチニブマレイン酸塩	即効性がある（約4時間で血中濃度が最高）全身への副作用が少ない　など	薬の効果が丸1日もたない、長期間の投与でのデータがない　など

外用薬のアドバイス

外用薬にはさまざまな種類があります。軟膏・クリーム・ローションなどそれぞれの特徴を理解し、飼い主に説明できるようにしましょう（**表2-9-7**）。

外用薬のメリットは、内服薬と比べ全身的な副作用が少なく、患部の皮膚に直接薬が届くことです。ただし、舐めとってしまう動物も多く、塗るタイミングを食事や散歩の前にするなど、工夫が必要です。

また、ステロイド外用薬を使用する場合、長く同じ部位に使用していると「ステロイド皮膚症（**図2-9-16**）」と呼ばれる副作用が起こることがあります。そのため、塗る回数や量など細かく飼い主に指示する必要があります。

＋α　外用薬での治療が奏効した事例

図2-9-17は経過の長い犬アトピー性皮膚炎の事例で、色素沈着や苔癬化など皮膚の構造変化が重度でした。そのため、内服薬に加えステロイド外用薬ヒドロコルチゾンアセポン酸エステル（コルタバンス）を併用したところ著しい改善が認められました。外用薬の治療では、飼い主も達成感を得やすいです。

表2-9-7 外用薬の種類とメリット・デメリット

種類	基剤	メリット	デメリット
軟膏	油	刺激性が少ない、保護作用が強い	ベタつく、毛が多い部分には不適
クリーム	水と油	皮膚への透過性が高い	毛が多い部位には不適
ローション	水とアルコール	使用感がよく、毛が多い部位に適する	持続時間が短い、刺激性あり

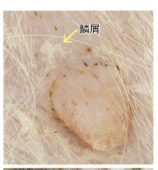

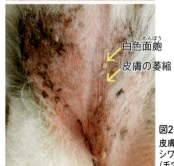

図2-9-16　ステロイド皮膚症
皮膚萎縮（薄くなる）によるシワや大きな鱗屑（フケ）、面皰（毛穴の開き）などが認められる。

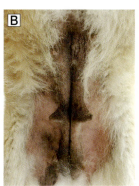

図2-9-17　外用薬での治療が奏効した事例の外貌変化
A：治療前と、B：治療後（右）の皮膚状態

犬アトピー性皮膚炎

POINT

外用薬を渡す際にはどのくらいで薬が終わるのかの目安を話し、次回に残量を確認することで、適切な使用ができているか確認します。
(例)
モメタゾンフランカルボン酸エステル
5gを柴の内股に塗布する場合
人の手のひら約2枚分の面積
＝1FTU
＝0.5 g×1日2回
＝1日1.0 g
つまり、5gのチューブは約5日もつ計算となります。

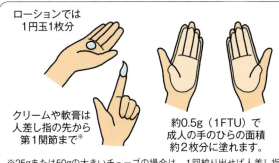

ローションでは1円玉1枚分

クリームや軟膏は人差し指の先から第1関節まで※

約0.5g（1FTU）で成人の手のひらの面積約2枚分に塗れます。

※25gまたは50gの大きいチューブの場合は、1回絞り出せば人差し指の先から第一関節までクリームや軟膏を出すことができるが、5gのチューブの場合は2回絞り出す必要がある。

FTU
外用薬を塗る際には、フィンガー・チップ・ユニット（FTU）という塗布量の指標がある。

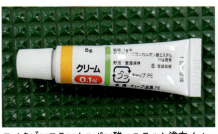

モメタゾンフランカルボン酸エステルと塗布イメージ

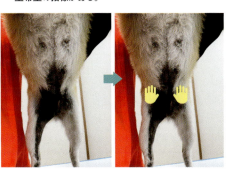

モチベーション維持

犬アトピー性皮膚炎は、若齢の犬に多く発症すること、完治が難しいことから長期間治療・通院が必要な場合が多いです。そのため、治療中にモチベーションが続かず動物病院から離れてしまうケースも多い疾患です。動物病院全体で悩みや疑問点など話しやすい雰囲気づくりを心掛けましょう。

ゴールを決める

症状の程度によりますが、痒みを0にすることを目標にすると、薬の量も増え、なかなか達成することが難しいです。「夜眠れることを目指す」「飲み薬を週に●回にする」など具体的なゴールを飼い主と相談して決めるとよいでしょう。そして、それに合わせて獣医師と相談し、治療プランを組み立てていきます。目標があると、私たちも飼い主も頑張りやすいです。そして院内でもその目標を共有すると、薬の受け渡し時や診察の合間などにスタッフからも励ましの言葉を掛けやすくなります。

記録を残す

治療を開始し時間が経つと、最初にどのような状態の皮膚だったか飼い主も私たちも忘れてしまいがちです。カルテに写真を記録し、経過も共有できるようにしてモチベーションアップを図りましょう。

ステップアップ！健康な皮膚の動物への保湿剤の勧め

犬アトピー性皮膚炎の発症要因の一つに皮膚バリア機能の低下があり、バリア機能を保つ上で保湿が重要になってきます。しかし、いざ病気になってから取り組むとなるとなかなかスムーズに行わせてくれる動物ばかりではありません。そのためにも、健康な皮膚の時、特に幼齢期から保湿剤を塗る習慣をつけることを勧めてみてはいかがでしょうか？

保湿剤の成分

保湿剤の種類は大きく分けて、エモリエント（閉塞剤）とモイスチャライザー（保湿剤）の2種類があります。主な成分と働きについては**表2-9-8**、**図2-9-18**の通りです。

表2-9-8 保湿剤の主な成分と働き

種類	主な成分	主な働き
閉塞剤	ワセリン、スクワランなど	皮脂の補充、油性の成分で覆い水分の蒸散を防ぐ
保湿剤	アミノ酸、乳酸、尿素、ヘパリン類似物質など（天然保湿因子）	角質細胞の中にあり、水分を吸着する（図2-9-19）
	セラミド、脂肪酸、コレステロールなど（角質細胞間脂質）	角質細胞間脂質として働き水分を逃さない（図2-9-19）
	ヒアルロン酸、コラーゲンなど	皮膚の表面にとどまり水分を保持する

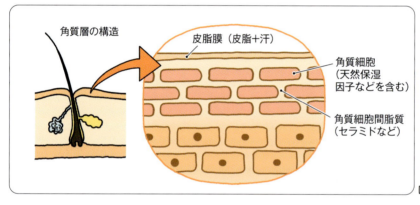

図2-9-18　角質層の構造

保湿剤の剤形による選び方

実際に飼い主が手に取ってみることが何より大切です。

その上で、におい・質感・塗りやすさ・動物の様子を確認し、飼い主が続けられそうなものを優先して選びます。塗る場所や季節により使い分けをすることもお勧めです（**図2-9-19、20、表2-9-9**）。

図2-9-19　当院の保湿剤ラインナップ
さまざまなタイプの保湿剤をそろえるようにしている。
A：ヒノケア for プロフェッショナルズ スキンケアローション（エランコジャパン株式会社）
B：BASICS 高濃度セラミドボディジェル（株式会社QIX）
C：BASICS DermCare ダーマモイストバス（株式会社QIX）
D：BASICS DermCare モイスチャライズフォーム（株式会社QIX）
E：バイオピペット（左）、エッセンシャル6 ピペット（右）（株式会社MPアグロ株式会社）

図2-9-20　当院での実施例
診察室の手に取れる位置に、季節のお勧め保湿剤をおいている。診察の待ち時間に実際に手に取る飼い主が多く、お勧めもしやすい。

犬アトピー性皮膚炎

表2-9-9 保湿剤の剤形

	メリット	デメリット	向いている皮膚の状態
軟膏	保護作用が強い	ベタつく、広がりにくい、毛があると使いにくい	傷がある、乾燥が強い
クリーム	浸透性がよい	ややベタつく、軟膏に比べ刺激性あり、毛があると使いにくい	乾燥が強い、毛が少ない部分
ローション、フォーム	のびがよい、毛のある部分で使いやすい	刺激性がある	毛が密な部分
スプレー	広く使える、毛のある部分で使いやすい、手につかずに塗れる	刺激性がある、使用量が分かりにくい、毛が多いと届きにくい	広い範囲
ジェル	のびがよい、清涼感	刺激性がある	夏場の皮膚、脂性肌、混合肌
スポット	拡散性が高い	どこまで保湿できているか分かりにくい	塗られるのが嫌いな犬

効果的な保湿剤使用のタイミング

シャンプーや入浴後は皮膚が乾燥しやすい状態になることから、ドライ前に保湿剤を使いましょう。可能であれば毎日使うと効果的で、シャンプーをしない日はシートや蒸しタオルで汚れを拭き取ってから使用するとより皮膚に浸透しやすいです。また、使用後30分ほどは舐めとらないようにするために、食事や遊びの前に塗るとよいでしょう。

効率的な保湿剤の塗布方法

前述のFTUと同じ量、状態によりそれより多い量を使いたっぷり塗るようにします。

指でゴシゴシではなく、手のひらを使い塗り込みます（**図2-9-21**）。また塗った後は褒めたり、ごほうびを与えたりするとよいでしょう。

※クリームが見やすいように手袋を着用せず撮影。

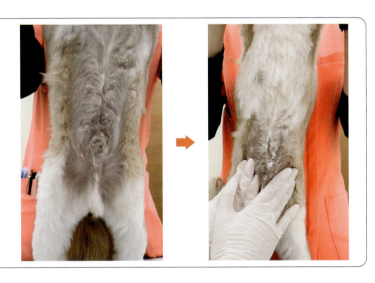

図2-9-21 塗り方の例
保湿剤は、本来のFTUの2〜3倍量を使用するとしっかり保湿できてお勧めです。また、ゴム手袋をつけて塗布すると塗る人の手に保湿剤が吸収されず、必要量を効果的につけることができる。

まとめ

　皮膚病の治療は長期間続くことがほとんどですが、愛玩動物看護師として動物看護の目線で動物と飼い主をサポートすることがとても重要だと思います。動物により治療方法が異なってくるので、その動物に合わせてアドバイスができるようになると飼い主のモチベーションにもつながり、自分自身も成長することができます。本稿を通して、少しでも皆さまが皮膚病の動物看護介入に役に立てることができたらいいなと思います。

愛玩動物看護師・中屋咲紀

　犬アトピー性皮膚炎に悩まされている犬、飼い主は本当に多いと日々実感しています。そんな中で、イライラしていた動物が穏やかになった、家族に笑顔が増えたという話をもらうととてもうれしく思います。そのためには、獣医師一人の力では難しく、飼い主はもちろん愛玩動物看護師の皆さまの力が必要です。当院でも、獣医師には話しにくい悩み、飼い主の表情の変化など愛玩動物看護師の皆さまならではの気づきをチームでシェアし、治療につなげています。本稿が少しでも皆さまの参考となり、皮膚病に悩む飼い主への手助けになればと思います。

獣医師・飯谷花奈

― 監修者からのコメント ―

　犬アトピー性皮膚炎は遺伝的な炎症性の皮膚疾患ではありますが、さまざまな環境因子（ハウスダスト、ノミ、花粉、細菌、気候など）、皮膚バリア機能の低下、免疫的な因子（IgE抗体の産生、炎症性サイトカインの増加など）が複合して発症すると考えられています。したがって、その原因はたった1つというよりも、複数あることのほうが一般的です。そのため、犬アトピー性皮膚炎と診断された事例であっても、獣医師によって治療の方針が異なる場合は珍しいことではありません。そのような状況の中で、愛玩動物看護師は、まずは担当の獣医師がどのようなことを考え、診断・治療を行っているかを理解することが重要です。そして、飼い主へ適切なアドバイスやサポートを行うためにも、病気に関する幅広い知識を身に付けておく必要があるでしょう。本稿では、犬アトピー性皮膚炎の診断や治療に関する細かな情報にも触れていますので、難しいと感じる部分も多かったのではないかと思いますが、ぜひ問診から治療までの一連の流れを反芻しながら理解を深めてもらえたら幸いです。本稿の内容が明日からの診療や業務に役立ってくれることを願っています。

獣医師・島田健一郎

【参考文献】
1. Favrot,C., Steffan,J., Seewald,W., et al.（2010）：A prospective study on the clinical features of chronic canine atopic dermatitis and its diagnosis. *Vet. Dermatol.* 21(1)：pp.23-31.

第2章 飼い主支援が重要な症候/疾患の動物看護

10. 紅斑
「皮膚に赤い斑点がある」／膿皮症

執筆者
米川奈穂子（よねかわなおこ）／
愛玩動物看護師（ぬのかわ犬猫病院）

平野翔子（ひらのしょうこ）／
獣医師（ぬのかわ犬猫病院）

監修者
柴田久美子（しばたくみこ）／
獣医師（YOKOHAMA Dermatology for Animals）

| 症状 | 紅斑 |

| 主訴 | 「皮膚に赤い斑点がある」 |

STEP UP! 継続的な通院治療の重要性 〜皮膚科手帳の活用とトリマーとの連携の勧め〜

本稿の目標
- 膿皮症を起こす要因を理解し、治療に必要な情報の聞き取りを行うことができる
- 抗菌薬の内服指導、外用薬の使い方のアドバイスができる
- 食事指導やスキンケア指導のコツをつかむ

"皮膚の赤い斑点"と"膿皮症"

犬の膿皮症は、臨床現場で遭遇しやすい皮膚疾患です。皆さんの動物病院にもたくさんの膿皮症の事例が来院されるかと思います。中には膿皮症を何度も起こす事例や、なかなか治らない事例もいるのではないでしょうか。飼い主から「また抗菌薬をください」と言われ、薬を渡して終わり……なんてこともあるかもしれません。膿皮症を治療するには、膿皮症を起こす要因を正確に把握し、要因に対して適切にアプローチすることが大切です。そのためには丁寧な「聞き取り」が不可欠です。また、外用・内服の指導、スキンケア指導など愛玩動物看護師が活躍できる場面はたくさんあります。本稿では、膿皮症の病態から、飼い主が見逃しがちなポイント、会話の際にチェックすべき項目、治療時のアドバイスについてなどを解説していきます。

第2章 飼い主支援が重要な症候/疾患の動物看護

動物看護の流れ

case 紅斑「皮膚に赤い斑点がある」

ポイントはココ！
p.286

"皮膚の赤い斑点"の原因として考えられるもの
- 膿皮症
- 皮膚糸状菌症
- 毛包虫症
- 落葉状天疱瘡
- 薬疹　など

押さえておくべきポイントはココ！

～ "皮膚の赤い斑点"と"膿皮症"の関係性とは？～

①病態生理で押さえるポイントは"膿皮症を起こす要因がある"ということ！
②注意が必要な理由はこれ！
　・飼い主は、膿皮症をうつる感染症と思いがち
　・飼い主は、膿皮症は皮膚だけの問題と思いがち
③要因を突き止めるためには"情報収集"が大切！
　☐ 会話
　　・飼育環境について
　　・シャンプーなどの手入れについて
　　・犬の健康状態について
　☐ 観察
　　・皮膚と被毛
　　・外貌

上記のポイントを押さえるためには
情報収集が大切！

検査
p.289

一般的に実施する項目
☐ 皮疹の観察
☐ 細胞診

必要に応じて実施する項目
☐ 細菌培養・薬剤感受性試験
☐ 健康診断

284

膿皮症

"膿皮症"と診断

↓

治療方法
- 外用療法（抗菌薬の塗布、抗菌性シャンプー）
- 全身療法（抗菌薬の内服）
- その他の治療（要因へのアプローチ）

↓

内科的治療

治療時の動物看護介入 p.290

case1
- 基礎疾患にアレルギー性皮膚炎がある膿皮症
- インフォームドコンセント用資料の作成
- 内服薬の説明
- 外用薬の説明
- スキンケアの説明
- 食事の紹介

case2
- 基礎疾患にクッシング症候群とアレルギー性皮膚炎がある膿皮症
- インフォームドコンセント用資料の作成
- 内服薬の説明

case3
- アレルギー性皮膚炎とノミ寄生による膿皮症
- ノミ・マダニ予防と飼育環境に関する指導

↓

観察項目

case1

☐ 初診時の聴取・観察項目

〈聴取項目〉
- 予防
- 飼育環境
- 食事内容
- 糞便回数
- スキンケアの有無、方法
- 痒みの程度
- 季節性の有無
- 今までの治療経過

〈観察項目〉
- 一般健康状態
- 皮膚の状態：
  1) 皮疹の分布
  2) 皮疹の種類
  3) 皮膚のその他の異常
- 動物が気にしているか：痒みの程度

case2
case1に加えて
- 今まで行った検査内容・検査結果の確認
- 今までの内服薬、外用薬の時期や期間の確認

case3
case1・case2と同様

☐ 継続治療時の聴取・観察項目（case 1～3共通）

〈聴取項目〉
- 痒みの変化の確認
- 一般状態の変化の確認
- 処方食の確認
- 治療ができているかの確認

〈観察項目〉
- 皮膚の状態
- 一般状態
- 体重の増減

飼い主支援 p.297

↓

経過に応じた飼い主支援
- 定期的な経過観察、記録
- 長期継続治療補助としての日常ケア
- 個別に応じたアドバイスやサポートの工夫

紅斑「皮膚に赤い斑点がある」

STEP UP! 「皮膚科手帳の活用とトリマーとの連携」について考えてみましょう！　p.298

長期的な治療や管理が必要なポイントはココ！

"皮膚の赤い斑点"と"膿皮症"の関係性とは？

"皮膚の赤い斑点"の原因として考えられるもの

皮膚が斑状に赤いことを「紅斑」と呼びます（**図2-10-1**）。紅斑は、皮膚の血管が拡張することで皮膚の色が変化している状態です。皮膚の血管の拡張は主に炎症によって起こるため、皮膚に炎症を起こすあらゆる皮膚病で紅斑はみられます。皮膚が赤いということ以外にも、丘疹、膿疱、環状の紅斑、痒みといった皮膚症状をみることは多いと思います。これらを示す皮膚病には下記のようなものが挙げられます。

- 膿皮症
- 皮膚糸状菌症
- 毛包虫症
- 落葉状天疱瘡
- 薬疹

など

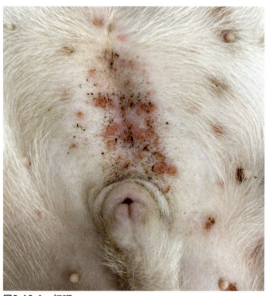

図2-10-1 紅斑

膿皮症の病態について

膿皮症は皮膚の細菌感染症です。感染症といっても、原因は犬の皮膚の表層や毛包に常在する細菌で、*Staphylococcus pseudintermedius*というブドウ球菌であることが多いです。膿皮症が発症する原因は、細菌側の病原因子と犬側の皮膚や健康の状態がかかわっています。細菌側の病原因子としては、ブドウ球菌が表皮や毛包内に侵入するために、皮膚を障害するさまざまな酵素や毒素を出すということが分かっています。

犬はヒトよりも皮膚が薄く、汗腺・脂腺が発達しており、皮膚のpHが高いことなどが膿皮症を起こしやすい要因と考えられています。しかし、通常は細菌が皮膚に存在していても膿皮症は起こりません。表皮や毛包に細菌の侵入と増殖を許してしまうのは、犬の皮膚や健康に問題があったり、環境やケアが不適切であったりするためです。飼い主は、皮膚だけの問題と思いがちですが、ホルモンの異常などが隠れていることも多いため、膿皮症を起こす犬側の問題も必ず考えなくてはいけません。

注意が必要な理由はこれ！

飼い主は、膿皮症をうつる感染症と思いがち

ヒトの皮膚の細菌感染症というと"とびひ（伝染性膿痂疹）"が有名です。とびひは皮膚を掻いた手を介して全身に広がる皮膚病のため、犬の膿皮症もヒトや他の犬にうつると思う飼い主も多いです。しかし、ヒトのとびひを起こすブドウ球菌と犬のブドウ球菌は種類が異なるため、犬からヒトへ感染することは非常にまれであり、基本的には犬から他の犬へも伝染しないといわれています。

飼い主は、膿皮症を皮膚だけの問題と思いがち

膿皮症は皮膚の細菌感染なので、抗菌薬を使用すれば治ると思っている飼い主もいます。しかし、膿皮症を引き起こした犬側の要因（**表2-10-1**）が解決されないと膿皮症は繰り返し起こります。犬側の皮膚や健康の状態にアプローチすることが大切です。

表2-10-1　膿皮症を起こす犬側の要因

犬の皮膚の問題点	●アレルギー性皮膚炎
	●多汗症
	●角化症
	●外的刺激、舐める、掻く　など
犬の健康状態の問題点	●内分泌疾患［副腎皮質機能亢進症（クッシング症候群）、甲状腺機能低下症］
	●腫瘍性疾患
	●内服薬の影響（ステロイド薬、免疫抑制薬、抗がん薬）
生活環境の問題点	●高温、多湿
	●誤ったスキンケア
	●栄養不良

膿皮症の症状

紅斑に加え、さまざまな皮疹が起こります（**表2-10-2**）。初期には、膿疱（**図2-10-2**）や丘疹がみられ、それが周囲に拡大し、環状に黄色の鱗屑（フケ）がついた紅斑がみられるようになります。これを表皮小環（**図2-10-3**）と呼びます。さらに時間が経つと、遠目で見た時に虫食い状の脱毛がみられます（**図2-10-4**）。膿皮症では皮疹だけでなく痒みを伴うことが多いです。

膿皮症は高温多湿な夏に悪化します。毎年夏になると膿皮症を発症するという事例は少なくありません。抗菌薬治療を3～4週間行うとよくなりますが、再発することも多いです。

表2-10-2　膿皮症の主な症状

●膿疱
●毛穴に一致した丘疹
●表皮小環
●虫食い状の脱毛
●痒み

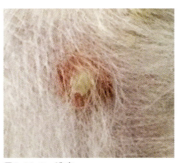

図2-10-2　膿疱

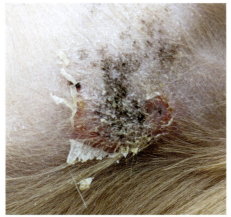

図2-10-3　表皮小環

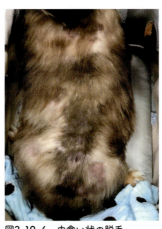

図2-10-4　虫食い状の脱毛

皮膚と被毛に注目

膿皮症に特徴的な皮疹の他に脂や汗が多くないか、首、腋窩、鼠径、耳の発赤などアレルギー性皮膚炎を疑う様子がないかを確認します。また、内分泌疾患にみられる左右対称の脱毛や色素沈着がないかも確認しましょう。

外貌に注目

クッシング症候群では腹囲が膨らみ、パンティングする様子がみられます。甲状腺機能低下症では顔つきが悲しげになり、動きたがらず肥満傾向になります。このような特徴的な徴候が見られないか、観察しましょう。

POINT 飼い主との会話で要因を探る

膿皮症を起こす要因がないかを会話の中から探っていきましょう。飼育環境といっても「室内」「屋外」だけでなく、「温度」「湿度」「衛生面」など、より詳しく話を聞くことで要因のヒントが見つかることもあります。同様にシャンプーなどの手入れについても、「期間」や「頻度」だけでなく、「誰が」「何を使って」「どのように」などの情報も重要です。また、今までに生じた皮膚トラブルや一般状態なども聞き出すことで、免疫が低下する可能性があるような基礎疾患が隠れていないか、アレルギー性皮膚炎の可能性はないか、といった健康状態の要因を探るヒントとなります。

会話のポイント

飼育環境について	●室内飼育 or 屋外飼育
	●シャンプーは「何を使って」「どのくらいの頻度で」「どのように」行っているのか
	●食事は「何を」「どのくらい」食べているのか
犬の健康状態について	●今回の症状はいつ頃からでているのか、季節性はあるか
	●今までの皮膚と耳のトラブルの有無
	●糞便回数※
	●消化器症状の有無
	●その他に何か気になることはないか（例：水をたくさん飲む、元気がない　など）

※食物アレルギーの60%で1日6回以上の排便がみられたという報告があり、排便回数の増加は食物アレルギーの可能性があります。

膿皮症

検査

一般的に実施する項目
- 皮疹の観察
- 細胞診

必要に応じて実施する項目
- 細菌培養・薬剤感受性試験
- 健康診断

一般的に実施する項目の注目ポイント

皮膚の観察

膿皮症に特徴的な皮疹に注目します。丘疹、膿疱、表皮小環といった膿皮症でみられる皮疹がでているかを確認します。

細胞診

膿疱や丘疹を潰してスライドグラスやセロハンテープを押し当て採取した検体を染色して観察します。膿皮症に特徴的な皮疹があり、細胞診で細菌と細菌を貪食して変性した好中球が観察されると、膿皮症が疑われます（**図2-10-5**）。

また、ニキビダニ症や皮膚糸状菌症などの他の病気を除外するために、毛検査、皮膚掻爬検査を行います。

必要に応じて実施する項目の注目ポイント

細菌培養・薬剤感受性試験

近年、抗菌薬が効かない耐性菌が問題となっています。抗菌薬治療への反応が悪いときには、細菌の種類とどの抗菌薬で効果があるのかを、細菌培養・薬剤感受性試験で確認します。

健康診断

治療反応が悪いときには、犬に内分泌疾患や腫瘍性疾患などの免疫を低下させる要因がないかを確認するために、血液検査、画像検査、ホルモン検査を行います。

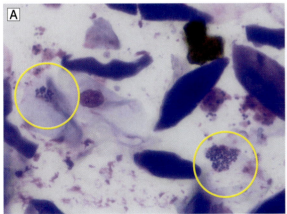
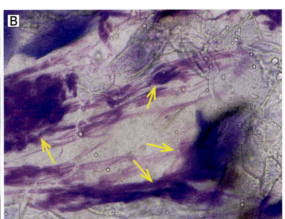

図2-10-5　細胞診検査所見
A：球菌
B：変性好中球

治療時の動物看護介入

動物看護を行う際の注目ポイント

❶投薬指導
- 事例に合った方法を提案する
- 正しい投薬方法を指導する

❷患部の観察
- 皮膚の状態を観察し、異常に早期に気づく

❸飼い主支援
- 飼い主の治療に対するモチベーションが維持できるようサポートする

❹基礎疾患への理解
- 基礎疾患を把握し、飼い主支援に反映する
- 事例にあった食事を提案する（療法食など食事への介入が必要な場合）

治療方法について

膿皮症は内科的治療を実施します。内科的治療には抗菌薬を患部に塗布する外用療法と、内服薬を投与する全身療法、その他の治療に分けられます。

外用薬療法

①投薬管理

[正しい投薬方法を指導する]

クロルヘキシジングルコン酸塩の消毒薬やゲンタマイシン硫酸塩、耐性菌が予想される場合はフシジン酸ナトリウムといった抗菌薬の軟膏などを塗布することで治療を行います（**図2-10-6**）。抗菌薬の外用治療は、薬剤が高濃度で細菌に作用します。内服薬に比べて耐性菌をつくりにくく、体に吸収される量もとても少なく済むため副作用も起こしにくいというメリットがあります。

外用薬は、犬が舐めてしまったり塗るのを嫌がってしまったりすることが多いため、飼い主は外用療法を敬遠しがちです。そのため、メリットを説明して理解してもらう必要があります。また、塗る量や場所が適切でなく、外用療法の効果がでないこともあるため、実際に塗るところをみせて、きちんと理解してもらうことも大切です。

②患部の観察

[皮膚の状態を観察し、異常に早期に気づく]

抗菌性シャンプーであるマラセブやノルバサン

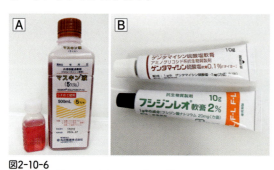

図2-10-6
外用療法に使用する消毒薬や抗菌薬（軟膏）の一例
A：クロルヘキシジングルコン酸塩
B：ゲンタマイシン硫酸塩（上）、フシジン酸ナトリウム（下）

図2-10-7
膿皮症に使用するシャンプーの一例

クロルヘキシジングルコン酸塩（マラセブ）、ピロクトンオラミン（メディダーム）はマラセチア皮膚炎の治療薬ですが、膿皮症に有効な消毒剤も含まれている。

A：メディダーム（日本全薬工業株式会社）
B：マラセブ（株式会社キリカン洋行）
C：ノルバサンシャンプー0.5（株式会社キリカン洋行）
D：ヒノケア for プロフェッショナルズ スキンケアシャンプー（エランコジャパン株式会社）

シャンプー0.5には、クロルヘキシジングルコン酸塩が含まれており、ティーツリーオイルやヒノキチオールにも弱い抗菌作用があります（**図2-10-7**）。これらでシャンプーすることで全身の細菌に抗菌作用を発揮することができます。皮膚への刺激を起こす犬もいるので、皮膚をよく観察しながら使用する必要があります。

全身療法

膿皮症の範囲が広いときや犬の性格的に外用療法ができないときには、抗菌薬の内服を行います。過去の抗菌薬の投薬歴を聴取できると、抗菌薬を選択する際の手助けになるでしょう。

③飼い主支援

[飼い主の治療に対するモチベーションが維持できるようサポートする]

膿皮症の治療には、数週間の抗菌薬の投与が必要になります。途中で止めたり、減量したりすると耐性菌をつくりやすくなります。また、抗菌薬の内服で消化器症状を示すことがあります。これらの点に注意して内服指導を行いましょう。

その他の治療

膿皮症を起こす犬側の要因へのアプローチも行います。

蒸れや多汗、脂漏が原因のときには、夏場は下毛の処理を行ったり、トリミング・シャンプーの頻度を増やしたりします。

④基礎疾患への理解

[基礎疾患を把握し、飼い主支援に反映する]

内分泌疾患や腫瘍が見つかった場合は、それらの治療を行います。アレルギー性皮膚炎を併発しているときには、抗菌シャンプーによる刺激に注意する、保湿を行う、投薬治療、食事管理など複合的な治療が必要になります。

case 1　基礎疾患にアレルギー性皮膚炎がある膿皮症

【事例情報】
- **基本情報**：フレンチ・ブルドッグ、不妊雌、4歳齢、9.0 kg、BCS 5/9
- **既往歴・基礎疾患**：アレルギー性皮膚炎
- **主訴**：膿皮症を繰り返す
- **経過**：抗菌薬の内服と外用療法を長期間行っていたが、膿皮症を繰り返すため、当院皮膚科を受診
- **各種検査所見**：
  ・身体検査所見：体表に表皮小環と鱗屑、指間と足裏の紅斑
  ・皮膚科検査所見：皮膚押捺検査〔変性好中球（+）、球菌（+）〕、皮膚掻爬検査・毛検査（異常なし）
- **治療内容**：除去食試験、内服薬［オクラシチニブマレイン酸塩（アポキル）］、外用薬［5%クロルヘキシジングルコン酸塩（5%ヒビテン液）、フシジレン酸ナトリウム（フシジンレオ）］、当院での薬浴を組み込んだスキンケア計画と指導を実施

POINT 皮膚科用の聞き取り票を利用する

皮膚科は事前の聞き取りが重要ですが、聞き取り項目も多くあります。
項目をまとめた皮膚科用の聞き取り票を作成しておき、聞き忘れる項目がないようにしましょう。

診察前の聴取・観察項目

- ☐ 予防
- ☐ 飼育環境
  - ・単体飼育 or 多頭飼育
  - ・室内飼育 or 屋外飼育
  - ・散歩の有無
- ☐ 食事内容
- ☐ 糞便回数
- ☐ スキンケアの有無、方法
- ☐ 痒みの程度
- ☐ 季節性の有無
- ☐ 今までの治療経過
  - ・今まで使用していた薬剤
  - ・現在使用している薬剤

診察中の聴取・観察項目

- ☐ 一般健康状態
  - ・元気
  - ・体温
  - ・呼吸数
  - ・外貌の変化（内分泌疾患の徴候の有無）
- ☐ 皮膚の状態
  ①皮疹の分布：アレルギー性皮膚炎を疑う様子（左右対称性の痒みなど）がないか
  ②皮疹の種類：膿皮症にみられる皮疹か（膿疱、丘疹、表皮小環、虫食い状の脱毛など）
  ③その他の皮膚の異常：皮膚の薄さ、汗、脂
- ☐ 動物が気にしているか
  ・痒みの程度

POINT 治療開始後の変化を記録する

治療開始後の変化を把握し比較するために、皮膚の状態を客観的、視覚的に記録しておくことが大事です。

写真を撮ったり、イラストに皮疹の場所や紅斑の範囲を記録したりしておきましょう。

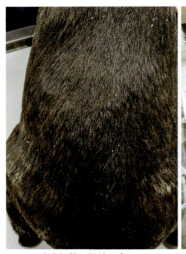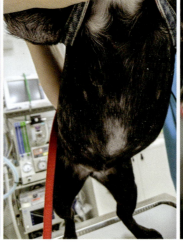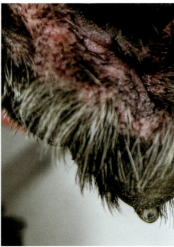

case1の皮膚状態の記録写真

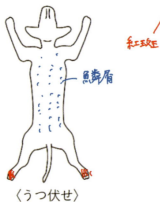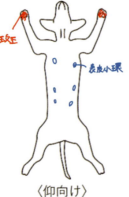

皮疹や紅斑などの範囲を記録しているイラスト

| ポイントはココ！ | 検査 | **治療時の動物看護介入** | 飼い主支援 |

膿皮症

インフォームドコンセント用資料の作成

再発性の膿皮症では、
- 膿皮症の説明
- 膿皮症を再発させる原因となる病気の可能性
- 今後の治療計画

など、飼い主へ伝える情報量が特に多いです。

すべてを獣医師から説明するととても時間が掛かり、また飼い主もその場ですべてを理解するのは大変です。そのため、帰宅後も見直すことのできる資料をあらかじめ作成し、渡しました（**図2-10-8、9**）。

内服薬の説明

継続中の内服薬はないか、飲み合わせは大丈夫かを確認し、投薬に伴う副作用の可能性もあらかじめ伝えました。特に抗菌薬は消化器症状、ステロイド剤は多飲多尿が起こる可能性について伝えることが大切です。

外用薬の説明

1回の量、1日何回塗るのか、塗り方、塗る場所を具体的に説明しました。

飼い主の前で実際に塗りながら説明し、さらに自宅でも見返すことができる説明書を用意しました（**図2-10-10**）。

スキンケアの説明

使用するシャンプーや保湿剤の特徴、使い方、頻度を説明しました。

スキンケアの説明をする際には、今までのやり方を飼い主に聞くことが大切です。治療に合っていない方法を続けていることもあるため、改めて最初から最後まで、スキンケアの説明書を用いながら、コツやポイントを伝えましょう（**図2-10-11**）。

食事の紹介

膿皮症を再発させる原因としてアレルギー性皮膚炎が疑われたため、除去食試験を行うことになりました。獣医師が選択した食事の中から、動物の好み（粒の大きさ、におい、味の好みなど）を飼い主に確認し、食事を選択しました。食事の選択では、主食となるフードに限らず、おやつやサプリメント、歯磨きペーストなど、日々使用しているものの成分にも注意が必要なため、しっかりと聴取しましょう。現在の食事からの切り替え方や、購入方法まできちんと説明し、飼い主が自宅でいつでも見返すことができるよう、除去食試験についての説明書もあるとよいでしょう。

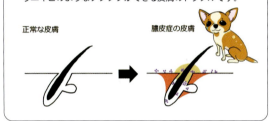

図2-10-8　膿皮症に関する資料

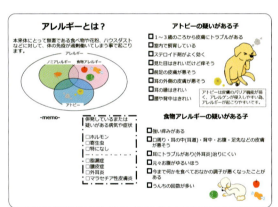

図2-10-9　アレルギーに関する資料

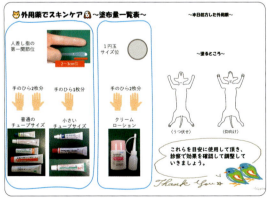

図2-10-10　外用薬に関する資料

第2章 飼い主支援が重要な症候/疾患の動物看護

図2-10-11　シャンプー療法に関する資料

継続治療時の聴取・観察項目

☐ **皮膚の状態**
　・皮疹の増減
　・場所の変化
　・痒みの程度

☐ **食事の変更の確認**
　・変更できたか
　・継続して食べられそうか

☐ **体重の増減**
　・食事を変えたことによるカロリー量は適正か
　・消化器症状の有無

☐ **自宅でのケアの確認**
　・内服、外用、スキンケアが適切に実施されているか
　・飼い主の負担になっていないか

> **POINT** 治療が動物や飼い主の負担でないか確認する
>
> 　皮膚状態の変化を客観的に把握するために、定期的に写真やイラストなどの記録をとることがお勧めです。1年を通し、季節による変化があるかどうかも確認することができます。
> 　そして、継続通院時に特に注意して話を聞くべき点は、治療が動物と飼い主の負担になっていないかについてです。動物と飼い主にとって負担が大きいと感じるケアは、治療が続かなくなる原因になりえます。自宅での様子を確認し、負担になっていること、不安に思っていることがあれば、獣医師に相談し、早めに対処しましょう。

case 2　基礎疾患にクッシング症候群とアレルギー性皮膚炎がある膿皮症

【事例情報】

- **基本情報**：ミニチュア・ダックスフンド、不妊雌、11歳齢、体重5.8 kg、BCS 4/9
- **既往歴・基礎疾患**：クッシング症候群、アレルギー性皮膚炎
- **主訴**：1歳から痒みとフケが治らない
- **経過**：1歳齢より全身に鱗屑・痒み、脇・肛門まわり・尾・耳に紅斑。抗菌薬、ステロイド薬、シクロスポリン内服で改善なし。甲状腺機能低下症の治療でも改善せず、当院皮膚科を受診
- **各種検査所見**：
  - 身体検査所見：全身に鱗屑、頸部に表皮小環、腹部に表皮小環と膿疱、肛門まわりと耳道に紅斑、腹部膨満
  - 皮膚科検査所見：皮膚押捺検査〔球菌（+）、好中球（+）、マラセチア（+）〕、皮膚掻爬検査（異常なし）、培養検査（薬剤耐性菌多数）
  - 耳鏡検査所見：耳道全体に紅斑
  - 血液検査所見：CBC正常、血液化学検査はアルカリフォスファターゼ（ALP[*1]）若干高値、その他正常。甲状腺〔サイロキシン（T_4[*2]）、遊離サイロキシン（FT_4[*3]）、犬甲状腺刺激ホルモン（c-TSH[*4]）〕正常、ACTH刺激試験正常（Pre 5.3、Post 23.7）
- **治療内容**：クッシング症候群治療〔トリロスタン（アドレスタン）〕、内服薬〔オクラシチニブマレイン酸塩（アポキル）〕、外用薬〔ゲンタマイシン硫酸塩（オトマックス）〕、除去食試験、スキンケアに保湿剤（アフロートモイスチャライズフォーム）追加

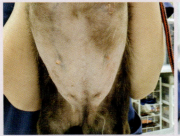

case2の皮膚

診察前、診察中の聴取・観察項目

case 1に加えて、以下の項目について確認します。

- □ 今まで行った検査内容、検査結果の確認
- □ 今までの内服薬、外用薬の時期や期間の確認

> **POINT　治療経過を時系列に整理する**
>
> 治療経過が非常に長い事例だったため、過去から現在に至る治療経過の整理を行いました。時系列にしてまとめると把握しやすいです。

インフォームドコンセント用資料の作成

複数の基礎疾患を持っていたため、改めて各疾患の特徴や、自宅での注意点をいつでも確認できるよう、膿皮症、アレルギー性皮膚炎、クッシング症候群の資料を渡しました。

内服薬の説明

クッシング症候群の治療のため、トリロスタン（アドレスタン）が処方されました。注意事項として、カプセルのまま経口投与すること、投薬開始後からの消化器症状の有無や、元気・活動性の変化を観察

[*1] Alkaline Phosphatase／[*2] Thyroxine／[*3] Free Thyroxine／[*4] Canine-Thyroid Stimulating Hormone

してもらうことを伝え、元気消失の場合にはすぐに動物病院に連絡してもらうことを伝えました（アジソン病発症のリスクがあるため）。

> **POINT　今後の予定を飼い主と共有する**
>
> 　本事例は、獣医師が伝えた今後の治療方針をもとに、検査の予定、通院頻度などの目処を再度飼い主と一緒に確認し、メモを渡しました。
> 　治療経過が長かったため、大まかでも見通しを伝えることで、飼い主の不安を少しでも解消できるよう努めました。また、今までの治療にも多くの費用が掛かっていたとのことで、費用面での不安も見受けられたため、飼い主の意向を聞きながら、獣医師とともに薬やケアの選択をしていきました。

case 3　アレルギー性皮膚炎とノミ寄生による膿皮症

【事例情報】
- **基本情報**：シェットランド・シープドッグ、去勢雄、8歳齢、12.0 kg、BSC 4/9
- **既往歴・基礎疾患**：アレルギー性皮膚炎とノミ寄生
- **主訴**：湿疹が広がった
- **経過**：湿疹ができたため外用療法と週2回の薬浴を行っていたが、膿皮症が広がってきたため当院皮膚科を受診
- **各種検査所見**：
  - 身体検査所見：背部、脇腹、尾の付け根に膿皮症
  - 皮膚科検査所見：皮膚押捺検査〔好中球（＋）、球菌（＋）〕、皮膚掻爬検査（異常なし）
  - 一般身体検査所見：血液検査所見：スクリーニング・甲状腺ともに異常値なし
- **治療内容**：ノミ・マダニ予防、内服薬［オクラシチニブマレイン酸塩（アポキル）］、外用薬［クロルヘキシジングルコン酸塩液（5％ヒビテン液）、フシジン酸ナトリウム（フシジンレオ）、サプリメント（アンチノール）追加、スキンケアの内容と頻度の変更［ピロクトンオラミン（メディダーム）＋アフロートモイスチャライズを10～14日に1回］

case3の皮膚

診察前、診察中の聴取・観察項目

case 1、2と同じ内容です。

ノミ・マダニ予防と飼育環境に関する指導

本事例では膿皮症の改善と悪化を繰り返していましたが、治療継続時の再診でノミの寄生を発見しました。

治療開始前の聞き取りでノミ・マダニ予防の確認はしていましたが、再度飼い主に予防薬の製品名を確認したところ、ノミ・マダニの予防薬ではない製品をノミ・マダニの予防薬と思って使用していたことが判明しました。初診時の問診では、来院者が実際の飼い主ではなかったため、予防薬の製品名の確認には至らなかったことも、判明が遅れてしまった要因の一つです。

改めてノミ・マダニ予防薬の処方と飼育環境の確認をしたところ、室内飼育ではあるが周囲にノラ猫が多いことが判明したため、ノミ・マダニ予防の徹底（通年予防）と飼育環境の清浄化を指導しました。

また、スキンケアは他サロンで行っていたため、皮膚の状態に合わせて処方したシャンプー剤や保湿剤をサロンに持ち込んでもらい、スキンケアすることをお願いしました。

> **POINT 予防薬を投与しているかの確認は定期的に行う**
>
> 予防の定期的な確認と予防薬の処方は大切です。基本的なことですが、抜けてしまうことがあるため、カルテなどに予防に関してのチェック項目などをつくるとよいでしょう。
> また、予防薬のタイプには経口タイプやスポットタイプ、3ヵ月効果が継続するものなどさまざまな種類があるため、飼い主とよく話し合い、それぞれの家庭が続けやすいものを選択しましょう。

飼い主支援

定期的な経過観察、記録

皮膚病は長期的な治療になることが多い病気です。観察項目のチェックと定期的な記録で、動物の変化を客観的に把握し、悪化する前に治療が開始できるよう、状況に応じたアドバイスができるようにしましょう。

長期継続治療補助としての日常ケア

膿皮症の症状がいったん落ち着いても、基礎疾患にアトピー性皮膚炎がある事例は季節などにより膿皮症を繰り返す場合があります。飼い主に長期管理を理解してもらい、その動物と家庭環境に合った日常ケアを提案していきましょう。

膿皮症の再燃を予防できれば、薬の使用を減らすことができます。皮膚は悪化する前にケアすることが大切です。

ワイプ剤（図2-10-12）

被毛や皮膚表面に付着した皮脂や雑菌を拭き取り、細菌が増えにくい環境にします。クロルヘキシジンが含まれたワイプ剤もあります。

フォーム剤（図2-10-13）

液剤が泡ででてきてすりこむタイプです。洗い流し不要。抗菌成分と保湿成分が含まれます。フォームタイプのため、毛の奥の皮膚までしっかり届きます。

シャンプー剤・保湿剤（図2-10-14、15）

膿皮症の治療時は、クロルヘキシジン配合の薬用シャンプーで洗うことも有効ですが、アトピー性皮膚炎を基礎疾患として持つ犬では、膿皮症が落ち着いてきたら、保湿成分が配合された低刺激のシャンプー剤への変更を勧めるとよいと思います。保湿による皮膚バリアのケアで膿皮症が再燃しにくい環境にすることも大切です。そしてシャンプー後の日常ケアに保湿剤の使用を勧めましょう。

マイクロバブルバスや炭酸泉（図2-10-16）

トリミングサロンでシャンプーをする際に、マイクロバブルやナノバブル、炭酸泉などがあればそれを実施することも膿皮症を予防する上で効果的なことがあります。マイクロバブルの小さな気泡が根毛の脂を取り除き、皮膚をキレイにしてくれます。炭酸泉は皮表pHを下げる効果があり、菌が繁殖しにくい環境をつくります。皮表pHが上がる（アルカリ性に傾く）と細菌の感染を助長し、膿皮症になりやすい状態になります。

個々に応じたアドバイスやサポートの工夫

一般的なアドバイスだけでなく、飼い主の環境や心に寄り添ったものを伝えられるよう、さまざまなアドバイスの引き出しを増やしておきましょう。

また、通院治療を継続してもらうために、飼い主や動物が動物病院に来やすい雰囲気をつくれるとよいと思います。「雑談を交える」「ちょっとした変化

に対しても、声を掛ける」「飼い主の頑張りを褒める」「悩みや不安を受け止める」などの会話もとても大切です。

そして長期的な治療をサポートできるよう、獣医師、トリマー、受付スタッフとも連携し、治療方針や経過などを共有することも大切です。

図2-10-12　ワイプ剤の一例
スキンオール（株式会社キリカン洋行）

図2-10-14　低刺激シャンプーの一例
A：オーツシャンプーエクストラ（日本全薬工業株式会社）
B：BASICS DermCare 低刺激シャンプー（株式会社QIX）
C：ヒノケア デイリーケア（エランコジャパン株式会社）
D：ヒノケア for プロフェッショナルズ スキンケアシャンプー（エランコジャパン株式会社）

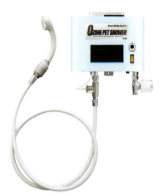

図2-10-16　ナノバブル オゾンペットシャワー
（提供：株式会社アイレックス）

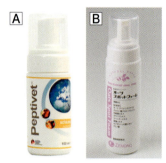

図2-10-13　フォーム剤の一例
A：ペプチベットフォームソリューション（株式会社キリカン洋行）
B：オーツスポットフォーム（日本全薬工業株式会社）

図2-10-15　保湿剤の一例
A：BASICS DermCare モイスチャライズ（株式会社QIX）
B：BASICS DermCare モイスチャライズフォーム（株式会社QIX）
C：ヒノケア for プロフェッショナルズ スキンケアローション（エランコジャパン株式会社）

ステップアップ！
継続的な通院治療の重要性
～皮膚科手帳の活用とトリマーとの連携の勧め～

継続的な治療のためには、飼い主、獣医師、愛玩動物看護師、トリマーの連携がとても重要となります。それを補助するツールとして、皮膚科手帳（**図2-10-17、表1-10-3**）のようなものを活用するのはいかがでしょうか？　手帳を介して、飼い主、獣医師、愛玩動物看護師、トリマーなど、スタッフたちが情報を共有することで、より適切な治療やケアの提案、そして早期治療につながります。

または、メーカーが作成した「皮膚治療の道のりチャート（**図2-10-18**）」などもあるので、そういった資料を活用し、診察時に現在の治療の段階、今後の治療の道のりなどを飼い主と一緒に確認しながら、定期的に通院の流れをつくれるとよいと思います。

| ポイントはココ！ | 検査 | 治療時の動物看護介入 | **飼い主支援** |

膿皮症

10 紅斑「皮膚に赤い斑点がある」

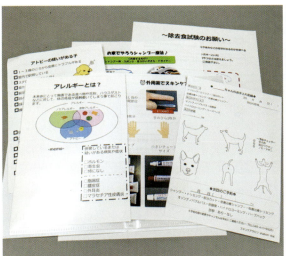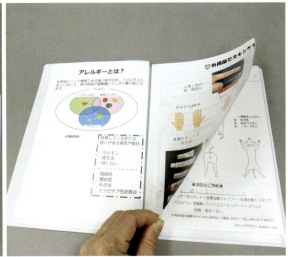

図2-10-17　皮膚科手帳の活用例

表2-10-3　皮膚科手帳にファイリングする資料の一例

☐ 検査結果や治療計画、説明資料
☐ 外用薬の使用場所、頻度が変化した場合のメモ
☐ スキンケアで使用する物品の種類や頻度が変化した場合のメモ
☐ 自宅での変化や気になったことを飼い主から獣医師へ伝えるメモ
☐ トリマーへのオーダーや注意事項
☐ トリミング時の皮膚状態をトリマーから獣医師へ伝えるメモ

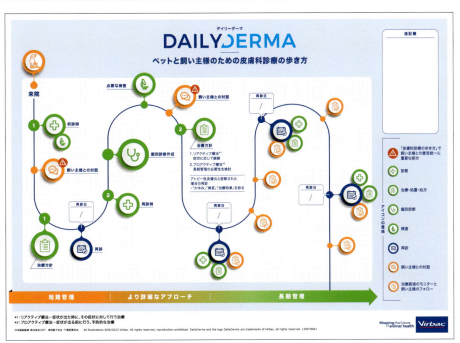

図2-10-18　皮膚治療の道のりチャート
（提供：株式会社ビルバックジャパン）

まとめ

　皮膚病は継続的な治療やケアが必要な疾患の代表ともいえます。そして、悪化をする前に治療することが重要な疾患です。定期的に通院・治療を続けてもらうためには、愛玩動物看護師による動物看護介入・飼い主支援が大変重要です。

　本稿を通して少しでも皆さまの参考となり、皮膚病の動物と飼い主への手助けになればと思います。

愛玩動物看護師・米川奈穂子

　膿皮症は日々の診察でよくみる疾患なので、軽視してしまいがちです。しかし、繰り返す・治らないと悩んでいる飼い主はたくさんいます。限られた診察時間内ですべてを説明し、納得してもらうのは難しいので、聞き取りや診察後の会話でフォローしてくれる愛玩動物看護師がいるととても心強いです。本稿を通じて皮膚病・膿皮症の動物看護介入と飼い主支援に興味を持ってくださる愛玩動物看護師が増えればうれしいです。

獣医師・平野翔子

監修者からのコメント

　犬の膿皮症は動物病院で最もよくみる皮膚病です。膿皮症はうつる病気ではありませんが、最近は抗菌薬が効きにくい多剤耐性菌による膿皮症が増えていて世界的に大きな問題となっています。耐性菌を発現させないためには飼い主の病気の理解と獣医師の指示通り確実に治療をしてもらうことが重要です。また、膿皮症は単純な細菌感染症ではなく発症しやすい原因が犬側にあるため、原因によっては長期的な管理が必要なことがあります。このような疾患では、飼い主とのコミュニケーションがとても大切で、正しい知識をもとに犬の性質や家庭の状況に合わせて柔軟に対応することが求められます。

獣医師・柴田久美子

第2章 飼い主支援が重要な症候／疾患の動物看護

11. 充血
「白眼が赤い、眼ヤニがでている」／乾性角結膜炎（ドライアイ）

執筆者

中井江梨子（なかいえりこ）／
愛玩動物看護師（どうぶつ眼科Eye Vet）

小林一郎（こばやしいちろう）／
獣医師（どうぶつ眼科Eye Vet）

監修者

余戸拓也（ようごたくや）／
獣医師（日本獣医生命科学大学）

| 症状 | 充血 |

| 主訴 | 「白眼が赤い、眼ヤニがでている」 |

 全身性疾患と関連したドライアイへの対応

本稿の目標
- ヒトのドライアイとは異なる、犬や猫のドライアイを理解する
- 特徴的な眼ヤニに気づくことができる
- 必要な検査、手順、正常値を理解し、注意が必要な続発的問題や治療の展開を理解できる

"充血"と"乾性角結膜炎（ドライアイ）"

　ヒトでよく耳にする「ドライアイ」は、深刻な病気とは無縁で、ちょっと目薬をさせば改善するようなイメージがあると思います。ヒトのドライアイと、犬や猫のドライアイは、原因も病態も治療も多くの点で異なります。また犬と猫でも全く異なります。重度になると視覚や目を失う事態に発展することもあるので、「たかがドライアイ」と思われないよう、しっかりと理解を深めてもらいましょう。

動物看護の流れ

case 充血「白眼が赤い、眼ヤニがでている」

ポイントはココ！ p.304

"眼が充血する原因"として考えられるもの

- 結膜炎、角膜炎、強膜炎
- 角膜潰瘍
- ぶどう膜炎
- 水晶体脱臼・亜脱臼
- 緑内障
- ドライアイ　など

押さえておくべきポイントはココ！

～"充血"と"乾性角結膜炎（ドライアイ）"の関係性とは？～

①乾性角結膜炎（ドライアイ）は眼の表面に充血など症状がみられる

②ドライアイは「対症療法」ではなく「根本治療」が必要

③甲状腺機能低下症や糖尿病、高脂血症といった全身性疾患でも起こりうる

④問診・観察項目
- ☐ 眼ヤニ、羞明、左右差の有無、濁り（角膜）の有無
- ☐ 眼ヤニの性状や色、でている部分
- ☐ 年齢、全身状態、手術歴

⑤好発犬種
- ☐ シー・ズー
- ☐ パグ
- ☐ プードル
- ☐ ヨークシャー・テリア
- ☐ キャバリア・キング・チャールズ・スパニエル
- ☐ アメリカン・コッカー・スパニエル

上記のポイントを押さえるためには情報収集が大切！

検査 p.306

一般的に実施する項目
- ☐ 外貌検査
- ☐ 威嚇瞬き反応
- ☐ 眼瞼刺激瞬目反射検査
- ☐ 眩惑反射（Dazzle Reflex）
- ☐ 瞳孔対光反射（PLR）
- ☐ 眼内圧測定（IOP）
- ☐ スリットランプ検査
- ☐ シルマーティアテスト（STT）

必要に応じて実施する項目
- ☐ フローレス検査［涙液層破壊時間試験（TBUT）］

| ポイントはココ！ | 検査 | 治療時の動物看護介入 | 飼い主支援 |

乾性角結膜炎（ドライアイ）

11 充血「白眼が赤い、眼ヤニがでている」

治療時の動物看護介入 p.308

"乾性角結膜炎（ドライアイ)"と診断
↓

治療方法
- 治療薬（シクロスポリン製剤など）

↓

内科的治療

case1
- 左眼にみられる黄色い眼ヤニ
- 消炎薬、角膜保護薬の投与
- シクロスポリンの投与

case2
- 右眼に傷があり白い膜が張っている
- シクロスポリンの投与
- 甲状腺機能低下症の治療

↓

観察・聴取項目
- 点眼薬の使い勝手
- 処方回数
- 動物の反応（嫌がる、痒がるなど）

観察・聴取項目
- 全身状態
- 家庭での様子
- 普段の眼ヤニの様子
- QOL

飼い主支援 p.312

在宅における日々のケアに対する飼い主支援
（case 1・case 2 共通）

- 眼ヤニに対する理解を促す
  ・動物の様子、飼い主とのやり取りから治療につなげる
  ・自宅でのケアの指導
  ・服薬指導
- 自宅でのケアのポイント
  ・過度なケアはNG
  ・ヒトのドライアイに対する治療薬には注意
- 日々のケアの方法
  ・眼ヤニの適切なケア
  ・皮膚かぶれやその他のトラブルの防止

 STEP UP! 「全身性疾患と関連したドライアイへの対応」について考えてみましょう！ p.314

長期的な治療や管理が必要なポイントはココ！

"充血"と"乾性角結膜炎（ドライアイ）"の関係性とは？

乾性角結膜炎（ドライアイ）とは

ドライアイはなんらかの原因により涙がつくられなくなり、角膜のバリア機能が低下して、眼の表面に炎症が引き起こされる病気です。症状は、眼が赤い（充血：図2-11-1）、眼が開けにくい、眼がショボショボする、眼脂（眼ヤニ）が多いなどさまざまです。

ドライアイの好発犬種として、シー・ズー、パグ、プードル、ヨークシャー・テリア、キャバリア・キング・チャールズ・スパニエルなどが挙げられます。

犬のドライアイは、涙液の産生量が減ることによって起こるものが多く、乾燥性角結膜炎（KCS[*1]）と呼ばれます。本稿ではKCSを中心に解説しますが、ドライアイにはその他に先天的なものや、ウイルス感染症によるものなどもあります。それらを見分けるためにも、まず典型的なドライアイに関して理解を深めてください。

涙膜の構造

涙（涙膜）は、脂質層、水分層、ムチン層の3層からなっています。脂質層は上下眼瞼にあるマイボーム腺から分泌されており、水分層の蒸発を防いでいます。水分層は涙膜の大部分を占めており、主涙腺および瞬膜腺から分泌されます。角膜を潤し、刺激や異物から守る働きを担っています。ムチン層は結膜や角膜上にある杯細胞から分泌されており、防護力とともに、水分層が角膜上に満遍なく乗っていられるようにクッションのような役割を担っています（図2-11-2）。

注意が必要なポイント

ドライアイは「対症療法」ではなく「根本治療」がされないと、いつまでも改善せず繰り返してしまいます。深刻な角膜潰瘍や色素性角膜炎からの腫瘍化といった、大きな問題に発展する可能性もあります（図2-11-3、4）。数日～数週間の治療で完治するものではなく、年単位での長期治療が必要です。原因次第では生涯にわたるコントロールが必要となります。

甲状腺機能低下症や糖尿病、高脂血症といった全身性疾患により起こる場合もあります（「ステップアップ」参照）。

> **COLUMN　ヒトと違う涙器と涙液分泌量**
>
> 涙器：ヒトでは涙の大部分は上眼瞼外側にある主涙腺から分泌されます。犬や猫ではその主涙腺に加えて、ヒトにない第三眼瞼（瞬膜）の奥にある瞬膜腺からも分泌されています。
>
> 涙液分泌量：ヒトではシルマーティアテスト（STT[*2]）（後述の「検査」参照）にて15mm/5分に対して、犬では15mm/1分以上、つまりヒトの約5倍以上の刺激分泌量があります。

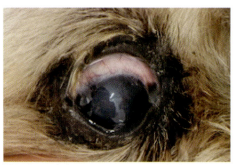

図2-11-1　充血
犬は黒眼がちであるため、まぶたを捲らないと充血に気が付かないことが多々ある。また、充血する原因疾患として、角膜炎、結膜炎、強膜炎、角膜潰瘍、ぶどう膜炎、高眼圧などが考えられる。

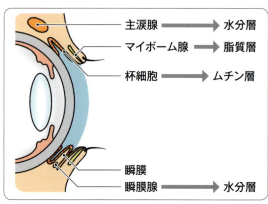

図2-11-2　涙膜の構造

[*1] Keratoconjunctivitis Sicca／[*2] Schirmer Tear Test

| ポイントはココ！ | 検査 | 治療時の動物看護介入 | 飼い主支援 |

乾性角結膜炎（ドライアイ）

会話・観察

ドライアイが疑われる場合、動物の様子や飼い主との会話から、下記の情報を把握します。

☐ 眼ヤニ（**図2-11-5**）や羞明（眼をショボショボさせる）、左右差の有無（**図2-11-6**）、濁り（角膜）の有無（**図2-11-7、8**）

☐ 眼ヤニの性状や色、でている部分や頻度（**図2-11-9～11**）（正常な生理的な眼ヤニ：**図2-11-12**）

☐ 年齢、全身状態、手術歴

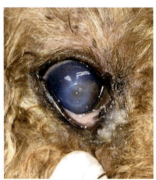

図2-11-3　角膜中央の穿孔寸前の深い角膜潰瘍
潰瘍を治す涙が不足しているため、治癒力が低いことが予想される。角膜穿孔を起こしてしまうと、前眼房水が漏れ、視覚喪失の危険性がでてきてしまう。

図2-11-4　色素性角膜炎
涙量が足りないと、瞬きのたびに角膜は慢性刺激をうけるため、角膜血管新生や色素沈着を起こす。

図2-11-5　黄色の眼ヤニ
充血とベタっとした黄色の眼ヤニが両眼にみられる。

図2-11-6　眼の状態に左右差がみられる事例
右眼のほうが開きにくそうにしている。

図2-11-7　角膜の軽度の濁り（白濁）と白眼の充血

図2-11-8　角膜の重度な濁り（色素沈着）と慢性的な充血

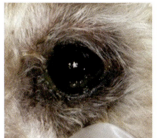

図2-11-9　眼頭から眼尻まで付着している黄色い眼ヤニ

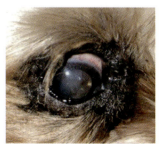

図2-11-10　眼瞼全周にみられる眼ヤニ
図2-11-9の状態をケアしないでいると、図のように眼瞼全周に眼ヤニが固まってしまう。

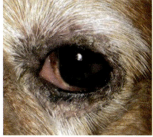

図2-11-11　眼瞼全周にみられる乾燥した眼ヤニ
眼瞼全周に乾燥した眼ヤニがあり、角膜表面が乾き、充血・混濁を起こしている。

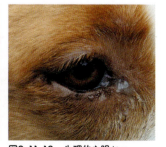

図2-11-12　生理的な眼ヤニ
病的ではない眼頭にドロッとでる透明～薄いグレーの眼ヤニ、あるいはそれが乾燥して眼頭に固まる眼ヤニは正常でもでる。

第2章 飼い主支援が重要な症候／疾患の動物看護

> **POINT　飼い主から情報を得るために！**
> きれいにする前に「今日は眼ヤニが多いですか？」「いつもこんな感じの眼ヤニですか？」「毎日でるんですか？」といった確認や会話につなげたいです。また、飼い主からの訴えを聞くだけで、実際の動物の状態をみることができない場合には「眼ヤニがどうでているのか拝見したいので、今度よかったら眼ヤニを拭かないでご来院いただけませんか」といった具体的なご提示につながるとよいです。

検査

一般的に実施する項目
- 外貌検査
- 威嚇瞬き反応
- 眼瞼刺激瞬目反射検査
- 眩惑反射（Dazzle Reflex）
- 瞳孔対光反射（PLR）
- 眼圧検査（IOP）
- スリットランプ検査
- シルマーティアテスト（STT）

必要に応じて実施する項目
- フローレス検査［涙液層破壊時間試験（TBUT）］

一般的に実施する項目の注目ポイント

一般的に実施する検査については、次の項目があります。

- 外貌検査：眼ヤニの状況、眼の開き方のバランス、瞬きの具合、色、羞明充血具合
- 威嚇瞬き反応：近づいてくる物体など対する瞬きの反応。学習によるものなので、子犬などでは見えていてもいなくても、まぶたを閉じる反応（威嚇瞬き反応）は鈍くなります。
- 眼瞼刺激瞬目反射検査：明らかな物理的刺激に対しての瞬き具合。顔面神経麻痺などがあると、見えていても反応（－〜±）です。また短頭種などで閉瞼不全（しっかり眼を閉じきれない）もよくあり、それもチェックします。
- 眩惑反射（Dazzle Reflex）
- 瞳孔対光反射（PLR*3）
- 眼圧検査（IOP*4）
- スリットランプ検査：肉眼では確認できない角膜表面の具合や血管新生の具合、メニスカス（下眼瞼と眼球の間に通常溜まっている涙の量）の目視
- シルマーティアテスト（STT）（**図2-11-13、14**）：刺激に対して分泌される涙の水分量の測定

図2-11-13
シルマー試験紙（シルメル試験紙）

図2-11-14　STTの手順
黒眼の耳側1/2〜1/3の下眼瞼に挿入し（左）、眼を軽く閉じるように押え、1分間保持した後（中央）、優しく取り出し速やかに計測する：右3mm、左12mm（右）。基準値：1分間15mm以上。右眼：重度のKCS、左眼：軽度のKCS。

*3 Pupillary Light Reflex ／ *4 Intraocular Pressure ／ *5 Tear Break-Up Time

乾性角結膜炎（ドライアイ）

必要に応じて実施する項目の注目ポイント

前述の検査で診断がつかない場合、フローレス検査［涙液層破壊時間試験（TBUT*5）］（**図2-11-15**）を実施します。フルオレセインという蛍光色素を点眼して、涙が角膜上を覆って弾かれるまでの時間や様子を検査します。

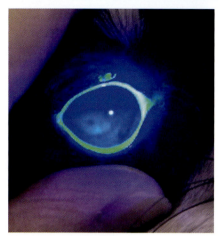

図2-11-15　TBUTの所見

会話・観察

会話力

「黄色っぽいベタッとした眼ヤニ」「ガビガビと眼のまわりに付く眼ヤニ」。ドライアイの特徴的な眼ヤニは、そのようにいい表されることがあります（**図2-11-5、9～11**）。顔を見なくても、会話の中にそのような言葉あった場合や、「繰り返す眼ヤニ」や「繰り返す眼のトラブル」が聞かれた際には、診察へとつなげられると素晴らしいです。

またドライアイが重度（STT 0～1）過ぎて、眼ヤニすらでない状態もあります。瞬きをするのも痛く、開眼がつらいこともあります（**図2-11-6**）。その場合も、肉眼で見て明らかな表面の乾きがありますので、診察へとつなげたいです。また、そのような場合、眼ヤニすらでなかった状況から、適した治療により涙液の分泌が少しずつ増えてくることで、眼ヤニがで始めることがあります。そうした場合に「悪化した」と思って治療を中断してしまうことがあるので、事前に介入しましょう（「治療薬（眼軟膏）」参照）。

COLUMN　ドライアイを正しく啓発するために！

ドライアイという状況は、角膜のバリア機能が低下している状態と思ってください。本来の角膜の治癒機能や免疫力が保てていない状況です。そのため当然、他のトラブルを引き起こすことがあります。代表的なのは角膜潰瘍です（p.305、**図2-11-3**）。どんな動物でも日常的に角膜に小さな傷をつけることは起きています。私たちがコンタクトの付け外し時や風の強い日に「痛！」となるのと同様です。ですが一瞬違和感を覚えても、すぐに改善すると思います。涙でしっかりと覆われて、瞬きをきちんとすることができる動物であれば、角膜上皮の再生力によって数分から数時間以内に治癒するので、目に見える傷になってしまったり、病院に駆け込む事態にはなりません。ドライアイの動物は、その力が低下あるいはないため、ほんの些細な傷がみるみる悪化してしまったり、潰瘍への治療経過が悪かったりという事態になります。

一生お散歩に行けない、風に当たらない生活、外的刺激を受けない生活など不可能ですので、傷をつけることが問題なのではなく、傷が治らない状態が問題なのだということ、またドライアイを改善させないと、充血どころではない、そういったリスクにつねに晒されてしまうということを、啓発できるように理解をしておきましょう。

治療時の動物看護介入

動物看護を行う際の注目ポイント

❶ **治療薬投与における事前介入**
・効果がでるのはいつからかや飼い主の判断で投薬を中止してはいけないといったことを伝える

❷ **治療薬の使用方法についての指導**
・点眼のしかた
・薬効が不十分だと治療が長びいてしまうこと　など

❸ **治療薬についてのリスクの説明**
・血管収縮薬やステロイド薬は投薬に注意を要することがある
・飼い主判断での投薬中止は危険

内科的治療

ドライアイと診断された場合

- ☐ 状況への対応
- ☐ 自宅治療、ケアへの対応
- ☐ 飼い主のモチベーション支援
- ☐ 手術歴、血液検査歴、臨床症状の確認
- ☐ 注意すべき事項の確認
- ☐ 点眼に関する指導

治療薬（眼軟膏）

　第一選択として、KCSでは専用の目薬（眼軟膏）が販売されています。シクロスポリン（オプティミューン眼軟膏）（**図2-11-16**）は涙腺や結膜に働きかけ、涙液産生量を増やす効果があります。眼軟膏のため、点眼方法が液体の目薬とは違いますし、取り扱いも異なります。状況にあった案内ができるよう、十分に理解をしておきましょう（後述の「使用方法」を参照）。

①治療薬投与における事前介入

[　**飼い主に治療薬に対する正しい知識を持ってもらう**　]

　また、この薬剤の効果評価時期は8〜12週間後です。しっかりと毎日処方回数を2ヵ月間点眼して、涙液量の改善がでてきたのかどうかを初めて評価判断できるため、「1週間使ったけど、全然よくならないから／（または）よくなったから、やめてしまった」「2回っていわれたけど、1回くらいしかさせなかった」「軟膏だからまぶたに塗っていました」といったことが起きないよう、事前介入がとても大切になります。

　犬のドライアイへの有効な治療薬は、選択肢が数種類のみに限られています。第一選択のこの薬剤を、効果がでる前に中断してしまったり、使用したりしなかったり、あるいは効果が十分にでて改善した途端に休薬、減薬してしまったりすると、再発の原因となります。その場合、再度同じ投薬を開始しても投薬開始時の効果が得られないため、貴重な有効選択肢を一つ減らしてしまうことになります。

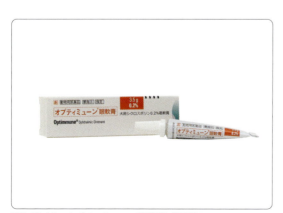

図2-11-16　オプティミューン眼軟膏（MSDアニマルヘルス株式会社）

②治療薬の使用方法についての指導

[飼い主に対して、案内、デモンストレーション、確認を行う]

眼軟膏は眼に直接点眼することのできる薬剤です（**図2-11-17**）。ですが一般的に眼薬は液体のことが多く、軟膏形態のものは皮膚などに塗るイメージを強く持たれていることがあります。そのため、「まぶたに塗るんだな」というような誤解や、眼内に入れることに不安を感じられたり、うまく使用できないということが起きます。きちんと使用できないと、薬効が十分に得られず治療経過に影響しますので、処方時の案内、デモンストレーションや確認がとても重要です。

③治療薬についてのリスクの説明

[飼い主判断による点眼の危険性を伝える]

涙の低下は、本来涙液層に守られている角膜が、潤滑剤不足により、またバリア機能の低下により、外的刺激に晒され続けている状態です。晒された角膜や粘膜を守るために、また慢性刺激により、血流が増え、充血します。さらに進むと、本来無色透明で血管組織のない角膜にも、血管が伸びてきて（角膜血管新生）混濁を起こしたりします。その充血をとにかく引かせようと、血管収縮薬やステロイド薬を投与して、安心してしまう飼い主もいます。生体が血流を必要としているので充血が起こります。ドライアイによる充血なのであれば、ドライアイを改善させることで軽減します。経過が長くなった充血は引くのも時間がかかりますが、根本原因へのアプローチでない投薬は、状態の悪化を招くことがあります。充血は生体の正常な反応なので、引かせることではなく、その原因へのケアが重要です。別の問題も混在した充血だった場合、血管収縮薬やステロイド薬の点眼薬使用に注意が必要な場合もあります。そのため、飼い主判断での点眼は非常にリスクがあることを説明しておく必要があります。

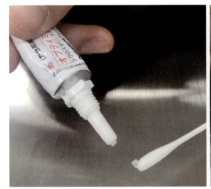  

図2-11-17　眼軟膏の使用方法
眼軟膏は冷蔵保存することで扱いやすくなる。まぶたをめくった裏側に置いてくる感じで結膜上に塗布し（下の瞼でもよい）（中央）、あとは体温で自然に溶けて広がる（右）。

COLUMN　ヒトと犬や猫のドライアイの違い

ヒトのドライアイはスマートフォンなどの画面の見過ぎや瞬きの低下による「蒸発型」が8割を占めるのに対し、犬では多くの場合「水分産生量の低下型」です。ヒトでもシェーグレン症候群などの免疫疾患時に同様のドライアイの病態がありますが、テレビコマーシャルなどでよく目にするドライアイとは比較にならない深刻な病態です。つまり、犬のドライアイもそちらに近く、「気が付いたときに人工涙液で眼を潤す」程度の対処では基本的に治療にはなっていないというわけです。

猫のドライアイはそれとも異なり、多くがウイルス疾患に起因するものです。普段はなんともなくとも、あるいは全身状態はなんら問題がなかったとしても、ヘルペスウイルスに代表されるような感染症により、免疫力が低下したときやストレス負荷のかかったとき、多頭飼い、といったさまざまな状況下で発症にいたります。そのため治療も犬とは大きく異なります。

case 1　左眼にみられる黄色い眼ヤニ

【事例情報】

- **基本情報**：トイプードル、不妊雌、5歳齢
- **既往歴・基礎疾患**：なし。保護犬（受診4ヵ月前から引き取り）のため、それ以前は不明
- **主訴**：引き取り時（4ヵ月前）より左眼に膿性眼脂。毎日3、4回目薬（消炎薬および角膜保護薬）しても眼ヤニが大量にでる
- **経過**：STT右 23mm/分（無治療）、STT左 0mm/分。
- **各種検査所見**
  ・身体検査：特異所見なし
  ・血液検査所見など：特異所見なし
- **治療内容**：左眼にオプティミューン眼軟膏1日2回点眼。眼ヤニが多い場合は眼ヤニのケアと、眼が開きづらい場合は補助療法としてヒアルロン酸ナトリウム0.3点眼を適宜

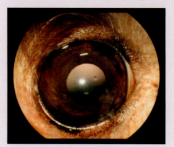
STT右 23mm/分（無治療）

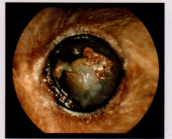
STT左 0mm/分。黄色い乾燥した眼ヤニとベタついた眼ヤニが全体にでていて、慢性刺激により角膜に血管新生している。

聴取項目と観察項目

点眼の使い勝手はどうだったか、点眼回数はどうだったか、動物の反応（嫌がる、痒がるなど）の確認をしながら、飼い主を労ったり励ましたりして、飼い主の管理力の向上や継続治療へのモチベーション維持に努めます。

治療の経過

35日後、飼い主より「眼ヤニはだいぶ減りました」。70日後「STT左 15 mm/分に改善（STT右 20 mm/分）」。1年4ヵ月後、STT左 13 mm/分（**図2-11-18**）。「朝は眼ヤニがでていることもありますが、ほとんど気になりません」とのこと。眼ヤニはだいぶ減り、角膜表面に潤いがある。ただし血管新生は残っているので、引き続き治療は必要（STT右 23 mm/分、無治療）。

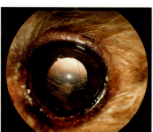
図2-11-18　1年4ヵ月後の様子（STT左 13mm/分）

乾性角結膜炎（ドライアイ）

case 2　右眼に傷があり白い膜が張っている

【事例情報】

- **基本情報**：ポメラニアン、不妊雌、9歳齢
- **既往歴・基礎疾患**：なし。初診の6ヵ月前に主治医にてBTのためT_4のやや低値を認め、様子見していた
- **主訴**：数ヵ月前から右眼に傷がついてなかなか治らない。白い膜が張っている
- **経過**：治療開始時、STT右 10 mm/分、STT左 19 mm/分（無治療）。以前、甲状腺機能の検査値が低いといわれたことがある。現在、甲状腺の治療はしておらず、最近は血液検査などもしていない。5ヵ月前の血液検査：T_4：＜0.5、TSH：＜0.25、4ヵ月前の血液検査：T_4：1.1、FT_4：15.4、c-TSH：0.16
- **各種検査所見**
  ・身体検査：特異所見なし
  ・血液検査所見など：特異所見なし
- **治療内容**：右眼にオプティミューン眼軟膏1日2回点眼。T_4含めたスクリーニング検査

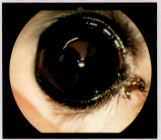
STT右 10 mm/分。角膜潰瘍はなかったが、角膜に慢性刺激と血管新生により色素沈着が起きていて、そのまわりも白く混濁し、沈着の予備軍となっている。

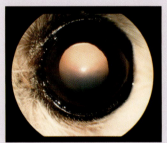
STT左 19 mm/分（無治療）

聴取項目と観察項目

体調も含めた全身状態、自宅での様子も確認しましょう。眼ヤニをきれいにして来院されていることもあるため、普段の眼ヤニの様子や気になる点を確認しつつ、治療の経過だけでなく、QOLの低下がないかにも配慮しましょう。

治療の経過

シクロスポリンによる治療2ヵ月後、右STT 15 mm以上。目の表面に潤いが出てきて、沈着した色素が取れはじめています（**図2-11-19**）。なお、甲状腺機能低下症の治療も開始しています。11ヵ月後に右眼の涙液量は正常に改善。眼ヤニはだいぶ減り、角膜表面に沈着していた色素も大部分が改善しました（**図2-11-20**）。

続発的疾患例

☐ 角膜穿孔（p.305 **図2-11-3**）
☐ 肉腫

慢性刺激による角膜色素沈着（**図2-11-4**）に紫外線などが感作すると、扁平上皮癌などの腫瘍性病変を起こすことが知られています。

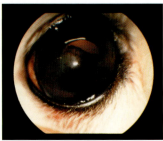
図2-11-19
シクロスポリンによる治療2ヵ月後

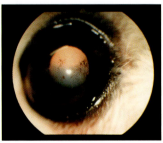
図2-11-20
11ヵ月後

飼い主支援

眼ヤニに対する理解を促す

前述した通り（「COLUMN　ヒトと犬や猫のドライアイの違い」参照）、多くは3層の涙膜のうちの水分がつくられなくなるドライアイのため、ベタベタしたムチン層と脂っぽい脂質層が余ってしまいます（**図2-11-21**）。

そのため、黄色っぽいベタベタした眼ヤニがでやすくなるという特徴があります。主訴にない場合でも、顔を見て明らかなときには、やりとりにつなげましょう（p.305「会話・観察」の「会話力」参照）。

ベタベタして眼に張り付く眼ヤニは洗い流したくなりますし、放置しすぎて眼のまわりにどんどん溜まってしまうと、皮膚の痒みやかぶれの原因になることもあります。ムチン層と脂質層だけでもでているのは悪いことではないですし、洗い流すと、角膜はさらに無防備な状態になってしまうので、適したケアを促しましょう（後述の「自宅でのケア」参照）。

「バイキンに感染したんじゃないか」「目が膿んでしまったんじゃないか」と心配になってしまうこともあるので、状況の見極めと、適した介入や案内をしましょう。

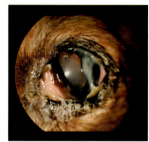
図2-11-21
ドライアイの眼ヤニ

自宅でのケアのポイント

眼ヤニが多い際には適度にケアが必要になりますが、過度なケア（日常的に眼を洗い流す、ホウ酸水や赤ちゃん用お顔拭きなどで拭く、ティッシュで何度もゴシゴシ拭くといったケア）は悪化やその他の問題を引き起こす原因にもなりますので、飼い主への確認が必要です。

また、ホットアイマスクや眼瞼マッサージといった、人でも気持ちがよいケアを日頃されるのは問題ないですが、犬や猫のドライアイは疲れ目が原因であったり蒸発型ではないため、それが治療になるかというと、必ずしもそうではありません。される犬や猫もする人も、行うことが苦でないならもちろん結構ですが、日々のストレスや時間的圧迫を感じられるようなら、本来の治療に専念してもらいましょう。

当然ですが、その動物に適して処方された目薬以外のもの、特に飼い主のドライアイの目薬や市販薬、同居動物への処方薬といったものを独断で使用されるのは、思いも寄らない悪化の原因になることがありますので、一瞬良くなったようにみえたとしても、気軽に使用されないよう、対応が必要です。

日々のケア方法（図2-11-22）

ドライアイの原因をきちんと把握し、涙の分泌量を増やす治療で眼ヤニの量は徐々に減ってくるとはいえ、そうなるまでには1〜2週間というわけにはいきません。涙が増えて、眼ヤニが減るまでは、分泌される眼ヤニのケアを適切に行ってもらい、皮膚かぶれやその他のトラブルを防ぐ必要があります。

ドライアイの眼ヤニはベッタリと角膜に張り付くので、洗い流したくなります。または、それがガビガビと眼のまわりにこびり付き、固まってしまい、簡単には取れなくなってしまいます。無理やり引っ張って取ろうとすれば、絡んだ毛も引っ張られ痛いですし、痛みから触らせてくれなくなるといった関係性の悪化につながることもあります。

乾性角結膜炎（ドライアイ）

角膜保護薬を1、2滴滴下し、結膜嚢や角膜上の眼ヤニを浮き上がらせる。

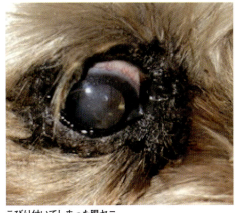

こびり付いてしまった眼ヤニ。

瞬きをさせ行き渡らせることで、浮きあがりやすくなる。

浮き上がってきた眼ヤニ。

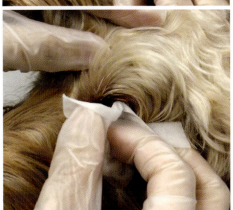

右上段のような眼ヤニは、水で湿らせたコットンやホットパック（蒸しタオル状のコットンやガーゼ）で十分にふやかしてから、丁寧に取り除く。

浮き上がった眼ヤニをコットンに付着させる感じでやさしく拭き取る。

図2-11-22　眼ヤニのケア

ステップアップ！
全身性疾患と関連したドライアイへの対応

　甲状腺機能低下症や糖尿病、あるいは脂質代謝異常などの問題があると、ドライアイを起こすことがあります。該当疾患を患っている動物に注意するのはもちろんのこと、中年齢や高年齢で急にドライアイの症状がでた場合や、ドライアイ治療に対して反応があまりよくない場合などは、そういった原因も視野に入れて対応していくことをお勧めします。またそれら疾患は臨床症状が顕著にでている場合があります。多飲多尿の有無や、体重の増減、様子の変化や皮膚被毛の具合の確認を含め、直近の血液検査結果や検査実施内容にも気を配るといった視野が必要です。該当疾患がコントロールできてくると、ドライアイもコントロール良好になることが多いですが、同疾患のコントロールができない期間が長期間であった場合や、コントロールが難航しているときには、ドライアイもコントロールができにくいことがあります。

　また子犬の病気であるチェリーアイ（瞬膜腺脱出）の手術歴がある場合、適した手術方法でないと数年後以降にドライアイを発症することがあります。ブリーダーやペットショップなどで手術を済まされている場合もありますが、幼少期に行われることがほとんどなので、できる限りの情報、記憶の確認を試みましょう。またその場合、手術内容によっては深刻なドライアイになり、コントロールは難航します。マルチーズやアメリカン・コッカー・スパニエル、チワワといったチェリーアイ好発犬種での早期のドライアイには注意しましょう。

　同様に、瞬膜腺癌などの事情で瞬膜を摘出した場合にも、のちにドライアイを発症しやすくなりますので、確認やケアが必要です。

まとめ

　「ドライアイ」という言葉が一般的になっているために、「犬のドライアイ」を大きく誤解されていることが多々あります。基本的には人工涙液で一時的に潤すだけでは治療になっていない疾患なので、病態をしっかりと見極めていく必要があります。日常の主訴で「眼ヤニ」や「充血」は多く遭遇すると思いますので、深刻な病態や慢性経過になる前に、また動物や飼い主のQOLを保つためにも、本稿が一助となるとうれしく思います。

愛玩動物看護師・中井江梨子

　犬のドライアイは涙腺をターゲットとする免疫性疾患、甲状腺機能低下症、糖尿病などさまざまな原因により涙液量が減少したり涙液膜の質が低下することで、眼脂や角膜炎を引き起こす疾患です。ご家族様に犬のドライアイを理解していただき、症状や原因治療を知ってもらいましょう。

獣医師・小林一郎

監修者からのコメント

　犬のKCSは別名でドライアイとも呼ばれます。犬全体で約5％の罹患率があるとされており、まれな疾患ではありません。

　涙の量や質が低下することで、眼の表面が乾燥し、角膜や結膜に炎症が起こります。ひどい場合は角膜潰瘍を発症し、非常に痛い上に、重症化すると角膜が穿孔して失明のリスクが生じます。そのため、KCSは早期発見・早期治療が重要です。また、KCSはシー・ズー、パグ、キャバリア・キング・チャールズ・スパニエルなどの短頭種でかかりやすいことが知られています。これらの犬種を飼っている場合は、特に注意が必要です。日頃から眼ヤニなどの状態を観察していただき、異常があれば動物病院を受診してもらいましょう。

　KCSの治療の第一選択薬はオプティミューン眼軟膏です。眼軟膏はヒトでもあまり処方されないので、点眼の仕方をよく分かっていない飼い主が多くいらっしゃいます。そのため、実際に点眼の仕方を実演してみてもらったりして、より具体的な指導をすることが大切です。本稿を熟読して、飼い主に丁寧な対応ができるようにしてください。飼い主の協力なくては、犬の眼の健康管理も難しいです。

　KCSは完治することは難しい病気ですが、飼い主の協力の下、適切な治療を続けることで症状をコントロールし、犬のQOLを維持することができます。

獣医師・余戸拓也

第2章 飼い主支援が重要な症候/疾患の動物看護

12. 眼球白濁
「黒眼が白い」／白内障

執筆者

八木友里（やぎゆり）／
愛玩動物看護師（柏原どうぶつクリニック）

仁藤稔久（にとうなるひさ）／
獣医師（柏原どうぶつクリニック）

監修者

辻田裕規（つじたひろき）／
獣医師（どうぶつ眼科専門クリニック）

| 症状 | **眼球白濁** |

| 主訴 | 「黒眼が白い」 |

 緊急性のある白内障の見極め／眼が見えなくても楽しめる遊びの提案

本稿の目標
- 白内障を正しく理解し、緊急性がある場合の特徴を把握する
- 飼い主と動物の状態に応じた治療の介入に対して、必要な動物看護を実施する

"黒眼が白くなること"と"白内障"

　白内障は、「眼が白くなってきた」との主訴で来院することが多い疾患です。進行の早い場合や病状が進んだ場合では、視覚障害を伴い来院することがあります。私たちヒトにとっても身近な病気の1つである白内障ですが、ヒトと犬の白内障には異なる点が多くあります。ヒトでは高齢の方に多いイメージですが、犬の場合は遺伝的に白内障になりやすい犬種もいるので、若齢でも注意が必要です。また、「高齢だから仕方がない」、「眼が白くなっても見えなくなるだけ」という印象を抱いている飼い主は少なくないように思います。白内障は進行し、時には合併症を引き起こす眼の病気なので、しっかりと病状を把握し、状況に応じた治療を実施する必要性を飼い主に理解してもらうことが重要です。

　本稿では、白内障の原因やステージ分類、動物看護介入の実践方法を解説していきます。白内障を理解し、どのようなことに注意し、動物看護介入していくのかを、愛玩動物看護師として考えていきましょう。その結果、動物たちの生活の質（QOL*）の向上と飼い主の安心につながれば幸いです。

* Quality of Life

第2章 飼い主支援が重要な症候/疾患の動物看護

動物看護の流れ

case 眼球白濁「黒眼が白い」

ポイントはココ！ p.320

"黒眼が白くなる"原因として考えられるもの
- 白内障
- 角膜疾患（角膜潰瘍、角膜炎、角膜変性症、角膜内皮機能不全、乾性角結膜炎）
- 水晶体核硬化症
- 緑内障　など

押さえておくべきポイントはココ！

～"黒眼が白くなること"と"白内障"の関係性とは？～

① 病態生理で押さえるポイントは"水晶体の白濁"
② 白内障は先天性、遺伝性、糖尿病性などの"さまざまな原因"のものがある
③ 経過ごとの臨床徴候の変化を押さえよう！
　・発症時期（年齢）による分類
　・臨床的ステージによる分類

上記のポイントを押さえるためには情報収集が大切！

検査 p.322

一般的に実施する項目
- ☐ 情報収集（問診）
- ☐ 視診
- ☐ 身体検査
- ☐ 眼科神経学的検査（眩目反射、対光反射、眼瞼反射、威嚇瞬き反応）
- ☐ 細隙灯（スリットランプ）顕微鏡検査
- ☐ 眼圧検査（散瞳前／後）
- ☐ 眼底検査
- ☐ 超音波検査

必要に応じて実施する項目
- ☐ 比色対光反射
- ☐ 網膜電位図検査（ERG）
- ☐ 血液検査
- ☐ 尿検査

白内障

治療時の動物看護介入 p.323

"白内障"と診断

治療方法
- 外科的治療〔超音波水晶体乳化吸引術（PEA）および眼内レンズ挿入術（IOL）〕
- 内科的治療（点眼）

外科的治療
case1
- 若年性未熟白内障
- 状態の把握
- エリザベスカラーの工夫

内科的治療
case2
- 成熟白内障、網膜変性症
- 眼が見えない生活のサポート

観察項目（case 1・case 2共通）
- 動物の情報の確認
- 視覚、行動の変化の確認
- 動物の性格、日常生活の把握

飼い主支援 p.328

経過に応じた飼い主支援
- 点眼、内服に関する指導（case 1、case 2共通）
- 日常生活に関する指導（case 1）
- 生活範囲の工夫（case 2）
- 一緒に暮らすときの配慮（case 2）

STEP UP! 「緊急性のある白内障の見極め／眼が見えなくても楽しめる遊びの提案」について考えてみましょう！ p.330

12 眼球白濁「黒眼が白い」

長期的な治療や管理が必要なポイントはココ！

"黒眼が白くなること"と"白内障"の関係性とは？

"黒眼が白くなる"原因として考えられるもの

「黒眼が白くなる」原因として考えられる疾患としては下記のものが挙げられます。これらの疾患の中から、今回は「白内障」について解説をしていきます。

- 白内障
- 角膜疾患（角膜潰瘍、角膜炎、角膜変性症、角膜内皮機能不全、乾性角結膜炎）
- 水晶体核硬化症
- 緑内障

など

症状についての『病態生理』を考えよう！

白内障とは、本来透明であるはずの水晶体の一部または全体が、さまざまな原因によって白く濁った状態を指します。水晶体が白濁すると「物にぶつかる」「動くものを目で追わなくなる」などの視覚障害の症状が現れます。ですが、光を感じることはできます。これは水晶体が白濁すると、すりガラス越しに物を見る感覚に近い状態になるからです（**図2-12-1**）。

図2-12-1 すりガラス越しのイメージ

白内障について

白内障は、先天性、遺伝性、糖尿病性など、さまざまな原因のものがあります。

先天性
形成中の水晶体の分化異常によって、先天的に発症してしまう白内障です。一般的には進行しないことが多いです。

遺伝性
遺伝的要因によって、ほとんどが若齢〜中齢で発症する白内障です。

糖尿病性
糖尿病により高血糖状態となり、両側性に急速に進行する白内障です。犬の場合、糖尿病発症後170日で50％、約1年で75％が白内障を発症すると報告されています[1]。

猫では代謝機能が犬と違うため、糖尿病性白内障はまれであるとされています[2]。

外傷性
水晶体まで達する外傷によって発症する白内障です。外傷により細菌が水晶体内に感染し、水晶体炎になることがあるので注意が必要です。

放射線性
頭部や鼻部への放射線治療後（6ヵ月後以降）に発症する白内障です。

進行は眼に対する被曝量に依存します。近年の高度動物医療化に伴い、放射線治療を受ける機会は増加しています。治療前に飼い主へ十分な説明を行い、理解と同意を得ることが必要となります。

発症時期（年齢）による分類

白内障の「発症時期（年齢）による分類」は**表2-12-1**の3つに分類されます。

臨床的ステージによる分類

臨床的ステージでは**表2-12-2**の4つに分類されます。このステージ分類はトマトに例えることがあります（**図2-12-2**）。

年齢を重ね、眼が白くなってきたからといって、すべての眼が白内障を発症しているというわけではありません。加齢に伴い、水晶体核の水晶体線維が

白内障

圧縮され、青白く濁って見える水晶体核硬化症があります。水晶体核硬化症では、痛みや視覚への影響がありません（**図2-12-3**）。これは病気ではなく、老化現象の1つです。

> **POINT** 白内障を放っておくと合併症のリスクあり
>
> 視覚障害だけでなく水晶体起因性ぶどう膜炎（LIU[*1]）を発症し、緑内障や水晶体脱臼など動物にとって苦痛を伴う合併症を発症するリスクがあります。

表2-12-1　白内障の発症時期（年齢）による分類

先天性	生後にすでにある白内障。第一次硝子体過形成遺残（PHPV[*2]）などの他の先天異常を伴うことがある
若年性、成年性	8週齢～中年齢（約6～7歳）までに発症する白内障
老年性	加齢（約8～9歳以降）により発症する白内障

表2-12-2　白内障の臨床的ステージによる分類

初発	水晶体容積の10～15%未満に混濁がみられ、視覚は温存されている。視覚への影響もほとんどないため、飼い主がみても気が付きにくい状態
未熟	混濁が広がっているが、視覚は温存されている（威嚇瞬き反応が陽性）状態。ただし、物が追えなくなることや暗いところで動きが鈍くなるような視覚障害が現れはじめる。瞳孔領域に白濁や白斑がみられるようになる
成熟	混濁が水晶体の全体に広がり、視覚を失った（威嚇瞬き反応が陰性）状態だが光を感じることはできる状態。イメージとしては、すりガラス越しに物を見るような感覚。視覚障害が顕著になり、物にぶつかることや動くものを目で追わない、動きが慎重になることなどが現れる
過熟	水晶体の皮質が液化し、水晶体の体積が減少した（水晶体が薄くなった）状態

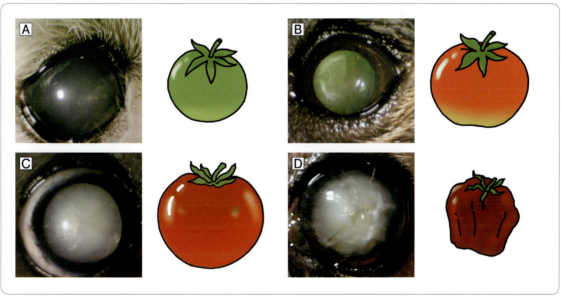

図2-12-2　臨床的ステージのイメージ
A：初発白内障
　（イメージは緑のトマト：小さく硬い）
B：未熟白内障
　（イメージは赤いトマト：徐々に膨化している）
C：成熟白内障
　（イメージは完熟のトマト：白内障が全域におよんだ状態）
D：過熟白内障
　（イメージは熟れすぎたトマト：水晶体の中身が漏れ出し薄くなった状態）

[*1] Lens-induced Uveitis ／[*2] Persistent Hyperplastic Primary Vitreous

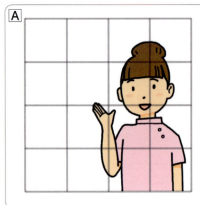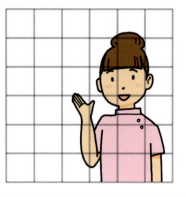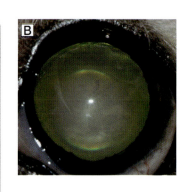

図2-12-3 水晶体核硬化症
A：水晶体核硬化症のイメージ
　水晶体線維を網戸とイメージする。年齢を重ねると、「水晶体線維が圧縮する＝網目が細かくなる」ということ。網目が細かくなるが、ものが見えることに変わりはない。
B：水晶体核硬化症（外貌）

検査

一般的に実施する項目
- ☐ 情報収集（問診）
- ☐ 視診
- ☐ 身体検査
- ☐ 眼科神経学的検査（眩目反射、対光反射、眼瞼反射、威嚇瞬き反応）
- ☐ 細隙灯（スリットランプ）顕微鏡検査
- ☐ 眼圧検査（散瞳前／後）
- ☐ 眼底検査
- ☐ 超音波検査

必要に応じて実施する項目
- ☐ 比色対光反射
- ☐ 網膜電位図検査（ERG）
- ☐ 血液検査
- ☐ 尿検査

検査項目の注目ポイント

　白内障疑いの動物が来院した際に、「一般的に実施する項目」と「必要に応じて実施する項目」は**表2-12-3**の通りです。「検査名」と「内容」について理解し、素早い対応ができるようにしましょう。

白内障

表2-12-3 検査項目一覧

	検査項目	確認すべきこと
一般的に実施する項目	問診	年齢、好発犬種、視覚の有無（夜盲傾向がないか）、多飲多尿などを確認する
	視診	眼の大きさ、瞼の状態、充血の有無（眼瞼・結膜）を確認する
	身体検査	一般状態を確認する
	眩目反射	強い光を眼に当てたときに、眼をつぶる反射を確認する
	対光反射（直接／間接）	光を当てた眼および対側の眼が閉じる（縮瞳）反射
	眼瞼反射	指を目頭/目尻に当てたときに、眼をつぶる反射
	威嚇瞬き反応	眼にそっと手を近づけて眼をつぶる反応。視覚の有無を検査する
	細隙灯（スリットランプ）顕微鏡検査	角膜、前眼房、虹彩、水晶体などを観察する検査
	眼圧測定（散瞳前／後）	眼の圧力を測る検査。犬の場合、正常値は10～20 mmHg。散瞳後の高眼圧に注意が必要。必ず散瞳後に再度眼圧検査を行う
	眼底検査	倒像鏡レンズを使用し、網膜や視神経乳頭の様子を検査する
	超音波検査	眼内の状態を確認する検査。水晶体厚や網膜剥離などを確認する
必要に応じて実施する項目	比色対光反射	網膜の機能の評価として、メラン100を用いた検査。赤色の光と青色の光を用いた対光反射の違いにより、網膜変性症の鑑別診断として使用する。鎮静が必要なく簡易に検査することが可能
	網膜電位図（ERG）検査	網膜に光を当てて刺激することにより発生する電気信号を計測して、網膜の機能を評価する検査。検査は基本的に鎮静下で行う。白内障の手術後に視覚回復が見込めるか（網膜疾患がないか）どうかの鑑別に重要な検査
	血液検査／尿検査	糖尿病の診断のために実施する追加検査

治療時の動物看護介入

動物看護を行う際の注目ポイント

❶ **行動の観察**
- 視力の程度を推測し、事例にあった指導をする

❷ **患部の観察**
- 進行具合の確認と異常の早期発見に努める

❸ **投薬指導**
- 正しい方法を指導する

❹ **日常生活のアドバイス**
- 視力が低下・消失しても安心して暮らせる工夫を提案する
- 術後の注意事項について説明する

治療方法について

検査結果から「白内障」であることが分かった場合、「外科的治療（手術）」と「内科的治療（点眼治療）」に分けられます。

外科的治療の場合には、ただ手術をして終わりではなく、術後のケア、合併症の予防が必要となります。内科的治療の場合では、定期的な検診や点眼の重要性をしっかりと飼い主に伝えることが必要となります。また、動物が眼が見えない生活を送ることに対してサポートすることも大切です。

外科的治療（手術）

外科的治療は、白内障の治療の中で最も効果的で、内科的治療よりも合併症が少ない治療方法です。本来透明であるはずの水晶体は点眼薬などで元に戻すことができないため、超音波水晶体乳化吸引術（PEA[*1]）および眼内レンズ挿入術（IOL[*2]）を行います。まずは、飼い主へ手術のリスク（麻酔や術後合併症など）の説明、点眼・術後検診が可能かの確認、動物の性格の聴取をしておきましょう。その上で飼い主が手術を希望する場合には、まず網膜の機能を確認するために網膜電位図（ERG[*3]）検査が必要になります。検査を行い網膜機能が確認された上で、白内障手術に進みます。

白内障手術をするメリットとしては、視覚回復はもちろん、失明のリスクの軽減があります。白内障手術を実施した場合と無治療の場合を比較すると、無治療の場合、合併症により255倍も失明するリスクが高くなります。また、手術を実施したほうが明らかに視覚を維持し、重度の合併症が少ないと報告されています。

ただし、術後は合併症のリスクを下げるため、内科的治療（点眼）、定期的な検診も必須となります。

①行動の観察

視力の程度を推測し、事例にあった指導をする

動物の状態や自宅での様子を把握することは、治療に大きく影響します。定期的な通院に加え、術前や術後には電話にて動物の様子の確認や術前の注意事項の説明をすることを推奨します。

②患部の観察

進行具合の確認と異常の早期発見に努める

眼の白濁の観察だけではなく、充血や涙、眼脂の有無、ショボつきなども確認します。

> **POINT　眼の状態の確認**
> 白内障はさまざまな合併症を引き起こすことがあります。眼の白濁の観察だけではなく、充血や涙、眼脂の有無、ショボつき、眼をこする行動、視覚異常の有無の確認をしましょう。

③投薬指導

正しい方法を指導する

外科的・内科的どちらの治療でも点眼薬や内服薬の投与は重要です。

点眼薬の投与方法は、動画などで手本を見せると飼い主も理解しやすくなります。また、帰宅後に確認できるように、紙にまとめたものを渡すのもよいでしょう。複数の点眼薬を処方する場合には、点眼薬の順番や間隔についても指導をします。

内服薬は動物の性格などを考慮し、動物と飼い主に負担の少ない方法を提案します。

④日常生活のアドバイス

安心して暮らせる工夫を提案する

眼が見えない生活は不安や恐怖から攻撃性が増すという報告があります。動物と接するときには、急に触らず、声を掛けてからするように心掛けましょう[4,5]。

内科的治療（点眼）

内科的治療は点眼です。内科的治療は白内障の進行を遅らせる効果ばかり注目されがちですが、臨床上で大切なことは合併症の予防です。

手術が難しい場合（全身麻酔に耐えられない全身状態）や網膜変性症などにより白内障手術後の視覚回復が難しい場合にも、内科的治療を選択することがあります。

※必要となる動物看護介入は前述の『外科的治療（手術）』の項目を参照してください。

case 1　若年性未熟白内障

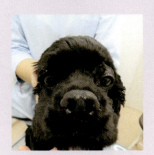

【事例情報】
- **基本情報**：アメリカン・コッカー・スパニエル、不妊雌、2歳齢、7.64kg、BCS 6/9
- **既往歴・基礎疾患**：マラセチア性外耳炎
- **主訴**：左眼の白内障
- **経過**：主治医にて左眼が白内障、ぶどう膜炎と診断される。1ヵ月後、主治医にて左眼の白内障の進行が確認され、当院を受診。2週間後、当院にて左眼の超音波乳化吸引術（PEA）および眼内レンズ挿入術（IOL）を実施した。
- **各種検査所見**：
  ・身体検査所見：両眼の白濁〔右眼：未熟白内障、左眼：未熟白内障（後期）〕
  ・血液検査所見：異常なし
- **治療内容**：左眼の外科的治療〔超音波水晶体乳化吸引術（PEA）および眼内レンズ挿入術（IOL）〕

右眼

A

B

左眼
A：手術前
B：手術後

観察項目

- □ 動物の情報の確認
- □ 視覚・行動の変化の確認
- □ 動物の性格・日常生活の把握

動物の情報の確認

　動物の情報では必ず、年齢や既往歴、血縁関係のある動物で白内障を発症している動物はいないか、発症時期はいつ頃かを確認しましょう。若年性や糖尿病性、急速に進行する白内障の場合には、迅速な対応が必要です。糖尿病疾患の症状である多飲多尿や食欲増進、体重減少などがある場合には、血液検査も実施しましょう。

視覚・行動の変化の確認

　白内障が初期（初発～未熟）の段階や片眼のみの白内障では、視覚への影響が少なく、日常生活の動きにもあまり変化がみられにくいため、飼い主が気づかないケースがあります。進行すると、物にぶつかる、階段を上り下りするのを嫌がる、薄暗い場所の散歩を嫌がる、動くものを目で追わない、動きが慎重になるといった行動の変化が現れます。

動物の性格・日常生活の把握

　手術を実施する上で、動物の性格・日常生活の把握はとても重要です。さまざまな要因（**表2-12-4**）により、術後の炎症のコントロールが難しく、前房出血、ぶどう膜炎、網膜剥離を続発するリスクが高まります。術後の自宅でのケアも重要となるため、飼い主への点眼指導や生活改善が大切です。特に点眼治療などではしっかりと自宅での様子について聞き、困りごとがないか寄り添いましょう。

表2-12-4　合併症のリスクが高まる要因の例

性格	怒りっぽい
	攻撃的
	興奮しやすい
	自宅での点眼治療に非協力的
日常生活	おもちゃを振りまわす遊びをしている
	日常的に耳を掻く
	高脂肪食を給与している

第2章 飼い主支援が重要な症候/疾患の動物看護

> **POINT　術後の管理が可能かどうか**
>
> 白内障手術の合併症には、ぶどう膜炎や緑内障、網膜剝離、角膜潰瘍、角膜浮腫などが起こり得ます。手術後は、合併症を起こしていないかなどの術後経過を確認するためにも、定期的な通院が必要となります。また、術後の治療では、点眼や内服、エリザベスカラーの着用が必要不可欠となるため、手術を実施するまでに自宅での治療や管理が可能かどうかを確認することが大切です。

図2-12-4　エリザベスカラーの種類
エリザベスカラーにはさまざまなタイプがある。眼科の治療時には筒状タイプのものを選ぶ。広く開くアンテナ状のタイプは眼をこすってしまう可能性がある。

状態の把握

　動物の状態の確認をする機会として、通院があります。動物は自分だけで通院することができません。飼い主には通院の重要性を説明し、定期的な通院をしてもらいましょう。定期的な通院は、進行具合の確認や合併症の早期発見につながります。

　術前や術後には電話で、動物の様子の確認や術前の注意事項の説明をすることを推奨します。私はよく電話した際に、実は「点眼に苦労している」「点眼後に眼をショボつかせてこすろうとする」「元気がない」「軟便（または下痢）気味」といったさまざまな悩みを耳にします。この業務は獣医師と飼い主の懸け橋となる愛玩動物看護師にとって、大切な仕事の1つです。状況を把握し、その動物に合った治療が行えるようにしましょう。

図2-12-5　底上げ食器

図2-12-6　壁掛け食器

エリザベスカラーの工夫

　エリザベスカラーは術後一時的に着用しなければなりません（**図2-12-4**）。エリザベスカラーを着用したまま食事をしたり、水を飲んだりすることは少し難しく、動物も飼い主も苦労することが多いです。工夫として、皿の位置を高くすると食べやすくなります（**図2-12-5,6**）。最初はエリザベスカラーに戸惑う動物もいますが、数日経つと慣れることが多いため、飼い主にそのことを伝えると安心することが多いです。しかし、中には慣れず、エリザベスカラーを着けると動かなくなったり食事を食べなくなったりしてしまう動物もいます。その際は、ソフトカラーへの変更も検討してみましょう。

> **⚠ 注意事項**
>
> 白内障手術後は、眼に振動が伝わることは避けましょう。眼に振動が伝わると、水晶体脱臼や網膜剝離、ぶどう膜炎などのリスクが高まります。食事は、ドライフードの場合には一時的にお湯でふやかします。皮膚や耳の痒みがある場合には、それらの治療も併せて実施しましょう。

白内障

case 2　成熟白内障、網膜変性症

【事例情報】

- **基本情報**：トイ・プードル、不妊雌、9歳齢、3.4 kg、BCS 4/9
- **既往歴・基礎疾患**：5ヵ月齢左前肢骨折、主治医にてスケーリングおよび抜歯。
- **主訴**：両眼の白濁
- **経過**：主治医にて両眼の白濁を確認。両眼の白濁の進行に伴い、ぶつかるようになり、当院を受診。約2週間後、当院にてERG（網膜電位図検査）を実施し、両眼の網膜変性だと確定診断を行った。
- **各種検査所見**：
  ・身体検査所見：両眼の白濁
  ・血液検査所見：異常なし
- **治療内容**：内科的治療（点眼）

＜手術適用外の要因＞
成熟白内障により水晶体起因性ぶどう膜炎（LIU）を発症していたが、網膜変性症のため、外科的治療実施後も視力の回復が見込めなかったため

A：右眼、B：左眼

観察項目

case 1（p.325）と同様です。

眼が見えない生活のサポート

眼が見えない生活は不安で戸惑うことでしょう。ある論文では、不安や恐怖心から攻撃性が増すという報告がありました。動物と接するときには、急に触らず、声を掛けてからするように心掛けましょう[4,5]。

また、眼が見えず物にぶつかり、ケガをしてしまうリスクがあります。物の存在に気づかせてくれる天使のリング（マフィンズヘイロー）を活用するのもよいかもしれません（**図2-12-7**）。

⚠ 注意事項

今回は白内障と診断を受け、飼い主は手術を希望し来院しました。ですが、手術実施前のERG検査で網膜変性症を併発していることが診断されました。術後の視力回復が見込めない旨を説明し、内科的治療を実施することになりました。飼い主は強い覚悟を持ち手術を希望していたので、手術を受けられない状態に落胆しました。愛玩動物看護師として、不安に寄り添い、QOLを維持していくためにも、動物に対してできることを飼い主と一緒に考えていきましょう。「飼い主支援（p.328）」で見えない生活でのサポートについて詳しく解説します。

図2-12-7　天使のリングの使用例

飼い主支援

白内障の治療には、自宅でのケアが必要不可欠です。外科的治療を実施した場合と内科的治療を実施した場合とでは、飼い主に指導することが一部異なります。

共通項目　〜点眼・内服に関する指導〜

点眼に関する指導

点眼薬処方時には、まず点眼方法の説明から行います。点眼方法を目の前で実践するか、動画を見せると分かりやすいです。自宅で再確認したり家族と共有したりするためにも、紙などに書いて渡すとよいかもしれません（**図2-12-8〜10**）。

点眼薬が複数処方された場合は、点眼薬の間隔を5分以上空けましょう。時間をしっかり空けず連続して点眼すると、点眼薬がこぼれ落ちてしまい、効果が十分に作用しない場合があります。また、点眼薬には性質（懸濁や粘稠性、軟膏など）があるので、指示通りの順番で点眼してもらいましょう。

内服に関する指導

内服薬の投薬方法は、直接口に投与する方法やフードや投薬用トリーツに混ぜる方法などがあります。好きなものに混ぜるという方法でも構いませんが、術後は脂肪分が高いものは合併症のリスクを高めるので、どういったものを与えているか確認しておきましょう。内服薬の副作用や体に合わない場合には、元気や食欲が低下し、下痢や嘔吐などの症状がでることがあります。その際は、動物病院まで連絡してもらうように伝えましょう。

図2-12-8　当院で使用してる点眼表

図2-12-9　説明用動画（点眼）の一部（サンプル）

図2-12-10　説明用動画（眼軟膏）の一部（サンプル）

白内障

外科的治療の場合 〜日常生活に関する指導〜

手術後は、食事管理やエリザベスカラーの着用、普段の生活の中での行動に注意点があります。

食事管理

食事管理では、脂肪分の多いものは避けましょう。一般的な総合栄養食は問題ありませんが、手づくり食で牛肉やチーズなどを与えている場合には脂肪分が多くなりやすいため、合併症のリスクが高まります。また、犬用ガムなどの硬いものは眼に響いてしまうので避けてもらうように伝えましょう。

エリザベスカラーの着用

エリザベスカラーは術後一時的に装着します。眼を保護するために食事中や睡眠時もつねに着用します。エリザベスカラーが汚れてしまった場合には、一度外し綺麗にすることが大切です。ただし、エリザベスカラーを外す際には動物から目を離さないようにし、一人は動物が眼を掻かないよう肢を抑えるか抱っこをし、もう一人がエリザベスカラーを綺麗にするように伝えましょう。

行動の注意点の指導

普段の生活では、**表2-12-5**の行動に気を付けてもらうよう伝えましょう。また、眼に傷を負うリスクや眼に負担がかかる行動は避けてもらいましょう。

上記の通り、日常生活ではさまざまな注意点があります。退院時に説明はしますが、これらの情報を覚えることは大変です。自宅で再確認したり家族と共有したりするためにも、紙などに書いて渡すとよいかもしれません。

表2-12-5　日常生活の行動の注意点

草むらや突起物に顔を近づける
段差の上り下り
おもちゃや毛布などをくわえて頭を振って遊ぶ
ジャンプする
硬いガムやおもちゃを噛む
同居動物がいる場合に顔を舐められる
高脂肪食を給与している

内科的治療の場合 〜見えない生活のサポート〜

case 2で述べた通り、見えない生活にはサポートが必要です。不安や心配はあると思いますが、犬はヒトよりも嗅覚や聴覚が優れています。飼い主がサポートし支えることで、徐々に慣れていき、日常生活を送ることができます。ここでは、自宅でできることの一部を紹介します。

生活範囲の工夫

眼が見えないと物に気づけずぶつかってしまうことがあります。中には段差に気づけず、落ちてケガをすることもあります。そういったことを防ぐためにも、家具の配置を変えない、ぶつかりそうなものや段差をできる限りなくすなどを心掛けてもらいましょう。もし角張っている家具がある場合には、クッションを取り付け、万が一ぶつかってもケガをさせないような工夫を提案してみましょう。

一緒に暮らすときの配慮

眼が見えないと、まわりの状況が把握しづらく、不安から臆病になりやすいです。体を触るときには声を掛け、こちらの存在を知らせるように伝えましょう。

ステップアップ！
緊急性のある白内障の見極め／眼が見えなくても楽しめる遊びの提案

緊急性のある白内障の見極め

前述の通り、白内障にはさまざまな原因があります。

緊急性を見極めるには、問診（情報収集）が重要です。特に、年齢や糖尿病の有無、発症時期、進行具合には注意が必要です。若齢の場合や糖尿病に罹患している場合は、進行が早いケースが多く、充血がある場合は、ぶどう膜炎を併発している恐れがあります。白内障の進行状態によって手術を実施できない場合があるので、早急な対応が必要です。

眼が見えなくても楽しめる遊びの提案

眼が見えなくなってしまったからといって、一生が終わるわけではありません。犬は嗅覚や聴覚が優れているので、それらを活用して遊ぶことができます。

嗅覚を使った遊び

嗅覚を使った遊びには、最近話題になっている『ノーズワーク』というドッグスポーツの一種があります。嗅覚があれば、パピーからシニアまですべての犬が楽しむことができます。犬の本能が刺激され、本来持っている能力を十分に発揮できることによって、ストレス解消にもなります。ただし、嗅覚を使うことは楽しい作業であると同時に、疲れることでもあるので、数分〜10分程度に区切ることが望ましいです。

聴覚を使った遊び

聴覚を使った遊びには、音のでるおもちゃを使うことが有効です。眼が見えなくなると、ボールの位置を眼で見て確認し追うということはできなくなってしまいます。しかし、音のでるボールを使うことで、音で追えるようになり、ボール遊びを楽しむことができます。

病気に対する理解への介入

白内障は、原因や進行具合が動物によって異なります。動物の眼に何が起こっているのかを説明し、その経過に応じた治療介入が必要です。手術を選択するかは、飼い主の考え方によります。麻酔リスクや術後管理、費用面を説明し、また、手術を選択しない場合のリスクも併せて説明します。治療方針について家族でしっかりと話し合ってもらい、後悔しない選択をしてもらいたいです。そのために事前に困りごとや不安な点がないか聞き、飼い主と共に病気と向き合い、寄り添っていきましょう。

COLUMN　ノーズワークの方法

ノーズワークの初めの段階は「フードサーチ」です。好きなトリーツを用意して箱の中などに隠します。視覚障害がある犬には蓋のない浅い器などから始めるとよいでしょう。犬が嗅覚を使ってトリーツを見つけることができれば成功です。そのあとは、たくさん褒めてあげましょう。フードサーチを習得したら、次の段階は「アロマサーチ」です。トリーツからアロマオイルを浸み込ませた綿棒に変更します。アロマはにおいが広がりやすいので、より嗅覚のテクニックを必要とします。

犬の行動をしっかり観察し、焦らず、その犬にあったノーズワークを心掛けましょう。目が見えない犬にとって、生活の中でさまざまな不安や恐怖心があるかと思います。しかし、ノーズワークを実践し、嗅覚を使うことに慣れることで犬自身の自信がつき、行動にも変化がでてきます。犬が楽しむ姿は飼い主にとっても喜ばしいことでしょう。

まとめ

　今回執筆の機会をもらい、自分自身改めて白内障と向き合い、愛玩動物看護師として何ができるのかを考えました。愛玩動物看護師の仕事は、動物看護介入から飼い主のサポートまで多岐にわたります。本稿をきっかけに、多くの動物と飼い主へよりよい動物看護を実践できることにつながれば幸いです。

愛玩動物看護師・八木友里

　白内障はあらゆる犬がなりうる病気であり、比較的身近にある病気だと思います。しかし、いまだに白内障になってしまったらどうしようもないと放置され、その結果苦しんでいる動物を多くみかけます。本稿が一頭でも多く、治療や動物のQOL向上につながれば幸いです。

獣医師・仁藤稔久

監修者からのコメント

　本稿では「黒眼が白い」を主訴で来院した白内障の動物看護を取り上げました。しかし、白内障で来る犬の主訴はそれだけはありません。「眼が痛くて開かない」「眼が腫れている」。そのような主訴で来院することもあるのが白内障です。特にこうした痛みを伴う急速な白内障を発症する犬の多くは若齢であり、治療のタイミングを逃すと失明につながることもあります。また、高齢での白内障で「見えづらい／見えていない」という犬に対して、あなたの動物病院ではどう対応していますか？「歳だから仕方ない」「犬は見えなくても嗅覚で大丈夫」といった声掛けだけで、専門医への紹介という選択肢は提案されているでしょうか？「この子が5歳以上、若返りました」。白内障手術をした犬の飼い主からのフィードバックでもらう言葉です。動物は関わる私たちによって大きく生活が左右されます。皆さまにとって本稿が白内障を正しく理解する一助になれば幸いです。

獣医師・辻田裕規

[参考文献]

1. Beam,S., Correa,M.T., Davidson,M.G.（1999）: A retrospective-cohort study on the development of cataracts in dogs with diabetes mellitus: 200 cases. *Vet Ophthalmol*, 2(3)：pp.169-172.
2. Richter,M., Guscetti,F., Spiess,B.（2002）: Aldose reductase activity and glucose-related opacities in incubated lense s from dogs and cats. *Am.J.Vet.Res.* ,63（11）：pp.1591-1597.
3. Lim,C.C., Bakker,S.C., Waldner,C.L., *et al*（2011）: Cataracts in 44 dogs(77 eyes): A comparison of outcomes for no treatment, topical medical management, or phacoemulsification with intraocular lens implantation. *Can.Vet.J.*, 2011; 52（3）：pp.283-288.
4. Chester,Z., Clark,W.T.（1988）: Coping with blindness :a survey of 50blind dogs. *Vet. Rec.*, 123(26-27): pp.668-671.
5. Levin,C.D.（2003）: How dogs react to blindness. In：Living with blind dog, 2nd ed., pp.43-46, Lantern Publication.

第3章

各症候／疾患の理解に必要な動物看護技術

第3章
各症候／疾患の理解に必要な動物看護技術

1. **抗がん薬の取り扱いと飼い主支援** ………… 335
   - 化学療法とは ………………………………… 336
   - 抗がん薬の種類、取り扱い方の理解 ……… 336
   - 抗がん薬投与前の問診・検査 ……………… 341
   - 抗がん薬治療の実施 ………………………… 342
   - 飼い主への指導 ……………………………… 347

2. **在宅医療におけるターミナルケア** ………… 351
   - ターミナルケアとは ………………………… 352
   - 開始期（急性期）におけるケアの実施 …… 353
   - 維持期におけるケアの実施 ………………… 355
   - 臨死期におけるケアの実施 ………………… 356
   - 食事に関する指導 …………………………… 357
   - 投薬に関する指導 …………………………… 359
   - 自宅点滴に関する指導 ……………………… 361
   - 在宅酸素に関する指導 ……………………… 364
   - 生活環境の見直しに関する説明 …………… 365

3. **動物医療グリーフケア®** …………………… 369
   - グリーフと動物医療グリーフケア® ……… 370
   - グリーフの心理過程の理解 ………………… 370
   - 遭遇するグリーフへの配慮 ………………… 371
   - ペットロスに寄り添う ……………………… 376
   - 愛玩動物看護師が行うグリーフケア：総論編 ……… 377
   - 愛玩動物看護師が行うグリーフケア：実践編 ……… 378
   - 飼い主にメッセージを伝える ……………… 380
   - ご家族との思い出づくりを支援する ……… 381

4. **エンゼルケア** ………………………………… 387
   - エンゼルケアとは …………………………… 388
   - エンゼルケアの実施前の飼い主対応 ……… 388
   - エンゼルケアの実施 ………………………… 390
   - エンゼルケア実施時の飼い主対応 ………… 397

第3章 各症候／疾患の理解に必要な動物看護技術

1. 抗がん薬の取り扱いと飼い主支援

執筆者
小野沢栄里（おのざわえり）／
愛玩動物看護師（麻布大学）

吉田佳倫（よしだかりん）／
獣医師（日本獣医生命科学大学付属動物医療センター）

監修者
杉山大樹（すぎやまひろき）／
獣医師（ファミリー動物病院）

化学療法とは p.336
抗がん薬の種類、取り扱い方の理解 p.336

抗がん薬投与前の問診・検査 p.341

抗がん薬治療の実施 p.342

飼い主への支援 p.347

　本稿は、化学療法に携わる愛玩動物看護師として必要な抗がん薬（p.349、囲み記事「抗がん剤？化学療法？ がん薬物療法？」参照）の概要と取り扱いについて理解した上で、化学療法を受ける動物と飼い主に対する看護について理解することを目標としています。それらを理解することで、明日からの動物看護実践につなげていきましょう。

化学療法とは

　抗がん薬を用いた治療である化学療法は、がん治療には欠かせない治療法の一つです。局所療法である外科的治療や放射線療法と比較して、化学療法は全身療法です。静脈内投与や経口投与など、投与経路もさまざまであり、動物病院に来院して投薬する場合や自宅にて飼い主が投薬する場合もあります。このように化学治療においては、動物病院の中だけでなく、飼い主が自宅でケアを実施するための生活指導が必要かつ重要になります。

抗がん薬治療が必要な代表的な疾患

　抗がん薬によるがん治療は、外科的治療、放射線治療と並び、非常に重要な治療法です。しかし、抗がん薬はすべての腫瘍に効果があるわけではなく、効果がない場合もあります。また、使用する抗がん薬は腫瘍のタイプによって変わってきます。

　抗がん薬を使用する腫瘍の代表例としてリンパ腫があります。リンパ腫は血液腫瘍の一つで、血液やリンパ管を介して全身性に腫瘍細胞が巡りやすく、局所的な治療を得意とする外科手術や放射線治療での治療は難しいです。加えて反応性が良いため、リンパ腫では抗がん薬が治療の第一選択とされています。他に抗がん薬が使われやすい腫瘍として、多発性骨髄腫などの造血器腫瘍や肥満細胞腫などが挙げられます。

　また、抗がん薬単独ではなく、他の治療法と組み合わせて使用される場合もあります。例えば、脾臓にできやすい血管肉腫や、大型犬に多い骨肉腫は、外科手術が主な治療法になります。しかし、術後も細胞レベルで腫瘍が体内に残存している可能性があるため、再発や転移を防ぐ目的で抗がん薬を使用することがあります。

　あるいは、外科手術や放射線治療の治療効果を高めるために、前もって抗がん薬を使用する場合もあります。例えば、巨大な胸腺腫が認められた場合には、周囲の重要な血管を取り囲んでいる可能性があるため、ステロイドを投与し縮小させておくことで外科手術での合併症を減らすことが可能です。しかし、悪性腫瘍では、投薬によって縮小した腫瘍サイズをもとに切除範囲を設定すると、腫瘍を取り残してしまう可能性があるので注意が必要です。

抗がん薬の種類、取り扱い方の理解

各薬剤の種類、特徴、適応となる腫瘍（腫瘍ごとに使用する抗がん薬）

　抗がん薬は、増殖スピードが速い細胞を攻撃します。つまり、腫瘍細胞は細胞増殖速度が速いという特性を利用して、腫瘍を攻撃しているのです。そのため、抗がん薬は種類によって細胞分裂のどのポイントに作用するかが異なります（**図3-1-1**）。以下、主な抗がん薬の特徴について解説していきます。

アルキル化薬

　DNA鎖にアルキル基を挿入し、DNAの構造を変化させる効果があります。細胞周期には関係なく効果があります（**表3-1-1**）。

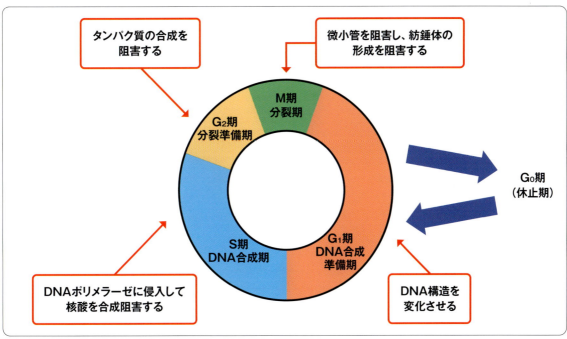

図3-1-1　それぞれの細胞分裂周期における抗がん薬の作用

表3-1-1　主なアルキル化薬

	投与方法	主な適用	副作用
シクロホスファミド水和物 （エンドキサン）	静脈内投与、経口投与	リンパ腫、癌腫、肉腫	骨髄抑制 消化管障害 無菌性膀胱炎
クロラムブシル （Leukeran：国内未発売）	経口投与	リンパ腫、慢性リンパ芽球性白血病、肥満細胞腫、多発性骨髄腫など	軽度な骨髄抑制
ロムスチン （CeeNU：国内未発売）	経口投与	再燃したリンパ腫や肥満細胞腫、脳腫瘍	骨髄抑制 肝障害
ニムスチン塩酸塩 （ニドラン）	静脈内投与	再燃したリンパ腫や肥満細胞腫、脳腫瘍	骨髄抑制 肝障害
メルファラン （アルケラン）	経口投与	多発性骨髄腫、慢性骨髄性白血病など	骨髄抑制

抗がん性抗生物質

　DNA 2本鎖への挿入、トポイソメラーゼIIを阻害したDNA鎖の切断、フリーラジカル産生による細胞障害によって腫瘍細胞に効果を示します。細胞周期に関係なく効果があります（**表3-1-2**）。

代謝拮抗薬

　DNAポリメラーゼに侵入し核酸合成や修復に阻害を起こします。S期に作用します（**表3-1-3**）。

植物アルカロイド

　核分裂をする際に必要な微小管阻害を起こしたり、DNA分裂に必要なトポイソメラーゼ阻害を起こしたりして効果を示します。M期に作用します（**表3-1-4**）。

ホルモン製剤

DNAの合成を阻害する働きがあります（**表3-1-5**）。

その他

その他の主な抗がん薬を**表3-1-6**にまとめました。

表3-1-2　主な抗がん性抗生物質

	投与方法	主な適用	副作用
ドキソルビシン塩酸塩 （アドリアシン、ドキシルなど）	静脈内投与	リンパ腫、癌腫、肉腫	骨髄抑制 消化器毒性 アナフィラキシー 組織障害 心毒性
ミトキサントロン塩酸塩 （ノバントロン）	静脈内投与	リンパ腫（ドキソルビシンの代用として）、移行上皮癌	骨髄抑制 消化器毒性 組織障害
アクチノマイシンD （コスメゲン）	静脈内投与	リンパ腫	骨髄抑制 消化器毒性 組織障害
ブレオマイシン塩酸塩 （ブレオ）	皮下投与 筋肉内投与 静脈内投与	リンパ腫、扁平上皮癌	軽度の骨髄抑制

表3-1-3　主な代謝拮抗薬

	投与方法	主な適用	副作用
メトトレキサート （メソトレキセードなど）	静脈内投与 経口投与	リンパ腫	軽度の骨髄抑制 軽度の消化器毒性
シタラビン（キロサイト）	皮下投与 筋肉内投与 静脈内投与	リンパ腫	軽度の骨髄抑制 軽度の消化器毒性

表3-1-4　主な植物アルカロイド

	投与方法	主な適用	副作用
ビンブラスチン塩酸塩 （エクザール）	静脈内投与	リンパ腫、肥満細胞腫、肉腫	骨髄抑制 組織障害
ビンクリスチン塩酸塩 （オンコビン）	静脈内投与	リンパ腫、肥満細胞腫、免疫介在性血小板減少症	骨髄抑制 組織障害 消化管毒性 末梢神経障害

抗がん薬の主な副作用

　抗がん薬は、細胞分裂速度の速い細胞に対して障害を与えます。しかし、正常組織でも細胞分裂が速い部位があります。例えば骨髄や消化管粘膜では細胞分裂が速いため、その部位に抗がん薬が作用すると副作用が生じます。

　主な副作用として、骨髄抑制（Bone Marrow Suppression）、脱毛（Aplasi）（図3-1-2）、消化管毒性（Gastrointestinal Toxicity）があり、頭文字をとってBAG（バッグ）と訳されます。

　骨髄抑制では主に、好中球減少と血小板減少が問題となり、抗がん薬の種類によっても異なりますが、投与数日から数週間以内に起こることが多いです。赤血球の寿命は長いため、抗がん薬投与によって貧血が急速に起こることはまれです。好中球減少が認められた場合には、発熱や敗血症を引き起こすことがあるため、特に注意が必要です。程度により、抗がん薬投与の延期や抗菌薬の処方を検討します。

　消化器毒性では、主に食欲不振、下痢、嘔吐が起こり、抗がん薬投与後3～5日程度で出現することが多いです。消化器毒性を起こしやすい抗がん薬を使用する場合には、あらかじめ制吐薬や止瀉薬を使用する場合もあります。この副作用は特に飼い主が視覚的に認識しやすいものであり、抗がん薬継続をためらう要因にもなるため、慎重にコントロールしていく必要があります。

　脱毛は、長期に抗がん薬を投与している動物では、被毛の色や毛質の変化、ひげの脱落などが起こることがあります。また、持続的に被毛が伸びる犬種（プードル、シュナウザー、オールド・イングリッシュ・シープドッグなど）では全身性の脱毛が認められることがありますが、全身性に脱毛が認められる場合でも、抗がん薬の投与が終了すると被毛が再び生えてきます。脱毛や被毛の変化は生命を脅かすものではありませんが、飼い主が視覚的に認識できる変化であるため、あらかじめ説明しておく必要があります。

　また、抗がん薬は体内に取り込まれた後、肝臓や腎臓で代謝されて排泄されるため、肝毒性や腎毒性を示す場合があります。抗がん薬によっては特徴的

表3-1-5　主なホルモン製剤

	投与方法	主な適用	副作用
プレドニゾロン、プレドニン（プレドニゾロン、プレドニン）	経口投与 皮下投与	リンパ腫、肥満細胞腫、慢性リンパ芽球性白血病、脳腫瘍、インスリノーマなど	多飲、多尿、多食、筋肉量の低下、行動の変化など

表3-1-6　その他の抗がん薬

	投与方法	主な適用	副作用
L-アスパラギナーゼ（ロイナーゼ）	皮下投与	リンパ腫	アナフィラキシー
カルボプラチン（カルボプラチン）	静脈内投与	骨肉腫、癌腫、肉腫	骨髄抑制 重度の消化管毒性
シスプラチン（アイエーコール、ブリプラチン、ランダ、シスプラチンなど）	静脈内投与	骨肉腫、癌腫、肉腫	腎毒性 重度の嘔吐 猫で致死的
ヒドロキシカルバミド（ハイドレア）	経口投与	真性多血症、骨髄増殖性疾患	骨髄抑制
イマチニブメシル酸塩（グリベック、イマチニブ）（分子標的薬）	経口投与	肥満細胞腫、GIST（消化管間質腫瘍）	骨髄抑制 消化器毒性
トセラニブリン酸塩（パラディア）（分子標的薬）	経口投与	肥満細胞腫、GIST（消化管間質腫瘍）、その他悪性腫瘍	骨髄抑制 消化器毒性

な副作用を持つものもあり、ドキソルビシンの心毒性やシクロホスファミドの無菌性膀胱炎が挙げられます。

その他に、高い感受性を持つ腫瘍に抗がん薬を投与した後、腫瘍細胞が急速に破壊されることによって電解質異常や代謝異常が起こり、状態が悪化する場合があります。これを腫瘍溶解症候群といい、ステージが進行したリンパ腫や全身状態の低下がみられる事例・リンパ芽球性白血病の治療で認められることが多いです。腫瘍溶解症候群が予想される場合には、抗がん薬投与開始時に入院下で血液検査を定期的に実施しながら、状態を観察する必要があります。

図3-1-2　抗がん薬による副作用（脱毛）
A：投与前、B：投与後

取り扱いの注意が必要な薬剤

抗がん薬は、がんの治療薬であると同時に多くが催奇形性を持つため、投与側も飼い主側も曝露に十分注意しなければならなりません。また、抗がん薬を血管内に投与する際に、血管外に漏れると組織障害性を示す薬剤もあります。特に、ビンクリスチンやビンブラスチン、ドキソルビシンなどは比較的使用頻度が高く、組織障害性も強いので注意が必要です（**図3-1-3**）。留置針を入れる際には、一度の挿入で設置するようにし、血管を貫通していないか、漏れはないかを必ず確認するようにしましょう。

もし抗がん薬が漏れてしまった場合は、あわてず冷静に対処することが重要です。まず、留置は抜かずに陰圧をかけて、できるだけ薬剤を吸い出しましょう。ビンクリスチンやビンブラスチンでは温湿布やステロイド薬の局所投与が有効といわれています。ドキソルビシンを漏らしてしまった場合には、長期にわたって組織障害が続き、最終的に断脚が必要になる場合もあります。対処方法としては、冷湿布を行い、できるだけ早期にデクスラゾキサン（サビーン）（**図3-1-4**）を静脈内もしくは局所投与することで、リスクを抑えることができます。いずれも、組織障害が治るまでは抗がん薬を休薬しなければならず、QOLを著しく低下させるので、抗がん薬投与には細心の注意を払う必要があります。

> **COLUMN　催奇形性とは？**
>
> 催奇形性とは、妊娠中の母体が曝露すると、胎児もしくは胎子に形態的奇形を及ぼすリスクのことです。抗がん薬は催奇形性があり、医療従事者における曝露が問題になっています。獣医療も例外ではありません。
>
> 抗がん薬の曝露経路は、エアロゾルの吸入、皮膚や粘膜に抗がん薬が付着することによる経皮的吸収、汚染物質が付着した手で飲食することによる経口摂取、誤った針刺しによる注入が挙げられます。自分の身を守るために、適切な防御をして抗がん薬治療に携わることが重要です。

図3-1-3　ドキソルビシン漏出による組織障害

図3-1-4　デクスラゾキサン

抗がん薬投与前の問診・検査

飼い主への問診

　抗がん薬を投与している動物の様子を聞く際、副作用がどの程度でているかを必ず問診で聞くようにします。飼い主がみて視覚的に分かりやすいのは消化器毒性です。嘔吐や下痢の有無、頻度、食欲は必ず聞くようにしましょう。

　骨髄抑制が起こっている場合、視覚的にはよく分かりません。好中球減少が重度に起こると発熱する場合があるため、抱っこしたときに体がなんとなく熱い、状態がだるそう、と気づかれる場合もあります。このような副作用は、時に命にかかわることがあるので、もし自宅で可能であれば体温を測定（**図3-1-5**）してもらうことが望ましいです。

　その他に、前回投与した抗がん薬特有の副作用が現れていないかを確認する必要があります。例えば、シクロホスファミドを投与した際には血尿を起こしていないかなど、使用した抗がん薬がどんな副作用を起こしやすいかを考慮して、状態を聴取できることが望ましいです。

　また、日々動物の体を触っている飼い主だからこそ気づくこともあります。些細なことでも気になることを伺うように心掛けましょう。

図3-1-5　動物用体温計

投与前の検査（身体検査、血液検査など）

　身体検査では、体温や呼吸数、心拍数といった一般的な身体検査のほかに、体表のリンパ節（**図3-1-6**）が腫れているか、新たな腫瘤ができていないか、体全体を触診するようにしましょう（**図3-1-7**）。

　血液検査は、骨髄抑制の程度を知る上で重要な検査です。特に好中球数が重要となってきますので、血液塗抹標本を作成して計測するなど、確実に把握するようにしましょう。血液化学検査は肝機能や腎機能に問題ないかを確認するために重要です。

　胸部X線検査や腹部超音波検査（**図3-1-8～11**）は、病変の大きさや場所を確認し、抗がん薬が効いているかを確認するために必要です。他の臓器に転移する可能性もあるため、腫瘍によって転移しやすい臓器を把握し、検査してくことが重要です。

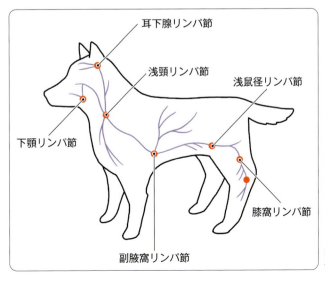

図3-1-6
体表リンパ節の位置

第3章 各症候／疾患の理解に必要な動物看護技術

図3-1-7　体表リンパ節を触診している様子

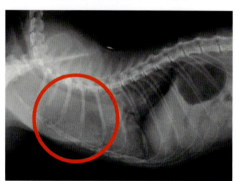

図3-1-8　縦隔型リンパ腫：胸部X線ラテラル像

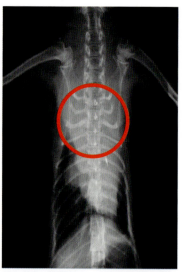

図3-1-9　縦隔型リンパ腫：胸部X線DV像

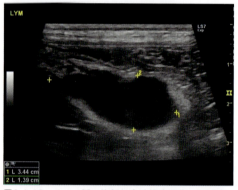

図3-1-10　リンパ腫：腹部超音波検査画像、腹腔内リンパ節腫大

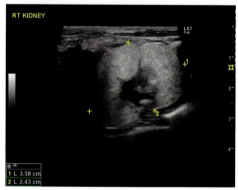

図3-1-11　リンパ腫：腎臓転移

抗がん薬治療の実施

錠剤の投与

経口抗がん薬の準備

経口抗がん薬として、動物用医薬品であるトセラニブやヒト用医薬品であるイマチニブ、ロムスチン、メルファラン、クロラムブシル、ヒドロキシウレアなどがあります。特にヒト用医薬品を使用する場合は、投与量を調整するために、やむを得ず分割をしなければならないときがあります。いずれもハザーダスドラッグ（HD*1）※1なので、個人防護具（PPE*2）※2を使用し、安全キャビネット内で分割

---

*1 Hazardous Drugs ／ *2 Personal Protective Equipment ／※1 当院ではHDを含む調剤は獣医師（＋薬剤師）が行っている。
※2 PPEには手袋、マスク、ガウン、ゴーグル・フェイスシールド、その他防護具が含まれる。

します。

　分割した錠剤はカプセルに入れ、さらに1回分ずつ分包してから、飼い主に渡します（**図3-1-12〜14**）。カプセルの大きさは、分割した薬剤が収まる最小のサイズを選ぶことがお勧めです。抗がん薬を確実に飲んでもらわないといけないので、できるだけ小さいサイズのカプセルを選び、飲みやすいようにする工夫が必要です。

　飼い主に薬を渡す前に必ず獣医師と投与量（処方数）のダブルチェックを行います（**図3-1-15**）。また、飼い主に渡す際も必ず「抗がん薬の名称、用法・用量、処方数の確認、投与方法」を伝えます（**図3-1-16**）。

図3-1-12　トセラニブ10mg錠No.5のカプセル

図3-1-13　カプセルに入れて分包したトセラニブ

図3-1-14　ドラフト内に設置された分包機

図3-1-15　薬のダブルチェックをしている様子
飼い主に薬を渡す前には、獣医師と愛玩動物看護師で必ず獣医師と投与量（処方数）のダブルチェックを行う。

図3-1-16　愛玩動物看護師が確認事項等を伝えながら、飼い主に薬を渡している様子
飼い主に薬を渡す際には、愛玩動物看護師は「抗がん薬の名前、用法・用量、処方数の確認、投与方法」を必ず伝えるようにする。

経口抗がん薬の投与方法

　経口抗がん薬はおいしいおやつやフードに混ぜることは可能ですが、確実に食べてもらう必要があります。そのため、おやつやフードに混ぜる場合も動物が確実に食べきることができる量でまずは与えます。また、噛み砕いてしまうことで、錠剤が粉砕してしまうので、できる限り咀嚼せずに飲み込んでもらえるようなおやつやフードの選択が必要です。おやつやフードと一緒に投薬することが難しい場合は、口を開けて直接投与します。

直接経口投与する場合

①経口抗がん薬を取り扱う際は、曝露対策として必ず手袋を装着します。

②動物を保定し、投薬します。1人で実施する場合は自分が動物の後ろ側にまわり、保定者の身体と

両腕で動物を支えます。2人で実施する場合は1人が動物の後ろ側から身体を支え、もう1人が投薬をします。投薬は薬を持っていないほうの手で上顎を持ち、薬を持っているほうの手で下顎を押し下げ口を開けます。口が開いたところで素早くかつできるだけ奥に薬を入れ、口を閉じます。（**図3-1-17**）。

③薬を飲み込んだことが確認できるまで口を閉じたままにします（**図3-1-18**）。なかなか飲み込まない場合は、少量の水を口の脇からゆっくりと入れることで嚥下を促します。

④必ず最後に抗がん薬を確実に飲んだか口を開けてチェックできるとよいでしょう。おやつやフードに混ぜて与える場合も確実に食べたか必ず確認します。

図3-1-17　抗がん薬を2人で投薬する様子

図3-1-18　投薬後に口を閉じている様子

COLUMN　愛玩動物看護師は飼い主のよき理解者に！

経口投与は飼い主が難しいとするケアの一つだと思います。臨床現場において「自宅で投薬することができません」「動物が怒ってしまい2人がかりで投薬を試みますがダメです」など、投薬の難しさをお話しされる飼い主は多くいます。必ず飲ませないと期待する治療効果が得られないとなると、飼い主も「絶対に飲ませないと」という思いになり、いつもと違う飼い主の様子に動物も驚き拒絶します。このような状況が続くと、飼い主も疲弊し、投薬がお互いにとってつらいものになってしまします。

愛玩動物看護師として、薬を渡しておしまいではなく、飼い主が自宅で投薬ができるか、どの点が難しいかなどの話をよく聞き理解者になることが大切です。場合によっては動物病院で投薬を済ませるなど、飼い主も動物も無理なく経口投与ができるように考えることが必要です。

薬を無理に飲ませようとすると…

注射薬の投与

注射用抗がん薬の準備

抗がん薬の投与量を決定した後、抗がん薬を調整します。当院では抗がん薬の調整と投与に閉鎖式薬物移送システム（CSTD*3）*3を使用しています。抗がん薬の種類によって、溶媒や溶解量が異なるため、あらかじめ確認したのち適切に溶きます。抗がん薬を調整する際もPPEを使用し、自分の目線よりも下の位置で操作します（**図3-1-19**）。

図3-1-19　安全キャビネット内で抗がん薬の調整をしている様子

*3 Closed System Drug Transfer Device／※3 CSTD：HDを調製や投与をする際に、外部の汚染物質がシステム内に混入することを防ぐと同時に、液状あるいは気化・エアロゾル化したHDが外に漏れ出すことを防ぐ構造を有する器具。

留置カテーテルの準備[1]

　注射用抗がん薬の投与のために、留置針を設置する準備を行います[※4]。ドキソルビシンやカルボプラチンは微量点滴装置を用いて時間をかけて投与するので、微量点滴装置と適切な長さの延長チューブも準備します（**図3-1-20**）。ビンクリスチンやビンブラスチン、シクロホスファミド、ニムスチン、ミトキサントロンなどは、微量点滴装置は用いずに静脈内に投与します（**図3-1-21**）。抗がん薬の種類によって投与経路が異なるので、あらかじめ本日投与する抗がん薬の種類と投与経路を確認し、必要物品の準備ができることが望ましいでしょう。

必要物品リスト

当院における抗がん薬投与時の留置針設置準備物

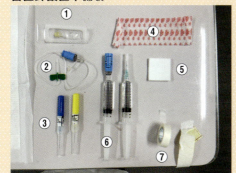

①インジェクションプラグ、②翼状針、③静脈留置針、④伸縮包帯、⑤綿花、⑥抗がん薬、⑦テープ

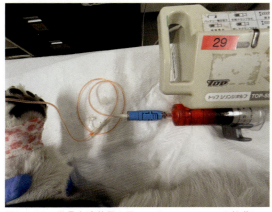

図3-1-20　微量点滴装置を用いてドキソルビシンを投薬している様子

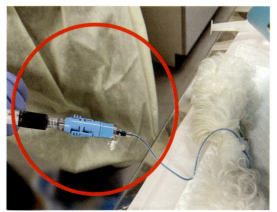

図3-1-21　ミトキサントロンを投薬している様子
○はCSTDを使用している。

留置カテーテルの挿入時の保定

　愛玩動物看護師は保定にまわることが多いと思いますが、保定の際は留置針を設置した脚の関節が曲がらないように注意します（**図3-1-22**）。非常に暴れてしまう動物は鎮静をかけることがあります。動物のキャラクターやがんの状態を確認した上で、保定を実践することが大切です。

図3-1-22　右前肢からニムスチンを投与している際の保定の様子

※4　留置針設置の準備物は当院のやり方とします。

薬剤投与後の輸液管理とモニタリング（図3-1-23）

　初めて抗がん薬を投与した場合、腫瘍の状態によっては腫瘍溶解症候群になることがあります。動物の状態を観察することに加え、当院では患者の状態に応じて投与後3時間後、6時間後、12時間後、24時間後、48時間後に生化学検査［Na（ナトリウム）、K（カリウム）、Cl（クロール）、P（リン）、Ca（カルシウム）、BUN、Cre］を実施します。また、輸液剤は心肺機能を確認しながら生理食塩液を3〜5mL/kg/時で流しますが、その際に適切に流れているか確認を行います。

図3-1-23　初めて抗がん薬を投与して入院している猫

入院中の曝露対策

　排泄や嘔吐をすることもあるので、当院では張り紙をして、関係者ではないスタッフも見て分かるようにしています（**図3-1-24**）。

図3-1-24　抗がん薬を投与したことが分かるようにした張り紙

留置カテーテル抜去

　留置針を抜去する前に腫れや漏れの確認を行い、インジェクションプラグ内を十分にフラッシュします。抜去後は止血を行い、使用したバンデージは家に帰ってから取ってもらうように伝えます。

抗がん薬がこぼれた（スピル時）際の対応[2]

①PPEを使用した上で、吸収できるものは先にペットシーツやペーパーを使用して吸収します（**図3-1-25**）。吸収シートの反対面が防水性ではない場合は、片面が防水性のシートを上からかぶせてから処理します。拭き取る際は抗がん薬の付着が少ない領域（外側）から多い領域（中心部）に向かって拭き取ります。（**図3-1-26**）。
②使用したペットシーツやペーパーを廃棄物処理用のビニール袋に入れます。
③中性洗剤や2％次亜塩素酸ナトリウムと水を用いて、数回洗浄します（**図3-1-27**）。
④使用した物品とPPEを廃棄物処理用のビニール袋に入れて持ち手を縛ります。
⑤石鹸と流水で手を洗います。
　スピル時の対応として「スピルキット」と呼ばれるものが販売されています。このキットを近くに置いておくことで、スピル時の対応がすぐに取れます。

図3-1-25　ペットシーツでこぼれた抗がん薬を吸収させている様子
※掲載写真は飼い主指導での排泄物・嘔吐物の処理で参考にしていただけるように、PPEを使用していません。院内で抗がん薬をこぼしてしまった場合は、PPEを正しく装着してください。

図3-1-26　抗がん薬を拭き取る方向
拭き取る際には、抗がん薬の付着が少ない領域（外側）から多い領域（中心部）に向かって拭き取っていく。

図3-1-27　2％次亜塩素酸ナトリウムを用いて洗浄している様子
2％次亜塩素酸ナトリウムを用いて（上）、数回洗浄する（下）。

飼い主への支援

　愛玩動物看護師の看護の対象は、動物とその家族です。化学療法を受ける動物のケアはもちろんのこと、家族が自宅で行うケアも欠かせないため、飼い主への教育指導も重要な看護ケアであると思っています。日頃より、化学療法を受ける動物および家族と接していますが、多くの飼い主がなんらかの不安や困っていることを抱えて生活をしている印象です。化学療法の多くが日帰りでの治療になりますが、院内のみならず院外である自宅で飼い主が1人で悩まないよう、不安にならないように、自宅に戻られた後まで支える看護を提供することが大切であると考えます。

自宅でのケアの方法

　自宅にて、化学療法を開始してからの体調の変化を観察（体温、下痢、嘔吐、その他特記事項）してもらい、日記のようなかたちで記録していただくことを伝えることもよいでしょう。ただし、飼い主の負担のない範囲で実施してもらうことが大切です。

体温測定

　自宅での体温測定において、肛門に体温計をさして測定することに抵抗感がある飼い主もいます。耳や目で測れるものや、通常の体温計を動物の脇に挿入し、皮温を測定することも可能です[3, 4]。体温計を肛門にさす場合は衛生面を考慮し、プローブカバーを適切に装着して直腸温を測定します。プローブカバーがない場合でもラップをプローブカバーの替わりにして代用することも可能です（**図3-1-28**）。肛門挿入時に抵抗感を感じる動物も多いので、ワセリンなどをプローブの先端に塗布し、挿入時の違和感を軽減するとよいでしょう。

図3-1-28　専用のプローブカバーを装着した場合（上）とラップで代用した場合（下）

嘔吐時の対応

抗がん薬の副作用で嘔吐が認められた場合は、曝露対策を実施した上で適切に処理します。また、経口抗がん薬では、嘔吐物の中に錠剤やカプセルが混ざっている場合があります。動物が嘔吐物を食べる場合は、そのまま食べさせても大丈夫です。嘔吐物を食べる気配が全くなくとも、あわてずにまずはその場をきれいにしてから獣医師への連絡をもらうように伝えます。追加で投薬をすることはしないように注意します。

投薬時の曝露対策

経口の抗がん薬を自宅でカプセルから中身を取り出すことや、さらにそれをすり潰して粉にすることは行わないように伝えます。自宅で経口の抗がん薬を与える場合は、飼い主も必ず手袋を装着するように指導します。

洗濯物の曝露対策

リネン類に関しては二度洗いします。1回目の予洗いは家族の洗濯物とは別にして洗い、2回目は通常の洗濯を行います。すぐに予洗いができない場合は、ビニール袋に入れて封をしておきます（**図3-1-29**）。

図3-1-29　嘔吐物がついたリネン類
すぐに予洗いができない場合に、ビニール袋に入れて封をしている状態。

排泄物・嘔吐物の処理

化学療法を行っている動物の排泄物や嘔吐物などには、体内で代謝された抗がん薬が最低でも48時間（2日程度）は排泄されるため、抗がん薬投与後3日間は排泄物などの処理時に曝露対策を行うように、伝える必要があります。

①床などに付着した場合は、中性洗剤または2％次亜塩素酸ナトリウムと水を用いて洗浄します。塗り広げないようにするため、抗がん薬の付着が少ない領域（外側）から多い領域（中心部）に向かって拭き取ります。

②排泄物をトイレに流す場合は蓋を閉めて2回流します。

③使用したペットシーツやペーパーなどは二重にしたビニール袋に入れて持ち手をしっかり縛ってから捨てます。

④石鹸と流水で手を洗います。

必要物品リスト

排泄物などの処理物品

①ペットシーツ、②ティッシュ、③マスク、④ビニール袋、⑤手袋、⑥塩素

抗がん薬の保管

子どもや動物の手の届く範囲には抗がん薬を置かないようにします（**図3-1-30**）。また、直射日光や高温多湿を避けた環境で保管するようにします。

図3-1-30　抗がん薬の保管場所
子どもや動物の手の届く範囲には抗がん薬を置かないようにする。

抗がん治療？　化学療法？　がん薬物療法？

これらの言葉は、似たような意味を持つように感じますが、それぞれ意味が違います。

「抗がん治療」とは、その名の通り"がん（＝悪性腫瘍）"に対する治療全般を指し、外科的治療・内科的治療（抗がん薬での治療）・放射線療法を含みます。

「化学療法」には、広い範囲を表す「広義の化学療法」と、狭い範囲を表す「狭義の化学療法」があります（**図3-1-31**）。

以前はがんに対する薬の治療では化学療法薬（抗腫瘍性抗生物質、アルキル化薬など）という種類の薬が主体でしたが、最近は分子標的薬やホルモン薬なども使われるようになってきました。

「狭義の化学療法」という言葉は化学療法薬による治療を意味し、「広義の化学療法」という言葉はがんを抑制する効果のある薬物（化学療法薬、分子標的薬、ホルモン薬、その他）による治療全般を指します。「広義の化学療法」のことを「がん薬物療法」といい、医療分野ではこの呼び方が主流となっています。

本稿では、がんを抑制する効果のある薬物を「抗がん薬」と呼び、その取り扱いなどを解説しています。

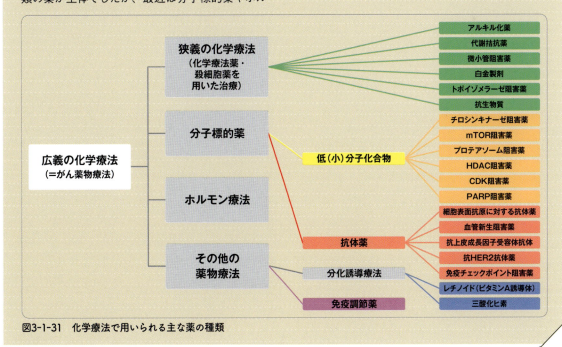

図3-1-31　化学療法で用いられる主な薬の種類

【引用文献】
1. 一般社団法人日本がん看護学会，公益社団法人日本臨床腫瘍学会，一般社団法人日本臨床腫瘍薬学会（編）（2019）：がん薬物療法における職業性曝露対策ガイドライン2019年版．p.36，金原出版．
2. 一般社団法人日本がん看護学会（監）、平井和恵，飯野京子，神田清子（編）（2020）：見てわかる　がん薬物療法における曝露対策（第2版）．医学書院．
3. 宮田淳嗣，今村伸一郎（2016）：イヌにおける腋窩温測定の有用性の検討．日本動物看護学会誌，21（2）：pp.21-25.
4. 川添敏弘，宮田淳嗣，尾松美佐子 ほか：ネコにおける腋窩温測定の有用性の検討．日本動物看護学会誌，25（2）：pp.37-41.

第3章 各症候／疾患の理解に必要な動物看護技術

2. 在宅医療における ターミナルケア

執筆者

佐々木優斗(ささきゆうと)／
愛玩動物看護師(往診専門動物病院
わんにゃん保健室)

江本宏平(えもとこうへい)／
獣医師(往診専門動物病院
わんにゃん保健室)

監修者

藤井康一(ふじいこういち)／
獣医師(藤井動物病院)

イラスト

須之内江里(すのうちえり)

- ターミナルケアとは p.352
- 開始期(急性期)におけるケアの実施 p.353
- 維持期におけるケアの実施 p.355
- 臨死期におけるケアの実施 p.356
- 食事に関する指導 p.357
- 投薬に関する指導 p.359
- 自宅輸液に関する指導 p.361
- 在宅酸素に関する指導 p.364
- 生活環境の見直しに関する説明 p.366

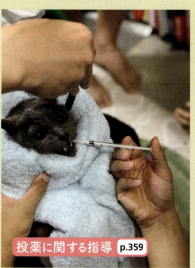
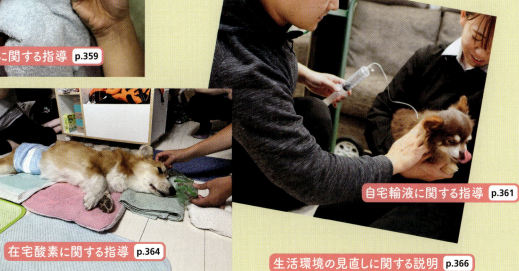

　動物医療は日々発展を遂げていますが、それでも完治が難しい疾患は多くあります。近年、終末期を迎えた動物に対する医療の選択肢の一つとして選ばれることが多くなったターミナルケア。そして最期を過ごす場所として望まれることが最も多いのが自宅です。

　本稿では、終末期を自宅で迎える動物と飼い主のケアのポイントを踏まえて、在宅医療におけるターミナルケアの理解を深めることを目標に解説します。

ターミナルケアとは

ターミナルケアとは、完治が困難とされる終末期を迎えた動物に対し、延命を目的とせず、身体的苦痛や精神的苦痛を取り除くことで生活の質（QOL）*1を向上させ、余生を穏やかに過ごさせるためのケアです。

動物においても「エンドオブライフケア」や「質の高い死（QOD）*2」は注目されており、ターミナルケアを選択されるケースが増えてきました。

人医療においてのターミナルケアの根本とは、「1950年代からアメリカやイギリスで提唱された考え方で、人が死に向かっていく過程を理解して、医療のみでなく人間的な対応をすることを主張した」とされています[1]。

この考え方は動物においても同じで、ターミナルケアは医療的な支えのみならず、看護や介護での介入も特に重要となってきます。

ターミナルケアと緩和ケアの違い

緩和ケアとは疾患そのものにアプローチする治療ではなく、疾患が原因で起きている症状や苦痛を和らげる、いわゆる対症療法です。ターミナル期におけるケアの一つとなります。

しかし緩和ケアにおいては必ずしも、終末期に限ったことではなく、もっと早い段階（発病時）からニーズに応じて取り入れられることもあり、また治療と同時に始められるケースもあります（**図3-2-1**）[2]。

ポイントとしてターミナルケアは「最期の迎え方」にスポットを当てているのに対し、緩和ケアは病気の進行度や疾患に関係なく苦痛を和らげることに重きをおいています。

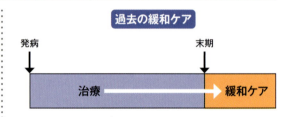
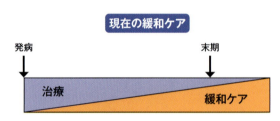

図3-2-1　緩和ケアの考え

ターミナル期に行われる主な緩和ケア

疼痛に対して

痛みは動物のQOLを下げる悪因の一つです。痛みのレベルに応じて、非ステロイド性抗炎症薬（NSAIDs*3）、非麻薬性オピオイド、麻薬性オピオイド鎮痛薬（モルヒネなど）などの薬物を使用します。自宅においてはパッチタイプの薬剤も有意性があります。

吐き気に対して

疾患が原因となっているものや、薬物治療に伴うものなどがあります。薬物の副作用が原因となっている場合、ターミナル期においてはその原因となっている薬物を一回休薬することも一つの方法となります。

食欲に対して

薬物刺激や食事そのものに工夫をし（p.357）、自力での摂食を促します。

自力での摂取を行わない場合、流動食の強制給与や鼻食道チューブ、食道瘻チューブ、胃瘻チューブなどを用いた経管栄養管理をする場合があります。しかしこれらは動物の意思とは反することがあるので、ターミナル期においてはあまり推奨されるケースではありません。ターミナル期に行う場合は、ご家族とよく相談し、検討する必要があります。

ただし、口腔内や咽頭の物理的な機能不全で食べ

*1 Quality Of Life ／ *2 Quality Of Death ／ *3 Non-Steroidal Anti-Inflammatory Drugs

られない場合には経管栄養管理が有効な方法となる場合があります。

呼吸に対して

呼吸困難に起因する症状はさまざまです。呼吸に関してはターミナル期であっても原因療法と並行して行われることがあります。例えば、気管支炎や肺炎に対する抗菌薬の使用などが挙げられます。

また、腹水や胸水などといった物理的弊害に関しては、穿刺による抜去（**図3-2-2**）や、利尿薬などの薬物を併用する場合があります。また、動物の身体的負担や精神的苦痛が大きい場合には、薬物のみでの緩和を図るケースもあります。

そしてターミナル期において最も重要なのが酸素療法です。空気よりも高濃度の酸素を吸入することで、低酸素状態の組織に酸素を供給し、息苦しさを緩和します。

在宅での酸素環境を構築するための酸素濃縮器や酸素ケージ、酸素濃度計などはレンタル可能なので、自宅にて簡易酸素ケージを準備することが可能です（p.364）。

けいれんなどの神経症状に対して

ターミナル期になりますと、脳腫瘍や低酸素血症、高アンモニア血症、尿毒症などによるけいれんや意識障害などの症状がよくみられます。

これらの症状はターミナル期においては原因療法が難しく、抗けいれん薬や鎮静薬などを使用した対症療法を行うことが多いです。

脱水や電解質バランス改善に対して

腎臓病の進行、嘔吐や下痢の継続、自力飲水ができないなどの場合は輸液療法を行います。経口投与が困難な場合には、注射薬を輸液剤に混ぜて投与することもできます（**図3-2-3**）。

輸液療法には静脈輸液と皮下輸液がありますが、在宅ケアにおいては皮下輸液を行うことがほとんどです。皮下輸液は静脈輸液に比べ、比較的短時間で済むことや飼い主自身が自宅で行うことも可能（p.361）であることから、動物に対しての身体的・精神的負担も小さくなります。

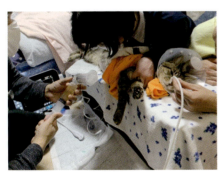
図3-2-2 胸水抜去の様子

図3-2-3 皮下輸液混合製剤
輸液剤に注射薬を複数種混ぜて投与している様子。

開始期（急性期）におけるケアの実施

自宅でのターミナルケアを始める場合、ほとんどが急性期であることが多いです。自宅でのターミナルケアに移行する理由としては、「末期状態で余命宣告された」「通院での緩和ケアがストレス」「根治治療に耐えられるだけの体力がなくなった」などさまざまです。それらを受け、動物の状態把握はもちろんのこと、飼い主の精神面も不安定になっていることを忘れてはいけません。

こうした中で私たちの役割は「安心して最後まで自宅で過ごせる環境を確立する」ことにあります。

今後、自宅でのターミナルケアを続けたいかどうかを左右する大切な時期となります。最期の瞬間まで過ごす自宅での時間が悲しい思い出にならないよう、しっかりと飼い主とのコミュニケーションを取り、ケアしていくことが大切です。

ケアのポイント

症状への対応

今ある症状の緩和は在宅ターミナルケアにおいて基盤となります。それぞれの症状緩和のための薬剤や医療品があるか、実際に家族が対応できるかどうかを確認する必要があります。

症状緩和のための薬剤アプローチはさまざまあるため、臨床症状と各種検査や過去の検査データなどで情報を収集し、対応の準備をします（**図3-2-4、5**）。

また、頓服を用意していても実際にその場で家族がためらいなく対応できるかどうかも重要となるため、しっかりと家族の状況を聞くのもポイントです。

さらに寝たきりによる褥瘡形成に対する配慮や排泄の補助など、介護ケアに関するアドバイスなどもできるよう、介護の知識も補填しておくとよいでしょう。

図3-2-4 体重測定
投薬量決定のために
体重測定もしっかり行う。

図3-2-5 呼吸が安定しない場合における検査
A：酸素下採血、B：酸素下超音波検査。呼吸が安定しない場合は酸素下で各種検査を行う場合がある。動物への負担が大きいと判断した場合には過去の検査データに基づき、プラン決定を行う。

在宅緩和指導

主に皮下輸液や投薬、坐剤の使い方などの指導となります（**図3-2-6**）。どれ一つをとっても、そのアプローチ方法はさまざまであり、家族だけの在宅環境で実施できるかどうかが要となるため、時間を十分に取り、しっかりとした指導を行っていきます。

また皮下輸液は1日何回できるか、保定者はいるのかなど在宅緩和にかかわることのできる家族の人数や、主な生活リズム、不在の時間など、家族の情報をアセスメントしておくことも重要です。

家族の事情に合わせた方法を提案できるように、つねにさまざまなアプローチ方法を準備しておきましょう。

図3-2-6 皮下輸液指導
在宅緩和ケアの一つとして
自宅での皮下輸液指導を行う。

生活環境の把握

動物が自宅でどう過ごしているか、食事や水場、トイレ、生活動線などすべてを把握しておきます。生活環境の改善だけで症状緩和に導けることがあります（p.366）。

また酸素ハウス設置などによる生活環境の変化にもすぐに対応ができるよう、事前に生活環境の計画を立てておくとよいでしょう。

家族への対応

人は死を前にすると、①否認、②怒り、③取引、④抑うつ、⑤受容の5つの心理変化を伴うといいます。

簡単にいうと、①は自分の命が長くないことへの衝撃、②はなぜ自分だけ、③何かにすがって助からないか、④は諦めと悲観、⑤は死の受け入れのことです。これらの感情は飼い主が動物に抱く心理状態と大差ないと思われます。

愛玩動物看護師の役割で「安心して最期の時まで自宅で過ごせる環境を確立する」には、この5段階

目に当たる「受容」に導く必要があります。

症状の緩和や、医療資材の管理、動物看護方法といった専門的な対応だけでなく、家族の困りごとや不安な点に対応することは、今後の在宅ターミナルケアの構築に最も大切なことです。

また、今後どうしていきたいかなどの迷いが生じやすい時期でもあるので、獣医師と愛玩動物看護師で連携し、「問診」ではなく「カウンセリング」に近いかたちで傾聴と共感の姿勢で伺うことが重要です。

維持期におけるケアの実施

この時期になると、緩和ケアに反応し比較的安定した生活を送れていることが多いです。家族の意思も固まっており、不安や混乱がある程度落ち着いているかと思います。

しかしこの維持期が極端に短い動物や、開始期からすでに臨死期に近い動物もいます。開始期から現状どのフェーズにいるのかをきちんと把握し、それぞれどういった対応を取っていくのかを意識し、飼い主との希望に齟齬がないかきちんとコミュニケーションを取っていきましょう。

ケアのポイント

飼い主との対話

この時期には緩和ケアに反応していれば特に動物に対するケアに変わりはなく、飼い主自身も看護に慣れ、ターミナルケアが日常生活の一部に組み込まれていることがほとんどです。

この落ち着いている時期に飼い主と対話することは重要となります。質問の仕方も、「食欲はありますか？」などの「はい」や「いいえ」で答えるクローズドクエスチョンではなく、「今一番困っていることは何ですか？」や「今一番大変なことは何ですか？」などのオープンクエスチョンを用いて傾聴する姿勢を心掛けた対話をしていきます。

獣医療スタッフと飼い主の間に認識のズレはないか、いま一度確認するよい機会となります。

選択肢の提案

症状も落ち着いていて、介護にも慣れているからといって、そのケアを続けたいとは限らないこともあります。

おそらく対話の中でその動物が飼い主とどう過ごしてきたか、そのケアに対して動物の反応はどうかなどさまざまなことが分かってきます。そういった中で、「その動物らしく過ごさせたい」という思いが強くでることがあります。例えば、「外に連れ出したい」「痛みにすごく弱いので、皮下輸液をやめたい」など明確な意思表示をされることも多いです。

そのようなときはなるべくネガティブな言葉は使わずに、かつ要望に沿えるような対策や代替案などを提示し支援していきます。

希望に対するリスク

家族の要望に沿うに当たってもちろんリスクは生じます。そのことについて心の準備はどの程度できているのかはそれぞれ違います。

準備ができていない状態で獣医療スタッフが不用意に「この先（亡くなるかもしれない）」の話をしてしまうと、開始期のような精神状態に戻ってしまう可能性もあるので、配慮が必要です。そのため、これまでの対話でしっかりとアセスメントしておく必要があります。

実際に心の準備ができていた場合、次に症状が増強したときに使う頓服など、飼い主がどこまでやりたいかの確認も行います。

希望したことが後悔とならず、飼い主と一緒に考え選択した行動がなるべく明るい方向に向かうようサポートしていきましょう。

必ず迎える臨死期への準備

緩和ケアにより症状が落ち着いていると、「治った」と思われる飼い主もいます。しかしこの後には必ず臨死期がくるターミナル期であることには変わりありません。

そのため、体調にも波があることやこの後に出るであろう症状などを繰り返し伝えておくことも重要です。

悪化への移行

「維持期（症状緩和）→臨死期」を迎えるのが一番理想的ではありますが、残念ながら悪化へ移行してしまう場合もあります。症状の増強や今までになかったけいれんや下血などの目に見える症状が現れることもあります。

しかしターミナル期においての症状の変化予測はある程度できますので、あらかじめその症状に対する環境整備や心の準備をしておくことが大切です。

飼い主に対しても「この後でるであろう症状」について、理解できるまで話しておくことが必要です。「この後でるであろう症状」が飼い主にとって「急変」ととらえられ混乱しないよう、繰り返ししっかりと伝えておきましょう。

臨死期におけるケアの実施

臨死期とは、亡くなることが数日以内と予想される時期のことです。活動性や、目の動き、呼吸の仕方、尿量の変化、けいれん、意識の消失などから獣医療スタッフでない飼い主も感じ取ることができるかと思います。

また、この時期に一時的に食欲が上がるなどの行動がみられることがありますが、しっかりと状態把握やアセスメントをし、死期のタイミングを見極めることが重要です（**動画3-2-1**）。

亡くなる1週間前のターミナルケア中のウェルシュ・コーギー。死期を見極める最も重要な時期となる。

注意点

看取る場所

最大の目標は飼い主が安心して看取れることです。そうした中で看取る場所を決めておくことも重要となります。今いる環境が酸素室の場合、看取りのタイミングで出すのか、ベッドの上、飼い主の腕の中など、ある程度コミュニケーションの中で聞き取っておくといいでしょう（**図3-2-7**）。

しかし看取りはタイミングなので、家族の就寝時や不在時に叶わない場合もあることを伝えておく必要があります。

なるべく望み通りの看取りができるように、愛玩動物看護師の立場としてしっかりアセスメントをし、獣医師と連携を取ることが大切です。

図3-2-7　看取る場所
この事例は最期まで酸素室に入ることなく、家族が過ごすリビングにて酸素吸入の補助をしながらゆっくりと過ごすことが多かった。

飼い主への対応

状況を把握し、飼い主が動物との別れが近いことを受け止められているか、心理状態をアセスメントします。今までの経過や飼い主の意向を振り返り、いま一度看取りの方針に変更がないかを確認します。

飼い主によっては不安や混乱から気持ちに揺らぎが起こっている場合があります。その場合には十分な時間をとり傾聴することも大切です。

方針の決定

この頃にはほとんど緩和ケアに反応しなくなってきます。そういった場合、飼い主の意向で医療処置をしない決断をすることがあります。酸素室にいる場合も、閉鎖空間ではなく、なるべくいつもいる環境に戻すといった場合もあります。

急性期や維持期に立てた方針とは異なってくることもありますが、決して否定はせず、なるべく理想の看取りができるようサポートすることが何よりも重要となります。

なお、亡くなった後に挨拶としてお伺いします（**図3-2-8**）。ここで初めて納得のいく最期を迎えられたのかが分かるため重要なフェーズとなります。

図3-2-8　お別れ
スタッフが書いた絵を墓前に添えてもらいました。

食事に関する指導

ターミナル期の動物は、慢性的な痛みや吐き気、また老化による嗅覚の衰えから食欲不振に陥っている場合が多くみられます。それらに対する緩和ケアや、動物が食べたいと思える工夫をすることで再び食欲が出て自ら摂食できるようになる可能性もあります。

しかし、ターミナル期においては誤嚥の可能性も高いため、無理強いはせずあくまでも自分から摂食できることに期待します。家族によっては強制給与や経管栄養管理を希望する場合があります。その場合は動物の意思とは反することがあるので、きちんとアセスメントをした上で獣医師と愛玩動物看護師が連携し、飼い主とよく相談の上で方針決定をしていくことが重要です。

食事の工夫

ターミナル期直前に食べているものは総合栄養食のドライフード、ウエットフードや療法食が多いかと思います。しかし前述のようにこの時期は食べていたものが食べられない、または食べないということがみられます。

そのようなときは、まず食べているもの自体にさまざまな工夫をしていきます。特に嗅覚への工夫は重要です。犬と猫の嗅覚器は高度に発達しており、嗅覚上皮の面積は人と比べると犬で約6〜37倍、猫では約7倍であるといわれています[3]。

このように、においに対してはかなり敏感ですので、食事によりにおいを強めることで食べてくれるようになる場合もあります。食事の嗅覚に対する工夫は次ページのようなものが挙げられます。

においづけをする

ドライフードにティーパック式のカツオ出汁などを入れ、においづけをします（**図3-2-9**）。

温める

温めることでにおいが強まるほか、猫においては40℃前後の温かいものを好む傾向にある[4]ので有効です。ドライフードもレンジで数秒温めることでにおいが強まります。

ふやかす、砕く

単純な咀嚼機能の低下の場合、ドライフードを食べなくなることがあります。その場合はふやかしたり、細かくミキシングするだけでも食べてくれることがあります。

ウエットフードをメインにする

ウエットフードはにおいが強いものやペースト状のものあるので、ターミナル期による状態低下でも比較的食べやすい形状となります。なおかつドライフードなどからウエットフードに替えることで水分量も確保することが可能です。

エネルギー密度が高く高消化性のフードを与える

エネルギー密度が高く高消化性の動物用フードは粉タイプのものや液体タイプのものが多く存在します（**図3-2-10**）。これらのものをうまく活用し、普段の食事にトッピングしたり、粉タイプを水で溶く際の量を調整し個々に合った食べやすい形状にするのも一つの方法となります。

図3-2-9　フードににおいづけをした例

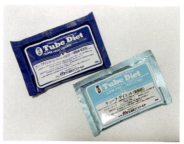

図3-2-10　エネルギー密度が高く高消化性の動物用フード
チューブ・ダイエット〈スーパーハイカロリー高脂質／緊急用〉（カケシア）とチューブ・ダイエット〈低脂肪〉
（提供：株式会社森乳サンワールド）

食事環境の見直し

体力の低下や老化なども加わり、普段の食事スタイルが取れず食べたくても食べられないということがあります。そのような場合は食事環境の見直しも必要となってきます。

人の食物を与える場合

ターミナル期に動物用フードをどうしても食べない場合は、人の食物を与えることがあります。その場合は中毒物質、寄生虫、衛生面などに十分配慮し、できれば生食は避けます。

また、各疾患において制限しなければならない成分などにも注意を払う必要があります。その際は完全に与えることをやめるのではなく、食材においては代替できるものもあるので、そういった食材を活用するとよいでしょう。

例1）腎不全時の鶏ササミ

ササミは高タンパクで嗜好性も高いので、ターミナル期の食欲不振時にはよく活用されています。しかしリン（P）が高いこともあり腎疾患がある場合には推奨はされません。ただし部位をムネやモモに替えることで、Pの含有量を約半分に抑えることができます[5]。

例2）低カリウム時の薬剤代用

低カリウムを起こしているとき、特に在宅ケアにおいて薬剤によるカリウム（K）の添加は困難です。その場合は食材を利用しKの摂取量を増やすこともできます。例えば、バナナは嗜好性とエネルギー密度が高く、Kも豊富とされ、これを活用することでKの補正ができることもあります。

食欲増進薬の使用

どうしても何も食べない場合は、下記に挙げる薬剤などにより食欲にブーストをかけるのも一つの方法となります。
・ジプロヘプタジン塩酸塩水和物（ペリアクチン）
・ミルタザピン（レメロン）
・カプロモレリン酒石酸塩(Entyce：国内未発売）　など

しかし、これら食欲増進薬の持続効果は短く、また身体に負担をかけるものもあります。ただ一度食べはじめると「食べるリズム」がつくられ、短期の使用でも食欲が戻る場合があります。

錠剤だけでなく軟膏タイプもあるので投薬が困難な場合でも対応が可能となっています。

ターミナル期の食事の考え方

本来であれば疾患と戦う体力維持のためにも、カロリー量や栄養バランスを考えた給与が望ましいでしょう。しかしターミナル期においては倦怠感や食欲不振などがほとんどの動物に出現します。食欲がないと動物の生命力が落ちることはもちろんのこと、飼い主の精神的苦痛も目に見えて増してきます。しかし食欲が増し、食べることができるようになると動物の状態も少しよくなり、飼い主の自信も上昇します。

ここで大事なのは「適切なカロリー量や栄養素」ではなく、「動物が自ら摂食する」ことが双方にとっての喜びとなります（**図3-2-11**）。

ターミナル期においてはこのように「精神面」を重視することも重要となります。

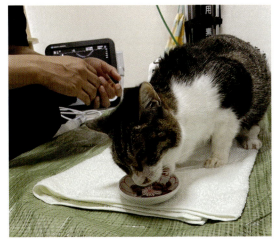

図3-2-11　自力摂食
自ら摂食する猫。緩和ケアを行うことで食欲が戻ることもある。

投薬に関する指導

ターミナル期の緩和ケアにおいては、治療薬や症状緩和の薬剤、サプリメントのような補助的なものなど、複数の種類を与えることが多いです。それらは今の症状や、ターミナルケアにおける飼い主の意向により大きく変わる場合もあります。

また苦みを激しく伴う薬剤もあるので、投薬時には注意が必要です。動物は苦みを化学物質の指標として毒物と評価しています[6]。一度その苦みを記憶してしまうとその後は忌避反応による抵抗や流涎がみられるため注意が必要です。

薬剤の味についてはその薬剤の能書に記載されている場合があるので、それをチェックし投薬方法を選定することも重要となります。

錠剤・カプセルの飲ませ方（1人で行う場合）（図3-2-12）

①利き手でないほうの手のひらを動物の頭部におき、指でしっかりと頬骨あたりを押さえます。
②利き手の人差し指と親指で薬剤を持ち、中指で下顎の切歯あたりを押し下げ口を開かせます。
③舌に触れないように喉の奥に薬剤を落とします。
④シリンジで少量の水を飲ませて薬剤を流し込みます。

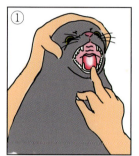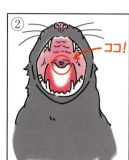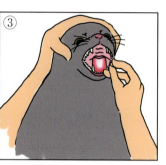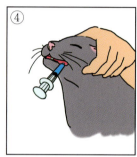

図3-2-12　錠剤・カプセルの飲ませ方

POINT　投与回数を減らす・薬剤を舌に接触させない

- 複数の薬剤がある場合はカプセルなどを使い薬剤をまとめ、なるべく投薬回数を減らします。
- 猫の舌は苦みを敏感に感じ取るため、なるべく薬剤を舌に接触させることは避けます。
- 顎を引いた状態ではなく、首を伸ばした状態にすることで、咬まれたりするといった事故を防ぐことができます。

液剤の飲ませ方（動画3-2-2、図3-2-13）

①利き手でないほうの手のひらを動物の顎の下におき、包み込むように押さえます。
②利き手でシリンジを持ち、上顎の犬歯の後ろあたりにシリンジをやや上向きに差し込みます。
③喉の奥に液剤を流し込みます。

動画3-2-2
https://e-lephant.tv/ad/2003965

図3-2-13　タオルを利用した投薬の様子
タオルを使うことで頭や身体の動きを制限することができる。

POINT　首は上げすぎない・液体量は少なく

- 首を上げすぎると誤嚥の危険があるので、上げすぎないように注意します。
- 複数の錠剤を粉砕し混ぜて液剤に調剤する場合は、なるべく少ない液体量で作成すると投薬がスムーズにすみます。

苦みのある薬剤を飲ませるときのポイント

カプセルを使用する

カプセルはさまざまな大きさがあるため、錠剤の大きさや動物の大きさに合ったものを選択します。また、錠剤が複数ある場合は錠剤バサミなどで細かく切りカプセルに詰めることで投薬回数を減らすことができます。

オブラートを使用する

錠剤や粉薬などを包むことができます。オブラートで包んだ後、さらに粘稠度のあるウエットフードに混ぜることで苦みを隠してあげることができます。

投薬補助おやつを使用する

投薬補助おやつは嗜好性も高く、さまざまな形状があるため薬剤の味自体を隠しやすくなっています（**図3-2-14**）。特にウエット系は粘稠度が高くつくられているので薬剤を包みやすくなっています（**図3-2-15**）。

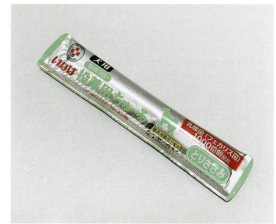

図3-2-15　粘調度3倍チュール
通常よりも粘稠度が高くなっている投薬用チュール。

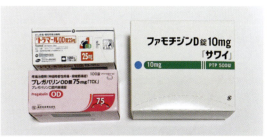

図3-2-16　OD錠

口腔内崩壊錠（OD[*4]錠）を使用する

OD錠（**図3-2-16**）は口腔内で溶かすことを想定しているため、苦みはある程度抑えられており、比較的飲ませやすくなっています。

フード全体や普段使いのおやつには混ぜない

苦みのある薬剤を普段食べているものに混ぜることで、前述の通り毒のあるものと認識しそのフード自体を食べなくなる可能性があるので注意が必要です。

図3-2-14　投薬補助おやつの一例
バラエティーに富んだ投薬補助おやつ各種。最近では各疾患やアレルギーに考慮されたものなど、さまざまなものがある。

自宅点滴に関する指導

ターミナル期の経口補水が困難な場合やさまざまな慢性疾患や脱水がある場合には、飼い主に自宅での皮下輸液（点滴）をしてもらうことがあります。その際はしっかりとできるようになるまで指導をしていきます。

また飼い主で行う際に保定の人員を確保できるか、また動物の性格などに応じて、以下の2パターンを使い分けるのが最も一般的な方法となります。

[*4] Orally Disintegrating

滴下法（図3-2-17、18）

- メリット：処置中は両手が空くので、1人で点滴処置する場合には保定がしやすい。
- デメリット：輸液パックの残量メモリを気にしなければならず、投与量が若干の目分量になってしまう。

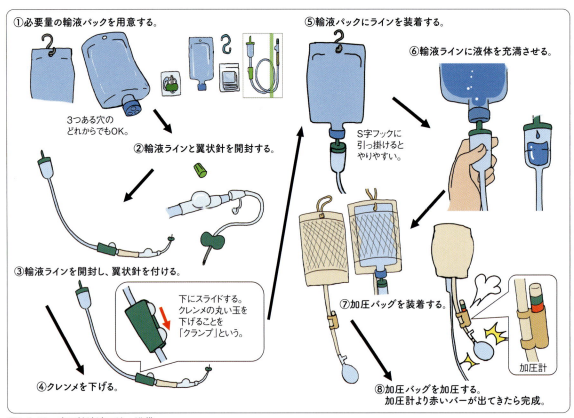

図3-2-17　皮下輸液滴下法の準備

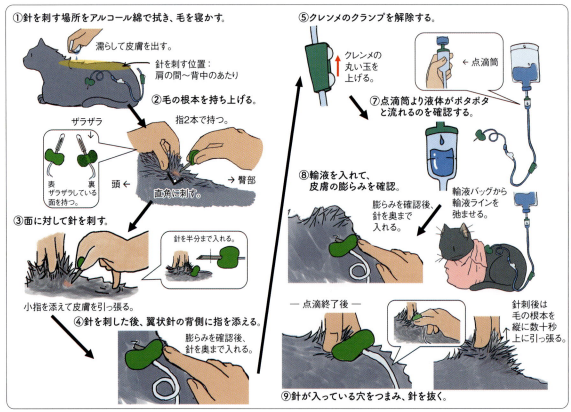

図3-2-18　皮下輸液滴下法の刺し方

シリンジ法（図3-2-19、20）

- メリット：投与量を正確に測ることができる。
- デメリット：シリンジを押すのに両手がふさがり、押すことに力が必要である。

図3-2-19　皮下輸液シリンジ法の準備

図3-2-20　皮下輸液シリンジ法の刺し方

タオルを使用した保定（図3-2-21）

① タオルを2枚用意します。
② 1枚のタオルで動物の下半身、肢を包み込みます。
③ もう1枚のタオルを動物の首元にかけ胸の前でクロスさせます。
④ クロスさせたタオルの先を自分の膝で踏み、動物が前に出るのを防止します。

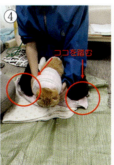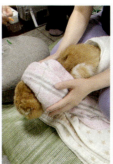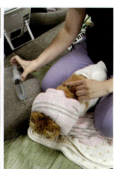

図3-2-21　タオルを使った保定
右側2枚の写真は、実際に飼い主にタオル保定をしてもらい、皮下点滴指導を開始している様子。

在宅酸素に関する指導（図3-2-22〜25）

　在宅にて酸素療法を行う場合は酸素濃縮器による酸素室の設置は不可欠です。呼吸困難の症状がみられる場合は酸素飽和濃度に関係なく早急に在宅酸素の導入の検討が必要です。

　酸素室は空気から酸素以外の成分を取り除き、高濃度酸素を生成する酸素濃縮器と酸素ケージをホースでつなぎ設置します。動物の状態によっては、酸素ケージ内に完全に生活スペースを移すことも検討が必要です。

　しかしこの場合、酸素濃度、温度、湿度の管理などに注意を払う必要があります。これらの影響で室内の環境が悪くなると呼吸状態の増悪を招く要因となりえます。特に注意が必要なのが炭酸ガスの蓄積です。酸素室内の動物の呼吸数が増えると、それだけ炭酸ガスの蓄積量は多くなります。したがって、室内の環境につねに注意する必要があります。酸素ケージの特異性にも考慮し、炭酸ガスが蓄積しにくいことや、酸素濃度の維持性、開閉のしやすさ、また開閉に伴う酸素流失が少ないことなど、酸素環境の維持を考慮したケージを選択することが好ましいでしょう。

　また酸素濃縮器取り扱い各社にある酸素流量やケージ内に酸素を流した際の時間経過による酸素濃度データを参考に選択するのもよいかと思います。

図3-2-22　酸素室

図3-2-23　酸素ボンベ

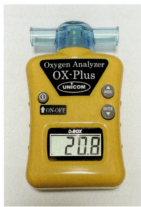

図3-2-24　酸素濃度計

図3-2-25　在宅にて酸素療法を行っている場合の注意点
自宅を訪問する際、床の酸素チューブを踏まないように注意する。

酸素ケージを嫌がる場合の対策

　酸素ケージ内にて酸素管理ができるのが理想ですが、密閉空間や人との距離感が遠いことを嫌う動物においては酸素ケージ以外での酸素管理が必要となってきます。その場合は次のような対策があります。

酸素マスクを利用する

　酸素ケージにつながっているホースを酸素マスク（**図3-2-26、27**）に取り付け、寝ている動物の鼻先に数センチ離した状態で置きます。

この場合、酸素マスクから出る風を嫌がる動物もいるので極端に近づけすぎないようにしましょう。

濃縮器からの風量

- 流量を上げる→濃度：低い、風量：多い（酸素マスクと動物の距離があっても届きやすい）
- 流量を下げる→濃度：高い、風量：少ない（酸素マスクと動物の距離があると届きにくい）

生活環境を利用する

動物が普段から慣れ親しんでいる生活空間自体を簡易的な酸素ケージにすることも可能です（**図3-2-28**）。

酸素クッション

完全オーダーメイド品で、防水生地とメッシュ生地を使ったクッションを用意します。酸素ケージにつながっているホースをそのクッションの中に入れ、寝てもらう方法となります（**図3-2-29**）。

まずクッションの酸素濃縮器ホース差し込み口からホースを差し込みます。中に酸素を通すことで、頭を置く側のガーゼ生地（メッシュ生地）から漏れ出る酸素を吸入します（酸素濃度は写真を参照）。また、クッション下側（床との接地面）は防水生地にすることで酸素を通さず、下からの酸素の流出を防ぎます。そうすることで、クッションを枕にするだけで酸素吸入の補助ができます。

図3-2-26　酸素マスク

図3-2-27　ペットボトル酸素マスク
酸素マスクの応用例としてペットボトルを利用した酸素マスク。動物のそばに立てることで酸素吸入の効果を得る。

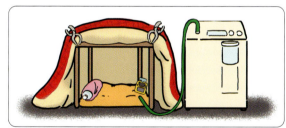
図3-2-28　居住空間を酸素室した例
こたつ酸素室（左）、椅子下酸素室（右）。ペット用こたつなど、ある程度の密閉が可能な生活スペースであれば酸素チューブを入れることで、居住空間を酸素室に代えることもできる。なお、こたつを利用する場合に酸素を使用する際は、こたつの電源は切ること。

図3-2-29　酸素クッション
A：酸素導入前、B：酸素導入後。クッションに酸素チューブをつなげる前と後。C：酸素クッション使用イメージ。

生活環境の見直しに関する説明

　ターミナル期で特に配慮が必要なのは、寝床、トイレ、食器、高低差です。しかし、安全性だけを重視しすぎて、急に環境を変えてしまうと、動物はストレスを感じてしまいます。できるだけ、好みの習慣などを尊重した生活空間づくりを心掛けられるとよいでしょう（**図3-2-30～33**）。

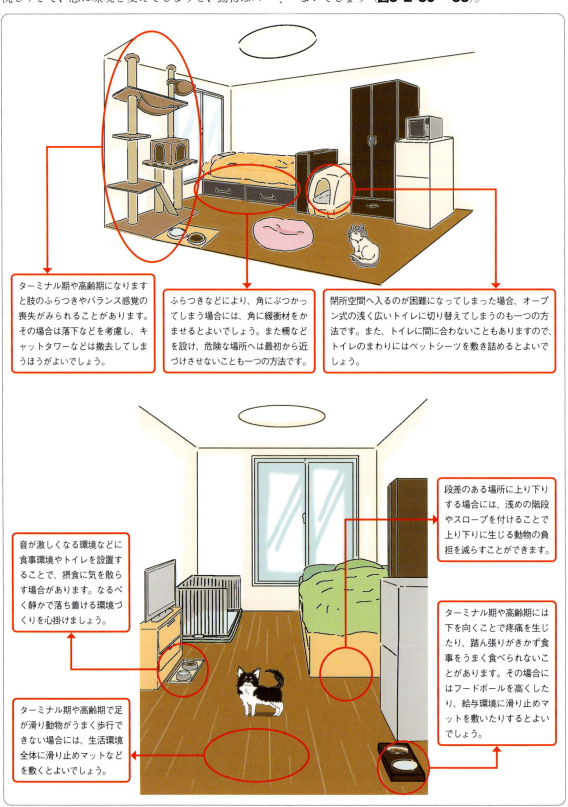

ターミナル期や高齢期になりますと肢のふらつきやバランス感覚の喪失がみられることがあります。その場合は落下などを考慮し、キャットタワーなどは撤去してしまうほうがよいでしょう。

ふらつきなどにより、角にぶつかってしまう場合には、角に緩衝材をかませるとよいでしょう。また柵などを設け、危険な場所へは最初から近づけさせないことも一つの方法です。

閉所空間へ入るのが困難になってしまった場合、オープン式の浅く広いトイレに切り替えてしまうのも一つの方法です。また、トイレに間に合わないこともありますので、トイレのまわりにはペットシーツを敷き詰めるとよいでしょう。

段差のある場所に上り下りする場合には、浅めの階段やスロープを付けることで上り下りに生じる動物の負担を減らすことができます。

音が激しくなる環境などに食事環境やトイレを設置することで、摂食に気を散らす場合があります。なるべく静かで落ち着ける環境づくりを心掛けましょう。

ターミナル期や高齢期には下を向くことで疼痛を生じたり、踏ん張りがきかず食事をうまく食べられないことがあります。その場合にはフードボールを高くしたり、給与環境に滑り止めマットを敷いたりするとよいでしょう。

ターミナル期や高齢期で足が滑り動物がうまく歩行できない場合には、生活環境全体に滑り止めマットなどを敷くとよいでしょう。

図3-2-30　生活環境の改善図

図3-2-31　サークル
徘徊行動がある場合にはサークル内での生活に切り替えるとよい。
サークルの角にはクッションなどを置き、ぶつかりや挟まりを防止する。

図3-2-32　フロアマット
動物の居住スペースや歩行スペースに滑りにくいフロアマットを敷くことで、歩行の負担を軽減することができる。

図3-2-33　食器
さまざまな高さの食器。それぞれが食べやすい高さに調整し、自力摂食を促す。

【引用文献】

1. 日本ホスピス緩和ケア協会ホームヘルプ：ホスピス緩和ケアの歴史と定義．https://www.hpcj.org/what/definition.html
2. 一般社団法人全国訪問看護事業協会（編）（2021）：訪問看護が支える在宅ターミナルケア．p.23．日本看護協会出版会．
3. 北中卓（2017）：犬と猫の嗜好性．ペット栄養学会誌，20（第19回大会号）Suppl：pp.15-16.
4. 阿部又信（1999）：食性，嗜好，食餌の摂取量など．ペット栄養学会誌，2(2)：pp.70-77.
5. 日本食品標準成分表2020年版（八訂）
6. 川端二功，川端由子，西村正太郎，ほか（2014）：動物の味覚受容体．ペット栄養学会誌，17(2)：pp.96-101.

第3章 各症候／疾患の理解に必要な動物看護技術

3. 動物医療グリーフケア®

執筆者

金井優佳（かないゆか）／
愛玩動物看護師（あず動物病院）

上境依理子（うえさかいえりこ）／
獣医師（いしづか動物病院）

監修者

阿部美奈子（あべみなこ）／
獣医師（合同会社Always）

グリーフと動物医療グリーフケア® p.370

グリーフの心理過程の理解 p.370

遭遇するグリーフへの配慮 p.371

ペットロスに寄り添う p.376

愛玩動物看護師が行うグリーフケア：総論編 p.377

愛玩動物看護師が行うグリーフケア：実践編 p.378

飼い主にメッセージを伝える p.380

飼い主との思い出づくりを支援する p.381

　本稿では、動物医療グリーフケア®を通じて生前から強い信頼関係を築くことにより、動物にとって一番の選択肢を提案、サポートができることを目標に、解説します。

グリーフと動物医療グリーフケア®

グリーフとは、すごく大切にしているもの、人、時間、宝物などを失いそうになったとき、また失ってしまったときに心に感じる大きな不安、身体の反応で、誰しもが感じることのあるごく自然な心と身体の反応のことです。例えば、昔から大切にしていたものをなくしてしまったり、壊れてしまったとき、心にぽっかり穴が空いたような喪失感を感じるでしょう。

動物にとって大好きな飼い主がグリーフを感じたままの生活を送る姿をみると、動物自身にもグリーフを与えてしまうことになります。

「あれ？ いつもよりお母さんの表情が硬いな…」「いつもと家の雰囲気が違うな…」。大切な存在である動物に起こってしまった病気やケガ、突然の別れなど、大きなグリーフを飼い主が背負ってしまうことで、日頃の動物との関係性が崩れてしまう可能性もあります。

動物は大切な家族。動物が自分の帰りを待っている暮らしは飼い主の心を支え、生きがいをくれます。互いが信頼できる味方となり、共に暮らす家が安全基地です。動物を「わが子」のように思い、動物病院に来院される飼い主も多いことから、小児科医療のように動物にできるかぎり恐怖を与えないような安全環境をつくることが望まれます。

愛玩動物看護師は目の前の動物が何を望んでいるか、どのようにしたら楽になるのかを考えながら対応することが大切です。

「動物病院に来るとこの子も自分も元気になるわ。話してよかったわ」と思ってもらえる、そのような場所になれるように、愛玩動物看護師は獣医師・飼い主・動物・またその動物とかかわることのある人たちとの架け橋になれるような人材になることが理想とされます。

グリーフの心理過程の理解

グリーフとは、前述の通り自分にとって大切なものを失ったとき、失うかもしれないと想像したときに誰にでも起こるごく自然な心と体の反応です。グリーフの反応は個々の環境や状況によってさまざまな心情が現れますが、基本的には一つのパターンが存在します（**表3-3-1、図3-3-1**）。

表3-3-1　グリーフの心理過程の基本パターン

Ⅰ 衝撃期	ショック・無感覚・思考低下・否認・緊張・不眠・食欲不振など 自己を防衛する反応が強く現れる	
Ⅱ 悲痛期	悲しみ・嘆き・後悔・自責・罪悪感・怒り・孤独・見捨てられ感など 真の心の痛みを体験する	
Ⅲ 回復期	現実の受け入れ・折り合い・肯定的思考・勇気・立ち直りなど 思考力が戻り、前向きに考えられるようになる	
Ⅳ 再生期	再出発・希望・動物からの自立・新たな出会いなど 亡くなった動物との出会いの意味が見出せる	

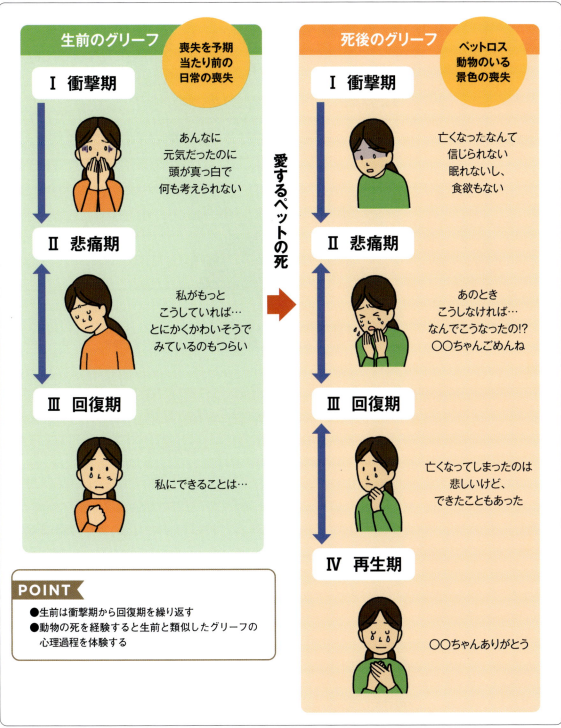

図3-3-1　生前のグリーフと死後のグリーフの心理過程

遭遇するグリーフへの配慮

日常で生まれるグリーフ

　私たち人間にも動物たちにも大切なものがあり、生きていると必ず日常生活の中でその喪失体験は起こります。動物医療におけるグリーフケアでは飼い主の抱えるグリーフだけでなく、動物が感じるグリーフに配慮していくことが重要です（**表3-3-2**）。

表3-3-2　日常生活で動物がグリーフを感じる状況

飼い主の表情や行動が変わる	笑顔がなくなる、声が緊張している、名前を呼ばれなくなる　など
飼い主を失う	進学、就職、結婚、単身赴任、入院、死別　など
仲間を失う	同居動物の通院や入院、死別、お散歩仲間と会えなくなる　など
生活リズムや習慣の変化	食事、散歩や遊び、トイレ、寝る場所が変わる、家族が増えることによる変化　など
場所が変わる	引っ越し、ペットホテル、模様替え、行動範囲が限定される　など

いつもの日常が宝物

病気が発覚したとき

いつもと様子が違う動物を目の当たりにしたとき、飼い主に最初のグリーフが生まれます。動物病院では診察してもらえる安堵感の一方で、病気に対する不安や死への恐怖、検査や治療に対する不安や疑問などさまざまなグリーフが新たに発生します。このようなグリーフに気づかず、医療を通じてさらにグリーフが加算されると、より困難な状況になります（**図3-3-2**）。そうならないためにはグリーフの早期発見、早期解決が重要です。

待合室や診察室にいる飼い主のグリーフに早期に気づくには

飼い主のグリーフは言葉よりも表情やボディランゲージ、声のトーンなどに現れます（**図3-3-3**）。言葉だけにとらわれすぎず、表情となって外面に現れるグリーフを読み取れるようにしましょう。

> **POINT　早期発見**
> グリーフケアは早期発見・早期解決がカギ

病気の回復が見込まれるケース

> **POINT　グリーフケアの土台をつくるチャンス**
> 回復するケースや予防などの来院機会は信頼関係を強化し、グリーフケアの土台をつくるチャンス
> ●オンリーワンの情報を聞いてみましょう
> 　出会いのストーリー／名付けの意味／
> 　〇〇ちゃんとの日常
> ●人と暮らす動物"ペット"とはどんな存在かを伝える
> 　生まれて早期に母親や兄弟と分離
> 　その後出会った人が母親であり安全対象に
> 　名前を呼ばれる生活、強い共依存関係
> 　自立せず永遠の子ども
> 　動物の幸せは人の幸せの上に成立する

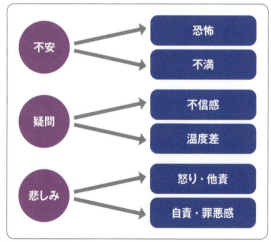

図3-3-2　初期のグリーフがより困難な状況へ変更

怒りは悲しみの現れ

怒りを現す飼い主に対して苦手意識を持ったり、面倒な飼い主というレッテルを貼ったりすることがあるかもしれません。怒りは極限の悲しみの表現です。レッテルを貼って壁をつくってしまうと怒りに隠れている本当の悲しみに気づくことができず、より解決が困難な状況に陥ってしまいます。

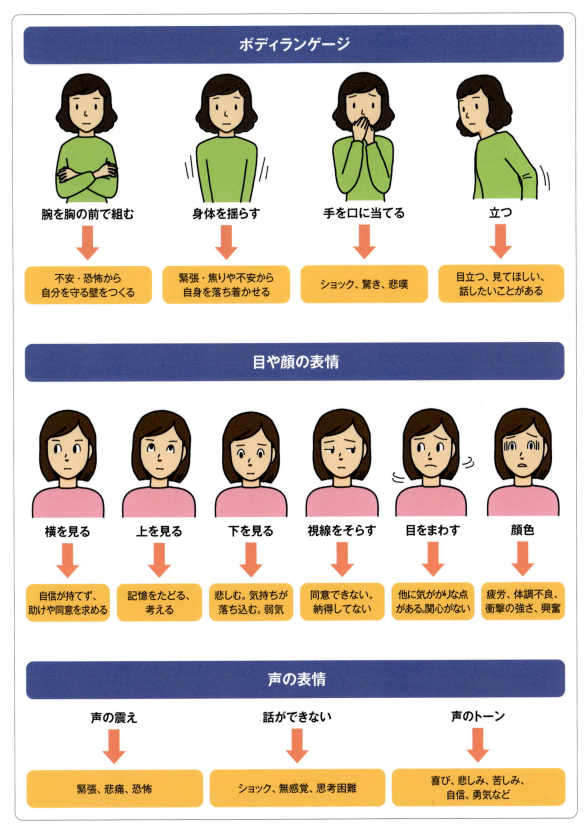

図3-3-3　表情やボディランゲージとして現れるグリーフ

COLUMN 食事の変化や投薬による動物のグリーフと人のグリーフ

病気に対しては正しい治療方法であっても、マニュアル的な対応がグリーフを加算してしまうことがあります。例えば食事を変更した場合、動物が喜んで食べると飼い主も安心して治療を続けることができます。しかし食べない場合、飼い主は不安や焦りを感じます。動物にとってはいつもの安全な食事が変化したグリーフに加え、飼い主の必死な表情や声、不安な様子でじっと見られるなど、緊張感のある日々になります。治療によって安全基地が守られなくなってしまいます。

動物がどんな表情で食事をしているか、見守る飼い主の様子や気持ちを丁寧に聞き、動物が安全だと感じられる食事タイムにするにはどうすればよいか飼い主、獣医師、愛玩動物看護師が一緒に考えることが大切です。

終末期に遭遇するグリーフ（図3-3-4）

終末期（ターミナル期）とは

動物が高齢になったり、病気が治る可能性がなく、死期が近づいている時期のことです。

日本では飼い主と動物がお互いに共依存しているケースが多く、心も体も密着していればしているほど飼い主はターミナルや死を受け入れることが難しくなります。

獣医療の発展によって介護や看取りまでの時間が長くなり、不安・自責・罪悪感などさまざまなグリーフが生まれます。また、介護の負担、睡眠障害や食欲不振など身体的な影響が出たり、仕事との両立が困難になったり、経済的な問題も起こり得ます。

図3-3-4　終末期では家族のグリーフは大きくなりやすい

> **POINT** 動物病院スタッフと飼い主でターミナル期の動物をサポート！
> ターミナル期での治療は動物の日常生活を最後まで続けるためのサポートです。できるだけ痛みや苦しみ、不快感をコントロールすると同時に、動物にとって大切なものをなくさない、安全基地が守られる方法を考えます。動物病院スタッフと飼い主が一つのチームとなり、動物にとって限られた寿命の中でのQOLを守るにはどうすればよいか相談しましょう。

緊急時（災害時、事故など）に遭遇するグリーフ

災害や事故など、日常が突然危機的状況に変化した場合、多くの飼い主はショック状態に陥ります。衝撃の大きさによっては、「頭が真っ白（無感覚）」「何も考えられない（思考困難）」「そんなはずがない（否認）」という状態がみられます。これは人が衝撃から自分を守るための「自己防衛」の反応で、顔面蒼白、放心状態、パニック、興奮状態、極度の緊張、震えなどさまざまなかたちで現れます。

ショック状態の飼い主を目の当たりにしたとき、どのように対応してよいか分からず距離をとってしまいそうになりますが、衝撃期の飼い主が不安や恐怖とともに孤独な時間を過ごさないよう、動物病院スタッフとして飼い主に寄り添う勇気を持ちましょう。

①まずは行動でサポートする（図3-3-5）

大きな衝撃を現す飼い主に対して表面上の慰めや励ましは届かないどころか、心の温度差を生む危険性があります。まずは言葉ではなく行動でサポートしましょう。

例）ドアを開ける、体を支える、椅子を用意する、肩に手を添える、動物へのやさしい保定と声かけなど

②「衝撃期」への共感と傾聴

うなずく、話を途中で遮らない、やさしく復唱するなど、今の気持ちを繰り返し十分に吐き出してもらえるよう傾聴します。

例）愛玩動物看護師：「突然のことでしたから驚かれたでしょう」（共感の声かけ）

③動物目線からのメッセージを伝える（図3-3-6）

図3-3-5　飼い主を行動でサポートする例

愛玩動物看護師：
「チョコちゃん自身も突然のことでびっくりしていると思います」
（動物目線での声かけ）
「いつものようにチョコちゃんに声をかけてくれますか」
「頭を撫でられるのが好きでしたよね、やさしく撫でてあげましょう」
（チョコちゃんが安心するために必要な提案）

図3-3-6　動物目線からのメッセージの伝え方の例

ペットロスに寄り添う

愛する動物を亡くしたとき、誰しもが必ずグリーフを体験します。これは避けることのできないグリーフです。愛着が強くなるケースではより喪失によるグリーフは大きくなります。「ペットロス」という壮絶な悲しみの中で、生前の楽しかったこと、仲間との思い出、送り人としてできたことがグリーフを支えてくれます。動物病院スタッフがターミナル期に飼い主の痛みに寄り添い、協力しながら動物にとって安全で幸せな看取りへ導くことができたとき、そのことが動物の死後に大きな救いとなります。

POINT 愛着が強くなる環境

- 動物が自分の困難な時期を乗り越えさせてくれた
- 動物と共に子供時代を過ごした
- 動物への依存度がかなり強い
- 動物が重要な心の支えとなっている
- 動物が子どもやパートナーのような存在
- 動物が他の大切な思い出や人、場所、出来事などとつながっている
- 動物を長い間ずっと看病（介護）している
- 動物を苦境から救った。保護動物である
- 一人暮らし
- 人間不信や人との交流が苦手である
- 動物だけが心から信じられる存在
- 安心できる唯一の対象
- 初めて飼った動物である
- 動物といつも一緒にいたい　など

ペットロスから回復期、再生期へと進めるために（図3-3-7）

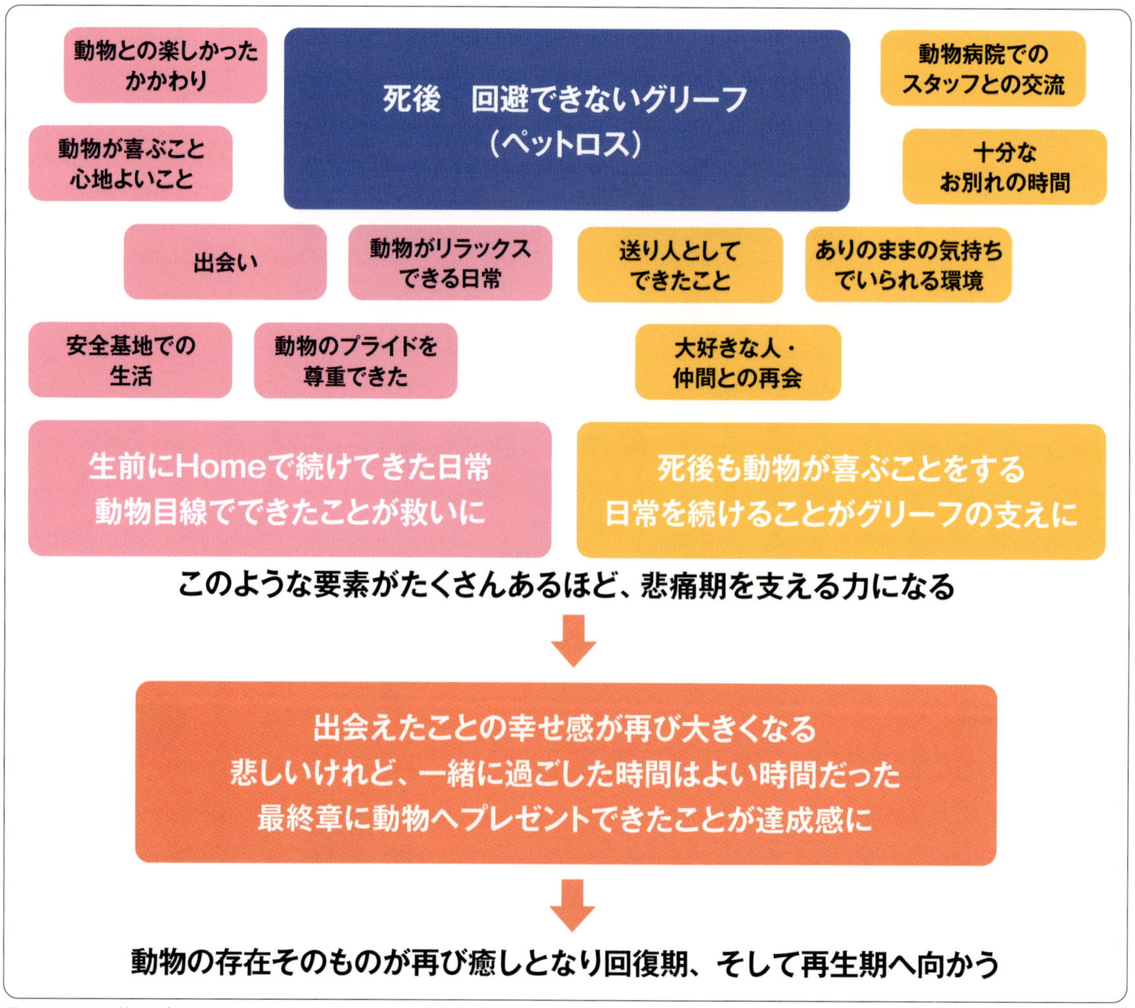

- 動物との楽しかったかかわり
- 動物が喜ぶこと心地よいこと
- 出会い
- 動物がリラックスできる日常
- 送り人としてできたこと
- ありのままの気持ちでいられる環境
- 動物病院でのスタッフとの交流
- 十分なお別れの時間
- 安全基地での生活
- 動物のプライドを尊重できた
- 大好きな人・仲間との再会

生前にHomeで続けてきた日常 動物目線でできたことが救いに

死後も動物が喜ぶことをする 日常を続けることがグリーフの支えに

このような要素がたくさんあるほど、悲痛期を支える力になる

出会えたことの幸せ感が再び大きくなる
悲しいけれど、一緒に過ごした時間はよい時間だった
最終章に動物へプレゼントできたことが達成感に

動物の存在そのものが再び癒しとなり回復期、そして再生期へ向かう

図3-3-7　死後のグリーフの心理過程

愛玩動物看護師が行うグリーフケア：総論編

日頃の診察からできること（動物、飼い主、獣医療スタッフの三者間で行うコミュニケーション）

動物は優れたコミュニケーターであります。人と人は「言葉」を使いコミュニケーションを取りますが、動物と人は出会った日から言葉を使わずに互いの気持ちをキャッチボールしながら交流を深めていきます。動物の表情を見ましょう。言葉を話さない動物の表情を見ながら、飼い主から日頃の様子や動物が一番安心する言葉・名前を聞くことが大切です。

例えば、診察に呼ぶ際に「○○さん、どうぞ」より「○○さん、チョコちゃん、どうぞ」と動物の名前をやさしく呼び（**図3-3-8**）、「チョコちゃん、こんにちは。今日は一緒に診察がんばろうね！」と声を掛けてあげながら診察室へ入ってもらいます。自宅での呼び方が違う動物もいるのでニックネームを聞き出すことも大切です。動物にとって一番安心する呼び方を教えてもらいましょう。

図3-3-8 飼い主、動物への声掛けの例

名前の由来を聞く

名前は動物に贈る最初のギフトです。その名前を持つオンリーワンの動物として生きていきます。

家族の誰が付けたのか？ どんなイメージ？ 直感？ 意味がある？ 同居の動物とのつながりは？ といったことを聞くことによって、飼い主と動物の関係性がみえてきます。カルテにも記載し情報を共有しましょう。また、名前とは違う呼び方（ニックネーム）で声を掛けるほうがしっくりくる動物もいます。動物にとって呼ばれて一番うれしい、リラックスできる呼び方を聞きましょう。動物のことを親しみ込めて呼んでもらうだけでハッピーです。聞き方の例として「○○ちゃんのお名前かわいいですよね。どなたが付けられたのですか？ 意味などもあるのですか？」とさらっと聞くとよいでしょう。

グリーフケアコミュニケーション

生前のグリーフケア

動物と出会い、日々の生活を当たり前に過ごす中で日常が崩れてしまう場合のグリーフ（病気、ケガ、検査結果、手術、入院など）、不安や恐怖、予期グリーフが強まる飼い主のグリーフを丁寧に考えることが必要です。どうしても動物医療者側は正論を自分たちのペースで話したり結果を伝えてしまいます。限られた時間での診察において、治療内容や今後のことをお伝えすることはとても大変ですが、その際にはチームが連携し、飼い主のグリーフを引き出し傾聴することがとても大切です。

飼い主にグリーフが現れる要因には、次のような

> **POINT** グリーフケアコミュニケーションでは動物の目線で考える
>
> 人と人との間で会話が進行して、動物が「蚊帳の外」になってしまいがちです。動物の目から見える景色を想像し、代弁してあげましょう。

ことがあります。

・これからどんな状態になるのか分からない。
・もう治らないのではないか。
・急激に悪化していくかもしれない。
・もっと早く気づいてあげればよかった。
・どれだけ治療してあげたらよいのか分からない。
・死を想像してしまう。

- 動物がいなくなったら暮らしていけない。
- 自分はもう何もしてあげられない。
- 経済的に無理かもしれない。
- 飼い主として失格だ。
- もうどんなことをしても楽にはならないんだ。
- 飼い主それぞれ考え方が違う。

動物を通じたコミュニケーション ～安全基地を守ろう！

　ホームは動物にとってテリトリーになります。ゆっくりと過ごしありのままの姿でいつもと変わらない環境で過ごせる場所が、動物にとって一番安全な場所です。

　飼い主のいつもと変わらない声、しぐさ、触り方、接し方、飼い主同士の会話など、動物はたくさんのことを聞き雰囲気を察知します。動物は自分自身が病気になったということは理解できません。グリーフを感じた飼い主が自宅に帰り安全基地でも暗い表情や心配な表情をしてしまったり暗い声だと、動物たちへグリーフが発生してしまいます。動物の前ではいつもの飼い主でいられるよう、その分のつらさ、悲しさ、怒り、疎外感、恐怖などを受け入れる場所、人が必要です。動物病院・ペットサロン・しつけ教室・ワンニャン友・SNS上のつながり・ご近所仲間など、飼い主と動物にとって安心して話せる人や場所を増やしておくことを提案してもよいでしょう。その際、新たにグリーフが加算されないように状況を確認することも忘れないようにしましょう。

愛玩動物看護師が行うグリーフケア：実践編

受付・待合室編

　飼い主と動物が病院へ来たとき、一番初めにコンタクトを取る場所です。

　飼い主が来院する際、どんな表情や行動をしているか、また声のトーンや話し方からグリーフに気づくことが大切です。動物も緊張していることが多いので、まずは動物の名前を呼びかけます。動物の名前を呼んでくれる愛玩動物看護師の声を聞くだけでも、飼い主は安堵できるのです。

　待たれている飼い主の姿なども見ておくとよいでしょう。診察に入る前に不安なことや、診察が終わってから不安そうな顔や疑問がある場合は待合室でそっと声をかけることで、胸の内を話してくださる場合もあります。ちょっとした表情や手の位置、しぐさなどにも気を付けておきましょう。また、動物たちにも声掛けは忘れないようにしましょう。「今日は暑いね。待合室を涼しくしているから、涼んで帰ってね！」「○○ちゃん今日はお父さんと来てくれたんだね！　いいね」「ドライブどうだったかな。ちょっと休んでから頑張ろうね」など、動物たちと会話することを忘れないことが大切です。

　動物病院の診察室に**図3-3-9**のような張り紙をしておくと、安心して毛布やタオルを持ってきてもらえます。

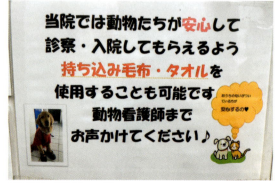

図3-3-9　張り紙の一例

保定編

　愛玩動物看護師と動物や飼い主の距離が一番近くなるものの一つが保定です。動物病院では、診察台に乗ってもらい診察することが多いと思います。ドキドキしている動物たちを安心して診察に臨んでもらえるようなアイデアを引き出しましょう。

　例えば猫であれば、自宅以外の知らない場所に行

き、知らない人を見たり、いつもと違う病院の雰囲気などを感じることで、極度に緊張したり怒ってしまったりしてしまう場合があります。キャリーに慣れてない場合もあります。来院されたとき毛布やバスタオルなどがあれば、キャリーの中に入れるなどして最大限に使用しましょう。自分のにおいがあったり、大好きな飼い主の洋服を入れて持参してもらうのも安心します。

保定ではつねに名前を呼んで声掛けをし、動物目線を忘れないようにしましょう。

預かりをしての検査の際にも動物たちにとっては飼い主と離れることになるため、心配になったり緊張したりする場合もあります。動物にとってどのようにしたらストレスが少なく検査などが進むのか、また好きなものを食べながらでも可能な検査であったり体調であれば、"おいしい時間"を取りながら進めるのも一つの方法です。

電話編

電話相談や報告、セカンドオピニオンの相談など、電話での対応もさまざまです。まず、電話越しでは顔の表情が見えない分、相手の言葉のトーンを読み取り、何を聞いてほしいのか、飼い主が動揺していないか、何に対して困っているのか、何を聞いてほしいのかをしっかりとキャッチすることが必要です。何度も同じ質問をする飼い主にはそのまま答えるのではなく、不安や疑問などグリーフがあると理解し、グリーフケアから実践しましょう。

救急などで来院される場合は、動物が安心するようにタオルや毛布なども一緒に持ってきてもらうように伝えましょう。救急時のつらい状態でも飼い主のにおいに包まれていると、動物は勇気や安心感を得ることができます。実際に動物病院へ到着するときには動物病院の入り口で待機して飼い主、動物の到着を待ちましょう。まずはドアを開けて「○○ちゃん」と名前をやさしく呼びかけ、飼い主に「心配でしたね」と共感の気持ちを伝えながら、動揺が落ちついていくように援助する姿勢が大切です。動物は安全感に守られ勇気を得ることができます。

面会、入院・預かり編

入院や検査、預かりなどでは、動物は飼い主と離れ、安全基地である場所から離れることで不安を感じてしまい、十分にリラックスできないこともあります。前もって入院することが分かっている場合には、予約時に以下のものを持ってきてもらうように伝えることも大切です。
・安心する自分のにおいの付いたもの
・飼い主の服（汚れても構わないものを持ってきていただくように伝えましょう。また、手拭きタオルならすぐ預かれます）
・ぬいぐるみなどのグッズ
・服を着ている動物はいつもの服
・いつもの食事（手づくり食や冷蔵したものなども持参してもらうように伝える）
・いつもの食器
・猫であれば、猫砂（好みがあれば）

・動物自身が安心できるもの

お預かりしたときにたくさんの動物が入院していた場合、持ち物の置き場所に困ったり、返却間違いなどというアクシデントが出ることもあります。預かったものを細かく記入し、テープなどに名前を記載したものを貼っておくのもポイントです（**図3-3-10**）。洗濯は飼い主にお願いしてもいいでしょう。各家庭によって洗剤も異なるのでにおいも変わります。病院で洗濯する場合も「誰の何か」という記載をして、洗濯中という札などを入院ボードに貼って

図3-3-10　預かり品リスト
預かり品を詳しく記入し、お返しの際に飼い主、動物と話しながら確認し、返却したらチェックを入れて忘れ物がないようにする。個々に預かりBOXをつくり、BOXの前に貼る。入院の部屋には「預かり品あり」の記載をしておくと分かりやすい。それぞれの動物病院で分かりやすくチェック表を作成しておくとよい。

おくといいでしょう。お返しの際に飼い主と一緒に預かり品を確認することもコミュニケーションの時間になり、動物の情報を得られるチャンスになります（**図3-3-11**）。

お気に入りのブランケット・ぬいぐるみ

高さを合わせた食器の台（手づくり）

大好きなぬいぐるみに囲まれて

隠れる場所づくり（安全な場所）

日頃、外出した際に動物が安心できるスタイルがあれば、その状態で来院してもらう

歩けなくなってもカートで散歩

大好きなお出かけ・好きなことをする

待合室で友達と

誕生日を祝う

図3-3-11　動物がリラックスできる環境づくりの例

飼い主にメッセージを伝える

　自宅に帰ってグリーフになってしまっている場合、動物、飼い主へ手紙を出すことで、心のケアができることもあります。

　飼い主が動物病院でグリーフを感じてしまった場合、自宅で心細く感じたり、孤独を感じたりしてしまいます。オンリーワンの手紙を送ることで「あの人に打ち明けてみよう」「話をしてみよう」というように、心を閉ざすことなく話をしてくれることもあります。長文の手紙を書かなくても、診察の合間などを利用して「薬袋」にメッセージを書くことで、飼い主の心が軽くなることもあります。

　薬を飲ませることは飼い主にとっても動物にとっても大変な時間になることもあります。そんなときに勇気づけられる言葉の魔法をかけてあげましょう。療法食のサンプルの袋や缶詰の蓋にもメッセージを書いてあげるのも一つの方法です（**図3-3-12**）。飼い主は小さな変化にも喜びや希望を持ってくださいます。体重がなかなか増えない動物が少しでも体重が安定してきたらそのことを祝い、誕生月であれば"HAPPY BIRTHDAY"と記載するのもよいでしょう

（**図3-3-13**）。どんなときも名前を記載しましょう。

薬袋にメッセージを書くと、薬を手に取り自宅で頑張ってもらうときの小さな応援につながります。メッセージの内容はどんなことでも大丈夫です。応援メッセージはもちろん、飲ませ方のポイント、今日の服の感想、天気のこと、点滴を頑張ってくれたことなど、想いを伝えましょう（**図3-3-14**）。100円ショップなどでカードを買ってきてメッセージを書き、こっそり内用袋に入れておくのもサプライズ感があってよいでしょう。どんなときも愛玩動物看護師として、飼い主の気持ちになって気配りができたら素敵です。

また療法食のサンプルなどを渡す際にフードのパッケージにメッセージを書くのもいいでしょう。

入院中は、留置針をまとめておくヴェトラップにイラストを描いて貼ったり、名前を貼ってあげると特別なおまじないになります（**図3-3-15**）。骨折や創部へのテーピングのときにも使えます。

図3-3-12　缶詰の蓋に書いたメッセージ

図3-3-13　小さなスケッチブックに書いたイラストを添えたメッセージ

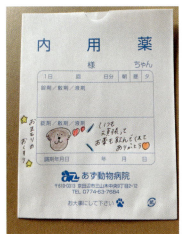
図3-3-14　薬袋に描いたメッセージ

図3-3-15　ヴェトラップのメッセージ

飼い主との思い出づくりを支援する

動物が家にやってきて日々楽しいこと、うれしい言葉かけ、兄弟犬や姉妹猫などと過ごした時間はとても幸せにあふれていたと思います。もちろん闘病生活や介護などで心身ともに疲れた日々を送られたこともあると思います。頑張ってくれたことや、一緒に過ごした"シアワセ"をエンディングの際に「感謝」と「大好き」としてたくさん伝えることができたら、動物は愛されている気持ちとともに寿命を迎えることができます。最期のときまで動物自身の尊厳を守る目線を持って、○○ちゃんが主役の見送り方を飼い主と一緒に目指しましょう。

真のハッピーエンディングをプレゼントしよう！動物へのグリーフケアができる！

気持ちを一つに… ハッピーエンゼルケア

- 安心してもらえるようなタオルや飼い主の服などを持参してもらう。
- 飼い主も一緒に来てもらう。
- 遠方にいる飼い主ですぐに駆け付けられない方がいたときには、ビデオ電話などで声を聞かせてあげる。
- 一緒に足形スタンプを取る。
- 一緒に残しておきたい被毛を丁寧にカットする。
- 子どもがいる飼い主は子どもと一緒にイラストを描く（**図3-3-16**）。
- 一緒にエンゼルケアをすることもよい（飼い主には毛をブラッシングしてもらったりするとよい）。
- 動物病院スタッフからの手紙を入れる（亡くなった後からでも表彰状を送る）（**図3-3-17**）。
- バンダナを巻いたり、お気に入りだったものを入れる。また動物に似合う花を用意できれば一緒に飾るとよい（**図3-3-18**）。
- 詰め物をするときも声掛けしながら行う。
- 目を閉じることはせず、ありのままにする。よく「目を閉じないのですか？」と聞かれることもあると思いますが「○○ちゃんはまっすぐ前を向いて生きてきました。とてもかわいい目をしていますね。○○ちゃんもそのままの自然体が一番うれしいと思います」などと話しましょう。
- 亡くなった後でもドライブをしたり思い出の場所へ出かけることなどを提案する。
- 会いたい人、会いたい友達に会ってもらう。
- 同居動物がいる場合、安全基地を守ることでいつもの日常を続けることができる（**図3-3-19**）。

子どもがいる飼い主は一緒に絵を描いたりするとオンリーワンの見送り方になる（**図3-3-20**）。

小さい頃から一緒

図3-3-16　子どもからのイラスト

図3-3-17　動物病院スタッフからの手紙

図3-3-18 花に囲まれた動物

図3-3-19 新しく仲間になった動物を受け入れることのできる安全基地
一緒に寝たり、カラーをつけたりしていても安心する家族がいたらベッドでごろん

図3-3-20 絵を飾ったとオンリーワンの見送り
大好きな自宅でずっと一緒に！

動物病院での送り人としてすべきこと（図3-3-21）

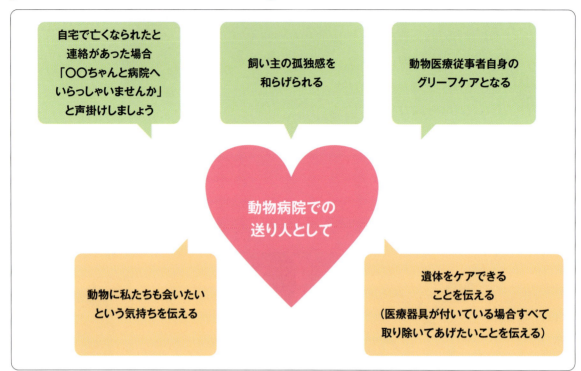

図3-3-21　動物病院での送り人としてすべきこと

> **POINT　来院してもらうときに**
> ●おおよその来院時間が分かるときは、姿を確認できたら出迎えに行く
> ●ドアを開け、「○○ちゃん」と声を掛け、共感の姿勢でサポートを行う
> ●荷物を持ち、部屋に誘導する
> 　診察室での処置の場合、診察台にそのまま寝かすのではなく、きれいなタオルやさしい花柄などのテーブルクロスなどを敷きましょう。

預かりして処置する場合

①遺体をやさしく抱っこし、預かる（やさしく声を掛ける）。
②持ち込みのマットやベッドに寝かすのか、また棺桶が準備できる場合は希望を伺う。
③飼い主に希望の場所で待ってもらう（一緒にケアをすることもある）。
④おおよその時間を伝える（30分以内で終わらせるように心掛ける）。
⑤眠った表情をつくるために接着剤などは使用しないこと。
⑥動物の自然体で送ること。
⑦留置針などの医療機器を外す。
⑧体の汚れや被毛をブラッシングしたり、毛玉を取る（図3-3-22）。
⑨血液や汚れが出てくる箇所に綿をやさしく詰める（声掛けしながら）。
⑩爪を切る。
⑪目や口のまわりをきれいに整える（ホットタオルで汚れを取る）。
⑫顔を撫でながら目をできる範囲でやさしく閉じる。
⑬パットの裏の毛をカットし、足跡スタンプをとっておく（提案でも可）。
⑭持参してもらったタオルやブランケット、マットの上に寝かす（飼い主のTシャツなど安心してもらえるにおいの付いたものに頭を乗せるとよい）。
⑮供花の準備があれば添える（後日に送る場合もある）。
⑯スタッフからのメッセージを添える。

⑰動物との出会いから今日までを一緒に振り返りながら、出会えた幸せを共有する。

⑱葬儀や火葬について案内する（飼い主の要望を聞く）。

⑲見送りの際に車までスタッフも一緒に見送る（車が多い場所だったり、出入口が出にくい場所の場合は、車が安全に出られるように誘導も必要。車が見えなくなるまで心を込めて見届ける）

十分なお別れの時間を取ることが必要な場合や、急な死や大切な人が出張中や遠くにいた場合は、火葬までの時間をどのように自宅で過ごしてもらうかを伝えることもポイントです。

また、四十九日のときや誕生日が近かった動物の場合は後日、手紙を出したり、飼い主と動物のつながりのエピソードなど、今の飼い主の気持ちを傾聴する気持ちで手紙を出しましょう（**図3-3-23**）。

愛玩動物看護師として動物と出会えたからこそ、生きているときから亡くなった後まで、動物の命を通してたくさんの学びを得られます。その学びを生かしながら動物医療グリーフケア®を実践することで、動物と飼い主から指名される愛玩動物看護師となりましょう。

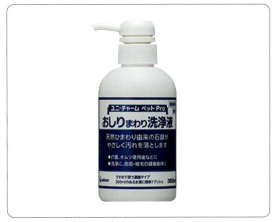

図3-3-22　動物用の洗浄液
画像はユニ・チャームペットPro おしりまわり洗浄液（共立製薬株式会社）

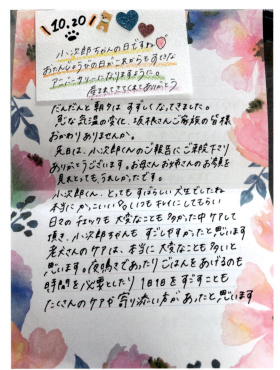

図3-3-23　飼い主に宛てた手紙

第3章 各症候／疾患の理解に必要な動物看護技術

4. エンゼルケア

執筆者
伊佐美登里（いさみどり）／
トリマー・愛玩動物看護師
（フェリス動物病院）

小堀昌弘（こぼりまさひろ）／
獣医師（フェリス動物病院）

監修者
宮下ひろこ（みやしたひろこ）／
獣医師（ふなばし動物医療センター）

エンゼルケアとは p.388

エンゼルケアの実施前の飼い主対応 p.388

エンゼルケアの実施 p.390

エンゼルケア実施時の飼い主対応 p.397

本稿では、入院中に亡くなった動物のエンゼルケアだけでなく、愛玩動物看護師として「動物」を失した飼い主に寄り添う対応、自宅でのケア方法や葬儀についてのアドバイスができるようになること」を目標に、基本的な知識や手法について解説します。

387

エンゼルケアとは（図3-4-1）

エンゼルケアとは、看取り後に行うケアのことで、狭義では、亡くなった動物をできるだけ生前に近い姿（自然な姿）になるよう行われるケア全般のことを指します。ただし、亡くなった動物に人都合の完璧な美しさを求めることが目的ではありません。"その動物らしく"できるだけ穏やかに見送るためのお清めの身支度・準備といえるでしょう。そのため、その動物の状態や状況をみながら、できる範囲のケアを選択する必要があります。

また広義では、そのケアに加え、愛玩動物看護師として、動物を失してしまい精神的なダメージが大きい飼い主へ寄り添う対応や、自宅でもできる一時的なケア方法のアドバイス、さらには火葬・納骨などの葬儀までの段取りを含む広範囲なサポートまでを含みます。

動物病院で行われるエンゼルケアは、入院中に亡くなった動物が対象となることが多いですが、院内ケアだけでなく、自宅でのケアの両方が存在します。院内でのエンゼルケアに関する知識を備えておくことはもちろん重要ですが、飼い主から病院に訃報が届いた場合には、前述のとおり、動物を自宅で見送る飼い主に対してアドバイスをすることも可能です。

エンゼルケアは、突然の訃報によって現実を受け止めきれない複雑な感情を整理し、心の痛みや悲しみを癒すプロセスでもあります。亡くなった動物に対し、愛と敬意を持ち、尊厳を守りながら接する必要があります。

ただ、死生観や宗教観は飼い主や飼い主家族の個々人で異なるため、絶対的な正解というものがありません。以下に述べる内容はあくまで参考としてとらえてもらい、それぞれの状況や飼い主の考え方に合わせて対応する必要があります。

図3-4-1　ご遺体と添えられた花

> **POINT　エンゼルケアの目的**
> - 遺体の清め・見送りのための身支度
> - お別れの時間を取ることで、飼い主が落ち着くための手段の一つ

COLUMN　見送りの際のさまざまな心配り

動物病院では見送りの際にさまざまな工夫をしています。例えば、**図3-4-1**で示した生花の他にも、犬猫用のおやつ、スタッフからの手紙（メッセージカード）、折り紙で折った花などを遺体に添えたりしているところもあるようです。また体を整えるときに首にシフォンのようなやわらかいリボンを巻いたりしているところもあり、スタッフのやさしさが伝わる心配りといえるでしょう。当院でも、名刺サイズのカードにメッセージを添えて、火葬の際、棺に遺体と一緒に入れてもらうなど、ペット・飼い主に寄り添った見送りができるように工夫をしています。なお、名刺サイズにしているのは、スタッフによるメッセージのボリュームのばらつきをなくすためです。バンダナやリボンなどについても、飼い主の希望があれば、付けるようにしています。

エンゼルケアの実施前の飼い主対応

飼い主への連絡

動物病院で亡くなった場合、可能な限り担当の獣医師から飼い主に連絡をしてもらいます。愛玩動物看護師が連絡する場合は、担当の獣医師の指示に従いましょう。

もし担当の獣医師に代わって連絡をする場合は、担当の獣医師の指示内容を中心として、入院中または預かり中の様子、そして現在の状態について伝えることになります。

この際に注意しなければならないのは、愛玩動物看護師からの説明はあくまで概要程度にとどめ、詳細については来院時に担当の獣医師から改めて説明させてもらうという旨をしっかり伝えることです。

また飼い主によっては電話口で動揺される場合もありますので、愛玩動物看護師は傾聴する姿勢を大切にし、少しでも飼い主に落ち着いた状態で来院してもらえるように努めて対応しましょう。

飼い主への状況説明

こちらもできるだけ獣医師が対応します。亡くなるまでにできる限りのことを尽くしたことを、飼い主の心情に寄り添い、丁寧にお話しします。愛玩動物看護師としてできることは、状況説明時は同席し、飼い主が取り残されていないか、情報の提供はできているか、飼い主の思いや状況を冷静に観察しましょう。その上で、飼い主の話を傾聴したり、気持ちを尊重して補足したり、飼い主が事実を受け止めていけるよう支援していくことが重要です。

エンゼルケア実施の承諾、もしくは内容の確認（表3-4-1）

動物病院で行われるエンゼルケアは、入院中に亡くなった動物を飼い主に引き渡す際のケアのことを指します。入院中に亡くなった場合は、留置針や包帯などケアをしたものを身体からはずし、できるだけ自然な状態で飼い主のもとへお返しします。

しかし、エンゼルケアは必ずしなければならないものではありません。あまり過剰にしてしまうことで、死を待ち構えていたかのような印象を持つ飼い主もいるかもしれないですし、急変して亡くなってしまった場合などは特に、飼い主が駆けつけて遺体を確認してもらってからエンゼルケアを行うかを判断することもあります。

そのため、エンゼルケアを行うかどうかは、院長やその他のスタッフとよく相談し、一人の判断で決めずに、動物病院の方針としてどこまでをケアするかも含めて、事前に考えておく必要があります。また、死生観や宗教観などは人によって異なるので、飼い主に不信感を与えないよう、エンゼルケアをしたいかしなくないか、またするとしたら清拭だけでよいか、シャンプーを希望するか、遺髪は取るかなど、できるだけ飼い主に確認を取るのが望ましいでしょう。

エンゼルケアは、落ち着いて実施できる場所が確保できれば飼い主に立ち会っていただき、一緒にケアを行うこともあります。その場合は生前のお話や、亡くなったときのお話を聞きながら施術をします。ブラッシングなどをあえて飼い主にしてもらうこともあります。そうすることで、残された飼い主の心のケアになることもあります。ただし、亡くなった動物を、「見ているのがつらい」「触るのが怖い」という飼い主もいるため、その飼い主ごとに確認しましょう。

表3-4-1　エンゼルケア実施に当たって確認すること

・エンゼルケアをして差支えがないか。
・清拭なのかシャンプーをするのかなど、ある程度こちらに任せてもらえるか。
・手入れ内容など希望はあるか。
・遺髪の持ち帰りの希望はあるか。

例　愛玩動物看護師：「〇〇ちゃんのお見送りの身支度をさせていただきたいのですが、少々お時間をいただいてもよろしいでしょうか？」
　　飼い主：「はい、よろしくお願いします」
　　愛玩動物看護師：「エンゼルケアの内容は、お身体の清拭とお顔まわりと爪や足回りの整え、ご希望があればご遺髪をお取りいたします。その他に気になる点はございますか？」
　　飼い主：「お任せします。遺髪もお願いしたいです」
　　愛玩動物看護師：「承知しました。ではご遺髪をお取りする前に一度お声掛けしますね。待合室でお待ちください」

エンゼルケアの実施

エンゼルケアの手順を解説します。院内で獣医師・愛玩動物看護師が行う場合と、自宅で飼い主がする一時的なケアがあります。エンゼルケアは院内で行うときは特に、亡くなってから飼い主がお迎えに来るまでの短時間で行うこともあります。そのため、状況によってケアの内容や手順はその都度変化します。

ここに記載しているすべてのケアを行わなければならないというわけではなく、あくまで参考にしていただき、院内の方針や動物の状態や状況に合わせて行ってください。猫の手順も同様となります。

エンゼルケアを院内で行う場合

準備

ケア中に排泄物や体液などで汚れる可能性もあるため、ペットシーツを敷いた上に遺体をのせます。

①留置カテーテル、気管チューブの抜去

動物の中には入院中、通院治療中に亡くなってしまう場合があります。

留置カテーテルには経鼻カテーテル、食道カテーテル、胃瘻カテーテル、尿カテーテル、血管内留置カテーテルなど、用途別にさまざまな種類のカテーテルがあります。カテーテルの種類によって簡易的に挿入し設置されているもの、部分的に縫合してあるもの、包帯などで固定してあるものなど、留置されている状態もさまざまです。カテーテル抜去の際はまず獣医師に確認し、適切な手技にて抜去しましょう。

またカテーテルの挿入部周辺は体液などで汚れている場合がありますので、カテーテル抜去後はウェットティッシュなどで拭き取り、きれいにしましょう。

②摘便・排尿を行う

摘便について

摘便とは用手的に便を排出するケアになります（**図3-4-2**）。動物が亡くなった後、肛門より自然と便が排出され、肛門周囲が不衛生になってしまうことがあるため、清拭する前に摘便をしておくとよいでしょう。

図3-4-2 摘便の様子

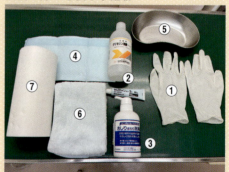

必要物品リスト

摘便の際に必要な準備物

①ディスポーザブル手袋（未滅菌）、②潤滑剤［グリセリン、リドカイン（キシロカインゼリー）など］、③おしりまわり洗浄液、④ペットシーツ、⑤膿盆（トイレットペーパーなどを敷いておき、便を摘出した際に置く）、⑥タオル、⑦キッチンペーパー

●手順
①下腹部付近にペットシーツを敷き、摘出した便などで周囲が汚れないようにします。
②手袋を装着し、肛門に挿入する指に潤滑剤をしっかりつけておきます。
③肛門から指をゆっくり挿入します。
④直腸内へゆっくりと指の根元まで挿入し、直腸壁から便を剥がすように便をかき出します。直腸内の便が硬い、便塊が大きいといった場合は、便塊を崩しながら少しずつかき出します。
⑤指の根元まで挿入しても便に触れない状態になったら摘便を終了します。
⑥摘出した便は膿盆に置き、最後にまとめてトイレに流すとよいでしょう。
⑦摘便後は肛門周囲の汚れをおしり拭きなどで拭き取りきれいにしましょう。

●注意点
摘便ケアをする動物病院スタッフの爪が伸びていると、手袋が破れてしまう場合がありますので、爪は適切な長さに切りそろえておきましょう。また力任せに便をかき出そうとすると、直腸内を不必要に傷つけてしまうことがありますので、直腸内の便の状態を確認しながら丁寧に摘便しましょう。

動物が亡くなった際の原因が排便困難を伴う疾患（消化管内腫瘍、会陰ヘルニアなど）の場合は、摘便しにくいことがあります。この場合は獣医師に相談し、摘便ケアの可否を確認しましょう。

排尿について

尿を用手的に排出するケアになります。便と同様、動物が亡くなった後に自然と尿が排出され、下腹部付近が不衛生になってしまうことがあるため、清拭する前に排尿させておくとよいでしょう。また排尿についてはカテーテル排尿や、膀胱穿刺といった方法もありますが、動物が亡くなった後のケアになるので、今回は圧迫排尿によるケアについて説明します。

●手順
①動物の下腹部付近にペットシーツを敷き、排出された尿で周囲が汚れないようにします。
②下腹部付近に手のひらを当て、膀胱を確認します（風船のように膨らんだ部分）。
③膀胱を両手、または片手で包み込むようにし、少しずつ力を入れていきます。雄の場合はペニスの先端、雌の場合は外陰部より尿が排出されるのを確認できるまで、徐々に力を強めていきましょう。
④尿の排出が始まったら、膀胱を圧迫する力加減を調整しつつ、排尿により膀胱が徐々に小さくなっていくのを確認しながらケアを進めていきます。
⑤膀胱が小さくなり、尿の排出が終わったところで圧迫排尿を終了します。
⑥下腹部付近に飛び散った尿をウェットティッシュなどで拭き取りきれいにしましょう。

●注意点
動物が亡くなった際の原因が、排尿困難を伴う疾患（膀胱腫瘍、膀胱結石など）の場合、圧迫排尿では尿の排出が困難となります。このような状況の際は獣医師に相談し、その他の方法（膀胱穿刺など)を含めて排尿ケアの可否を確認しましょう。

また圧迫排尿の際、過度に力を入れすぎると膀胱破裂を引き起こす場合がありますので、【手順④】を慎重に実施しましょう。

ここからは身なりを整えるケアについて解説していきます。

③詰め物を入れる（鼻・耳・肛門）

コットンを小さく丸めたものを鉗子で鼻、耳、肛門に入れます※（**図3-4-3**）。このケアは確実に体液を止める目的ではなく、漏れ出る少量の体液を吸収させるためのものなので、無理に大量のコットンを奥まで押し込もうとしなくてよいです。詰めたものがあまり過剰に見えてしまわないよう配慮しましょう。

亡くなる瞬間に排泄物が出る動物も多くいるので、過度なケアを希望されない飼い主であれば、排泄物の除去や詰め物を詰めないという選択肢もあります。

当院では口の中の詰め物は特に行っていませんが、口腔内の出血がある場合などは行います。口が開いているようだったら、死後硬直が始まる前にできるだけ閉じてください。舌はできるだけ口の中にしまいますが、出ていてもあまり無理に押し込まなくてもよいでしょう。

※コットンなどの詰め物をする場合には、飼い主へ確認し、見た目で抵抗を感じられるような処置には入れない選択もあります。必ず行わなければならない処置はなく、何よりも飼い主の意向を尊重したケアを行うことが大切なポイントとなります。

必要物品リスト

排尿の際に必要な準備物

①ペットシーツ、②キッチンペーパー、③おしりまわり洗浄液

必要物品リスト

ケアに必要な準備物

①バスタオル、②手ぬぐい、③ペットシーツ、④おしりまわり洗浄液（すすぎ不要の洗浄液）、⑤洗面器やバケツ、⑥肉球クリーム、⑦キッチンペーパー、⑧ミニバリカン、⑨爪切り、⑩ハサミ、⑪コットン（脱脂綿）、⑫鉗子、⑬スリッカーブラシ、⑭ブラシ（その他、使い捨て手袋　など）

 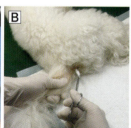 

図3-4-3　コットンを詰めている様子
A：コットンを鉗子で鼻に詰めている。
B：コットンを鉗子で肛門に詰めている。
C：詰めたものがあまり過剰に見えてしまわないよう配慮する。

④爪切り・耳の掃除・顔の整え（図3-4-4）

爪切り

いつも通り行います。出血すると止まりづらいことがあるので、十分注意します。切った爪を持ち帰ることをご希望される飼い主もいるので、確認するとよいでしょう。

足裏

パットの隙間は硬直している場合があるので、はみ出ている部分のみカットし、肉球クリームがあればパットに塗ります。肉球が柔らかくなると喜ばれる飼い主が多くいます。足まわりの余分な毛はハサミでカットします。

耳介に付着している汚れがあれば軽く拭き取ります（**図3-4-4A**）。無理に奥まで汚れを取ろうとせず、あくまでやさしく拭き取るように心掛けましょう。口まわりや目のまわりなど、不要な毛をカットします。眼ヤニなどの固形物が付着している場合は、ぬるま湯を含ませたコットンをのせてふやかすと取れやすくなります。

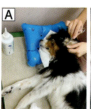  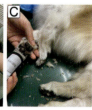

図3-4-4　爪切りなどの手入れ
A：耳介に付着している汚れを拭き取っている様子。やさしく拭き取るように心掛ける。　B：爪切りの様子。　C：足裏の毛をバリカンで刈っている様子。

COLUMN　目を閉じていないと安らかではない？

亡くなった後に目が開いている場合は、下瞼をやさしく上瞼に近づけます。何度か繰り返していると、目を閉じることもありますが、人間の瞼とは異なり、下瞼で閉じている動物たちの目は重力で瞼が下に落ちてしまうので、亡くなったときは目が開いたままになってしまうことがよくあります。中にはクリップで止めたり、医療用接着剤でくっつけたりする病院もあるようですが、私がエンゼルケアで大切にしていることは「その動物の自然な姿で身支度をする。過剰にではなく、あくまでさりげなく」です。そのため瞼が閉じない動物は、飼い主には目が開いたままでも、それ自体は不自然ではないことをしっかりとご説明し、そのことでほとんどの飼い主に納得してもらっています。

⑤全身の清拭・ブラッシング

バスタオルの上に遺体を乗せます。バスタオルやタオルは使わなくても多めに準備しておくと、体位を安定させるためのクッションにしたり、活用することができます。トラベル用のビニールクッションなどは体位を安定させやすいので、便利です（**図3-4-5**）。

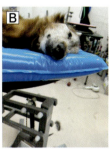

図3-4-5　クッション
A：バスタオルやタオルを利用したクッション。
B：トラベル用のビニールクッション。

ブラッシング

やさしくブラッシングをします。亡くなっているからといって、皮膚や体が動いてしまうほど強い力で毛を引っ張ってはいけません。あくまで丁寧にブラッシングをします。毛玉やもつれなどがある場合はカットしてもよいでしょう。軽いもつれであれば毛先から根元に向かって順番にブラシを入れて表面を整えます。

清拭

38℃程度のぬるま湯を使用します。高温の湯は遺体が変化するのを進めてしまうため、気になる場合は水を使用してもよいでしょう。タオルをぬるま湯に浸し、固く絞ります。頭から始まり、顔→耳・首まわり→胸部→前肢→背・腹部→お尻・後肢→陰部の順に拭き取りをします。タオルは毎回拭く面を変え、できるだけ同じ面は使わないようにするのが清潔です。ペット用のウエットタオルや、キッチンペーパーなどの使い捨て用品で代用することもできます。汚れが多い箇所は、洗浄液を薄めたぬるま湯を含ませて拭き取ることで、汚れが落としやすくなります。タオルの水分が皮膚や毛に残ってしまうのはあまり好ましくないため、湿った箇所はドライヤーの冷風で乾かして仕上げます。

⑥タオルで包む

清潔なバスタオルを広げた上に新しくペットシーツを敷きます。ペットシーツは大判のものがあると理想的です。その上に遺体を乗せバスタオルで包みます。

飼い主が迎えに来るまでの間、手足は折り畳み、身体を丸く整えます。可能なかぎり室温を下げた直射日光の当たらない部屋で、段ボールやベッドなどに寝かせ、安置します。

死後硬直は亡くなってからすぐに始まるので、できるだけ手早く身体の形を整えるのが望ましいです。一般的に筋肉量が多いと死後硬直は早く進行するといわれています。手足が伸びきったまま硬直してしまうと、火葬時に棺に入らない場合があります。そのため、エンゼルケアの途中で硬直が早いなと感じたら、ケアの順番や内容を変え、体勢を整えるのを優先してもよいでしょう。亡くなった後も体液が漏れ出る場合もあるので、自宅に帰るまでの道中が心配な飼い主には、予備のペットシーツを帰り際に渡しています。

⑦シャンプーをする場合

念入りに汚れを落としたい場合、生前闘病などで長らくシャンプーができなかった動物、プードルなど生前こまめにトリミングサロンを利用していた動物など、時間がかけられる場合に限り希望に応じて全身をシャンプーします。当院はその際、別途エンゼルケアの料金を受け取っています。

あくまで飼い主の意向を伺った上で、できることを行います（亡くなったペットにシャンプーをすることに抵抗を持たれる飼い主もいらっしゃいます）。汚れがある場合は、部分的な洗浄を行うだけでもお清めになります。基本的にお湯ではなく、水を使います。

全身をシャンプーする場合

ベビーバスなどの容器を用意しておくと、必要以上に遺体を動かさずにシャンプーができるのでお勧めです。ベビーバスに遺体を入れ、首が安定するように枕などを使用します（**図3-4-6**）。腹部の位置が高くなると、体液が漏れ出やすくなるので気を付けましょう。

水を含ませたスポンジでシャンプー剤をよく泡立て、その泡を全身にまんべんなく行きわたるように

なじませます。水を少し足してゆるめの泡にすると、下側になったボディや硬直した内股などにも、簡単にシャンプー剤をなじませることができます。地肌にシャンプー剤を行きわたらせるイメージで、擦らずにやさしく洗います。

目や耳にシャンプー剤が入らないよう、顔まわりは無理せず、できる範囲でシャンプーをなじませます。

全体的にシャンプー剤が行きわたったら水でよくすすぎます。水につけている間も遺体は変化していくので、できるだけ手早く行うようにします。そのためリンスやコンディショナーは省いてよいでしょう。

必要物品リスト

全身をシャンプーする際に必要な準備物

①ベビーバス、②シャンプー剤、③泡立て用の容器、④スポンジ、⑤バスタオル、⑥キッチンペーパー、⑦ビニールクッション（枕）など

図3-4-6　ベビーバスに入れてシャンプーしている様子

部分的にシャンプーをする場合

遺体の下にペットシーツやバスタオルを敷きます。洗浄剤はすすぎ不要のものを使用するとよいでしょう。洗浄剤を水で薄め洗浄液をつくり、アプリケーターなどに入れます（**図3-4-7**）。スプレーボトルでもよいでしょう。汚れた部位に洗浄液をかけ、タオルやキッチンペーパーなどで拭き取り、その後ブラシなどでなじませます。毛の根元からしっかりなじませると、汚れが取りやすくなります。取りづらい固形物の汚れ（眼ヤニや乾燥した便など）は洗浄液を染み込ませたコットンなどを5分程度つけ置きして、ふやかして取るようにします。手ぬぐいを利用してぬるめのホットタオルを部分的に使用してもよいでしょう。

必要物品リスト

部分的にシャンプーをする際に必要な準備物

①バスタオル、②すすぎ不要の洗浄液、③アプリケーター、④ペットシーツ、⑤キッチンペーパー、⑥手ぬぐい　など

図3-4-7　アプリケーターで汚れた部位を濡らしている様子

⑧ブロー

タオルドライ後は温風ではなく、冷風で乾かします。熱で乾かすのではなく、風量で水分を飛ばして乾かすホースドライヤーがあると早く乾かすことができ、便利です（**図3-4-8**）。ホースドライヤーがない場合はキッチンペーパーなどを活用して、できるだけ水分量を減らした状態で、冷風のドライヤーを

使用します。熱で乾かすと遺体の変化をより進行させてしまうので、扇風機などと組み合わせて、風をまわして乾かしていきましょう。スリッカーブラシで毛を一本一本バラバラにしていき、毛と毛の間の水分を飛ばしていくイメージで乾かすと効率がよいです。毛が長い動物はブラッシングスプレーなどを軽く吹き付けてブローをすると、艶が出て手触りもよくなりますが、付けすぎると乾きが悪くなるので注意が必要です。

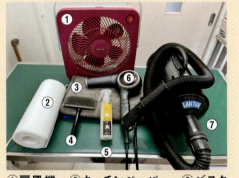

必要物品リスト

ブローする場合に必要な準備物

①扇風機、②キッチンペーパー、③バスタオル、④スリッカーブラシ、⑤ブラッシングスプレー、⑥ドライヤー、⑦ブロアー（ホースドライヤー）など

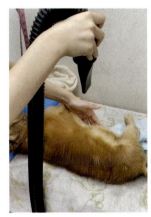

図3-4-8　ホースドライヤー
ホースドライヤーで乾かしている様子。風量で水分を飛ばすので、短時間で乾かすことができる。

遺髪

遺髪を形見として持ち帰ることを希望されるか確認します。短毛種では、ブラッシングのときに抜けたアンダーコート、長毛種では毛をカットしてパウチの袋などに入れて渡します。どこの部位の毛にするかは、飼い主の意向で決めてください。

トリミング用のセットペーパーや、紙に包んで入れるとよりよいでしょう。遺髪を入れる袋はその他のものでもよいですが、お洒落すぎる柄物だったりすると、準備万端すぎる印象があると個人的には感じます。あくまでさり気なく、院内に日常からあるもので対応するように心掛けています（**図3-4-9**）。

図3-4-9　遺髪
A：カットする被毛をヘアゴムでまとめる。
B：遺髪をカットする様子。
C：パウチの袋に入れて飼い主にお渡しする。

エンゼルケアを飼い主が自宅で行う際のアドバイス

やさしくブラッシングするように伝えます。毛玉やもつれがひどい場所は無理に梳こうとせず、できるところだけ行います。目のまわり、お尻まわりの他、汚れが気になるところをガーゼやぬるめのホットタオルでやさしく毛並みを整えるように拭きます。きれいに拭き終わって、水分が残っているようなら、ドライヤーの冷風で乾かします。ブラッシングスプレーなども使用可能ですが、水分があまり多く体に残ってしまうと、遺体の変化を進行させやすくなるので、お勧めしません。部分的にシャンプーをする場合は、お湯を使わないようにします。温度を高くしてしまうと遺体の変化が進みますので、水と冷風が基本となります。なお、眼ヤニや糞尿がひどく付着している場合や全部をきれいにしてあげたいと思う場合は、動物病院に来てケアを行うことをお勧めしましょう。

遺体の安置方法のアドバイス

お清めが終わったらいつも寝ていたベッドや段ボールなどを使用し、寝かせてあげます。安らかに火葬や埋葬までの時間を過ごさせてあげましょう。できるだけ室温を下げ、いつも寝ていたベッドで安置する場合は2、3日、密閉できる衣装ケースのような蓋付の容器に入れてこまめに保冷剤を交換すれば、夏場で4日、冬場で5日程度（あくまで目安）はお別れの時間を確保することが可能です（**図3-4-10**）。顔を見てなでたり、声をかけるときのみ蓋を開けるようにします。

腹部、頭、お尻などはタオルに包んだ保冷剤で冷やしてあげましょう（水滴が直接遺体に付着することはあまり好ましくありません）。こまめに保冷剤を交換できないときは、アウトドア用の保冷剤など溶けにくく長持ちするものを入れてあげるとよいです。

体液が口やお尻、耳や鼻などから出ることがあります。ペットシーツやオムツなどを利用して、清潔さを保ってあげましょう。

火葬まで遺体を預かってくれる霊園もあります。自宅での安置が難しい場合、また、ある程度の期間、安置したい場合は、霊園の安置室の利用を検討・相談するとよいでしょう。

あわてて火葬してしまうと、お別れの時間をしっかり取れず、ペットロスを長引かせてしまうケースもあります。飼い主が納得してから、また飼い主が揃うタイミングでの火葬をすることが望ましいでしょう。

> **POINT　エンゼルケアの注意点**
>
> 決して完璧な美しさを求めることではありません。飼い主が穏やかに見送ることができるように、あくまで「その動物らしさ」を保ったまま、お清めの身支度をすることといえます。そのため、動物の状態や状況をみながら、できる範囲のケアを選択する必要があります。

図3-4-10　自宅での安置方法の一例
安置する期間が少し長くなる場合は、できるだけ空気に触れないような蓋つきの衣装ケースなどの箱に入れて安置するのが望ましい。

エンゼルケア実施時の飼い主対応

飼い主への声掛け

　エンゼルケアは、突然の死亡によって現実を受け止めきれない複雑な感情を整理し、心の痛みや悲しみを癒すプロセスでもあります。亡くなった動物に対しては、愛と敬意を持ち、尊厳を守りながら接する必要があります。ただ、死生観や宗教観は飼い主や飼い主家族の個々人で異なるため、絶対的な正解というものがありません。以下に述べる内容はあくまで参考としてとらえてもらい、それぞれの状況や飼い主の考え方に合わせて対応する必要があります。

訃報をもらったら

①つらい中、連絡してくれたことへのお礼を伝える。
②「お悔み申し上げます」など、飼い主への気遣いの一言を伝える。
③火葬など見送り方法は決まっているか確認する（決まっていない場合は霊園のパンフレットを渡したり、業者を紹介することが可能なことを伝える）。
④エンゼルケアの希望があるか確認する。
⑤火葬までの遺体の安置方法のアドバイスを添える。
⑥何か不安・心配事があるか伺う。

飼い主に寄り添うために

　気の利いたことを無理に言おうとせず、できるだけ飼い主からの言葉を待ち、傾聴します。もし言葉に詰まる様子があったら「ゆっくりでよいですよ」など、飼い主が落ち着いて話せるように配慮をしましょう。会話の中の相槌も「はい」だけのワンパターンにならないよう「ええ」「そうでしたか」など、耳を傾けている姿勢が伝わるよう心掛けるのがよいでしょう。遺体への接し方も、生前と同じように名前を呼びながらやさしく声掛けをし、その動物の存在を尊重して接することを心掛けてください。動物医療従事者として暗記した形式的な声掛けをするよりも、自分の言葉で率直に表現するほうが飼い主により伝わると思います。私は自分自身の気持ちを表現する際に、言葉にならないのであれば「言葉にすることが難しい」とそのまま話すようにしています。

　また、動物医療従事者として涙を流してよいのか、ということについても、一度院内で話し合っておくとよいです。例えば飼い主より先に声を上げて泣いてしまうスタッフがいたら、飼い主が泣けなくなってしまうことは想像できます。動物や飼い主に真摯に対応するために、このようなことを想定してあらかじめ考えておくことは大切です。

気を付けたい言葉遣い

　動物を失って悲しみに暮れる飼い主にかける言葉は、動物看護のプロとして丁寧に選びましょう。例えば火葬までの安置のアドバイスをする際に「遺体の腐敗が進行するので室温は下げましょう」と、「腐敗」「腐る」などという言葉を安易に使用してしまうと、ショックを増長してしまったり、まるで野菜か何かのように扱われたと気分を害される可能性があります。「ご遺体は少しずつ変化していきますので、できるだけ室温を下げて安置していただくと、お別れの時間がゆっくり取れますよ」などと、飼い主は感情的に辛い時期であることつねに心掛けて会話するようにしましょう。

> **POINT　気を付けたい言葉遣いの例**
> - ×死体 → ○ご遺体
> - ×死ぬ、死亡、急死 → ○ご不幸、訃報、突然のこと
> - ×ご遺体が腐敗する → ○ご遺体が変化する
> - ×燃やす → ○火葬
> - △亡くなる前 → ○元気な頃

葬儀について

火葬や葬儀のアドバイス

　エンゼルケアを提供する際には、ペットの葬儀に関する知識も必要です。終生飼育を謳う動物医療スタッフは、「ゆりかごから墓場まで」という言葉があるように、ペットの死後のことについてもアドバイスできるよう準備する必要があります。近年、ペット葬儀関連業者は増えていますので、信頼できる葬儀業者を把握しておくことが重要です。以下、ペット葬儀業者を探す際のポイントを挙げます。

①料金の透明性：料金体系やオプションが明確に示されている業者を選びましょう。後になって急に追加料金や不当な請求がある業者には注意が必要です。

②設備や施設の確認：葬儀施設や火葬炉などの設備について情報を確認しましょう。設備の清潔さや適切な条例遵守が必須条件です。また、見学を随時受け入れている施設はより信頼性が高いといえるでしょう。

③パンフレットの明瞭性：業者のパンフレットを確認し、サービス内容がはっきり分かりやすく記載されているか確認しましょう。契約前に内容を理解し、不明瞭な点がないか確認しましょう。

④対応するスタッフ：信頼できる業者を探すために、対応するスタッフの質を確認しましょう。信頼性のある業者は、ペットの最後の旅を尊重し、飼い主の感情を理解して適切なサービスを提供できるはずです。

　本来であれば、飼い主自身がペット葬儀業者を直接「生前見学」することが望ましいのですが、多くの方は動物の死を考えることがつらいと感じて二の足を踏んでしまいます。そのため、動物医療スタッフが葬儀業者と連絡を取り、見学に行って確認し、悲しみに暮れてどうしていいか分からない飼い主から相談があった際に、いつでも紹介できる状況をつくっておくことが理想的であるといえるでしょう。

　また、ペットのご遺体を行政で対応してもらう方法もあります。その際、（残念な現状ではありますが）多くの自治体において、動物の遺体は公衆衛生上の一般廃棄物処理として扱われます。そのため、葬儀のセレモニーや立ち会い火葬、遺骨の返却などはほとんどできません。自治体の受付時間も基本的に平日の日中に限られ、土日には火葬の依頼ができないなど、急な依頼に対し柔軟な対応ができない場合が多いです。できるだけ費用を抑えたい飼い主や遺骨の返却を希望しない飼い主には適しているともいえますが、動物を家族の一員として一緒に過ごす飼い主が増え、ペット霊園などで最後のセレモニーとして葬儀を希望する飼い主が増加の一途をたどる現在、行政のエンゼルケア対応は物足りないものになるかもしれません。

　葬儀などのセレモニーは、飼い主が長年連れ添った動物への感謝や別れを表現し実感する貴重な儀式であり、大きな傷となりうるペットロスへの、できる限りのソフトランディング（柔らかな着地）として極めて有効であるといえます。

　したがって、動物医療スタッフは動物の遺体の対応について、近隣の葬儀業者の情報と合わせて、行政の取り扱い方法についても、所属する動物病院のある自治体のホームページなどで情報を調べて、しっかりと把握しておくことが不可欠です。

葬儀までの自宅での過ごし方

　動物を亡くしたときに大切なのは、別れの時間をしっかり取ることです。名前を呼んでなでてあげるだけでなく、生前かかわりのあった友人に連絡して顔を見に来てもらったり、散歩コースをバギーに乗せて歩いたり、思い出の場所にドライブに行ったり、棺に入れる感謝の手紙を書くなど、さまざまな方法があります。一番重要なのは、飼い主が納得するまで火葬を急がないことです。あせらずに葬儀のプランを考え、後悔しないようにすることが大切です。「バタバタと過ごして、気づいたら悲しむ時間がなかった」とならないよう、最後の時間を大切に過ごせるようにアドバイスしてください。

エンゼルケアにおいて大切にすべきこと

　私がエンゼルケアで大切にしているのは「さりげなさ」です。準備を過度にすると、死を待ち受けているようで気が引けると感じることがあります。だからこそ日常的に院内にあるもので対応し、自身の経験を生かして、今の自分にできることを誠実に行うことを心掛けています。技術や実績がなくても、霊園の見学は誰でもできるので、ぜひ行ってみてほしいです。

　また、ペットロスになってはいけないと思う人が多いですが、それは誤解です。ペットを失ったら悲しい気持ちになることは当然です。問題はその悲しみが日常生活に悪影響を及ぼすほど深刻になることです。話せる相手がいなかったり、家族からのサポートが得られなかったりすることが、深刻なペットロスの原因になります。「健全なペットロス」を過ごすために、愛玩動物看護師として飼い主の話に耳を傾け、悲しい気持ちを分かち合える環境を提供することが大切だと思っています。

付録

典型的な症状に対する疾患のフローチャート

1. 跛行・歩行困難
2. 咳
3. ぐったりしている
4. 腹部膨満
5. 口臭
6. 眼の異常
7. 皮膚の異常
8. 耳の異常

付録 典型的な症状に対する疾患のフローチャート

典型的な症状に対する疾患のフローチャート

執筆者

小野沢栄里（おのざわえり）／
愛玩動物看護師（麻布大学）

「咳」執筆：
鉄治慶（てつはるよし）／
獣医師（日本獣医生命科学大学）

宮田拓馬（みやたたくま）／
獣医師（日本獣医生命科学大学）

「咳」執筆：
藤原亜紀（ふじわらあき）／
獣医師（日本獣医生命科学大学）

監修者

左向敏紀（さこうとしのり）／
獣医師（日本獣医生命科学大学名誉教授）

「眼の異常」監修：
余戸拓也（ようごたくや）／
獣医師（日本獣医生命科学大学）

　飼い主の主訴からどういった疾患なのか、獣医師はもちろんのこと、愛玩動物看護師も可能性のある疾患を考えられることで、診察やその後の検査、治療、動物看護と先を見据えた行動ができるようになると思います。いつもと同じ典型的な主訴であったとしても、同じ疾患とは限りません。また緊急性のある症状や疾患がまぎれているかもしれません。そういった見落としがちな疾患をしっかりと拾っていきたいものです。そのためには飼い主からしっかりと症状を聞きだせること、飼い主のいう症状と実際の症状が同じなのか確認できることは、愛玩動物看護師も動物看護のプロとしてチーム動物医療の一員として活躍できる部分でもあると思います。本稿が、少しでも日頃の動物看護業務の参考になれば幸いです。

◇**本稿の使い方**
　飼い主の主訴から、症状のみるべきポイントをチャート形式で挙げています。そしてどういった疾患が疑われるのか、可能性のある疾患名も列挙しています。しかし、すべての疾患を網羅しているわけではないので、注意してください。愛玩動物看護師として、飼い主からどのように話を聞きだすと情報を得やすいのか、症状を確認する際に、どういった視点でみればいいのか、着眼点やそのコツについても記載しました。

付録 典型的な症状に対する疾患のフローチャート

1. 跛行・歩行困難

POINT 表現の仕方はさまざま

跛行や歩行困難といっても、飼い主の表現の仕方はさまざまです。「歩き方がおかしい」「歩けない」などと話したとしても、実際は足を挙げている場合や、足を引きずっている場合、足が接地はしているものの負重がない場合などがあります。跛行や歩行困難では症状の現れ方が個々で違うため、どのように歩き方がおかしいのか、歩けないのかを具体的に聞いていきます。

症状は突然でしたか？
- はい →
- いいえ ↓

動物の様子はどうですか？（いいえの場合）
- A 腰の位置が下がっています
- B 散歩やジャンプを嫌がります
- C 複数の関節を痛がります
- D 肢の変形があります

動物の様子はどうですか？（はいの場合）
- A 肢（あし）を挙げています → A
- B 起立できていません ↓

どこか痛がる様子はありますか？
- A 首を上げるのが痛そう → 頸部椎間板ヘルニア
- B 痛みはなさそうです → 胸腰部椎間板ヘルニア
- C 1本の肢のみ触ると痛がります ↓

第3巻2章-6「胸腰部椎間板ヘルニア」を参照

B → 関節炎

第3巻2章-5「股関節形成不全」を参照

C → 関節リウマチ

大型犬ですか？
- はい
- いいえ

若齢ですか？
- はい
- いいえ

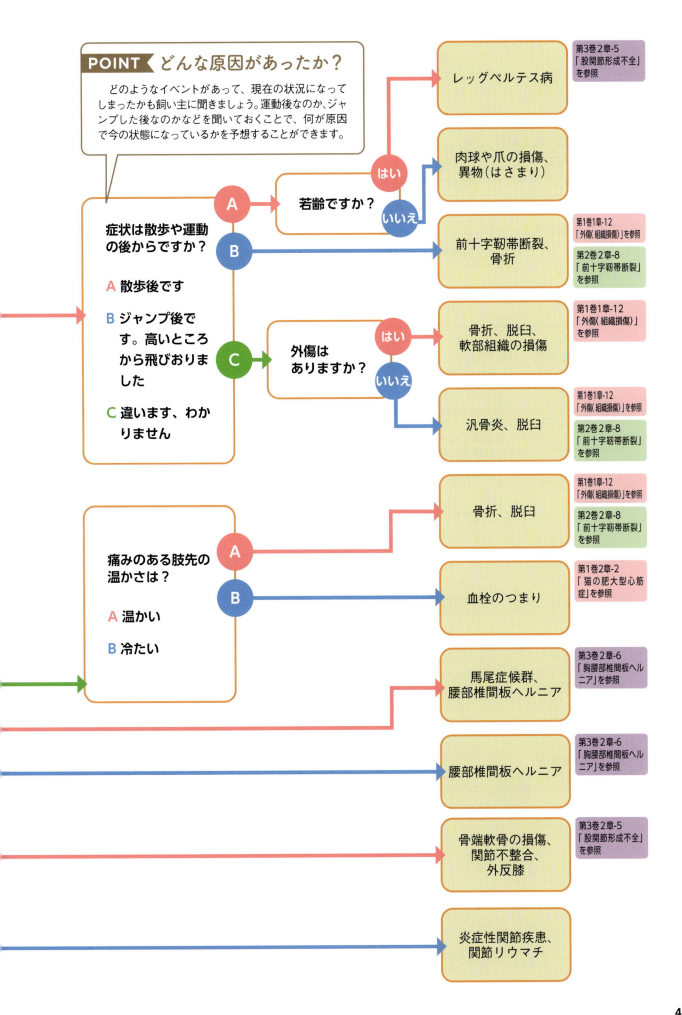

2. 咳

POINT 咳と逆くしゃみ、吐き気との区別

これらは飼い主が見て区別が難しく、別の主訴で来院することがあるので注意が必要です。

咳は突然起こる急激な呼気により気管・気管支に入る刺激物を除去する反射で、息を吐きます。

一方、逆くしゃみは発作性に起こる吸引反射なので、息を吸っています。呼気と吸気の見分けが重要です。

吐き気の場合は、よだれや腹部の動きなどの前駆症状の有無、吐しゃ物の内容などから区別ができます。できれば飼い主に動画を撮影してもらい、見せてもらうことも有用です。

咳をしているとき以外の呼吸の様子は？

A 苦しそう
B 苦しくなさそう

A → 状態安定を優先。救急対応 2巻フローチャート「2．呼吸困難」のチャートを参照

（2巻付録 フローチャート「2.呼吸困難」を参照）

B ↓

咳にをする前に深く息を吸う？

A 吸う
B 吸わない

深い吸気がないこと：呼気反射といいます 以下のような特徴があります。

- 興奮時、寝起き時、飲水時、吠えたときにおこる。
- 発咳時は立ち止まる。
- 咳は単発で短く強い。
- 咳の最後にする、吐くような行動（Terminal retchターミナルレッチ）がある。

嘔吐と間違えられやすく、注意が必要です。

動画4-2-1
https://e-lephant.tv/ad/2003966

B → 喉頭疾患も疑う（喉頭炎、喉頭虚脱、喉頭麻痺、喉頭腫瘍）

（第1巻1章-3「熱中症」を参照／第2巻2章-2「犬の咽頭麻痺」を参照）

POINT 呼気反射と咳反射の区別

咳をする前に、深く息を吸う（吸気）かどうかで区別します。

呼気反射は気道に入りそうなものを咄嗟に除去する反射で、喉頭〜上部気管の刺激でおこります。事前に息を吸う動きがなく、いきなり咳をするような様子です。

一方、咳反射は既に気道に入っているものを除去する反射で、多くは気管〜気管支の刺激が原因でおこります。深く息を吸ってから咳をする様子が見られます。

A ↓

咳の前に深い吸気があるということは、咳反射なので、気管以降の疾患が考えられます

特徴的な情報がありますか？

A ある
B ない

ない → A 急性？ B 慢性？

POINT 急性と慢性の区別

初めて咳をし始めたときからの期間で区別します。
急性：2週間以内。
慢性：2ヶ月以上。

A／B → 誤嚥性肺炎、ガスの吸引、気道内異物、感染性疾患、慢性疾患の始まり

（第1巻第1章-7「肺水腫、肺炎、喘息」を参照／第3巻第1章-1「気管虚脱」を参照）

咳の特徴から病変部を考えます。
咳の様子はどれが近いですか？

A 中枢気道（気管～太い気管支）
・興奮時、動作時、散歩時の咳がある。
・連続性して咳をする。
・Terminal retchが必ずあるわけではない。

動画4-2-2
https://e-lephant.tv/ad/2003967

B 末梢気道性（気管支の末端）
・安静時、睡眠時、寝起きに咳がある。
・活動時には咳は少ない。
・発咳時に立ち止まる。
・連続して咳をする。
・長い咳をする。
・高い音で咳をする。
・Terminal retchがある。

動画4-2-3
https://e-lephant.tv/ad/2003968

C 併発
両者の特徴がある。

A → 気管気管支虚脱、気道内異物、犬の心疾患、気管の物理的圧迫、気管・肺腫瘍
（第3巻1章-2「僧帽弁閉鎖不全症」を参照／第3巻1章-6「甲状腺腫瘍」を参照）

B → 気管支軟化症、炎症性気管支疾患、肺炎、心原性肺水腫、肺腫瘍
（第1巻1章-7「肺水腫、肺炎、喘息」を参照）

C → 進行した炎症性気管支疾患、心原性肺水腫、肺炎
（第1巻1章-7「肺水腫、肺炎、喘息」を参照）

POINT 咳の様子

咳の様子は病変部や疾患を推測する重要な情報ですが、飼い主に伝わりにくいため、典型的な咳の動画を見せたり、実演したり、咳の動画を撮影してきてもらうのも有効です。疾患が重度の場合や併発する場合など、性質が混在することも多いので、疾患の部位の特定にはX線検査など追加検査を行います。

A 嘔吐、刺激性の気体の吸引をした → 誤嚥・吸引性肺炎、異物（第1巻2章-3「中毒」を参照）

B 外飼い、散歩などで外出が多い。寄生虫の多い地域。 → 寄生虫感染（第2巻2章-2「内部寄生虫感染症」を参照）

C 嚥下障害がある。 → 喉頭疾患（第2巻2章-3「二次口蓋裂」を参照）

D 幼齢、集団飼育下、ワクチン未接種 → 感染性気管支疾患、伝染性気管支炎（ケンネルコフ）

E フィラリア予防未実施 → 犬糸状虫症（フィラリア症）（第2巻1章-3「犬糸状虫症」を参照）

付録 **典型的な症状に対する疾患のフローチャート**

3. ぐったりしている

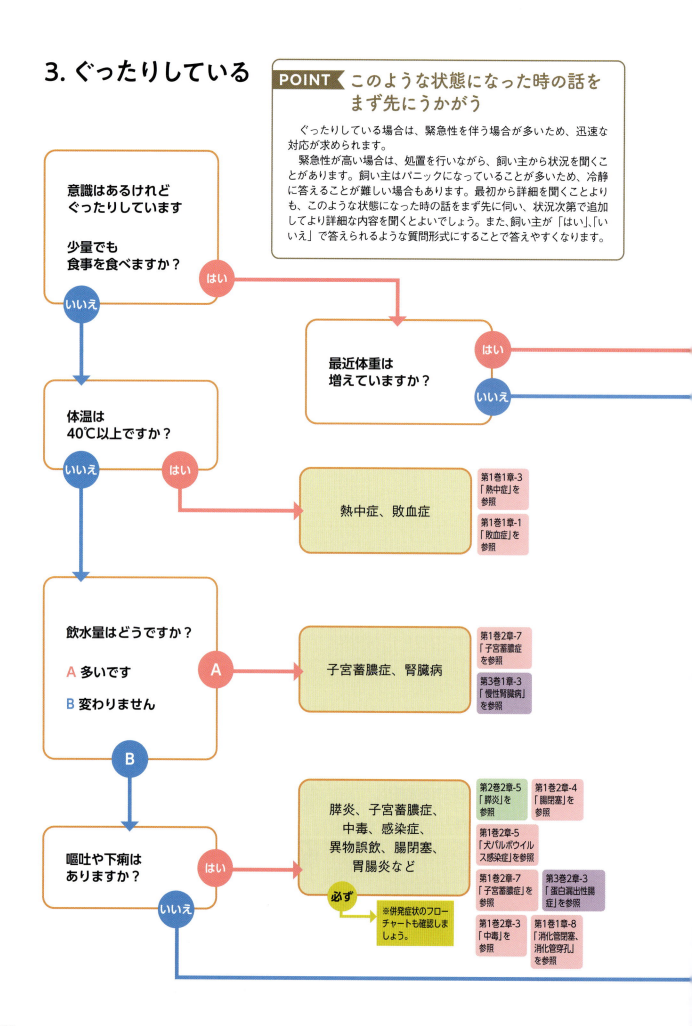

POINT このような状態になった時の話をまず先にうかがう

　ぐったりしている場合は、緊急性を伴う場合が多いため、迅速な対応が求められます。
　緊急性が高い場合は、処置を行いながら、飼い主から状況を聞くことがあります。飼い主はパニックになっていることが多いため、冷静に答えることが難しい場合もあります。最初から詳細を聞くことよりも、このような状態になった時の話をまず先に伺い、状況次第で追加してより詳細な内容を聞くとよいでしょう。また、飼い主が「はい」、「いいえ」で答えられるような質問形式にすることで答えやすくなります。

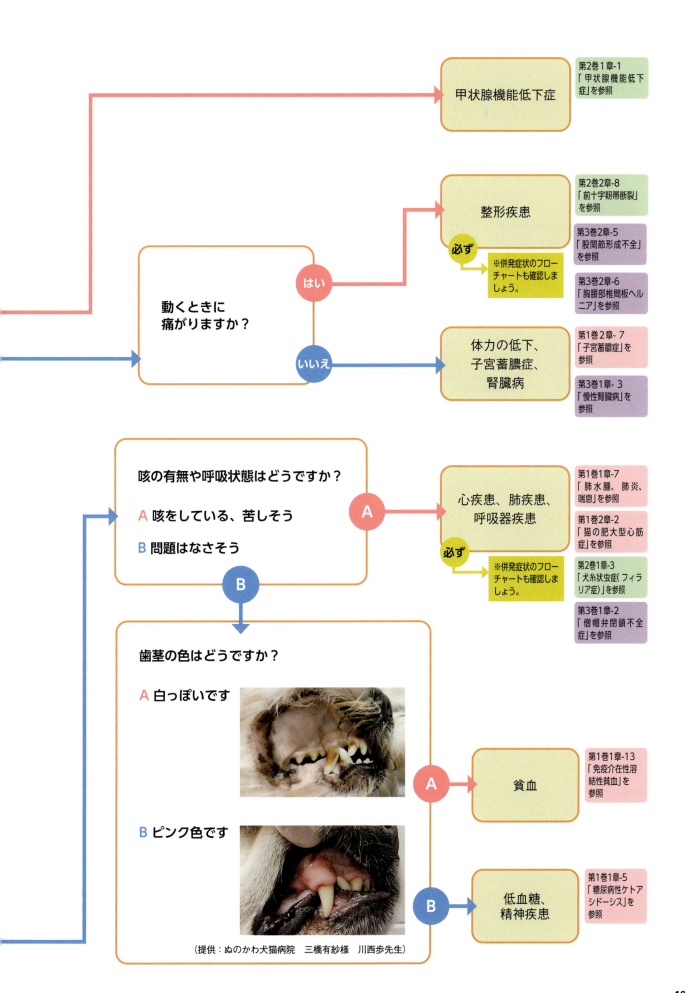

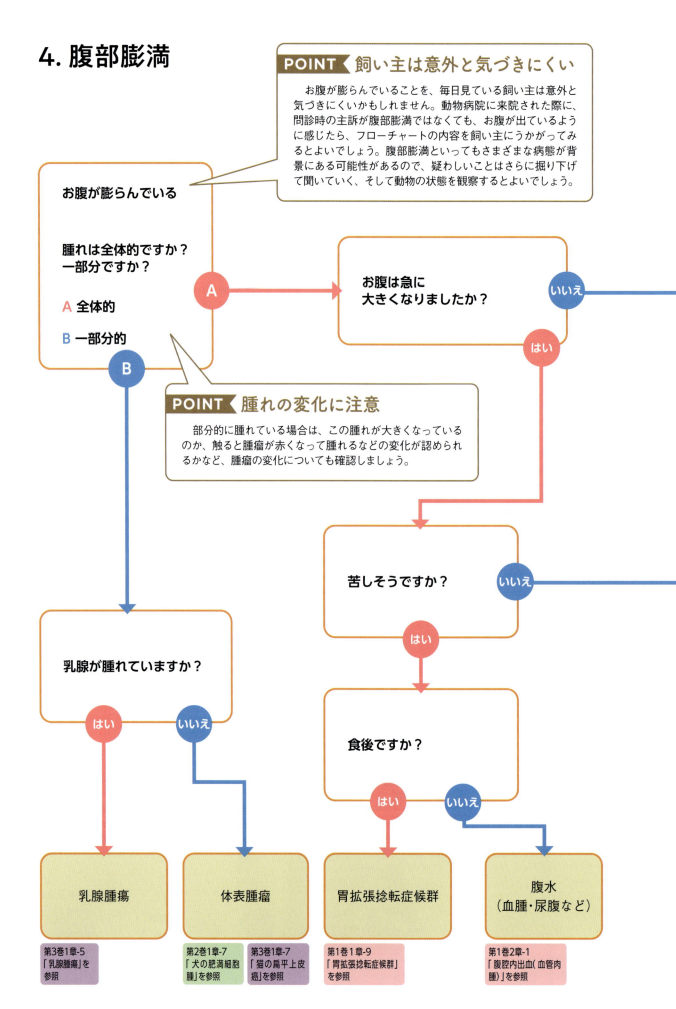

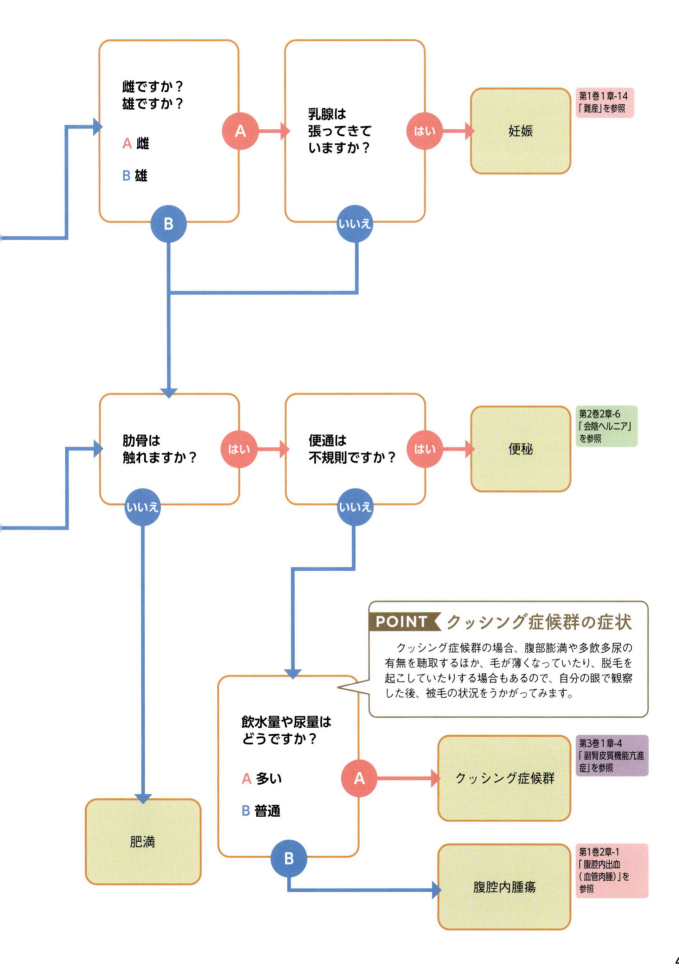

5. 口臭

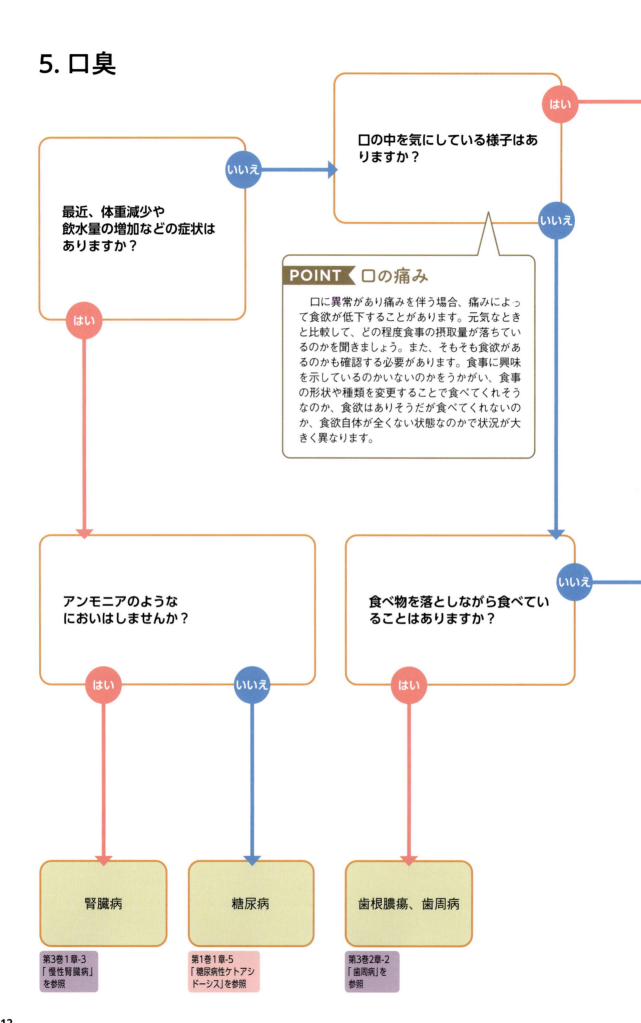

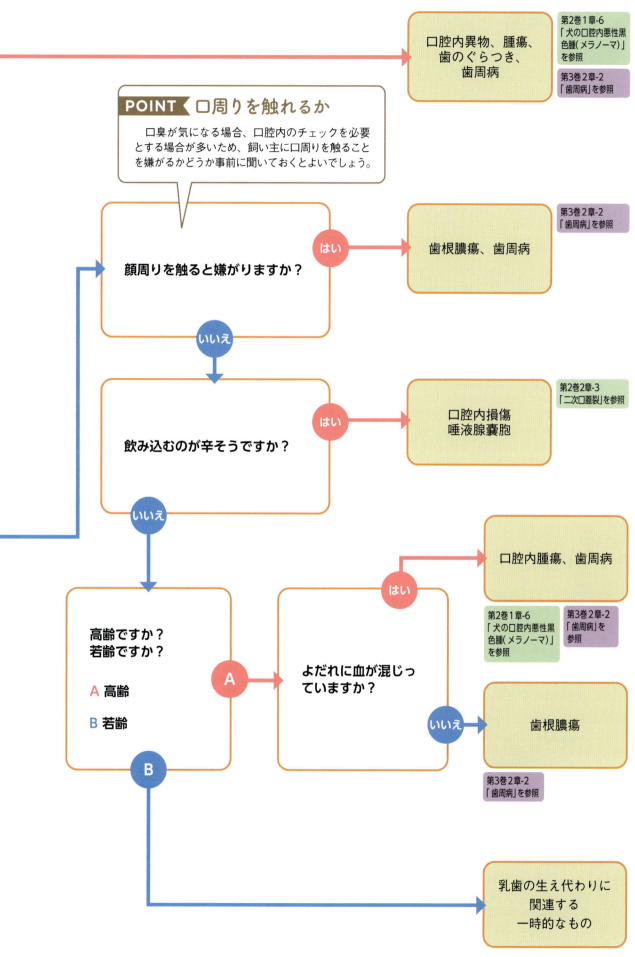

付録 典型的な症状に対する疾患のフローチャート

6. 眼の異常

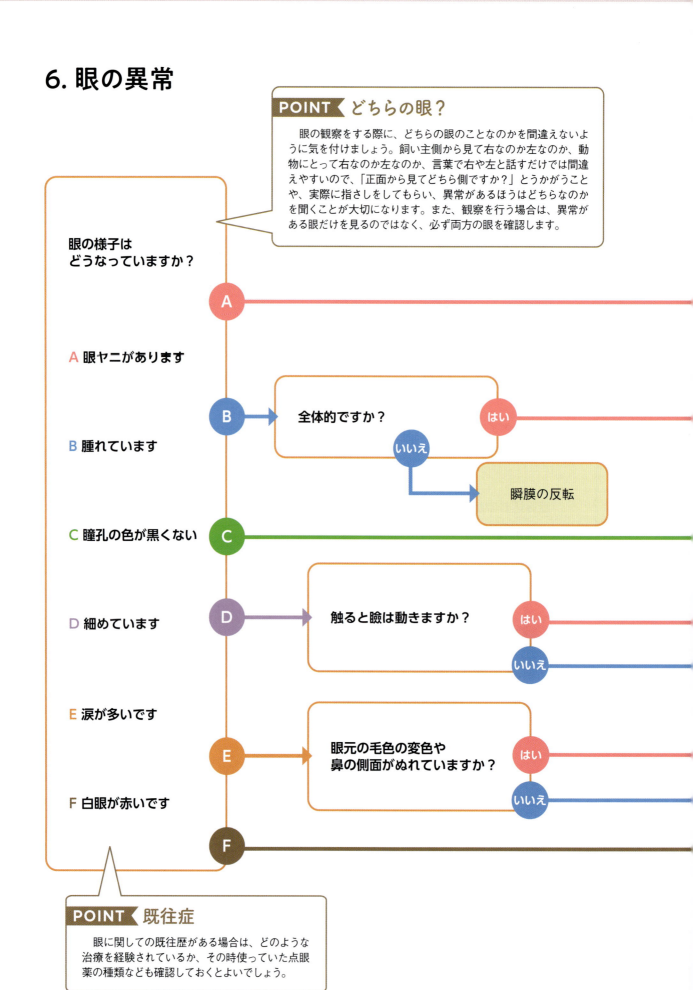

POINT どちらの眼？

眼の観察をする際に、どちらの眼のことなのかを間違えないように気を付けましょう。飼い主側から見て右なのか左なのか、動物にとって右なのか左なのか、言葉で右や左と話すだけでは間違えやすいので、「正面から見てどちら側ですか？」とうかがうことや、実際に指さしをしてもらい、異常があるほうはどちらなのかを聞くことが大切になります。また、観察を行う場合は、異常がある眼だけを見るのではなく、必ず両方の眼を確認します。

眼の様子はどうなっていますか？

A 眼ヤニがあります

B 腫れています　→　全体的ですか？　はい／いいえ　→　瞬膜の反転

C 瞳孔の色が黒くない

D 細めています　→　触ると瞼は動きますか？　はい／いいえ

E 涙が多いです　→　眼元の毛色の変色や鼻の側面がぬれていますか？　はい／いいえ

F 白眼が赤いです

POINT 既往症

眼に関しての既往歴がある場合は、どのような治療を経験されているか、その時使っていた点眼薬の種類なども確認しておくとよいでしょう。

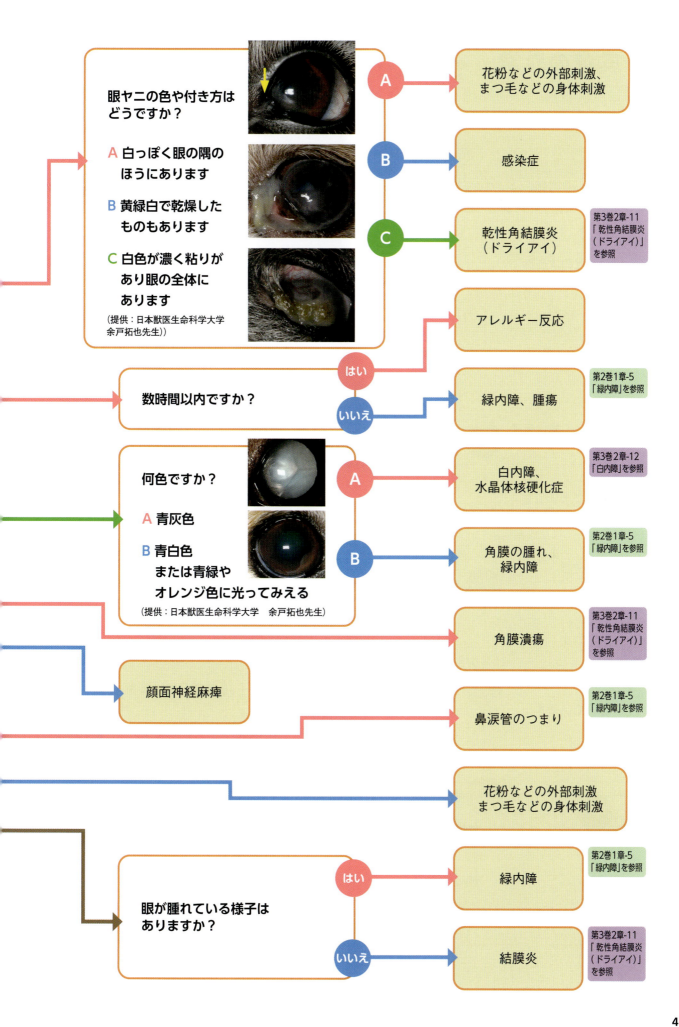

付録 典型的な症状に対する疾患のフローチャート

7. 皮膚の異常

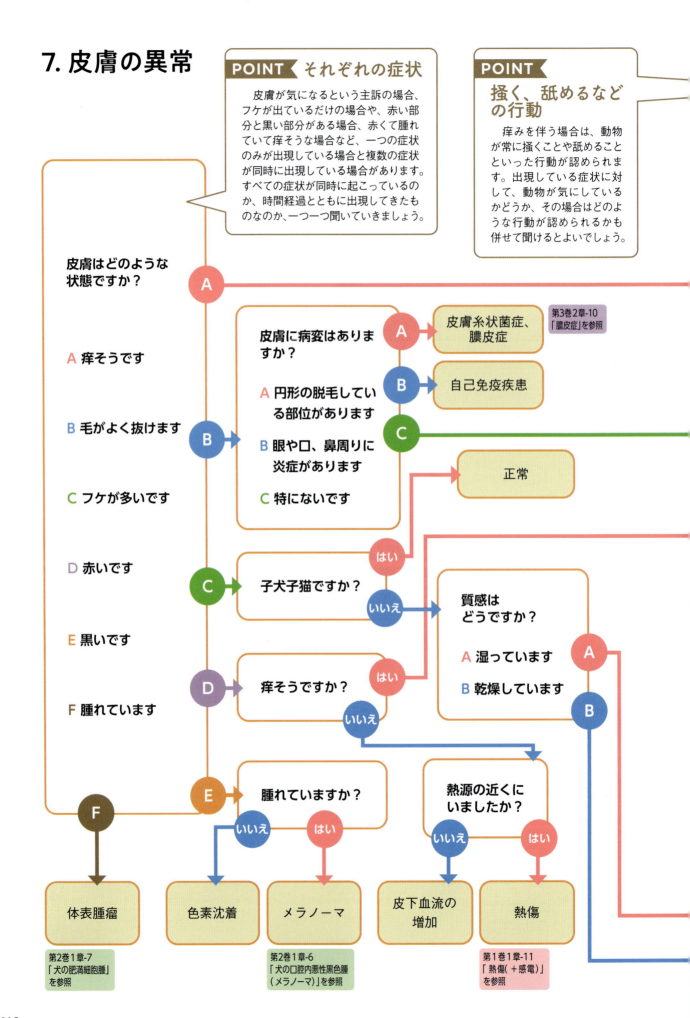

416

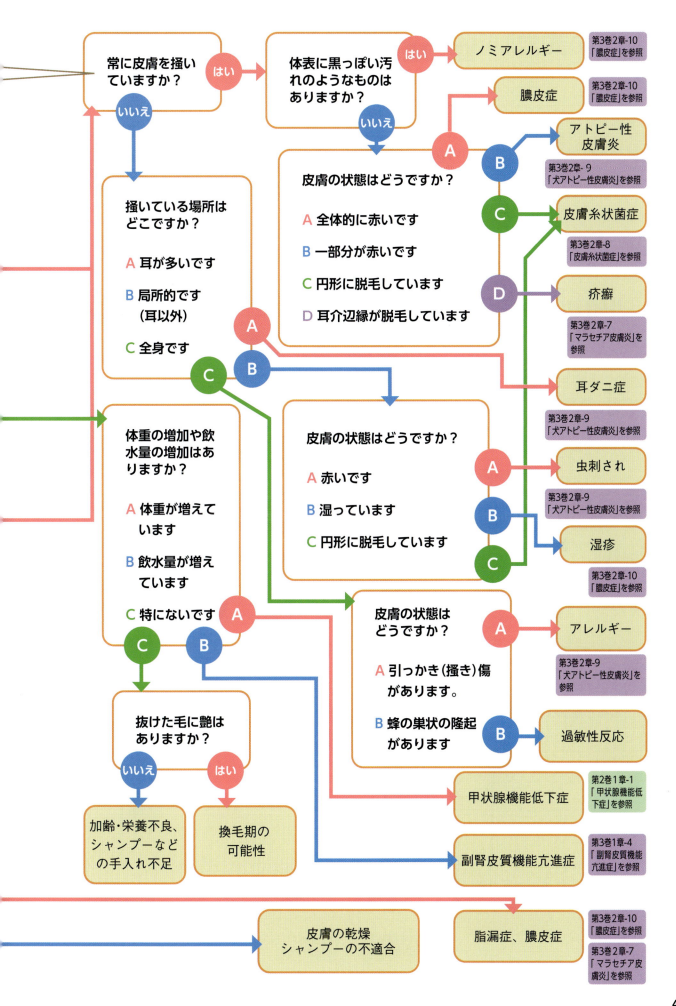

付録 典型的な症状に対する疾患のフローチャート

8. 耳の異常

POINT 耳の異常と変化

耳の様子がおかしい場合は、頭を振ることや、顔が傾いているなど、動物の行動の変化として現れることが多いです。頭を振ることに関しては、1日のうち、どのくらい振っているのかを確認することと、顔が傾いていることに関しては、傾き加減の変化を聞いておくとよいでしょう。

行動の変化以外にも、耳介が腫れていることや耳垢の付着具合などといった、目に見える変化からわかることがあります。外耳炎の場合は耳のにおいが強い場合があります。

目に見える変化については、飼い主と一緒に私たちも目視で確認し、現在の状況になるまでどのように変化していったのかを聞きましょう。

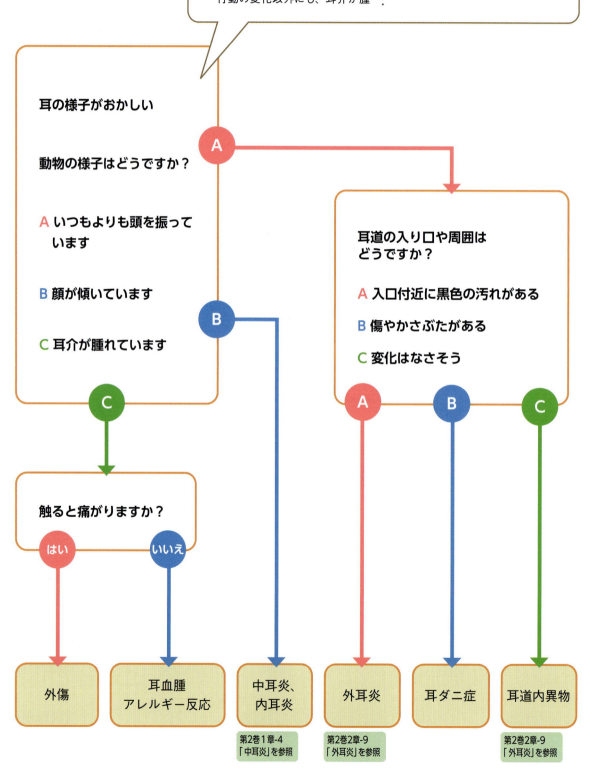

【参考文献】
1. Sturgess. K（2015）：ポケットブック　犬と猫の臨床（武部正美 訳）．インターズー．
2. Fogle. B（2007）：チャートでわかる愛犬の症状と応急処置（南毅生 監訳）．インターズー．
3. Fogle. B（2007）：チャートでわかる愛猫の症状と応急処置（南毅生 監訳）．インターズー．
4. 一般社団法人 日本動物保健看護系大学協会 カリキュラム委員会（2022）：愛玩動物看護師カリキュラム準拠教科書8巻, エデュワードプレス．

索引

あ

アイシング　206
アイシングとホットパックの注意点　207
愛着が強くなる環境　376
悪性混合腫瘍　72
悪性腫瘍の分類　103
アクチノマイシンD　338
アジソン病　41,63,66,158
アスパラギン酸トランスアミナーゼ（AST）　184
アタッチメントロス　136
悪化への移行　356
アトピー性皮膚炎　230,417
アドレナリン　56
アムロジピンベシル酸塩　27
アメリカ獣医内科学会（ACVIM）　21
アラセプリル　27
アラニントランスアミナーゼ（ALT）　184
アルカリフォスファターゼ（ALP）　58,184,276,295
アルキル化薬　336,337
歩くことができない　211
アレルギー　417
アレルギー性皮膚炎　230,264
アレルギー反応　415,418
アンジオテンシン変換酵素阻害薬（ACE阻害薬）　27,46,47
安静時エネルギー要求量（RER）　30,217
アンドロゲン　56

い

胃拡張捻転症候群　410
威嚇瞬き反応　306,323
怒りは悲しみの現れ　373
遺体の安置方法　396
痛みの評価　77,78,89,90,200,203
胃腸炎　408
イッチ・スクラッチ・サイクル　230
いつもより呼吸が速い，突然咳が増加した　131
遺伝子検査　252
遺伝性白内障　320
イトラコナゾール　234,253
犬
　——飲水量の基準値　51
　——血圧の基準値　44
　——歯式　142
　——乳腺腫瘍のステージ分類　73
　——乳腺とリンパ節　72
　——涙液分泌量　304
　——TLIの基準値　179
　——UPCの基準値　43

犬アトピー性皮膚炎　261
　——アレルギー性皮膚炎の治療中にシニア期を迎えてクッシング症候群を続発した事例　276
　——アレルゲン　265
　——単独の事例　273
　——外用薬　271
　——外用薬の種類とメリット・デメリット　278
　——基礎疾患に対する治療　272
　——経過　271
　——検査項目　268
　——好発犬種　265
　——注射薬　271
　——治療方法　271
　——内服薬　271
　——内服薬のメリット・デメリット　278
　——発症要因　264
　——発症機序　264,265
　——皮疹の分布　265
　——問診～治療までの一連の流れ　267
　——臨床症状　265
犬甲状腺刺激ホルモン（c-TSH）　295
犬糸状虫症（フィラリア症）　407
犬伝染性気管気管支炎　6,20
犬トリプシン様免疫活性（cTLI）　182
犬猫は歯垢が歯石になりやすい　137
犬の急性ペインスケール　90
犬の心疾患　407
遺髪　395
異物　405,407
異物誤飲　408
イマチニブメシル酸塩　339
いやいやサイン　104
胃瘻チューブ　108,110
飲水・排尿の量と回数がいつもより多い　37
飲水管理　65
飲水補助　50
飲水量と尿量のバランス　40
飲水量と排尿量のチェック　46
インフォームドコンセント用資料　293～295
インプッター　30

う

ウイルス感染症　176
兎跳び歩行　195
後ろ肢をかばっている　189
ウッド灯検査　251,268
運動　65
運動不耐症　26

え

エアロキャット　126,127
エアロドッグ　127
栄養管理　107,108,110,141

栄養状態の観察　145
栄養不良　158
会陰反射　216
腋窩リンパ節までの切除　75
液剤の飲ませ方　360
エナラプリルマレイン酸塩　27
エリザベスカラーの工夫　326
エリザベスカラーの装着　329
円形細胞腫瘍　103
嚥下困難　86
円周歩行　195
炎症性関節疾患　405
炎症性気管支疾患　407
炎症性腸疾患（IBD）　164,176
炎症性乳癌　72,80
　——飼い主支援　80
　——症状　80
　——治療　80
　——予後　80
エンゼルケア　387,388
　——エンゼルケア実施時の飼い主対応　397
　——エンゼルケアの実施　390
　——エンゼルケアの実施前の飼い主対応　388
エンゼルケア実施に当たって確認すること　389
エンゼルケアにおいて大切にすべきこと　399
エンゼルケアの目的　388
エンゼルケアを院内で行う場合
　——シャンプーをする場合　393
　——全身の清拭・ブラッシング　393
　——タオルで包む　393
　——爪切り・耳の掃除・顔の整え　392
　——詰め物を入れる（鼻・耳・肛門）　391
　——摘便・排尿を行う　390
　——ブロー　394
　——留置カテーテル、気管チューブの抜去　390
エンゼルケアを飼い主が自宅で行う際のアドバイス　396
エンドオブライフケア　352

お

嘔吐時の対応　348
オルソボルテージ放射線照射装置　95
オルトラニ試験　196
ガーガーという呼吸音　3,7

か

外耳炎　418
外傷　418
外傷性白内障　320
疥癬　230,417
階段歩行　195

飼い主が自宅で行うケアとその指導 ···· 96	環境づくり ···· 94	気管内ステント法 ···· 11
飼い主家族全員の理解 ···· 275	眼瞼刺激瞬目反射検査 ···· 306	気管にやさしいハーネス ···· 14
飼い主指導の際の声掛け ···· 223	眼瞼反射 ···· 323	気管の構造 ···· 6
飼い主のグリーフに早期に気づくには ···· 372	肝硬変 ···· 158	気管の物理的圧迫 ···· 407
飼い主の心のケア ···· 29,181	観察・聴取項目 ···· 182,184	聞き取り項目 ···· 276
外反膝 ···· 405	観察項目 ···· 13,14,28,29,47,76,78,91,94, 95,108,109,125,127,141,143,202, 204,220,221,235,254,292,294, 295,310,311,325	聞き取りと観察項目 ···· 61,62,64
外鼻孔通気検査 ···· 122		寄生虫感染 ···· 407
外貌検査 ···· 306		寄生虫感染症 ···· 158,176,264
外貌の観察 ···· 144		気道内異物 ···· 406,407
外用薬 ···· 252	環状紅斑 ···· 251	逆くしゃみ ···· 120
外用薬投与に際しての飼い主への聴取 ···· 252	乾性角結膜炎（ドライアイ，KCS） ···· 301,304,320,415	キャットリボン運動 ···· 80
	——黄色い目ヤニ ···· 310	嗅覚を使った遊び ···· 330
外用薬のアドバイス ···· 278	——好発犬種 ···· 304	吸収不良 ···· 177
外用薬の使用頻度と正しい使用量に関する指導 ···· 240	——症状 ···· 304	急性胃腸炎 ···· 159
	——注意が必要なポイント ···· 304	急性下痢と慢性下痢 ···· 159
外用薬の説明 ···· 293	——眼に傷があり白い膜が張っている ···· 311	吸着炭 ···· 46,47
外用薬の選択，塗り方の指導 ···· 274		吸入ステロイド療法 ···· 125,127
外用薬療法 ···· 290	関節炎 ···· 404	吸入療法 ···· 11
会話・観察 ···· 305,307	関節不整合 ···· 405	急変時の対応に関する指導 ···· 223
ガウンの正しい脱ぎ方 ···· 258	関節リウマチ ···· 404,405	急変に対する対応 ···· 167
化学療法 ···· 90,107,336	感染症 ···· 408,415	キュレッタージ ···· 140
掻く、舐めるなどの行動 ···· 416	感染性気管支疾患 ···· 407	強心薬 ···· 27
角質層の構造 ···· 280	感染性疾患 ···· 406	強制給与 ···· 48
角膜炎 ···· 320	感染予防 ···· 108	胸腺腫 ···· 336
角膜潰瘍 ···· 305,307,320,415	乾燥 ···· 264	胸腰部椎間板ヘルニア ···· 211,404
角膜疾患 ···· 320	眼底検査 ···· 323	——グレード ···· 214,215
角膜内皮機能不全 ···· 320	眼圧検査（IOP） ···· 306	——検査項目 ···· 216
角膜の腫れ ···· 415	眼内レンズ挿入術（IOL） ···· 324,325	——抱っこする際の工夫 ···· 220
角膜変性症 ···· 320	眼軟膏 ···· 308	——治療方法 ···· 217
下垂体性クッシング症候群 ···· 57,61	肝不全 ···· 158	——内科的治療を実施した事例 ···· 219
下垂体摘出術 ···· 60	患部の衛生管理 ···· 111	
火葬や葬儀のアドバイス ···· 398	患部の観察 ···· 271,290,324	——病態生理 ···· 214
ガチョウが鳴くような呼吸 ···· 6	患部の保護 ···· 95	——片側椎弓切除術を実施した事例 ···· 221
ガチョウ鳴き様呼吸 ···· 7	顔面神経麻痺 ···· 415	
家庭での感染症対策 ···· 257	換毛期の可能性 ···· 417	——床材の工夫 ···· 220
過敏性反応 ···· 417		虚血性大腿骨頭壊死 ···· 192
カプロモレリン酒石酸塩 ···· 359	❀ き ❀	気を付けたい言葉遣い ···· 397
花粉などの外部刺激 ···· 415	気管・肺腫瘍 ···· 407	緊急時（災害時，事故など）に遭遇するグリーフ ···· 375
痒がっている ···· 227,247,261	気管外プロテーゼ設置術 ···· 11	
痒み	気管気管支虚脱 ···· 407	緊急性のある白内障 ···· 330
——原因 ···· 230	気管虚脱 ···· 3,6,10	筋肉量の評価 ···· 203
——症状 ···· 264	——確定診断方法 ···· 9	
——定義 ···· 264	——グレード ···· 7	❀ く ❀
——病態生理 ···· 230	——外科的治療を実施した事例 ···· 13	空気の流れを障害する要因 ···· 6
痒みとマラセチア皮膚炎の関係性 ···· 230	——原因 ···· 6	くしゃみ・鼻水 ···· 117
痒みの程度の数値化 ···· 273	——検査項目 ···· 8	——飼い主支援 ···· 130
カルボプラチン ···· 90,339	——好発犬種 ···· 7	——検査 ···· 121
加齢・栄養不良 ···· 417	——症状 ···· 6	——治療時の動物看護介入 ···· 125
皮筋反射 ···· 216	——初期症状 ···· 7	——長期的な治療や管理が必要なポイントはココ！ ···· 120
眼圧測定 ···· 323	——治療方法 ···· 10	
眼球白濁 ···· 317	——内科的治療を実施した事例 ···· 12	くしゃみ・鼻水と慢性鼻炎・慢性副鼻腔炎の関係性 ···· 120
——飼い主支援 ···· 328	——病態生理 ···· 6	
——検査 ···· 322	気管支炎 ···· 6,9,20	口の痛み ···· 412
——長期的な治療や看護が必要なポイントはココ！ ···· 320	気管支鏡検査 ···· 9	屈曲（ひっこめ）反射 ···· 216
	気管支虚脱 ···· 6,9,20	クッシング症候群 ···· 41,56,165,411
——治療時の動物看護介入 ···· 323	気管支喘息 ···· 6,20	——アジソン病を発症した場合 ···· 66
環境整備 ···· 12,46,88,130,200,218	気管支軟化症 ···· 6,9,20,33,407	
	気管内異物 ···· 6,20	——医原性タイプ ···· 57

――継続したALP高値を呈する長期管理の事例　62
――自然発生タイプ　57
――重症度別の臨床症状　57
――タイプ分類　57
――多飲多尿を呈する事例　61
――多尿の症状がでる機序　56
――糖尿病を併発した場合　66
――内科的治療中の消化器症状　66
――内服薬で症状がコントロールできない場合　66
――副作用が生じていないか聞き取り　63
――併発症に対するケア　66
――保定　62
――ALP高値・T-cho高値および糖尿病併発の事例　63
ぐったりしている　408
首の付け根にしこりがある　83
グラスゴーのペインスケール　206
グリーフ　370
――ケアコミュニケーション　377
――の心理過程の基本パターン　370
グルココルチコイド　56
クレンジングオイル　243
黒眼が白い　317
――原因　320
――白内障との関係性　320
クロラムブシル　337
クロルヘキシジングルコン酸塩　243

け

経口抗がん薬の準備　342
経口抗がん薬の投与方法　343
継続的な通院治療の重要性　298
経腸栄養　110
経鼻・食道チューブ　110
頸部圧迫の回避　92
頸部気管虚脱　7
頸部椎間板ヘルニア　225,404
頸部への圧迫の回避　89
けいれん発作　41,49
ケージレスト　217,218
外科手術　201
外科的治療　12,60,75,89,106,219,324
外科的治療後の投薬　96
外科的治療後や放射線治療後の自宅での食事の給与　96
血液ガス検査　32
血液検査　32,179
血液検査でのアレルギー検査　270
血液循環　20
血管拡張薬　27
血管肉腫　336
血腫　410
血清TLI　179
血栓塞栓症　215

血栓のつまり　405
結膜炎　415
下痢　155,173
――飼い主支援　167,185
――検査　159,178
――長期的な治療や管理が必要なポイントはココ！　158,176
――治療時の動物看護介入　162,180
――とEPIの関係性　176
――とPLEの関係性　158
健康診断　289
原虫感染症　176
ケンネルコフ　6,20,407
眩目反射　323
眩惑反射（Dazzle Reflex）　306

こ

子犬
――歯科の定期検診　149
――ホームデンタルケア　149
誤飲　6,20
高悪性度リンパ腫　161
高カルシウム血症　41,56
抗がん性抗生物質　337,338
抗がん治療？ 化学療法？ がん薬物療法？　349
抗がん薬
――投与前の検査　341
――取り扱いの注意が必要な薬剤　340
――副作用　339
抗がん薬がこぼれた（スピル時）際の対応　346
抗がん薬が漏れてしまった場合　340
抗がん薬治療
――錠剤の投与　342
――注射薬の投与　344
――薬剤投与後の輸液管理とモニタリング　346
抗がん薬治療が必要な代表的な疾患　336
抗がん薬投与後の評価　96
抗がん薬の取り扱いと飼い主支援　335
――化学療法とは　336
――抗がん薬治療の実施　342
――抗がん薬投与前の問診・検査　341
――抗がん薬の種類，取り扱い方の理解　336
抗がん薬の取り扱い方法　96
抗がん薬曝露の予防　94
抗菌薬　181
抗菌薬反応性腸症　176
口腔内異物　413
口腔内腫瘍　413
口腔内損傷　413
口腔内の観察　141,144
口腔内崩壊錠（OD錠）　361

後肢跛行　189
――飼い主支援　207
――検査　194
――長期的な治療や管理が必要なポイントはココ！　192
――治療時の動物看護介入　199
後肢麻痺　211
――飼い主支援　223
――検査　216
――長期的な治療や管理が必要なポイントはココ！　214
――治療時の動物看護介入　217
後肢麻痺と胸腰部椎間板ヘルニアの関係性　214
後肢麻痺を呈する疾患　214
口臭　412
高消化性のフード　182
甲状腺機能亢進症　41,176
――症状　86
甲状腺機能低下症　409,417
――乾性角結膜炎（ドライアイ）　314
――症状　86
甲状腺刺激ホルモン（TSH）　276
甲状腺腫瘍　83
――外科的治療と化学療法を実施した事例　93
――外科的治療を実施した事例　91
――術後合併症　92
――症状　86
――長期の治療が必要な理由　86
――治療方法　89
――病態　86
――放射線治療を実施した事例　95
甲状腺ホルモン測定　87
抗真菌薬　234
抗体医薬　234
高調スターター　9
喉頭圧迫試験　31
喉頭炎　406
喉頭虚脱　406
喉頭疾患　406,407
喉頭腫瘍　406
行動の観察　324
行動の注意点の指導　329
喉頭麻痺　406
紅斑　283
――飼い主支援　297
――原因　286
――検査　289
――長期的な治療や管理が必要なポイントはココ！　286
――治療時の動物看護介入　290
酵母様真菌　231
高用量デキサメタゾン負荷試験　58

抗利尿ホルモン(バソプレシン：ADH)
　　　　　　　　　　　　　　　40
抗利尿ホルモンの分泌低下‥‥‥ 56
抗利尿ホルモンブロック‥‥‥‥ 56
誤嚥‥‥‥‥‥‥‥‥‥‥‥‥ 6,20
誤嚥・吸引性肺炎‥‥‥‥‥‥ 407
誤嚥性肺炎‥‥‥‥‥‥‥‥‥ 406
股関節形成不全‥‥‥‥‥ 189,192
　　──外科手術‥‥‥‥‥‥ 201
　　──外科手術に至った事例 204
　　──検査項目‥‥‥‥‥‥ 194
　　──好ましい運動と避けるべき運動
　　　　　　　　　　　　　　 200
　　──触診時の異常所見‥‥ 196
　　──触診時の保定‥‥‥‥ 196
　　──進行イメージ‥‥‥‥ 193
　　──治療方法‥‥‥‥‥‥ 199
　　──病態生理‥‥‥‥‥‥ 193
　　──保存療法‥‥‥‥‥‥ 200
　　──保存療法で奏功した事例 202
　　──急変‥‥‥‥‥‥‥‥ 209
股関節全置換術(THR)‥‥‥‥ 201
股関節脱臼の発生リスク‥‥‥ 209
股関節の可動域(ROM)‥‥‥‥ 196
五感を利用した情報収集‥‥‥ 233
呼気反射‥‥‥‥‥‥‥‥‥‥ 406
呼気反射と咳反射の区別‥‥‥ 406
呼吸器疾患‥‥‥‥‥‥‥‥‥ 409
呼吸困難‥‥‥‥‥‥‥‥‥‥ 86
呼吸状態の観察‥‥‥‥‥‥‥ 11
呼吸数の測定‥‥‥‥‥‥ 48,49
呼吸の異常音による鑑別診断‥ 9
呼吸の確認‥‥‥‥‥‥‥‥‥ 28
国際獣医腎臓病研究グループ(IRIS)
　　　　　　　　　　　　41,45,92
腰振り歩行‥‥‥‥‥‥‥‥‥ 195
個人防護具(PPE)‥‥‥ 257,258,342
骨外性骨肉腫‥‥‥‥‥‥‥‥ 72
骨関節炎(OA)‥‥‥‥‥‥‥ 192
骨髄抑制‥‥‥‥‥‥‥‥‥‥ 339
骨折‥‥‥‥‥‥‥‥‥‥‥‥ 405
骨端軟骨の損傷‥‥‥‥‥‥‥ 405
骨肉腫‥‥‥‥‥‥‥‥ 192,336
骨盤三点骨切り術(TPO)‥‥‥ 197
コバラミンと内因子‥‥‥‥‥ 181
固有位置感覚‥‥‥‥‥‥‥‥ 216

さ

サイアザイド系利尿薬‥‥‥‥ 27
催奇形性‥‥‥‥‥‥‥‥‥‥ 340
細菌感染症‥‥‥‥‥‥‥‥‥ 286
細菌性腸炎‥‥‥‥‥‥‥‥‥ 176
細菌培養・薬剤感受性試験‥‥ 289
細隙灯(スリットランプ)顕微鏡検査
　　　　　　　　　　　　　　 323
在宅医療におけるターミナルケア 351
　　──維持期におけるケアの実施
　　　　　　　　　　　　　　 355
　　──開始期(急性期)におけるケア
　　　　の実施‥‥‥‥‥‥‥ 353
　　──在宅酸素に関する指導 364
　　──自宅点滴に関する指導 361
　　──食事に関する指導‥‥ 357
　　──生活環境の見直しに関する説
　　　　明‥‥‥‥‥‥‥‥‥ 366
　　──ターミナルケアとは‥ 352
　　──投薬に関する指導‥‥ 359
　　──臨死期におけるケアの実施
　　　　　　　　　　　　　　 356
在宅緩和指導‥‥‥‥‥‥‥‥ 354
在宅酸素室の提案‥‥‥‥‥‥ 30
在宅ターミナルケア‥‥‥‥‥ 352
　　──ケアのポイント‥ 354,355
在宅ネブライザーの指導‥‥‥ 126
在宅ネブライザー療法‥‥‥‥ 128
　　──キャリーを利用して吸入させ
　　　　る方法‥‥‥‥‥ 128,129
　　──直接吸入させる方法‥ 128
臍ヘルニア‥‥‥‥‥‥‥‥‥ 72
細胞診‥‥‥‥‥‥ 74,87,104,289
サイロキシン(T_4)‥‥‥‥ 276,295
酢酸クロルヘキシジン‥‥‥‥ 243
左室拡張期内径(LVIDd)‥‥‥ 32
左室内径短縮率(FS)‥‥‥ 32,34
左心房／大動脈比(LA/AO)‥‥ 32
左心房のサイズ(LAD)‥‥‥‥ 32
三角試験‥‥‥‥‥‥‥‥‥‥ 196
酸素クッション‥‥‥‥‥‥‥ 365
酸素室での入院管理‥‥‥‥‥ 131
酸素室の設置‥‥‥‥‥‥‥‥ 364
酸素投与の実施の必要性‥‥‥ 11
酸素投与の必要性の判断‥‥‥ 29
酸素濃縮器‥‥‥‥‥‥‥ 27,364
酸素ハウス‥‥‥‥‥‥‥‥‥ 354
酸素マスク‥‥‥‥‥‥‥ 364,365
散歩(運動)時のリードなどに対する指
　　導‥‥‥‥‥‥‥‥‥‥‥ 14
散歩の提案‥‥‥‥‥‥‥‥‥ 30

し

自壊しているときの自宅での管理方法
　　　　　　　　　　　　　　　79
視覚性踏み直り反応‥‥‥‥‥ 216
歯科検診‥‥‥‥‥‥‥‥‥‥ 147
歯科予防の重要性‥‥‥‥‥‥ 149
色素沈着‥‥‥‥ 231,236,239,266,416
糸球体腎炎‥‥‥‥‥‥‥‥‥ 158
子宮蓄膿症‥‥‥‥‥ 41,56,61,408,409
シクロホスファミド
　　──無菌性膀胱炎‥‥‥‥ 340
シクロホスファミド水和物‥‥ 337
耳血腫‥‥‥‥‥‥‥‥‥‥‥ 417
歯垢・歯石検査ライト‥‥‥‥ 146
歯垢・バイオフィルムの形成‥ 136
死後のグリーフの心理過程‥‥ 376
自己免疫疾患‥‥‥‥‥‥‥‥ 416
歯根膿瘍‥‥‥‥‥‥‥‥ 412,413
歯根の露出‥‥‥‥‥‥‥‥‥ 137
歯根膜線維の喪失‥‥‥‥‥‥ 136
脂質代謝異常
　　──乾性角結膜炎(ドライアイ)
　　　　　　　　　　　　　　 314
歯周炎‥‥‥‥‥‥‥‥‥‥‥ 136
歯周炎の観察‥‥‥‥‥‥‥‥ 144
歯周組織の炎症と破壊‥‥ 136,137
歯周病‥‥‥‥‥‥‥ 133,412,413
　　──外科的治療‥‥‥‥‥ 140
　　──外科的治療「歯が動揺してい
　　　　る(乳歯遺残)」事例‥ 141
　　──外科的治療「歯が動揺して歯
　　　　肉が赤い」事例‥‥‥ 143
　　──検査‥‥‥‥‥‥‥‥ 139
　　──口腔外の肉眼的変化‥ 138
　　──口腔内の肉眼的変化‥ 138
　　──ステージング‥‥‥‥ 137
　　──全身疾患‥‥‥‥‥‥ 137
　　──早期発見‥‥‥‥‥‥ 138
　　──治療方法‥‥‥‥‥‥ 140
　　──長期管理‥‥‥‥‥‥ 141
　　──内科的治療‥‥‥‥‥ 140
　　──病態生理‥‥‥‥‥‥ 136
　　──放置してはいけない理由 134
歯周ポケット‥‥‥‥‥‥ 137,142
シスプラチン‥‥‥‥‥‥‥‥ 339
歯石が溜まっている‥‥‥‥‥ 133
歯石沈着‥‥‥‥‥‥‥‥‥‥ 133
　　──飼い主支援‥‥‥‥‥ 145
　　──検査‥‥‥‥‥‥‥‥ 139
　　──長期的な治療や管理が必要な
　　　　ポイントはココ！‥‥ 136
　　──治療時の動物看護介入 140
歯石と歯周病の関係性‥‥‥‥ 136
歯槽骨の吸収‥‥‥‥‥‥‥‥ 136
自宅環境の把握‥‥‥‥‥‥‥ 241
自宅でのケア‥‥‥‥‥‥‥‥ 348
自宅でのケアに関する飼い主指導 13
自宅でのケアのポイント‥‥‥ 312
自宅での術創管理‥‥‥‥‥‥ 79
自宅でのチェック‥‥‥‥‥‥ 185
自宅点滴
　　──シリンジ法‥‥‥‥‥ 363
　　──滴下法‥‥‥‥‥‥‥ 362
シタラビン‥‥‥‥‥‥‥‥‥ 338
膝蓋腱反射‥‥‥‥‥‥‥‥‥ 216
膝蓋骨脱臼‥‥‥‥‥‥‥‥‥ 192
湿疹‥‥‥‥‥‥‥‥‥‥ 296,417
質の高い死(QOD)‥‥‥‥‥‥ 352
耳道内異物‥‥‥‥‥‥‥‥‥ 418
歯肉炎‥‥‥‥‥‥‥‥‥ 136,137
　　──早期発見‥‥‥‥‥‥ 136
ジプロヘプタジン塩酸塩水和物 359
シャンプー‥‥‥‥‥‥ 224,234,243
シャンプー／薬浴療法の実施と支援
　　　　　　　　　　　　　　 237
シャンプー剤‥‥‥‥‥‥ 243,297
シャンプー指導‥‥‥‥‥‥‥ 257

シャンプーなどの手入れ不足	417
シャンプーについての指導	234
シャンプーについての指導／支援	254
シャンプーの不適合	417
住環境のアドバイス	207
充血	301
──飼い主支援	312
──検査	306
──長期的な治療や管理が必要なポイントはココ！	304
──治療時の動物看護介入	308
充血と乾性角結膜炎（ドライアイ）の関係性	304
集団感染	250
終末期（ターミナル期）	374
終末期に遭遇するグリーフ	374
術後ICUでのバイタルサインのモニタリング	14
術後管理	106,219
術後の観察	141
術後服	79
術前の観察	140,144
術創管理	75,77
腫瘍	69,83,99,192,413,415
──飼い主支援	79,96,110
──検査	74,88,104
──長期的な治療や管理が必要なポイントはココ！	72,86,102
──治療時の動物看護介入	75,88,105
腫瘍随伴症候群	102
腫瘍についての知識	103
腫瘍溶解症候群	340
腫瘤	90,92,94,97,99
腫瘤と扁平上皮癌の関係性	102
瞬膜の反転	414
消化管感染症	158
消化管腫瘍	176
消化管毒性	339
消化管内異物	176
消化器型リンパ腫	158
消化酵素薬	180
──治療効果	183
消化不良	177
錠剤・カプセルの飲ませ方	360
状態と手術の説明	65
状態の悪化の早期発見	130
状態の観察	27,60
状態の把握	326
上皮小体機能亢進症	56
上皮性腫瘍	103
上部気道閉塞の鑑別診断	9
常歩	195
除去食試験	269
食事環境の見直し	358
食事管理	27,30,46,65,75,89,92,167,168,182,217,220,329
食事管理表	168
食事指導	50,183,274
食事内容の把握	241
食事の工夫	108,110,357
食事の紹介	293
食事の変化や投薬による動物のグリーフと人のグリーフ	374
食事反応性腸症	176
食事療法	162,182
食道瘻チューブ	110,111
植物アルカロイド	337,338
食物アレルギー	230,269
食欲増進	165
食欲増進薬	110,359
食欲の有無と食事内容	141
食欲不振	86
食欲不振、脱水、貧血の有無の確認	48
触覚性踏み直り反応	216
シリンジでの投薬	30
シルマーティアテスト（STT）	304,306
脂漏、角質溶解シャンプー	243
脂漏症	230,417
脂漏性皮膚炎	264
白眼が赤い	301
心因性ストレス	230
心因性多飲症	41
腎盂腎炎	40
腎機能の割合とCreの関係	43
鍼灸治療	217,218
真菌培養検査	251
神経疾患	192
心原性肺水腫	407
進行性脊髄軟化症	225
深在性皮膚糸状菌症	250
心疾患	409
腎生検	44
腎臓	
──機能	40
──再吸収	40
心臓が収縮する仕組み	20
心臓検診の流れ	25
心臓超音波検査	24,32,34
心臓超音波検査時の保定	24
腎臓濃縮機能低下	56
心臓の形態	20
腎臓病	3,408,409,412
腎臓病用の療法食	46,50
浸透圧利尿	40,56

す

膵液	177
膵炎	408
膵外分泌不全症（EPI）	158,173
──原因	177
──検査項目	178
──好発犬種	177
──コバラミンの投与を行った事例	184
──膵炎に続発した場合	186
──治療方法	180
──糖尿病を併発した場合	186
──内科的治療で奏功した事例	182
──問診・身体検査のポイント	178
──臨床徴候	177
水晶体核硬化症	320～322,415
水晶体起因性ぶどう膜炎（LIU）	321,327
膵臓	
──外分泌機能	176
──解剖	177
──解剖学的位置	176
──内分泌機能	176
膵トリプシン免疫活性（TLI）	179
水分の喪失（脱水）と尿量の調節	56
水分量の恒常性	40
水利尿	40
水利尿と浸透圧利尿との鑑別	40
スキンケアの説明	293
スクレイピング検査	268
スケーリング	140,147
スターター	120
スタンプ検査	268
ステロイド皮膚症	278
ステロイドホルモンと多尿の関係	56
ステロイド薬	125
──副作用	165
ストライダー	9
ストレスケア	78
ストレスのない生活環境	65
ストレスへの対策	256
ストレスを与えない	60
スピロノラクトン	27,29
スリットランプ検査	306

せ

生活環境の把握	354
生活の質（QOL）	26,199,317,352
整形学的検査	196
整形疾患	409
精神疾患	409
生前のグリーフと死後のグリーフ	371
セカンドオピニオン	
──聴取項目とポイント	165
咳	3,17,86,406
──飼い主支援	14,29
──検査	8,22
──長期的な治療や管理が必要なポイントはココ！	6,20
──治療時の動物看護介入	10,26
咳を呈する疾患	6
脊髄梗塞	215
脊髄造影検査	216
脊髄損傷	215
咳と気管虚脱の関係性	6
咳と逆くしゃみ、吐き気との区別	406
咳と僧帽弁閉鎖不全症の関係性	20
咳の有無の確認	11

咳の鑑別診断	9
咳の原因	20
咳の病態生理	6
咳反射	406
線維上皮過形成	72
前十字靭帯断裂	405
全身状態の確認	74,77
全身性疾患と関連したドライアイ	314
全身療法	291
選択肢の提案	355
洗濯物の曝露対策	348
先天性白内障	320
腺房細胞の萎縮(PAA)	177
腺房細胞の破壊	177
喘鳴音	7

そ

葬儀について	398
葬儀までの自宅での過ごし方	398
造血器腫瘍	336
創傷管理	65,219
相談しやすい環境の提供	239
搔破行動	264
創部管理	12,89,92,201,206
創部の評価	96
僧帽弁形成術	26
僧帽弁閉鎖不全症	6,17,407
——外科的治療	26
——呼吸器疾患(気管虚脱)と併発	31
——呼吸様式の確認	31
——重症度分類	21
——重度の咳を主訴に来院した事例	29
——咳の原因が気管虚脱と判断した僧帽弁閉鎖不全症を併発した事例	32
——咳の原因が気管支虚脱および僧帽弁閉鎖不全症の両方と判断された事例	33
——治療経過中に咳を認められるようになった事例	28
——治療方法	26
——内科的治療	26
——病態生理	21
——問診を始める前にできること	31
瘙痒	227,247,261
——飼い主支援	239,256,277
——検査	232,251,266
——長期的な治療や管理が必要なポイントはココ！	230,250,264
——治療時の動物看護介入	234,252,270
瘙痒と犬アトピー性皮膚炎の関係性	264
瘙痒と皮膚糸状菌症の関係性	250
速歩	195
鼠経ヘルニア	72

鼠経リンパ節の切除	75
咀嚼玩具	150

た

ターミナル期に行われる緩和ケア	352
——けいれんなどの神経症状に対して	353
——呼吸に対して	353
——食欲に対して	352
——脱水や電解質バランス改善に対して	353
——疼痛に対して	352
——吐き気に対して	352
ターミナル期の食事の与え方	359
ターミナルケアと緩和ケアの違い	352
第一次硝子体過形成遺残(PHPV)	321
体位変換	49
退院後の管理に対する支援	224
退院後の自宅でのケアに関する飼い主指導	14
退院時のアドバイス	208
退院時の飼い主指導	222
退院報告書	208
体温管理	11,91
体温測定	347
体型管理	200
対光反射	323
代謝拮抗薬	337,338
体重管理	12,184,203
体重管理に対する指導	14
対称性ジメチルアルギニン(SDMA)	42
大腿骨頭頸部切除術(FHNE)	201
——術後動物管理	201
体表腫瘤	410,416
体表リンパ節の位置	341
体力の低下	409
多飲多尿	37,53,165
——飼い主支援	50,64
——検査	42,58
——長期的な治療や管理が必要なポイントはココ！	40,56
——治療時の動物看護介入	45,59
多飲多尿が起こる仕組み	40
多飲多尿とクッシング症候群の関係性	56
多飲多尿と慢性腎臓病の関係性	40
多飲多尿の原因	40,56
多飲多尿の病態生理	56
唾液腺囊胞	413
タオルを利用した投薬	360
タオルを使用した保定	363
正しい手洗いの手順	259
脱臼	192,197,405
脱毛	94,231,236,239,266,287,340
多発性骨髄腫	336
単一乳腺切除	75
炭酸泉	297
蛋白漏出性腸症(PLE)	155,408

——確定診断	161
——緊急性が高い事例	166
——検査から診断までの流れ	160
——セカンドオピニオンで来院した事例	164
——病態生理	158
——臨床徴候	159

ち

チェリーアイ(瞬膜腺脱出)	314
——好発犬種	314
恥骨結合固定術(JPS)	197
中耳炎	418
注射用抗がん薬の準備	344
中毒	408
超音波検査	44,87,161
超音波検査時の保定	87
超音波水晶体乳化吸引術(PEA)	324,325
聴覚を使った遊び	330
長期継続治療補助	297
長期的な食欲廃絶	158
聴取・観察項目	292,294,295,296
聴取項目	166,235,254,255,273,310,311
超低脂肪食	163,167
腸閉塞	408
腸リンパ管拡張症	158,176
治療効果の確認	130,183
治療薬投与における事前介入	308
治療薬についてのリスクの説明	309
治療薬の使用方法についての指導	309

つ

椎間板脊椎炎	215
椎間板ヘルニア	214
——分類	214,215
椎骨左心房サイズ	22
椎骨心臓スケール	22
通院指導	50
通院終了時のアドバイス	208
通常撮影(OFA)	197

て

低アルブミン血症を起こす可能性のある代表的な疾患	158
低アレルゲン食	163
低アンチトロンビンIII血症	163
定期検査	29
低血糖	409
低コバラミン血症	180
低刺激シャンプー	243,298
低脂肪食	162,183
低脂肪のおやつ	168
低調スターター	9
低ナトリウム食	27
低用量デキサメタゾン負荷試験	58
適正体重の維持	27
適切な運動についてのアドバイス	208

デクスラゾキサン	340
テモカプリル塩酸塩	27
テルビナフィン塩酸塩	253
点眼	309, 324
点眼に関する指導	328
点眼表	328
電気化学療法（ECT）	107, 109
──副作用	107
天使のリング	327
伝染性気管支炎（ケンネルコフ）	407
伝染性膿痂疹	286
デンタルケア用のおやつ	148
デンタルチェックシート	147, 148

と

同居動物に対する指導	255
瞳孔対光反射（PLR）	306
透析治療	47
橈側手根伸筋反射	216
疼痛管理	75, 77, 108, 110
糖尿病	40, 56, 66, 412
──乾性角結膜炎（ドライアイ）	314
糖尿病性白内障	320
糖尿病性末梢神経障害	215
動物医療グリーフケア®	369
──愛玩動物看護師が行うグリーフケア	377, 378
──飼い主との思い出づくりを支援する	381
──飼い主にメッセージを伝える	380
──グリーフと動物医療グリーフケア®	370
──グリーフの心理過程の理解	370
──遭遇するグリーフへの配慮	371
──ペットロスに寄り添う	376
動物がリラックスできる環境づくり	380
動物の感じるグリーフ	371
動物病院で送り人としてすべきこと	384
動物病院で行われるエンゼルケア	388
投薬管理	12, 25, 46, 50, 65, 89, 200, 218, 290
投薬指導	29, 93, 181, 184, 235, 237, 239, 256, 271, 324
投薬時の曝露対策	348
投薬治療	163
投薬のアドバイス	185, 207
投薬方法	30
投薬方法の提案	168
投薬補助＆皮下輸液時の保定	47
投薬補助おやつ	168, 361
投薬補助器	93
投薬補助トリーツ	30
ドキソルビシンの心毒性	340
ドキソルビシン塩酸塩	90, 338
トセラニブリン酸塩	90, 107, 339
跳び直り反応	216
とびひ	286
ドライアイ⇒乾性角結膜炎	
ドライアイを正しく啓発するために	307
トラセミド	27
トリーツ	150
トリプシノーゲン	179
トリプシン	179
トリマーとの連携	298
トリロスタン	59
──取り扱い上の注意	60
──副作用	60
トリロスタン投与量とコルチゾール値の関係	62, 64

な

内因子	177, 181
内科的治療	11, 26, 46, 59, 125, 163, 180, 217, 234, 271, 308, 324
内耳炎	418
内視鏡検査	161
内視鏡生検	169
──サンプル採取から固定までの流れ	169
──サンプルの取り扱い手順	170
──診断価値のあるサンプル	169
内服に関する指導	328
内服薬	253
内服薬のアドバイス	277
内服薬の説明	293, 295
内服薬の投与	59
軟部組織肉腫	192
軟部組織の損傷	405

に

苦みのある薬剤を飲ませるときのポイント	361
ニキビダニ症	230, 264
肉芽腫性病変	252
肉球や爪の損傷	405
日常生活で動物がグリーフを感じる状況	372
日常で生まれるグリーフ	371
日光（紫外線）	102
ニムスチン塩酸塩	337
入院管理シート	205
乳歯遺残	141
乳歯の生え代わりに関連する一時的なもの	413
乳腺炎	72
乳腺過形成	72
乳腺癌	72
乳腺腫	72
乳腺腫瘍	69, 72, 410
──好発犬種・猫種	73
──術式	76
──ステージ分類	73
──治療	73
──治療方法	75
──猫の乳腺腫瘍の事例	78
──発生率	73
──問診時にチェックすべき項目	74
──予後	73
──予防	73
──良性腫瘍の事例	76
──リンパ節と肺への転移の確認	74
乳腺にできものがある	69
乳腺部以外の腫瘍性疾患	72
乳腺部にできものを呈する疾患	72
乳腺部のできもの	72
乳腺部のできものと乳腺腫瘍の関係性	72
尿検査	43
尿タンパク	43
尿タンパク／Cre比（UPC）	43
尿中微量アルブミン／Cre比（UAC）	43
尿毒症	41
尿比重	43
尿腹	410
尿崩症	41, 56
妊娠	411

ね

猫	
──TLIの基準値	179
──UPCの基準値	43
──飲水量の基準値	51
──血圧の基準値	44
──歯式	142
──乳腺腫瘍のステージ分類	73
──乳腺とリンパ節	72
猫の甲状腺腫瘍	98
猫の乳腺腫瘍	76
猫の扁平上皮癌	99, 102
──愛玩動物看護師が注意すべき徴候	106
──外科的治療を実施した皮膚扁平上皮癌の一例	108
──術後管理	106
──創部の観察とケア	106
──治療法	105
──電気化学療法を実施した猫の皮膚扁平上皮癌の一例	108
──臨床徴候	102
熱傷	158, 416
熱中症	15, 408
──ステージ分類	16
ネブライザー	11
ネブライザー療法	126
ネブライザー療法で使用する薬剤	126

の

膿皮症	230,283,286,416,417
──アレルギー性皮膚炎とノミ寄生による膿皮症	296
──飼い主との会話	288
──外貌	288
──基礎疾患にアレルギー性皮膚炎がある膿皮症	291
──基礎疾患にクッシング症候群とアレルギー性皮膚炎がある膿皮症	295
──症状	287
──注意が必要な理由	286
──治療開始後の変化を記録	292
──治療方法	290
──皮膚と被毛	288
──病態	286
膿皮症を起こす犬側の要因	287
膿疱	287
ノーズワーク	330
ノミ・マダニ予防と飼育環境に関する指導	296
ノミアレルギー	417
ノミアレルギー性皮膚炎	230
ノミ取り櫛検査	233
ノルアドレナリン	56

は

バーデン試験	196
肺炎	6,20,407
バイオフィルム	136
敗血症	408
肺疾患	409
肺腫瘍	407
排泄管理	218,220
排泄物・嘔吐物の処理	348
背側寛骨臼辺縁（DAR）	197
バイタルサインチェック	46,75,89,91,201
バイタルサインのモニタリング	141,142
排尿が我慢できない	53
白内障	317,320,415
──合併症のリスクが高まる要因	325
──外科的治療	324
──原因	320
──検査項目	323
──若年性未熟白内障	325
──術後の管理	326
──成熟白内障，網膜変性症	327
──治療方法	323
──発症時期（年齢）による分類	321
──病気に対する理解への介入	330
──病態生理	320
──臨床的ステージによる分類	321
跛行	192
──原因	192
跛行・歩行困難	404
跛行と股関節形成不全の関係性	192
跛行を呈する疾患	192
ハザーダスドラッグ（HD）	342
播種性血管内凝固（DIC）	80
発汗による熱の放散	15
抜歯	140
ハッピーエンゼルケア	382
ハッピーエンディング	382
鼻水吸引機	129
歯のぐらつき	413
馬尾症候群	192,215,405
歯ブラシを嫌がる	142
パルボウイルス感染症	158
汎骨炎	405
ハンセンⅠ型	214
ハンセンⅡ型	214

ひ

鼻炎・副鼻腔炎	
──症状	120
皮下血流の増加	416
皮下出血	67
鼻鏡検査	123
鼻腔内洗浄	126
──意義	128
──実施方法	129
鼻汁の性状の確認	121
非上皮性腫瘍	103
比色対光反射	323
皮疹の観察	268
皮疹の種類	268
非ステロイド性抗炎症薬（NSAIDs）	140,200,352
ビタミン剤の投与	180
必要摂取エネルギー	30
ヒトと犬や猫のドライアイの違い	309
ヒトと違う涙器と涙液分泌量	304
人の食物を与える場合	358
ヒドロキシカルバミド	339
日々のケア方法	312
皮膚炎や脱毛の有無の確認	95
皮膚押捺検査	233,268
皮膚科手帳	298
皮膚科用の聞き取り票	292
皮膚糸状菌症	247,286,416,417
──基礎疾患があり全身に症状がある重度感染事例	255
──局所療法	252
──身体の一部分に感染している軽度感染事例	254
──全身療法	252
──発生要因	250
──臨床症状	250
皮膚疾患	72
皮膚掻爬検査	233,251,268
皮膚治療の道のりチャート	299
皮膚に赤い斑点がある	283
皮膚にできもの（かさぶた）がある	99
皮膚の赤い斑点	
──原因	286
皮膚の赤い斑点と膿皮症の関係性	286
皮膚の異常	416
皮膚の観察	289
皮膚の乾燥	417
皮膚のしこり	
──電話対応	102
──問診	102
皮膚のバリア機能	265
皮膚扁平上皮癌	
──臨床徴候	102
非麻薬性オピオイド	352
肥満	411
肥満細胞腫	72,336
被毛や角質の直接鏡検	251
ピモベンダン	27
表在性皮膚糸状菌症	250
表情やボディランゲージとして現れるグリーフ	373
表皮小環	287
病変部の写真や動画による記録	104
微量点滴装置	345
鼻涙管のつまり	415
ピロクトンオラミン	243
ビンクリスチン塩酸塩	338
貧血	409
ビンブラスチン塩酸塩	338

ふ

フィラリア症	6,20
フィンガー・チップ・ユニット	279
フードサーチ	330
フードの量（削痩時）	182
フォーム剤	297
副腋窩リンパ節までの切除	75
腹腔内腫瘍	411
副作用発現の観察	163
副腎の機能	56
副腎腫瘍性クッシング症候群	57
副腎腫瘍摘出術	60
副腎髄質	56
副腎皮質	56
副腎皮質機能亢進症	41,53,417
──糖尿病を発症することがあることの説明	64
副腎皮質機能低下症	41,158
副腎皮質刺激ホルモン（ACTH）	56
副腎皮質ステロイド薬	234
腹水	410
副鼻腔炎	
──原因と病態	120
腹部膨満	410
服薬コンプライアンス	110
腐生	250
不全麻痺	214
負担の少ない体位の選択	28

訃報をもらったら⋯⋯⋯⋯ 397	──食事介助⋯⋯⋯⋯ 221	⋯⋯⋯⋯ 131
ブラックライト⋯⋯⋯⋯ 256	──投薬管理⋯⋯⋯⋯ 222	──長期治療が必要な理由⋯ 120
フラップ術⋯⋯⋯⋯ 140	──排泄管理⋯⋯⋯⋯ 221	──治療目標⋯⋯⋯⋯ 120
フルチカゾン⋯⋯⋯ 125,127	保存療法の各項目の関連性⋯ 202	──ステロイド薬投与で治療を
ブレオマイシン塩酸塩⋯⋯ 338	発赤⋯⋯⋯⋯ 264	行った犬の慢性鼻炎の一例⋯ 127
プレドニゾロン⋯⋯ 163,339	ホットパック⋯⋯⋯⋯ 206	──鼻腔内洗浄と在宅ネブライ
プレドニン⋯⋯⋯⋯ 339	ボディ・コンディション・スコア(BCS)	ザー療法を行った猫の慢性副鼻腔
プロアクティブ療法⋯⋯ 272	⋯⋯ 14,178,194,198	炎の一例⋯⋯⋯⋯ 128
フローインジケータ⋯⋯ 127	──チェック方法⋯⋯ 15	──評価⋯⋯⋯⋯ 121
フローレンス検査(涙液層破壊時間試験:TBUT)⋯⋯⋯⋯ 307	──判断基準⋯⋯⋯⋯ 15	慢性鼻汁⋯⋯⋯⋯ 120
プロスタサイクリン⋯ 46,47	歩様異常⋯⋯⋯⋯ 195	❀ み ❀
フロセミド⋯⋯⋯⋯ 27	歩様検査⋯⋯⋯⋯ 195	見えない生活のサポート⋯ 327,329
分子標的薬⋯⋯⋯ 107,339	歩様動画を撮影するメリット⋯ 195	見送りの際のさまざまな心配り⋯ 388
文節分生子⋯⋯⋯⋯ 251	ポリッシング⋯⋯⋯⋯ 140	ミトキサントロン塩酸塩⋯⋯ 338
糞便チェックシート⋯⋯ 185	ホルマリン⋯⋯⋯⋯ 170	ミトタン⋯⋯⋯⋯ 60
糞便の観察⋯⋯⋯⋯ 181	──扱うトでの注意⋯⋯ 170	看取り後に行うケア⋯⋯ 388
❀ へ ❀	ホルモン製剤⋯⋯ 338,339	看取る場所⋯⋯⋯⋯ 356
米国獣医口腔衛生委員会(VOHC)⋯ 150	ホルモン補充⋯⋯⋯⋯ 65	ミネラルコルチコイド⋯⋯ 56
米国飼料検査官協会(AAFCO)⋯ 241	❀ ま ❀	耳ダニ症⋯⋯⋯⋯ 418
閉鎖式薬物移送システム(CSTD)⋯ 344	マイクロバブルバス⋯⋯ 297	耳の異常⋯⋯⋯⋯ 418
ペインスケール⋯⋯⋯⋯ 89	まつ毛などの身体刺激⋯⋯ 415	ミルタザピン⋯⋯⋯⋯ 359
ペースト状おやつ⋯⋯⋯ 30	マッスル・コンディション・スコア(MCS)⋯⋯ 194,198,203	❀ む ❀
ペットボトル酸素マスク⋯ 365	麻痺の定義⋯⋯⋯⋯ 214	虫刺され⋯⋯⋯⋯ 417
ベナゼプリル塩酸塩⋯⋯⋯ 27	マフィンズヘイロー⋯⋯ 327	無麻酔によるスケーリング⋯ 149
ベナゼプリル塩酸塩とピモベンダンの配合剤⋯⋯⋯⋯ 27	麻薬性オピオイド⋯⋯ 352	❀ め ❀
ベラプロストナトリウム⋯ 46,47	マラセチア皮膚炎⋯⋯ 227,231	眼が見えない生活のサポート⋯ 327
変性性脊髄症⋯⋯⋯⋯ 215	──重症例⋯⋯⋯⋯ 237	眼が見えなくても楽しめる遊びの提案⋯⋯⋯⋯ 330
変性性腰仙部狭窄症⋯⋯ 215	──初期症状⋯⋯⋯⋯ 231	メトトレキサート⋯⋯ 338
片側椎弓切除術⋯⋯⋯ 219	──中等度症例⋯⋯⋯ 235	眼に関しての既往歴⋯⋯ 414
片側乳腺全切除⋯⋯ 75,76,78	──治療方法と主な薬剤⋯ 234	眼の異常⋯⋯⋯⋯ 414
便秘⋯⋯⋯⋯ 411	──慢性所見⋯⋯⋯⋯ 231	眼の状態の確認⋯⋯⋯ 324
❀ ほ ❀	慢性肝疾患⋯⋯⋯⋯ 41	眼ヤニがでている⋯⋯ 301
放射線障害⋯⋯⋯⋯ 90	慢性下痢⋯⋯⋯⋯ 176	メラノーマ⋯⋯⋯ 413,416
放射線照射部の管理⋯⋯ 90	慢性腎臓病⋯⋯ 37,40,41,56	メルファラン⋯⋯⋯⋯ 337
放射線性白内障⋯⋯⋯ 320	──原因⋯⋯⋯⋯ 41	免疫抑制薬⋯⋯⋯⋯ 234
放射線治療⋯⋯ 60,90,106	──検査項目⋯⋯⋯⋯ 42	免疫抑制薬反応性腸症⋯ 158
放射線治療後の自宅でのケア⋯ 95	──ステージ2と診断された事例⋯ 47	面会⋯⋯⋯⋯ 65,106
訪問動物看護⋯⋯⋯⋯ 186	──ステージ3と診断された事例⋯ 48	面会対応⋯⋯⋯⋯ 224
ホームデンタルケア⋯ 142,148	──ステージ4と診断された事例⋯ 49	❀ も ❀
──継続するための秘訣⋯ 146	──ステージ分類⋯⋯ 41	毛検査⋯⋯⋯ 233,268
──子犬⋯⋯⋯⋯ 149	──ステージ分類による治療方針の違い⋯⋯⋯⋯ 45	毛細血管再充満時間(CRT)⋯ 14,142
──指導実例⋯⋯⋯⋯ 152	──早期発見⋯⋯⋯⋯ 51	毛包虫症⋯⋯⋯⋯ 286
──説明のしかた⋯⋯ 145	──治療方法⋯⋯⋯⋯ 45	網膜電位図(ERG)検査⋯ 323,324
──説明が必要な理由⋯ 146	──薬物治療⋯⋯⋯⋯ 47	モチベーション維持⋯⋯ 242
──定期的な経過観察⋯ 147	慢性膵炎⋯⋯⋯ 176,177	門脈体循環シャント⋯⋯ 158
ホームデンタルケアに対する支援⋯ 145	慢性腸炎⋯⋯⋯ 158,161	❀ や ❀
ホームデンタルケアを行えない理由⋯⋯⋯⋯ 142	慢性腸重積⋯⋯⋯⋯ 158	薬剤の投与についての指導⋯ 234
保湿剤⋯⋯⋯ 243,280,297	慢性痛判定シート⋯⋯ 203	薬疹⋯⋯⋯⋯ 286
──剤形⋯⋯⋯⋯ 281	慢性鼻炎⋯⋯⋯ 117,120	薬用シャンプー⋯⋯⋯ 244
──使用のタイミング⋯ 281	──原因⋯⋯⋯⋯ 120	❀ ゆ ❀
──成分と働き⋯⋯⋯ 280	──呼吸器症状⋯⋯⋯ 120	遊離サイロキシン(FT_4)⋯ 295
──塗布方法⋯⋯⋯⋯ 281	慢性鼻炎・慢性副鼻腔炎⋯ 117	
保存療法⋯⋯⋯⋯ 200	──誤嚥性肺炎を併発した場合	
──エリザベスカラー装着⋯ 222		

よ

腰部椎間板ヘルニア	405
用法用量の説明	28,29

ら

ラミプリル	27

り

罹患動物の観察	253
利尿薬	27
利尿薬やステロイド薬の使用	41
リハビリテーション（リハビリ）	200,219
留置カテーテルの準備	345
留置カテーテルの挿入時の保定	345
留置針設置	12
領域乳腺切除	75,76
両側乳腺全切除	75,76
緑内障	320,415
リン吸着剤	46,47
臨死期への準備	356
鱗屑	264,277
リンパ球形質細胞性腸炎	161
リンパ腫	336

る

涙液層破壊時間試験（TBUT）	307
涙器	304
涙膜の構造	304
ルートプレーニング	140

れ

レーザー治療	217,218
レッグペルテス病	405

ろ

ロムスチン	337

わ

ワイプ剤	297
ワン・フィンガー・チップ・ユニット	240

数字ではじまる語

2019 AAHA（アメリカ動物病院協会）デンタルケアガイドライン	150
3週間以上持続する下痢	176
5つの心理変化	354

欧文ではじまる語

A

AAFCO（Association of American Feed Control Officials）⇒米国飼料検査官協会
ACE阻害薬 ・・・・・・ 46,47
ACTH（Adrenocorticotropic Hormone）⇒副腎皮質刺激ホルモン
ACTH刺激試験 ・・・・・・ 58
ACTH刺激試験の変化の記録 ・・ 61,64
ACVIM（American College Of Veterinary Internal Medicine）⇒アメリカ獣医内科学会
ADH（Antidiuretic Hormone）⇒抗利尿ホルモン
ALP（Alkaline Phosphatase）⇒アルカリフォスファターゼ
ALT（Alanine Transaminase）⇒アラニントランスアミナーゼ
AST（Aspartate Transaminase）⇒アスパラギン酸トランスアミナーゼ

B

BCS（Body Condition Score）⇒ボディ・コンディション・スコア
BID（bis in die） ・・・・・・ 28
Brunnbergの跛行グレード分類 194
Bunny Hop ・・・・・・ 195
β遮断薬 ・・・・・・ 27

C

C反応性タンパク（CRP） ・・・ 32,276
Ca拮抗薬 ・・・・・・ 27
CRP（C-active Protein）⇒C反応性タンパク
CRT（Capillary Refill Time）⇒毛細血管再充満時間
CSTD（Closed System Drug Transfer Device）⇒閉鎖式薬物移送システム
cTLI（Canine Trypsin-like Immunoreactivity）⇒犬トリプシン様免疫活性
c-TSH（Canine-Thyroid Stimulating Hormone）⇒犬甲状腺ホルモン

D

DAR（Dorsal Acetabular Rim）⇒背側寛骨臼辺縁
DIC（Disseminated Intravascular Coagulation）⇒播種性血管内凝固
DTM（Dermatophyte Test Medium）培地 ・・・・・・ 251

E

ECT（Electrochemotherapy）⇒電気化学療法
EPI（Exocrine Pancreatic Insufficiency）⇒膵外分泌不全症
EPIで推奨される食事 ・・・・・・ 183
ERG（Electroretinography）⇒網膜電位図

F

Favrotの診断基準 ・・・・・・ 267
FHNE（Femoral Head and Neck Excision）⇒大腿骨頭頸部切除術
FNA（Fine Needle Aspiration） 104
FNB（Fine Needle Biopsy） ・・ 104
FS（Fractional Shortening）⇒左室内径短縮率
FT_4（Free Thyroxine）⇒遊離サイロキシン
FTU（Fingertip Unit） ・・・ 240,279

G

goose honking ・・・・・・ 6,7

H

HD（Hazardous Drug）⇒ハザーダスドラッグ
Ht（Hematocrit） ・・・・・・ 42
IBD（Inflammatory Bowel Disease）⇒炎症性腸疾患

I

ICU（Intensive Care Unit） ・・・ 142
IF（Intrinsic Factor）⇒内因子
IOL（Intraocular Lens Insertion）⇒眼内レンズ挿入術
IOP（Intraocular Pressure）⇒眼内圧測定
IRIS（The International Renal Interest Society）⇒国際獣医腎臓病研究グループ
IRISの慢性腎臓病治療ガイドライン ・・・・・・ 45,93
IRISの慢性腎臓病のステージ分類 41
Itch Scratch Cycle ・・・・・・ 230

J

JPS（Juvenile Pubic Symphysiodesis）⇒恥骨結合固定術

K

KCS（Keratoconjunctivitis Sicca）⇒

乾性角結膜炎（ドライアイ）

L

LA／AO⇒左心房／大動脈比
LAD（Left Atrial Dimension）⇒左心房のサイズ
LIU（Lens-induced Uveitis）⇒水晶体起因性ぶどう膜炎
LVIDd（Left Ventricular End-Diastolic Diameter）⇒左室拡張期内径
L-アスパラギナーゼ ………… 339

M

MCS（Muscle Condition Score）⇒マッスル・コンディション・スコア
Micosporum canis ………… 250
Monroe Walk ………… 195,202

N

NSAIDs（Non-Steroidal Anti-Inflammatory Drugs）⇒非ステロイド性抗炎症薬

O

OA（Osteoarthritis）⇒股関節炎
OD（Orally Disintegrating）錠⇒口腔内崩壊錠
OFA（Orthopedic Foundation for Animals）⇒通常撮影

P

PAA（Pancreatic Acinar Atrophy）⇒腺房細胞の萎縮
PCR法 ………… 252
PCV（Packed Cell Volume） … 42
PEA（Phacoemulsification）⇒超音波水晶体乳化吸引術
Penn HIP ………… 197
PHPV（Persistent Hyperplastic Primary Vitreous）⇒第一次硝子体過形成遺残
PLE（Protein-Losing Enteropathy）⇒蛋白漏出性腸症
PLEを疑う状況 ………… 158
PLR（Pupillary Light Reflex）⇒瞳孔対光反射
PPE（Personal Protective Equipment）⇒個人防護具

Q

QOD（Quality Of Death）⇒質の高い死
QOL（Quality of Life）⇒生活の質

R

RER（Resting Energy Requirement）⇒安静時エネルギー要求量
ROM（Range of Motion）⇒股関節の可動域

S

SDMA（Symmetric Dimethylarginine）⇒対称性ジメチルアルギニン
Staphylococcus pseudintermedius ………… 286
STT（Schirmer Tear Test）⇒シルマーティアテスト
STTの手順 ………… 306

T

TBUT（Tear Break-Up Time）⇒涙液層破壊時間試験
THR（Total Hip Replacement）⇒股関節全置換術
TLI（Trypsin-Like Immunoreactivity）⇒膵トリプシン免疫活性
TPO（Triple Pelvic Osteotomy）⇒骨盤三点骨切り術
TPR説明用紙 ………… 97
TPR測定表 ………… 97

U

UAC（Urinary Albumin/Creeatine）⇒尿中微量アルブミン／Cre比
UPC（Urine Protein/Creatine）⇒尿タンパク／Cre比

V

VHS（Vertebral Heart Scale）⇒椎骨心臓スケール
V-LAS（Vertebral Left Atrial Size）⇒椎骨左心房サイズ

X

X線検査 ………… 8,161,197,198
──胸部X線検査 … 22,31～33

犬と猫の 臨床動物看護ガイド 3巻
長期的な治療や管理が必要な症候／疾患の動物看護

2024年9月1日　第1版第1刷発行

編　集	左向敏紀、上野弘道、宮田拓馬、小野沢栄里、新谷政人、三橋有紗
発行者	太田宗雪
発行所	株式会社EDUWARD Press（エデュワードプレス） 〒194-0022　東京都町田市森野1丁目24-13　ギャランフォトビル3階 編集部：Tel. 042-707-6138 ／ Fax. 042-707-6139 販売推進課（受注専用）：Tel. 0120-80-1906 ／ Fax. 0120-80-1872 E-mail：info@eduward.jp Web Site：https://eduward.jp（コーポレートサイト） 　　　　　https://eduward.online（オンラインショップ）
表紙・本文デザイン	アイル企画
本文イラスト	渡辺裕子、はやしろみ、須之内江里（p.360 〜 366のみ）
編集協力	木村友子、菊池桂一
組版	株式会社バズカットディレクション、龍屋意匠合同会社
印刷・製本	瞬報社写真印刷株式会社

© 2024　EDUWARD Press Co., Ltd. All Rights Reserved. Printed in Japan.
ISBN 978-4-86671-222-2 C3047

乱丁・落丁本は、送料弊社負担にてお取替えいたします。
本書の内容に変更・訂正などがあった場合には、上記の弊社コーポレートサイトの「SUPPORT」に掲載しております正誤表でお知らせいたします。
本書を無断で複製する行為は、「私的使用のための複製」など著作権法上の限られた例外を除き禁じられています。大学、動物病院、企業などにおいて、業務上使用する目的（診療、研究活動を含む）で上記の行為を行うことは、その使用範囲が内部的であっても、私的使用には該当せず、違法です。また、私的使用に該当する場合であっても、代行業者などの第三者に依頼して上記の行為を行うことは違法となります。